张书练 丁迎春 谈宜东 编著

激光器和激光束

清华大学出版社

北京

内 容 简 介

本书把激光原理、技术、器件、应用等融合为一体,并补充了若干新进展,更正了一些流行的概念。全书分为六篇共 16 章。第一篇介绍激光概况。第二篇简述光的发射和吸收后,介绍典型激光器。第三篇介绍组成激光的基本元件——谐振腔和激光介质,以及光与物质的相互作用。第四篇介绍激光束的 5 个特性。第五篇介绍激光振荡传感。第六篇介绍激光原理的综合性实验。各篇具有一定独立性,可按篇学习。另外本书还自编、收录了二百多道习题,并给出了答案。

本书可作为研究生、本科生的教材,也是研究人员、工程师的必备参考书。

图书在版编目(CIP)数据

激光器和激光束/张书练,丁迎春,谈宜东编著.—北京:清华大学出版社,2020.10(2024.4 重印)
ISBN 978-7-302-53961-2

Ⅰ.①激… Ⅱ.①张… ②丁… ③谈… Ⅲ.①激光−研究 Ⅳ.①TN24

中国版本图书馆 CIP 数据核字(2019)第 225416 号

责任编辑:鲁永芳
封面设计:常雪影
责任校对:赵丽敏
责任印制:宋 林

出版发行:清华大学出版社
  网 址:https://www.tup.com.cn,https://www.wqxuetang.com
  地 址:北京清华大学学研大厦 A 座   邮 编:100084
  社 总 机:010-83470000   邮 购:010-62786544
  投稿与读者服务:010-62776969,c-service@tup.tsinghua.edu.cn
  质量反馈:010-62772015,zhiliang@tup.tsinghua.edu.cn
印 装 者:涿州市般润文化传播有限公司
经 销:全国新华书店
开 本:185mm×260mm 印 张:23   字 数:559 千字
版 次:2020 年 10 月第 1 版   印 次:2024 年 4 月第 4 次印刷
定 价:76.00 元

产品编号:081543-01

近年来国内高校的总课时数均作了较大压缩,激光课的原有课程分工,如激光原理、激光技术和激光应用等,实际上已被老师们合并或按课时作了调整。目前亟需一本将激光科学、技术和应用综合为一体,篇幅符合现在课时要求的教科书。

本书是根据作者三十余年激光原理教学和科研的经历编写而成。在体系上,本书对激光相关课程的内容作了较大调整,保留、同时合并了现有中外各版本教材的激光原理、激光技术和应用,将其融为一体;并对各部分内容的比例作了较大改变。以便读者可以更高视角、更快的速度了解激光,学习激光,成为激光学方面的行家。

关于激光原理的教材已有多个版本,但写作的视角基本雷同,都是讲激光器由三个元件、一对平行反射镜组成的激光谐振腔和一块(或管,或条,或片)激光发光物质;讲它们结合成一体、共同作用产生激光束。这些内容组成了现有激光原理教科书的基本章节,大多分为 5 章。本书保留但简化了这部分内容。同时,从今天的更高视角,对原来教材中概念上的欠缺和遗漏作了补充。比如,原有教科书把激光和普通光源对比,认为激光有三个特性:高亮度、高方向性和高相干性;本书则着眼于整个科技体系,把微波加入参比对象,写入激光的高频率特性,不然难以理解为什么激光通信有如此巨大的容量。又如,参比爱因斯坦受激辐射预言,写入了高偏振特性,不然,读者会疑惑:爱因斯坦所讲的受激辐射的光子与感应光子同偏振为什么在激光特性中没有反应?激光"五性"更符合现实。又如,激光纵模竞争部分多数文献给出的现象与实验不符,本书也作了勘正。再如,几乎没有教科书阐述部分激光器的输出(如氦氖激光器)的偏振方向是正交线性偏振的,常把正交线偏振当成圆偏振。或许这些补充能解答读者一些困惑,精确掌握激光束,方便应用激光束。

本书给激光束特性以更多关注,并写成多个独立章节,所以书名中既有"激光器"也有"激光束"。激光的某一特性一定来源于激光器的某种结构,本书在章节标题上,内容和语言上均强调了这种关系,以提高读者对激光器结构和激光器特性的关联度认知,也便于读者应用这些激光特性。本书不仅可作为激光器学习者的教科书,也可作为对激光束特性有兴趣的科研人员的参考资料。

本书还收入了激光发明的历程,在发明进程中初步给出了激光器的基本结构,以期对培养年轻读者的创新性思维有所帮助。希望创新成为年轻一代自然而然的思维习惯,而不是一种号召和口号。本书还概述了激光各种应用的原理。这些内容均放在了第一篇,作为入门篇,目的是从"有用"的角度回答为什么学习激光,引发学习后续内容的兴趣,变要我学为我要学。

书中设置了第 14 章功能激光器,顾名思义,它是激光器,但这种激光器有特殊的功能:激光器本身就是一种可以测量某物理量的仪器。激光陀螺就是这样的仪器,激光陀螺发明有五十多年了。本书所讲其他功能激光器则是新结构激光器,又是新仪器,不太为人所知,如纳米测尺、光学波片测量仪等。介绍这样的仪器实际上是讲激光原理和激光技术,对更深入掌握激光有所帮助,同时,也是示范理论如何走向实际应用。

全书分为六篇共 16 章。第一篇 2 章,介绍激光器的概况和激光应用。第二篇 2 章,介绍光的发射和原子跃迁为基础,然后介绍几种典型激光器。第三篇 3 章,介绍谐振腔、光与物质粒子(原子、离子、分子)相系作用和激光放大及振荡。第四篇 6 章,介绍激光束的特性,包括激光束的横模、纵横和单色性、激光器的偏振、激光的频率宽度、激光束的传播、连续激光器的功率和频率稳定性、激光的脉冲特性。第五篇 2 章,介绍功能激光器和激光器仪器。这里强调"激光器仪器",不是其他文献里所讲的激光仪器。凡是以激光仪器作光源的仪器都可称为激光仪器,激光器仅有光源的属性,本篇的激光器就是仪器,仪器就是激光器本身,这是一类新颖的激光器,也是一类全新的传感器。第六篇 1 章,介绍激光综合性实验系统和可观察到的现象。编者相信,做了综合性实验之后,您会感到拥有了对激光知识的自信。

各篇具有一定独立性,任课老师或读者可以按篇使用,即暂时不需要的章节可以跳过。比如,第一篇实际是激光技术的通识篇,非激光专业读者可扩大知识面,面对激光应用的扩张,全面飞涨科技发展大潮,做好介入准备。又比如,第 4 章典型激光器,列入的激光器较多,就是激光领域的人也只熟悉几个,其他了解,但不一定能深入,教师和读者可以自己选择。作者建议光信息领域和光电技术专业的学生应把 4.1 节~4.6 节作为必读。第三篇和第四篇应作为光信息工作者、光电技术专业的学生必读。如果您想享受激光技术的精彩,应读第五篇。第六篇的实验做一遍,您是一位享受激光结构、装调、激光精彩现象的人。

本书的部分内容来自第一作者张书练多年的讲稿,以及其他有关激光的书籍,同时融入了课题组三十年研究激光原理的文章、专利。作者承诺,引入的本课题组的结果都是经过反复试验验证,并通过应用证明的。本书出现的与其他教科书不同的提法、现象,欢迎读者质疑、讨论、批评、指正。作者承诺,随时准备修正书中的概念错误和不准确数据。

写作及定稿中,张书练几次调整大纲思路,编写了前 2 章和第 16 章,对全书作了三次总的修改。丁迎春先以张书练讲稿为基础,初写了大部分,又增加了若干内容,完成第 3~9 章、第 11~15 章,并检查、修改了全书。谈宜东撰写了 2.9 节~2.13 节、第 10 章、16.2 节,并检查和修改了全书,习题和答案由谈宜东和丁迎春共同完成。

作　者
2019 年 9 月

第二篇　典型激光器

CONTENTS

目录

第三篇　形成激光振荡的基本单元：光学谐振腔和激光介质

第四篇　激光束特性

第五篇   功能激光器和激光器仪器

第六篇   激光原理及激光束的基本实验

第一篇
激光概况

　　本篇引导读者进入激光学科领域,全面并初步地了解激光器和激光束,包括结合激光诞生的历史,跟随发明者的脚步,了解激光器的基本构造,激光器相关知识,激光器的应用,让读者能够站在"高处"俯瞰激光技术的全貌。有了对全貌的认知,读者再学习后面各篇章会感到脚踏实地,方向明确。

　　本篇介绍了各种常用激光器的发明史,以便读者触及创新过程,提升创新意识,形成创新思维。

　　需要提请读者注意的是本书常用的两个物理量——光强和功率的物理含义。激光束横截面上的光强度分布是高斯型的,在实验和工程关于光强的探测中,一般用光电二极管或光电池转化成电信号观察。光电二极管或光电池的光敏面很小,接收到的仅是光束截面上的一部分,即光电探测器接收并转化成电信号的仅是光束的光敏面大小的部分,也正因为如此,本书中的光强曲线(纵坐标)所指出的是激光束光强在某一激光器参数改变时的变化趋势。本书中提及功率,主要是在介绍激光器特性时,指用激光功率计测得的激光器整个光束截面上单位时间通过的光能量。

第1章
激光器概况

1.1　激光的发明过程

1.1.1　激光发明的理论与技术基础

　　激光的发明经历了半个多世纪的孕育,期间的若干科学成就为激光发明奠定了理论的、技术的和人才的基础。这些成就包括:光具有波粒二象性,即光既是波也是粒子;物质粒子(原子、分子、离子等)既辐射光子也吸收光子;一旦介质上能级的粒子(原子、分子、离子等)数大于下能级的粒子数,即能级的粒子布居数反转时,介质就能够对光放大;氨分子微波放大器的成功,把激光放大和激光器的诞生推上了日程。

1. 光的波粒二象性

　　人们能看到一个物体,是因为物体发射光波或反射光波,它发(反)射的光波颜色就是人们看到的物体的颜色。绿色的物体发(反)射绿的光波成分,红色的物体发(反)射红的光波成分。

　　1900年,普朗克(M. Planck)提出了光的量子假说。按照普朗克假设:光的辐射来自带电的线性谐振子(器),它能够与周围的电磁场交换能量。带电的线性谐振子就是物质粒子,如原子、分子、离子等。线性谐振子辐射的能量是一个最小能量单元的整数倍,这个最小能量就是光子的能量,即

$$\varepsilon = h\nu$$

式中,ν 是光的频率,h 称为普朗克常数。当初大多数物理学家(包括普朗克在内)都认为这一假说不过是涉及面很窄的数学假设。但后来的研究表明,普朗克的这一概念能解释黑体辐射等许多物理现象。

2. 受激辐射和受激吸收的概念

　　普朗克提出光的量子学说16年后,1916年,爱因斯坦(A. Einstein)发表了用新观点来

推导普朗克黑体辐射公式的论文,具体化了线性谐振子与周围电磁场交换能量的过程。后来范弗莱克(J. van Vleck)称之为"感应辐射",这就是后来的受激辐射。与受激辐射相反的过程称为受激吸收。

现在,对爱因斯坦受激辐射和吸收的描述是:一个具有能量 $\varepsilon = \nu h$ 的光子照射粒子,如果粒子有两个能级,其差恰是 ε,如这个粒子在低能级,它可以吸收能量也为 ε 的光子,被激发到高能级,这就是受激吸收。受激辐射光子与照射光子具有相同的性质。如果粒子在高能级上,这个粒子可能被能量为 ε 的照射光子诱导发射出一个能量也为 ε 的光子,这就是受激辐射。

从爱因斯坦的这一理论可以想到,如果介质中在高能级上的粒子多于在低能级上的粒子,光子进入介质,其感应出光子的概率就大于它被吸收的概率。一个光子变成两个光子,光被放大了。

3. 粒子能级布居数反转

按照玻尔兹曼分布,在人们所处的环境温度下,大部分粒子都位于基态(E_1)。能级越高,其上的粒子数就越少,即粒子数随能级从低到高依次减少。这里提出一个问题:如何使下能级的粒子跃迁到上能级,并进一步实现上能级粒子数多于下能级粒子数,产生光的放大?这种违背常态,上能级粒子数多于下能级粒子数的现象称为粒子布居数反转。

人们对粒子布居数反转的认识有一个过程,研究曾多次从一个科学家手里转到另一个科学家手里,认识逐步深入。

1946 年,美国的珀塞尔(E. M. Purcell)和瑞士的布洛赫(F. Bloch)用直流磁场使钠原子能级发生分裂,造出一对上下能级。他们再用交变磁场激励钠原子,一旦交变磁场和直流磁场匹配时,钠原子将吸收交变磁场。这就是钠原子两个能级之间的磁共振。

1949 年法国的卡斯特勒(A. Kastler)和布罗塞尔(J. Brossel)仍然用直流磁场使钠原子能级发生分裂,同时使用钠光照射钠蒸气泡,在能级 $m = +1/2$ 和 $m = -1/2$ 之间实现了粒子布居数的改变,即高能态($m = +1/2$)粒子数与低能态($m = -1/2$)的粒子数相互转移。实际上他们已经看到了,但没有意识到,这就是所谓粒子的布居数反转,即上能级的粒子数超过下能级的粒子数。

1952 年,马里兰大学的韦伯教授在加拿大的一个会议上描述了粒子布居数反转以及利用反转实现微波放大的设想。韦伯的工作没有受到足够的重视,也没有导致具有实际价值的结果。不过,将此付诸实践和完成完备理论的汤斯(C. Townes)向韦伯索要过论文。

4. 微波量子放大器

有了上述对粒子布居数反转的认识后,不难想象怎样形成粒子布居数反转以及微波的放大。可以想出两个方案:一个是把交变电磁场作用于介质,介质粒子吸收交变电磁场的能量跃迁到相应的高能级,然后把这些已经在高能级的粒子集中起来并送入没有低能级粒子的粒子空间,实现粒子布居数反转;第二个是交变电磁场作用于粒子介质,靠足够强的交变电磁场把一半以上的粒子激发到高能级,实现粒子布居数反转。这种用交变电磁场把低能级粒子激发到高能级的过程称为泵浦。就像水泵将水从低处抽运到高处,不过这里抽运的是粒子。

1951 年底到 1954 年,汤斯和他的研究生戈尔登(J. P. Gordon)就是使用了前者,实现了微波量子放大器运转。而 1958 年汤斯和肖洛(A. Schawlow),以及现在所有的激光器用的都是第二个方案。

汤斯所从事过的研究使他具备了发明微波量子放大器和激光器的知识储备。汤斯24岁获得博士学位后进入贝尔实验室工作。第二次世界大战时美国空军要求研制一台频率24000 MHz的微波雷达(波长为1.25 cm),任务交给了汤斯。汤斯认为这一频率的电磁波不能用于雷达,因为大气对其有强烈的吸收,空军要求试一试。雷达研制出来了,果然没有成功。但汤斯认识到这一研究的价值:用它进行了微波和介质分子相互作用的研究,并取得了成功,随后他成为这一领域的权威。

汤斯用来产生微波放大的方案是:以氨分子作为微波放大介质。氨分子由三个氢原子和一个氮原子组成。四个原子构成的分子结构是一个三角锥,氮原子位于锥顶,三个氢原子构成锥底。氨分子有丰富的能级,汤斯使用了其中的两个:一个位于正锥的锥顶,另一个位于倒锥的锥顶。两个能级之间的跃迁频率是23870 MHz。使用非均匀强电场让高能态的氨分子和低能态的氨分子走不同路径,从而把高能态的氨分子分离出来,并使其聚焦后注入谐振腔内(其中没有粒子)。腔内的电磁波激励高能态的氨分子受激辐射出微波。谐振腔提供反馈使微波来回通过氨气,维持微波的振荡。汤斯由此获得频率为23870 MHz的微波。

5. 三能级粒子系统

上文谈到的汤斯和戈尔登将高能级的粒子集中起来,造成一个在低能级上没有粒子的环境,实现粒子在上能级和下能级之间的布居数反转。而激光的产生用了另一个方案:使用足够强的交变电磁场(光场)把一半以上的粒子激到高能级,实现粒子布居数反转。荷兰的布隆姆贝根(N. Bloembergen)对此作出了贡献。

1947年,布隆姆贝根及合作者发表了一篇文章,讨论磁能级上的布居数,并且引入了描述布居数分布变化的速率方程。1958年,他提出的利用光子泵浦三能级原子介质实现粒子布居数反转的构思,成为获得粒子布居数反转(光放大条件)的经典方法,如图1-1-1所示。

图 1-1-1　三能级系统

他的方案是选择一个合适的三能级原子系统,再选择频率合适的光子,被低能态(基态 E_1)的粒子吸收并跃迁到顶部高能态(E_3)上去。中间的能级(E_2)是空的,则可能使 E_2 能态的粒子数多于基态 E_1 上的粒子数,实现粒子布居数反转。

1.1.2　激光原理与激光器结构的产生

1. 汤斯和肖洛的构想

1.1.1节提到,自1951年,汤斯经过三年的努力,提出了"受激辐射的微波放大"的理论并发明了世界上第一个氨分子"微波激射器"。之后,他继续沿着这条路向前,希望研究出比微波长更短的"光学脉泽"(optic maser),也就是我们所说的激光。

1957年10月,汤斯作为哥伦比亚大学教授,访问了贝尔实验室,和博士后研究生肖洛讲了他考虑研究的近红外波段放大器,甚至研究可见光脉泽的想法。肖洛当时也正考虑光脉泽的问题,于是他们开始合作研究,并把这种产生光脉泽的装置称为光辐射发生器。

汤斯向肖洛描述了他的设想,显浅地表述这一设想如下:一个玻璃盒,盒内充满铊作为光放大。盒壁作为反射镜使光子来回反射并通过铊放大。盒外一铊灯照射盒内的铊。汤斯打算靠这一装置产生光的放大,肖洛认为应做两点改变:一是盒内不放铊而应放钾;二是不必按照微波放大器的结构由四个反射镜围成一个空腔,使用两块平行的反射镜即可。两块平行的反射镜就是光学仪器中常见的法布里-珀罗(Fabry-Pérot,FP)标准具。图1-1-2是他们构

图 1-1-2　汤斯和肖洛设想的示意图

思的示意图。反射镜 M_1 和 M_2 组成一个 FP 标准具。装铊的玻璃盒置于 FP 标准具内。肖洛认为以钾作为放大介质更合适,原因是铊很难使高能态的布居数高于基态实现粒子布居数反转。

1958 年,肖洛和汤斯希望申请光辐射发生器的专利,但贝尔实验室认为:"光波从没有对通信有过重大作用,该项发明对贝尔系统几乎没有意义"。由于汤斯的坚持,还是申请了专利,并获得专利权。在当时,无论贝尔实验室的官员还是汤斯和肖洛,都没有想到,正是激光器成了新一代通信的核心部件,带来了世界的巨大变化。没有激光就没有当代如此便捷、廉价和无处不在的电话和电视系统。

1958 年 12 月,*Physics Review* 发表了肖洛和汤斯的文章,尽管世界上第一台激光器的发光物质既不是汤斯认为的铊,也不是肖洛认为的钾,但是他们提出的基本概念被公认为激光领域划时代的贡献。

汤斯用钾和铯作为激光介质在哥伦比亚大学开展了实验研究,而肖洛在贝尔实验室开展了实验研究。遗憾的是,他们自己的理论并没有引导他们在实验中取得成功。

与这两位美国科学家的工作齐名的是苏联的巴索夫(H. Г. BacoB)和普罗霍洛夫(A. M. Prokhorov),他们提出了与汤斯几乎相同的原理,同样作出了杰出的贡献。

2. 梅曼发明的红宝石激光器

在实现激光器的实际运转中,有两个人的成就最为突出。一个是梅曼(T. H. Maiman),工作于休斯实验室,另一个是贾范(A. Javan),工作于贝尔实验室。

梅曼曾用 5 年的时间研究用红宝石产生微波,他读到了肖洛和汤斯的文章后开始研究激光。梅曼熟悉红宝石的物理特性、能级结构和光学性能,预感到用红宝石作发光物质可能会产生激光。红宝石是在 Al_2O_3 中加入 0.05% Cr^+,在熔融状态下生长成单晶。他使用美国通用电气公司生产的螺旋状航空摄影氙灯(图中称为螺旋状闪光灯)作为激励源,又称为光泵浦。他把一根红宝石棒插入螺旋灯内。红宝石棒两端镀上反射膜,两个反射膜作为 FP 标准具。梅曼在螺旋灯外加了一个内表面镀反射镜的圆筒(聚光腔)以让更多氙灯的光照射到红宝石内部,如图 1-1-3 所示。实际上闪光灯和红宝石棒是置于聚光腔内的,为了看清楚才画在聚光腔外部。

经过 9 个月的研究,红宝石激光器于 1960 年 7 月在休斯实验室获得成功。当高强度的电流通过氙灯放电时,一束光从红宝石棒中射出,波长 $0.6943\ \mu m$,呈暗红色。这就是世界上第一台激光器。

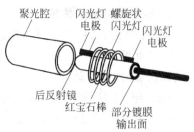

图 1-1-3　梅曼的激光器示意图

3. 贾范发明的 HeNe 激光器

贾范是汤斯的学生,他也希望获得波长更短的电磁波,他对发光介质有深入的了解。贾范读过一篇苏

联学者的论文,该论文提出用气体作发光介质产生激光。贾范通过计算,认为不应是纯气体,而应是混合气体,如 He 和 Ne 的混合气体。Ne 为发光介质,He 为辅助气体。He 的作用是帮助实现 Ne 的粒子布居数反转并形成光放大。但贾范不知道如何使介质发射的光子形成谐(共)振,反复放大。有一天他遇见肖洛。肖洛告诉他,用 FP 标准具可以实现光的往复反射(反馈),反复放大。贾范把几方面的知识综合起来,在 8 个月之后,即 1960 年 12 月 12 日研制成功了 HeNe 激光器。波长是 $1.15\ \mu\text{m}$ 不可见的红外光。图 1-1-4 是贾范发明的 HeNe 激光器示意图。左面是一个全反射镜 M_1,中间是 HeNe 放电管,右面是部分反射镜 M_2;HeNe 放电管两端是布儒斯特窗,放电通路由阳极、毛细管和阴极构成。

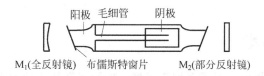

图 1-1-4　贾范的激光器示意图

4. 半导体激光器的发明

半导体激光器的应用十分广泛,但相对于上述的红宝石激光器和 HeNe 激光器,半导体激光器的成功和应用要晚得多。1958 年到 1961 年,人们并不相信用半导体材料可以制成激光器。1962 年,莱迪克尔(R. Rediker)等用 GaAs 制成了发光二极管(light emission devices,LED),并发现这种器件有很高的发光效率。1962 年 9 月,克耶斯(Keyes)在会上宣布了关于他研究 LED 的结果。霍尔(R. Hall)受到启发,立刻组织了一个小组,研究用扩散技术制成 GaAs pn 结,由 pn 结实施光放大,与 pn 结垂直的两个端面构成 FP 标准具,实现光在 GaAs 中的往复放大。这就是早期半导体激光器的结构。1963 年 9 月中旬,他们实现了 GaAs 半导体激光器的运转。但这样的激光器性能不佳,需要很大供电电流及要在低温下工作,不具应用价值。如何获得实用的半导体激光器(双异质结半导体激光器),将在 4.3 节给出。

1.1.3　激光发明史的启发

激光发明是一个很典型的科学发现与技术创新的例子,给出了从理论到技术的接力过程,同时给出了一个成功科学家需要具备的个人品格和知识结构。仔细品味激光发明史,会有很多收获。

一个成功的科学家要对自己的研究充满热情和兴趣,才能无所畏惧。

当肖洛和汤斯把他们的构思拿去申请激光专利时,竟遭到贝尔实验室专利办公室的拒绝。现在我们在取笑专利办公室的无知时,必须知道,这种无知在任何人的身上都可能发生,新生事物永远是易被否定的。

肖洛和汤斯虽然提出了产生激光的学术思想,但他们在实验中失败了,没有作出自己的铊激光器和钾激光器,首先研究出激光的是梅曼。这就是科学的接力。

梅曼用红宝石作发光介质获得激光后,论文投给 *Physical Review Letters*。主编看后,不认为梅曼的文章有何新奇,不认为是重大的应该立即公之于世的成果。梅曼无奈只好先在《纽约时报》上作为一则消息宣布。

一部激光发展史就是一批科学巨人的登山史,前人登上一个高峰,后人望见更高的山峰,攀上去,一位接一位,终于让激光照亮了世界。除了上文提到的普朗克、爱因斯坦、汤斯、巴索夫和布隆姆贝根分别获得了诺贝尔奖,对激光及其应用作出创造性贡献的还有:朱棣文(Steven Chu)因激光冷却原子的成果而获得 1997 年诺贝尔物理学奖;高锟预言了基于光学全反射原理的光导纤维传输光的可能性,获得了 2009 年诺贝尔物理学奖;克诺默(Herbert Kroemer)等提出了双异质结半导体激光器的新构思,获得了 2000 年诺贝尔物理学奖。可惜的是,因诺贝尔奖的名额限制,研究出第一台激光器的梅曼却没有获得诺贝尔奖。

从普朗克 1900 年提出光子学到 1960 年梅曼研究成第一台激光器,经历了 60 年。后来者在先行者的成就上前进,再前进。今天,激光已嵌入每一个行业,推动着社会的发展。

1.2　激光器种类

自激光器问世后,很快出现了多种激光器。按激光器使用的发光物质分类,可分为气体激光器、液体激光器、固体激光器、半导体激光器、染料激光器、化学激光器、光纤激光器等。在同一类型的激光器中又包括较多发光介质材料成分或结构差异的激光器,如固体激光器有红宝石激光器、掺钕钇铝石榴石(Nd:YAG)激光器、掺钕钒酸钇(Nd:YVO$_4$)激光器等。气体激光器主要有氦氖(HeNe)激光器、二氧化碳(CO$_2$)激光器,及氩离子(Ar$^+$)激光器等。由于工作物质不同,产生的激光束波长不同,功率不同,尺寸不同,可以满足多样性的应用需求。倍频技术的出现,丰富了激光波长,扩大了固体激光器的应用范围(见 14.4 节)。

1.2.1　固体激光器

固体激光器的发光材料分别是在红宝石、石榴石、玻璃材料中掺杂铬、钕、铒、镱等。固体激光器具有体积小、输出功率大、可输出窄脉冲等特点。表 1-2-1 给出了常用的几种固体激光器的工作波长及应用。

表 1-2-1　常用固体激光器

激光器类型	工作波长	泵浦方式	应用
掺钕钇铝石榴石(Nd:YAG)激光器	$1.064\,\mu m$, $1.32\,\mu m$	激光二极管、闪光灯	激光加工、激光测距、外科治疗、倍频可产生 532 nm 波长激光或紫外激光
掺钕钒酸钇(Nd:YVO$_4$)激光器	$1.064\,\mu m$	激光二极管	激光加工、连续泵浦锁模钛(Ti)宝石激光器或染料激光器
钕玻璃(Nd:glass)激光器	$1.062\,\mu m$(硅玻璃)或 $1.054\,\mu m$(磷酸盐玻璃)	闪光灯、激光二极管	高功率或高能量系统(如惯性约束核聚变系统)
掺钕氟化钇锂(Nd:YLF)激光器	$1.047\,\mu m$ 或 $1.053\,\mu m$	闪光灯、激光二极管	脉冲泵浦钛(Ti)宝石激光器
掺铬钇铝石榴石(NdCr:YAG)激光器	$1.064\,\mu m$	太阳辐射	制作纳米粉
钛(Ti)宝石激光器	$0.65\sim1.10$ nm	Nd:YAG 激光器等	激光光谱、激光雷达、锁模、超短激光脉冲或超高强度脉冲

续表

激光器类型	工作波长	泵浦方式	应用
红宝石激光器	$0.6943\,\mu m$	闪光灯	光学全息
掺铥钇铝石榴石(Tm：YAG)激光器	$2.0\,\mu m$	激光二极管	激光雷达
掺镱钇铝石榴石(Yb：YAG)激光器	$1.03\,\mu m$	闪光灯、激光二极管	激光致冷、激光雷达、生成超短脉冲、激光加工
掺钕三硼酸氧钙钇(Nd：YCa$_4$O(BO$_3$)$_3$、Nd：YCOB)激光器	$1.060\,\mu m$	激光二极管	高亮度绿光激光源
掺铈氟化物(Ce：LiSAF,Ce：LiCAF)激光器	$0.280\sim0.316\,\mu m$	四倍频 Nd：YAG 激光器、准分子激光器、铜蒸气激光器	遥感、激光雷达
掺铬硒化锌(Cr：ZnSe)激光器	$2.2\sim2.8\,\mu m$	掺铒激光器等	激光雷达、制导
掺钐氟化钙(Sm：CaF$_2$)激光器	$0.709\,\mu m$	闪光灯	科学研究
掺铒钇铝石榴石(Er：YAG)激光器	$2.94\,\mu m$	闪光灯、激光二极管	医学治疗
掺钬钇铝石榴石(Ho：YAG)激光器	$2.1\,\mu m$	激光二极管	组织消融、肾结石治疗、牙齿治疗

1.2.2　气体激光器

气体激光器的发光物质是气体。贾范发明的 HeNe 激光器就是一种气体激光器。在气体激光器中，有的工作物质本身是气体状态，也有的物质是液体或者固体，经过加热后使其变为蒸气再作为激光工作物质。气体激光器中，除了发射激光的气体介质外，为了延长激光器的工作寿命以及提高输出功率，还加入适量的辅助气体，如 He、CO_2 等。气体激光器大多由电激励，即用直流、交流及高频电源使气体放电形成电流，运动的电子在与粒子(气体的原子或分子)碰撞时将自身的能量转移给粒子，使原子或分子被激发到高能级上而形成粒子布居数反转，产生激光。按照气体激光器中工作物质的不同，可分为中性(惰性)原子气体、离子气体、分子气体三种。各种激光器的工作波长和应用范围列在表 1-2-2 和表 1-2-3 中。

表 1-2-2　气体激光器

激光器类型	工作波长	泵浦方式	应用
氦氖(HeNe)激光器	632.8 nm、543.5 nm、593.9 nm、611.8 nm、$1.1523\,\mu m$、$1.52\,\mu m$、$3.3913\,\mu m$	气体放电	干涉仪、光学全息、光谱仪、准直

续表

激光器类型	工作波长	泵浦方式	应用
二氧化碳（CO_2）激光器	$9.4\ \mu m$、$10.6\ \mu m$	气体横向（高功率）或者纵向（低功率）放电	激光切割或者焊接、外科手术
氩离子（Ar^+）激光器	$454.6\ nm$、$488.0\ nm$、$514.5\ nm$、$351\ nm$、$363.8\ nm$、$457.9\ nm$、$465.8\ nm$、$476.5\ nm$、$472.7\ nm$、$528.7\ nm$	气体放电	视网膜治疗、平版印刷术、共焦显微镜、其他激光器泵浦源
准分子激光器	$193\ nm$(ArF)、$248\ nm$(KrF)、$308\ nm$(XeCl)、$353\ nm$(XeF)	气体放电	紫外光刻、激光手术
氪激光器	$416\ nm$、$530.9\ nm$、$568.2\ nm$、$647.1\ nm$、$676.4\ nm$、$752.5\ nm$、$799.3\ nm$	气体放电	光显示、科学研究
氙离子激光器	从紫外、可见到红外	气体放电	科学研究
氮激光器	$337.1\ nm$	气体放电	泵浦染料激光器、测量空气污染
一氧化碳激光器	$2.6\sim4\ \mu m$、$4.8\sim8.3\ \mu m$	气体放电	雕刻或者焊接、光生光谱

表 1-2-3　金属蒸气激光器

激光器类型	工作波长	泵浦方式	应用
HeCd 金属蒸气激光器	$441.56\ nm$、$325\ nm$	金属蒸气放电	印刷和照排、荧光激发
HeHg 金属蒸气激光器	$567\ nm$、$615\ nm$		科学研究
HeSe 金属蒸气激光器	从紫外到红外		科学研究
HeAg 金属蒸气激光器	$224.3\ nm$		科学研究
Sr 金属蒸气激光器	$430.5\ nm$		科学研究
NeCu 金属蒸气激光器	$248.6\ nm$		科学研究

1.2.3　半导体激光器

半导体激光器的简称是 LD(laser diode)。有几十种半导体材料可作为激光工作物质。目前，已制成激光器的半导体材料有砷化镓（GaAs）、砷化铟（InAs）、氮化镓（GaN）、锑化铟（InSb）、硫化镉（CdS）、碲化镉（CdTe）、硒化铅（PbSe）、碲化铅（PbTe）、铝镓砷（AlGaAs）、铟磷砷（InPbAs）等。半导体激光器由三种材料串联而成，如 p 型 AsAl，p 型 GaAs，n 型 GaAl。p 型 GaAs 很薄，厚度仅微米量级，也称为中间层。

绝大多数半导体激光器的泵浦方式是电注入，即给 pp 结和 pn 结加上正向电压。电子和空穴复合在结区产生激光辐射。与气体或固体激光器相比，半导体激光器可输出较宽的波长范围（即较低的相干性），发射的光束有较大发散角，激光功率和频率受温度影响大，所以半导体激光器在方向性、单色性（相干性）等方面不如气体或固体激光器。半导体激光器的突出优点是：体积小、重量轻、结构简单、易于大批制造、电能直接转换为激光能、转换效率高、便于直接调制等。半导体激光器主要应用于光通信领域以及作为固体激光器和光纤激光器的泵浦源。常用的半导体激光器的输出波长和应用范围列在表 1-2-4 中。

表 1-2-4　半导体激光器

激光器类型	工作波长	泵浦方式	应　用
GaN 半导体激光器	$0.4\ \mu m$	电流	光通信、激光全息、激光印刷、激光武器、其他激光器的泵浦源
InGaN 半导体激光器	$0.4\sim0.5\ \mu m$		光盘读写
AlGaInP 和 AlGaAs 半导体激光器	$0.63\sim0.9\ \mu m$		家用投影机光源
InGaAsP 半导体激光器	$1.0\sim2.1\ \mu m$		光盘、通信、激光医疗、固体激光器泵浦光源
垂直腔表面发射半导体激光器（VCSEL）	$0.85\sim1.50\ \mu m$		通信、激光医疗、固体激光泵浦光源
量子级联激光器	中红外到远红外		激光通信、激光雷达、医学诊断、激光加工

1.2.4　染料激光器

染料激光器以有机染料作为激光工作物质。大多数情况下是把有机染料溶于溶剂（乙醇、丙酮、水等）中作为激光介质，也有以蒸气作为激光介质的。不同染料作激光介质可获得不同激光波长。染料激光器一般由激光器作泵浦源，即让一激光器发出的激光束入射进染料激光器，使染料激光器形成激光振荡，常用的有氩离子激光器等。染料激光器工作原理比较复杂，体积大，但输出波长连续可调。常用染料激光器的输出波长及其应用范围列在表 1-2-5 中。

表 1-2-5　染料激光器

激光器类型	工作波长	泵浦方式	应　用
染料激光器	$390\sim435$ nm(2-二苯乙烯)，$460\sim515$ nm(香豆素 102)，$570\sim640$ nm(若丹明 6G)	氩离子激光器等、闪光灯	激光医疗、激光光谱、同位素分离

1.2.5　化学激光器

化学激光器是从化学反应获得能量的激光器。连续光的化学激光器输出功率可达兆瓦级，常用于工业切割、军事等领域。常用化学激光器的工作波长和应用范围列在表 1-2-6 中。

表 1-2-6　化学激光器

激光器类型	工作波长	泵浦源	应　用
氢氟光激光器	$2.7\sim2.9\ \mu m$	化学反应	激光武器
氘氟光激光器	$3.800\ \mu m$、$3.6\sim4.2\ \mu m$		激光武器
氧碘化学激光器	$1.315\ \mu m$		激光武器、材料研究
全气相碘激光器	$1.315\ \mu m$		激光武器、大气及其他科学研究

1.3   激光束的五个特性

长期以来把激光与普通光源如太阳光、钠光灯、白炽灯光等相比,激光束有三个特性:高相干性、高亮度和高方向性。这就是各种书籍、资料上所讲的激光三特性。这是强调激光束优于其他类型的光源所作的归纳。

更广义上来讲,光是一种电磁波,汤斯和贾范研究激光的目的是发明比微波波长更短(更高频率)的电磁波。激光束的波长是微米、亚微米量级,微波的波长是厘米、毫米量级。最短的电磁波长频率 300 GHz,而激光频率达到 30000 GHz,相差千倍。激光束的"高频率"是激光通信比普通电磁波通信容量大的基础。

普通光源发出的光是自然偏振的,而激光束大多是线偏振的。

因此,激光束的重要特性有五个:高方向性、高亮度、高频率、高相干性、高偏振。激光束的应用是在这五个特性的基础上发展起来的。激光束的高亮度、高方向性是激光存储、激光脉冲测距、武器的激光制导、激光加工、激光生物和医学的基础。激光束的高频率特性是光通信大容量的基础。激光束的高相干性和高偏振性满足了各行业的高精密仪器的需求,如激光干涉仪(增量和绝对方式)、原子冷却、光钟、光频率梳和光谱仪器。

1.4   以激光为基础的其他学科

本节介绍建立在激光基础之上的新学科。"学科"指的是科学的一个分支。建立在激光之上的新学科有光纤光学和导波光学、非线性光学和激光光谱学等。

1.4.1   光纤光学和导波光学

光纤应用非常广泛,给通信系统带来了革命性的变化,比如互联网、有线电视、……无一不与光纤对携带信号的光束传输相关,而光纤光学就是以光纤传输光信号为研究对象的一门科学,英文为"Fiber Optics"。

科学家一直寻找理想的光的传输介质,经过不断地摸索,终于发明了特殊结构的高透明度的石英玻璃丝来传输光束。玻璃丝就是我们所说的光学纤维,简称"光纤"。不过最初,由于制造光纤的玻璃材料中所含杂质以及工艺不完善等原因,光纤对光的衰减(损耗)很大,只能传输很短的距离。直到 20 世纪 60 年代,最好的玻璃纤维的衰减损耗仍在每千米 1000 dB以上。人们仅能用它传输医疗使用的内窥镜的光,通过光纤观察 1 m 左右的胃内图像。一些科学家由此认为用光纤作通信传输线希望渺茫。

就在这种困难情况下,出生于上海的英籍华人高锟博士(后被誉为光纤之父)作出了杰出贡献,并获诺贝尔物理学奖。1966 年 7 月,高锟就光纤传输发表了具有重大历史意义的论文,论文分析了玻璃纤维损耗大的主要原因,并预言,只要能减少玻璃纤维的杂质,就有可能使光纤的损耗从每千米 1000 dB 降低到每千米 20 dB,用于光通信。这篇论文使许多科学家受到鼓舞,增强了实现低损耗光纤的信心。1970 年,诞生了世界上第一根低损耗的石英光纤——美国康宁公司的三名科研人员马瑞尔、卡普隆、凯克成功制成了传输损耗每千米只有 20 dB 的光纤。这标志着以光纤作为通信传输线(光纤通信)有了现实意义。

光纤按其可传输的光束模式定义式(式(1-4-1))分为单模光纤、多模光纤,按材料分为石英光纤、塑料光纤,按适合于传输的光波长分为紫外光纤、红外光纤等。还有几种特殊光纤:保偏光纤(保证进入光纤的偏振光从光纤出来时仍为偏振光)、有源光纤(光纤本身具有放大光的能力)、双包层光纤、耐辐射光纤等。

至今,已经有了完善的光纤光学理论,可以对应何种光纤性能进行设计和优化,包括光纤内的场分布、传输特性,这些特性与几何参量、电参量之间的关系。

普通光纤具有双层结构,如图 1-4-1 所示。中间是高折射率的纤维芯,周围是低折射率的纤维包层,芯与包层间有良好的光学界面。根据几何光学的反射原理,只要满足全反射条件的光线(在纤芯内壁上入射角 90°至临界角范围内)都可全反射继续向前传播。要使光纤芯在光纤中有稳定的场分布,在入射波和反射波相互交叠的横向区域,必须形成驻波,即入射波与反射波的横向分量必须满足相干条件:

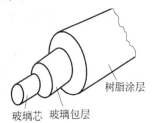

图 1-4-1　光纤的结构

$$kx4d + 2\delta = \pm 2m\pi, \quad m = 0, 1, 2, \cdots \tag{1-4-1}$$

式中,k 为波矢,d 为光纤的直径,δ 为反射界面的相移。只有满足式(1-4-1)的光才能形成稳定光场,而不满足式(1-4-1),即入射角小于临界角的光线经多次透射后逐渐溢出光纤外。入射角大于临界角的光线在光纤内形成稳定的场分布。这每一种稳定存在的光波场分布称为一种模式,方程(1-4-1)称为特征方程。在特征方程的限制下,横向传播常数(即波矢 k)只能取一些分立值;$k^2 = k_x^2 + k_y^2 + k_z^2$ 也只能取一些分立值;即不同的模式在光纤里的传播速度是不同的。

对于较复杂的光纤(多模、折射率渐变等),简明的光波导模式理论不能得出精确解,需要对模型进行进一步的数学分析,用到的方法有解析法、数值计算法等,这里不再一一介绍。

激光的发展还推动了另一光学分支"导波光学"的发展,导波光学研究光波通过波长量级横向尺寸的波导(包括薄膜波导和光纤)的传播规律与各种效应的学科,研究光波在光学波导中的传播、散射、偏振、衍射等效应。

1.4.2　非线性光学

在电场中,介质分子被极化,分子构成的材料也被电场极化。电场越强分子的电偶极矩矢量就越大。单位体积内电偶极矩矢量的叠加定义为电极化强度。光在介质中的传播过程也是介质电极化的过程。当光的电场强度不大时,电极化强度 P 与光的电场强度 E 成正比,即

$$P = \chi E \tag{1-4-2}$$

式中,χ 称为极化系数,此时的系统为线性极化系统。随着激光的出现,激光束的电场强度与普通光源相比增加了许多量级,达到 10^8 V/cm,可以与原子核对外围电子的束缚电场相比拟,必须考虑电场引起的介质的极化强度与电场的关系出现的平方项、三次方项,即

$$P = \chi^{(1)}E + \chi^{(2)}EE + \chi^{(3)}EEE + \cdots \tag{1-4-3}$$

于是出现了非线性项,也即非线性光学现象,其中 $\chi^{(1)}, \chi^{(2)}, \cdots$ 称为光的非线性极化系数。

1. 二阶非线性光学效应——倍频与和频

红宝石激光器(图 1-4-2)出现后,人们立即想到借助激光可能会观察到非线性光学现象。1961 年弗兰肯(Franken)等用红宝石激光照射石英晶体(称为倍频晶体),然后用棱镜光谱仪分析透射的光。发现在光谱上除了基频(即红宝石激光频率)信号外,还有一个很弱的光斑,其光频率二倍于红宝石激光的频率,首次实现了红宝石激光的二倍频,即从 $0.6943\ \mu m$ 向 $0.3471\ \mu m$ 的转化。当文章送到 *Physical Review Letters* 发表时,杂志的印刷人员却以为光谱中的倍频斑点是个污点而将它抹去,因此抹掉了文章中二倍频产生的证据,成为物理学史上的一件趣事。

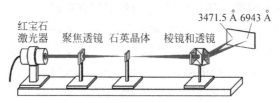

图 1-4-2   用红宝石激光器实现光倍频的第一个装置

实现光倍频的条件是"相位匹配",即倍频光与基频光通过倍频晶体石折射率相等。经过多年的探索,现在已发现多种适用于倍频的晶体,它们都能实现相位匹配,如磷酸二氢钾、磷酸钛氧钾和偏硼酸钡等,其中偏硼酸钡是我国研制成功的具有较大非线性系数和较宽透光波段的新型倍频晶体。

和频现象如图 1-4-3(a)所示,当频率分别为 ω_1 和 ω_2 的光同时进入一介质时,会在介质中产生频率为$(\omega_1+\omega_2)$ 的极化偶极矩,极化偶极子发出的辐射就是和频光的输出。

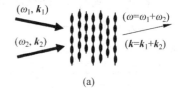

在物理学中,一个物理过程往往会有相应的反过程。这里,可以想到和频的反过程,把图 1-4-3(a)中的箭头翻转过来,就得到图 1-4-3(b)。可以看到,进入介质的是频率为$(\omega_1+\omega_2)$ 的光,输出的是频率分别为 ω_1 和 ω_2 的两束光,一般称为参量产生(parametric generation)过程。改变晶体介质的温度或取向可以改变相位匹配,因而可以得到输出频率分别为 ω_1 和 ω_2 的光,成为一个频率可调光源。

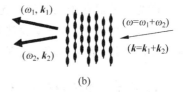

图 1-4-3   和频(a)与光学参量(b)产生的示意图

2. 三阶非线性光学效应——相位共轭光的应用

在足够强的光场中,可以观测到三阶非线性光学效应,包括光的三倍频、三束光的和与差频、克尔效应等。三阶非线性光学的一个热门的应用是产生相位共轭光,用于消除波前畸变,从而恢复因光束(信号)传播而引起的图像畸变。

相位共轭光的发现和发展经历了长期的探索过程,1972 年,泽尔多维奇(Zel' dovich)首次报道了光学相位共轭的实验发现。他用单模脉冲红宝石激光器作泵浦光源,在 CS_2 中产生所谓受激布里渊散射。散射光波被布里渊反射镜反射后被时间反演,受到的相位干扰得到了矫正,重新得到了与干扰前相同的光斑。同年,努萨什(Nosach)等演示了利用 SBS 矫正波前的现象。

　　图 1-4-4(a)和(b)分别给出了点光源经过相位畸变介质及普通平面反射镜与相位共轭镜后的传播特性。光束经平面镜反射后继续发散传播,由相位畸变介质产生的波面畸变也保持不变。而经相位共轭镜反射后,光沿原路返回到了光源,其波面与出射时完全一致,即两次相向通过相位畸变介质后畸变得到了消除。正是相位共轭镜的这一特性,使得它在半导体激光器的锁相、高功率固体激光器的相位矫正、光信息传输及光信息处理等领域中获得了广泛的应用。

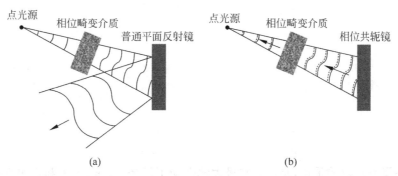

图 1-4-4　点光源经过普通反射镜(a)及相位共轭镜后的传播(b)

　　有很多种方法可以产生相位共轭光,布里渊散射就是一种。在布里渊散射发生过程中,入射光子的能量转变为散射光子和被激发的声子的能量。当入射光是强激光时,这种散射是受激的,散射光为相干光。受激布里渊散射可看成是入射激光与其在介质内通过电致伸缩机制所激励起的强超声波场之间的相互作用引起的。由于这种相互作用使散射光从入射光那里获得了足够大的增益。如果入射激光场的强度在横向随 r 的起伏很大,则在这种条件下,背向受激布里渊散射波是入射波的相位共轭波。如果入射激光不满足上述条件,在它到达布里渊室之前人为地加大入射横截面上的相位畸变,则自然会增强背向散射波的相位共轭效应。

第 2 章
激光应用概述

激光器受到广泛的重视,是因为它极大地推动了经济、科学、军事和人类医疗保健的发展。本章将对激光的应用作系统但初步的介绍。核心问题包括:激光器的重要应用,以及什么特性使它能够获得应用? 读过本章再学习后续章节,您会感觉脚踏实地、目标明确,不会再困惑地问:"我学习激光原理有什么用呢?"

激光应用是在激光束的五个特性(高频率、高相干性、高亮度、高方向性和高偏振性)的基础上发展起来的,如激光通信、激光存储、激光脉冲测距(及雷达)、激光生物医学、激光原子冷却、激光产生光学频率梳、光钟、激光制导等。

这里,再次提醒不能忘记的两个特性(其他书籍中多有遗漏),一个是激光束的"高频率",激光束的"高频率"是激光通信比普通电磁波通信容量大的基础。按波长,最短的电磁波长在毫米量级(频率 300 GHz),而激光波长在微米量级(频率 30000 GHz),相差千倍。另一个是激光束的偏振特性。利用激光束的偏振可以实现很多应用,特别是激光正交偏振的研究成果,扩展了激光器的应用范围和性能。

2.1　激光通信

在通信技术中,电磁波频率越高,传输信息的容量就越大。如每路电话所占的频带宽度为 4 kHz,激光束的频率高达 10^{14} Hz 量级,用激光束作载波传送话音信号,可同时容纳上百亿路电话。若用激光束传送电视节目,以每套电视节目所占用的频带宽度 10 MHz 计算,可同时播送 1000 万套电视节目。

光通信的基本原理如图 2-1-1 所示。待发送的声音和图像被电路转化成二进制信号后,作为半导体激光器的供电/调制电流。半导体激光器发射的激光束的功率随这一调制而改变,即半导体激光器发射的激光束里带有待发送的声音和图像信号。激光束经过透镜组聚焦进入光纤,经过光纤传输,到达目的地后,光束从光纤射出,进入光电探测器,光电探测器把光的波动转变成电流(电压)信号,由信号处理系统把电流信号复原成声音或图像。

光通信中,半导体激光器的光波长以 850 nm、1310 nm 和 1550 nm 居多。因为这三个波长的光在光纤内损耗(被吸收)小,可以传输更长的距离。这三个波长又称为光纤的通光窗口。声音、图像被电路转化成 LD 输出光的功率,并按二进制改变。这种携带声音和图像信息的激光束即称为信号光。

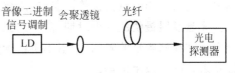

图 2-1-1 光通信原理示意图

在目的地,光电探测器的探测面(光敏面)把光束的功率转化成电流(电压),复现声音和图像信号。

2.2 激光存储:光盘

激光存储的代表性技术是光盘技术。光盘技术是 20 世纪 60~70 年代开发的一项激光信息存储技术。1961 年,美国斯坦福大学和 3M 公司就已开始了光盘技术的研究。1972 年,荷兰菲利浦公司(Philips)和美国音乐公司(MCA)率先开发制作出了视频光盘,并于 1978 年正式投入市场。到 70 年代末,又出现了数据光盘。最初,光盘技术主要用于录制音乐和电视节目,自 1980 年后,又开发出用于文献信息存储的光盘技术。

家庭中最常使用的是只读光盘,是由原版光盘(母盘)复制而来。原版光盘由基片和其上的一薄层感光记录层组成。感光层或者是镀在基片上的金属感光层,或者是涂覆在基片上的有机感光层。

光盘存储信号的过程如图 2-2-1 所示。将原版光盘置于旋转台上,半导体激光器 LD 发出的激光束经准直扩束镜和聚光镜聚焦于光盘记录层上,聚焦光为约微米直径的光斑。被刻制的光盘旋转,聚焦光斑从内向外沿半径方向移动且按指令通断。光通时,在记录层上刻录下许许多多宽度相同(相当于光点的直径)、长度和间隔均有变化的微小凹坑。凹坑深度为四分之一波长($\lambda/4$),这些凹坑便记录了画面和声波信号。

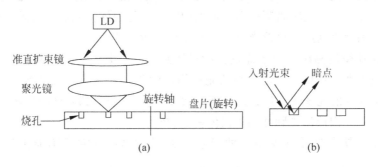

图 2-2-1 光盘存储示意图

(a) 光盘播放机示意图;(b) 烧坑处为暗场

声音和图像重现也是利用光的干涉原理。当聚焦光斑射到有凹坑的位置时,一部分光进入坑底,一进一出再回到盘面上走过 $\lambda/2$,与盘面反射的光干涉,两光相位相反,相消形成暗点,即光盘没有光反射,光电探测器上为"暗"。没有凹坑的数据点把入射光全部反射进光电探测器,光电探测器为"亮"。光电探测器把"暗""亮"转换成电信号(即还原成原来的数字信号),送入音响或电视机等设备,还原成画面或声音。

光盘发展最快的一个时期,磁盘遇到了一些困难,如存储容量的限制。随着磁盘、USB闪盘突破存储容量的限制,光盘不再占优势。但光盘因廉价的复制成本、易于携带等特点仍保持着自己的应用市场。

2.3   激光脉冲测距

激光脉冲测距主要是利用激光可产生亮度高、方向性好(发散角小)的激光脉冲。激光脉冲测距用途广泛,主要用于高精度地测量到达目标的距离,如行驶的汽车与前面障碍物的距离、我阵地与敌炮兵的距离、我机到敌机的距离、河对面山上一个地理标志的距离等。

激光脉冲测距的基本原理是:将激光束(脉冲)射向被测目标,被测目标把光脉冲反(散)射回与激光器光轴平行的光电探测器,光电探测器探测到光脉冲出发和回到光电探测器的时间间隔,由此求得激光器与被测目标间的距离为

$$d = c \cdot \Delta t / 2 \qquad\qquad (2\text{-}3\text{-}1)$$

式中,c 为光速(3×10^5 km/s),Δt 是激光发出时刻和接收到返回信号之间的时间间隔。光电探测器把光脉冲转化为电脉冲。

式(2-3-1)中,c 为常数,可见脉冲激光测距的精度取决于对时间间隔 Δt 的测量精度。Δt 的测量是由记录激光脉冲出发时刻 t_1 和回到出发点的时刻 t_2 相减而得。具体技术有多种。为了准确记录 t_1 和 t_2,除了响应快的光电探测器外,还要求激光脉冲持续时间短(宽度窄),特别是脉冲上升沿陡。宽的激光脉冲持续时间长,难以精确确定 t_1 和 t_2 是持续时间内的哪一时刻,影响测量距离的精度。获得激光窄脉冲的技术称为 Q 调制技术。有多种 Q 调制技术。还有皮秒、飞秒激光脉冲技术,可按需求选择。

激光脉冲测距机种类较多。如炮兵测距机,测距精度 ±5 m,测程 20 km。大地测量则需要优于 0.5 m 精度。远距离测距需要使用功率较大的固体激光器作为激光脉冲光源。近距离激光脉冲测距机则用砷化镓半导体激光器作为激光源。

激光测距比微波测距有较多优点。激光测距因为波长短,不需要使用巨大的天线,用光学准直透镜组就能获得发散角很小的光束提高测程。如光束发散角为 0.05° 的激光,只需直径不足 10 cm 的光学准直透镜组。而对微波来说,要想得到同样的发散角,天线直径则要在 305 m 以上。因此激光脉冲测距仪体积小、轻便。

激光测距的缺点是受气象条件的影响很大,如大雨、下雪时不能工作,这方面不如微波。

2.4   激光生物医学工程

没有显微镜就没有细胞科学。光学显微镜是典型的传统光学成像仪器。进入激光时代,光在激光生物医学中也发挥了广泛的作用,占据了突出的地位。

激光的特性,以及它与生物组织相互作用过程中的特异规律为研究生命科学和医治疾

病提供了新的途径,也为临床诊治疾病提供了新的技术,已经形成又一门新兴的边缘医学科学——激光医学。

1. 用激光新技术研究生命现象和规律

借助激光微束仪把激光束直径聚焦到 $0.5\sim1\,\mu m$,用以切割或焊接细胞,研究生物遗传规律。借助激光拉曼光谱分析技术,研究生物大分子的结构及其变化。借助红外吸收光谱仪,通过对唇部的测定,能测定人血液内所存在的元素。借助激光多普勒测速技术测量皮肤、肠黏膜、胃黏膜的血流的特征,可瞬时或连续地直接测量任何光束可到达之处的组织的毛细血管的血流等。借助光学质谱技术,可以测量血液、尿液和人体其他组织的成分、微量元素的含量等,以及识别和分辨细胞是否发生病变或癌变。

2. 激光治疗

激光治疗的范围现在已经涉及临床所有各科。大体可分为激光手术治疗和激光非手术治疗。

(1) 激光手术治疗。用准分子激光器切割角膜,改变角膜曲率、矫正曲光不正,用二氧化碳激光器祛斑美容,用光纤激光器切除脏器等。

(2) 激光非手术治疗。用弱激光照射人体组织,不会直接损伤组织和细胞,用来做物理治疗或光针灸治疗。与传统理疗中的光疗比,激光的疗效显著地提高,且适应证广泛得多;与传统毫针比,激光光针无菌、无痛,不会断针、晕针。

有关激光手术刀的内容见 2.12 节。

2.5　激光原子冷冻

激光原子冷却技术的早期发展是为了精确测量各种原子参数,提高激光光谱分辨率和实现超高精度的原子钟。后来,这一技术成为研究原子玻色-爱因斯坦凝聚的关键实验方法。

温度是物体分子热运动剧烈程度的宏观表现。原子冷却就是降低物体分子热运动的速度。原子速度降低,物体变冷。原子一旦被冷却,它发射的光的频谱变窄,表现为颜色变纯,冷冻的极窄光谱线在若干方面有着重要应用。

图 2-5-1　激光冷却原子原理

激光冷却原子的方法有几种,本节只介绍激光多普勒冷却,即原子热运动时发射的光子产生多普勒频率移动,不同速度的原子频移不同,这就形成原子发射宽的光谱。要压缩光谱宽度就要尽量降低原子的运动速度。用激光束照射原子降低原子的运动速度的方法就是激光冷冻原子技术。激光冷却原子原理如图 2-5-1 所示。

一个原子从右向左运动,一束光波从左向右运动。如原子运动速度为零,它吸收频率为 ν 的光子。如运动速度为 v,它吸收的光子频率为

$$\nu=\nu_0(1-v/c) \tag{2-5-1}$$

同时,光子的动量也被它吸收。原子吸收了光子后会自发辐射光子回到基态。它能再吸收光子,再自发辐射,回到基态。在这个过程中,原子吸收光子和发射光子导致了原子动量的改变。原子吸收与其运动方向相反的光子的动量,动量积累。而原子吸收了光子后发射光子的动量方向是随机的,动量不能在一个方向积累。多次重复下来,原子吸收得到的动量随

吸收次数增加,原子被减速。看起来像是原子受到迎面光子的撞击而减速。速度降了,温度低了。多普勒光谱宽度被压窄了,这就是多普勒冷却的基本思想。激光多普勒冷却可使原子温度降低到 $10^{-3} \sim 10^{-4}$ K。之后,还产生了多种冷却原子的方法,获得更低的温度,不在此讨论。

在原子冷却的基础上,发明了光钟。激光冷却了原子,大大压缩了它发射光子的光谱宽度,形成极窄的频率(ν)宽度,这个频率就成为时间的基准(周期 $\Delta t = 1/\nu$)。

2.6   激光产生光学频率梳

在 2005 年诺贝尔奖的评选中,三名科学家因在光学领域所作出的杰出成就而获物理学奖,其中哈佛大学的格劳伯教授(R. J. Glauber)因在"光相干性的量子理论"的贡献分享该奖的一半,另一半则由美国国家标准技术研究院的霍尔教授(J. L. Hall)和德国马普量子光学所的亨施教授(T. W. Hansch)共同获得。霍尔和亨施在"超精细激光光谱学,包括光学频率梳技术"研究中作出了突出的贡献。这里的"超精细激光光谱"是指具有非常窄的频率(线)宽度。所说的"光学频率梳"是指一束激光内含有多个等间隔、窄线宽的频率,这些频率如同梳齿,等间隔排列。

光学频率梳是在飞秒激光器的基础上发展起来的。飞秒激光器发射激光脉冲,激光脉冲的持续时间非常短,只有几个飞秒(1 fs 是 10^{-15} s,也就是千万亿分之一秒)。飞秒激光器在医疗、微细加工、双光子聚合、超快过程研究、相干控制、非线性光学和超连续谱光激发等领域应用广泛。

飞秒锁模激光器输出的激光束是一个超短光脉冲序列,每个脉冲的持续时间(脉冲宽度)为数十飞秒。将脉冲(光场按时域的分布)进行傅里叶变换后变成频域分布,其分布如同梳子一样呈等间隔的光学频率序列——光学频率梳,每一个频率就是一个齿(光齿)。光梳上任一光齿的频率 ν_n(光频)可表示为

$$\nu_n = n\nu_{\text{rep}} + \nu_0 \tag{2-6-1}$$

式中,ν_{rep} 和 ν_0 分别为光梳间隔频率和"零点"频率(均在射频波段),n 为整数。ν_0 是一个很高的频率。光学频率梳横跨整个可见光谱,各齿在频率轴上均匀分布并有极窄的光谱宽度,如图 2-6-1 所示。

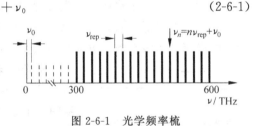

图 2-6-1   光学频率梳

为了获得更多的梳齿,使用一段光子晶体光纤,光束穿过光子晶体光纤后,梳齿间距不变,占据了更大的频率范围,梳齿数量增加,频率覆盖范围为 $500 \sim 1100$ nm。梳齿的光干涉形成微波波段的拍频,覆盖了从微波频率到光学频率。

2.5 节讨论了原子冷冻技术。冷冻的 ^{133}Cs 发射出频率稳定,线宽极窄的光谱。原子因禁的 ^{199}Hg 发射更窄线宽、频率稳定的光谱。把光学频率梳的一个梳齿和这光谱锁定,整个光频束的梳齿频率就被锁定,成为高度准确的已知的频率。这就是"飞秒激光-光子晶体光纤光学梳状频率标准"。一台光频束频率标准可以对波段任意一个微波频率和光学频率进行精确标定。

2.7　光钟

早在 1000 多年前,我们的祖先就发明了世界上最早的时间计量装置——水钟。随着科学技术的发展,时间精密计量有了更重要的意义。一方面新的技术被应用到高精度的时间计量中;另一方面精确的时间计量对科学和技术的发展起着重要的推动作用,如超精细光谱学、卫星定位系统、航天飞行、精密制导、无线通信等。以原子辐射波为基础的频率时间基准起着核心作用。

1967 年,第 13 届世界计量大会将时间单位"秒"定义为"铯原子的同位素(^{133}Cs)原子基态的两个超精细能级之间跃迁所辐射的 9192631770 个周期的持续时间",并一直沿用至今。频率 9192631770 每秒的跃迁在微波波段,利用此微波跃迁频率建立起来的时间/频率标准称为"微波钟"。这一定义下的时间精度达到了 10^{-15} 量级,这也是目前所有物理量中最精确的基本单位。

人们希望找到比微波钟更精确的钟,这就是光钟。光钟是以原子、离子发射的光波频率作为时间基准的。最重要的条件是原子(离子)发射的光谱有高的纯度,或者说极窄的光谱线宽,窄到赫兹甚至毫赫兹。让离子发射极窄光谱是由激光原子冷冻和离子囚禁等技术完成的。

美国国家标准与技术研究所(NIST)研制成功的汞离子钟,17 亿年不差 1 s,折合准确度约为 1.865×10^{-18}。全球卫星定位系统(GPS)使用星载光钟,对地球上的目标定位精度可达 1 m 甚至 0.5 m。

基于原子跃迁获得的时间/频率标准的稳定度和精度与下式有关:

$$\sigma(\tau)=\frac{\Delta\nu}{\nu_0}\frac{1}{\sqrt{N}}\frac{1}{\tau} \tag{2-7-1}$$

式中,$\Delta\nu$ 和 ν_0 分别是原子跃迁的线宽和中心频率,N 是与电磁场相互作用的原子个数,τ 是测量时间。光钟的光学频率 ν_0 是 $10^{14}\sim10^{15}$ Hz,比微波频率的 $10^9\sim10^{10}$ Hz 高出 4~5 个数量级。由式(2-7-1)可知,在相同跃迁光谱线宽下,光学频率标准的精度和稳定度要比微波频率标准高得多。

光钟的原理如图 2-7-1 所示。1 是一个频率可调、超窄线宽、频率稳定的激光器,输出的光频率为 ν,频率线宽在亚赫兹量级。2 是冷原子(或离子囚禁)系统,原子跃迁的中心频率是 ν_0,它输出极窄的频率谱。将 1 中的激光器输出的频率 ν 在冷原子系统 2 的跃迁频率 ν_0 附近调谐(扫描),使 ν 对准 ν_0,并由伺服控制系统 3 把激光的频率 ν 锁定在原子跃迁的中心频率 ν_0 处,即 $\nu=\nu_0$。这样,激光器的频率成为高度准确的频率。

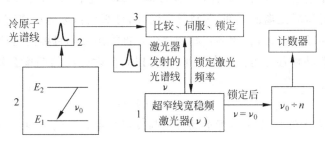

图 2-7-1　光钟原理图

然后,利用一个光频梳,把频率梳一个梳齿与光学频率 ν 比较(即光学拍频),成为可探测的光学频率或微波频率,进行计数,成为时频标准:光钟。

2.8　激光制导技术

2.8.1　引言

利用激光的高方向性、控制和导引武器准确到达目标的技术称为激光制导。激光制导分为激光雷达制导和激光目标指示器。激光制导武器主要包括激光制导导弹、激光制导炸弹和激光制导炮弹。

2.8.2　激光雷达

激光雷达是激光测距的多功能发展。它不仅可以精确测距,而且还有精确测速、精确跟踪、警戒防撞和控制飞船会合等能力。

激光的波长比微波短得多,而频率却比微波高得多。波长越短,所需的发射天线直径越小。比如,从地球照射到月球上 $1\,km^2$ 的区域,激光发射天线的直径 30 cm 就够了,而微波天线的直径约需几千米,因此地球到月球的测距只有激光问世后才得以实现。实践还表明:频率越高,分辨力(在一定距离上分辨前后左右相邻目标的能力)越高,识别能力越强。激光雷达能识别电线杆、空中电线、烟囱等目标。

本来激光束的发散角就很小,经发射望远镜后光束发散角可小到千分之一度,而微波雷达波束发散角只能小到几十分之一度。光波束发散小,不仅光能集中测量更远的目标,而且可进一步提高分辨能力。比如,波束发散为 1°的机载微波雷达,从 1500 m 的上空照射到地面形成直径约 26 m 的圆,此圆内的地形起伏很难分辨;但使用激光雷达在同样高度时,地面光斑直径仅十几厘米,因此能分辨出地形的细节。激光分辨率高,加上它单色性好,脉冲宽度比微波小得多,也利于抗干扰。

激光雷达工作原理是:它向目标发射激光束,光波被目标反射回来(回波)。光波来回渡越的时间、频率的改变等参数变化反映了目标运动状态的变化,所以,通过测量回波信号的到达时间、频率变化、光束所指方向等就可以确定目标的距离、方位和速度等。

激光雷达测距就是 2.3 节介绍的激光脉冲测距,激光雷达首先是一台激光测距机,测量前方目标到测距机(实为光电探测器)的距离。

激光雷达测量速度的方法有两种:一是被测目标行进中,测出其一段路程的距离,并记下反(散)射光走过这段距离的时间,距离除以时间,计算出目标运动速度;二是测量运动目标反射回来的光束频率变化,利用多普勒频移公式推算出被测目标的运动速度。

光学上的多普勒频移是指:光波遇到运动目标,反射光波的频率会发生变化。多普勒频移 $\Delta\nu$ 的表达式:

$$\Delta\nu = v\cos(\theta)/\lambda \tag{2-8-1}$$

式中,λ 为雷达发射光波长,θ 为目标运动方向与发射光束方向的夹角,v 为目标与雷达的相对运动速度。

只要知道多普勒频率改变(频移)的大小 $\Delta\nu$，就可以推算出目标对雷达的相对速度 υ。波长 λ 仅微米，目标微小的速度 υ 就能产生很大 $\Delta\nu$，所以既可测量高速目标也可测量低速目标。由于电子技术的发展，频率测定精度很高，所以激光测速精度也很高。

例如，用激光观测 1 cm/s 的慢速运动目标，可以得到几十千赫的频率变化量，测量出几十千赫的频率改变是很容易的。

目标运动速度的时间积分是目标的位移，所以激光雷达也可以测出目标的位移。

激光雷达的种类较多，常见的有激光跟踪雷达、激光制导雷达、激光显像雷达、多普勒激光测速雷达、障碍回避雷达、气象雷达等。

2.8.3　激光目标指示器

另一种激光制导技术是目标指示器，包括两大类，即寻的制导和波束式自动制导。

除了激光雷达，激光目标指示器也是使用最多的制导方式，在近代战争中发挥了重大作用。激光目标指示器又称为激光寻的器。

激光寻的制导分为激光半主动式自动制导和激光全主动式自动制导两种。激光半主动式自动制导是武器本身不装激光目标指示器，只装激光寻的器；由地面人员或由飞行器携带的激光目标照射器发射激光束，对攻击目标进行激光照射，而被制导的武器上的激光寻的器自动跟踪从目标反射回来的激光信号，将目标击毁。激光全主动式自动制导是把激光目标照射器和激光寻的器装在同一件武器上，目标照射器不断向目标发射激光束，寻的器自动接收从目标反射回来的激光信号，并通过自动控制系统，引导武器准确奔向目标。

激光制导武器精度高。激光制导炸弹的命中精度可达 3~6 m，而常规的炸弹命中精度为300 m 左右。激光制导抗干扰能力强，通常的电磁波和空间的电磁杂波都不能对其干扰。

激光制导兵器易受雨、雾、雪、烟、云及霾、气溶胶等恶劣天气的影响，这是它的缺点。

2.9　激光干涉仪

2.9.1　增量式和绝对式激光干涉仪

1881 年，美国物理学家迈克耳孙和莫雷设计制造出以光谱灯为光源的干涉仪，并证明了以太是不存在的。激光问世后，由于其相干性好，相干长度可以达几千米，因此，把稳频的氦氖激光器作为迈克耳孙干涉仪的光源，称作激光干涉仪，用途十分广泛。有少量激光干涉仪使用半导体激光器，但因为其光斑均匀性、功率稳定度和频率稳定度不如氦氖激光器，应用范围较小。

大科学工程离不开干涉仪，如引力波探测、激光干涉空间天线构成、电子直线加速器准直、太阳系外行星的探测等。工业上更离不开激光干涉仪，在机床、汽车、电机、飞机、船舶、机械加工、微电子等制造企业，会看到有众多的测量、定位都由激光干涉仪完成。

激光干涉仪可以分成两大类：一类是用于位移测量的增量式激光干涉仪，测出的是运动目标位移，不是到目标的距离，测量过程中不能阻断光路；另一类是用于距离测量的绝对式激光干涉仪，可测量出两点之间的距离。

增量式激光干涉仪,一般简称为激光干涉仪,其中还有若干小类别,如单频和双频激光干涉仪等。其基本结构仍然是迈克耳孙干涉仪的形式。现在激光干涉仪的测程已经提高到几米、几十米,分辨率达到亚纳米甚至皮米。在引力波探测中,要求达到几十万千米。

绝对式激光干涉仪,利用激光器输出的不同谱线(波长)两两一组合成"拍",拍的波长称为合成波长,不同的合成波长构成一串合成波长链,长波长测出距离的整数波长,小数部分由短的波长再测出短波长整数倍,其小数部分又由更短的波长测量。一级级逼近,得出最后结果,从而实现对距离的绝对干涉测量,即文献中常常提及的合成波长绝对距离测量原理。

增量式激光干涉仪和绝对式激光干涉仪的基本结构大体相同,都是基于双光束干涉原理。图 2-9-1 是使用点光源的老式迈克耳孙干涉仪的原理图。

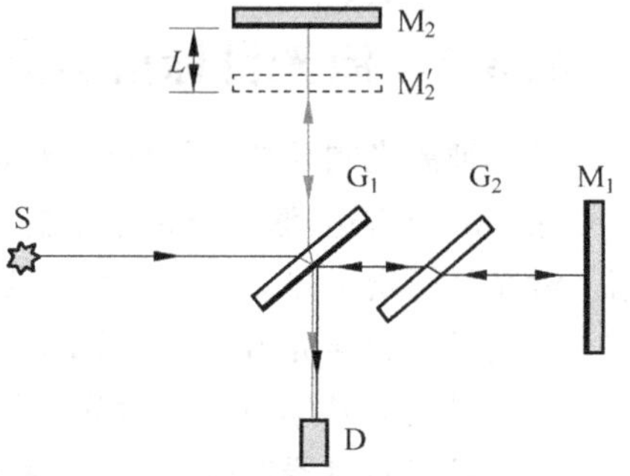

图 2-9-1 中,S 是相干光源,G₁ 是半透半反分光镜,M₁ 和 M₂ 是两个反射镜,D 是探测器或者观察屏。历史上,因为光源相干长度太短,用补偿板 G₂ 加大水平光路光程,使其和向上光路的光程相等,形成清楚的干涉条纹。激光出现后,激光相干长度足够大,不再使用 G₂。

图 2-9-1　迈克耳孙干涉仪原理图

相干光源 S 的输出光被半透半反分光镜 G₁ 分成两部分:透射光和反射光。二者分别被 M₁ 和 M₂ 反射后在 G₁ 处合为一束,发生干涉,干涉条纹由观察屏显示,或由探测器 D 探测转化成相应的电信号供后续处理。当前的激光干涉仪结构虽然复杂了很多,但干涉的光路没有太大变化,变化的核心是如何获得干涉条纹的微小相位(位移)。

图 2-9-1 中,被测长度 L(图中 M₂ 移动到 M₂′)和激光干涉条纹之间的关系如下:

$$L = (N + \varepsilon) \frac{\lambda}{2} \tag{2-9-1}$$

式中,L 是被测长度,N 和 ε 分别是干涉条纹的整数级次和不足一个条纹的小数部分,都是正数,λ 是激光波长。

式(2-9-1)包括了对干涉条纹小数部分 ε 的相位进行精确测量,获得其代表不足半个波长的位移量。这是增量式干涉仪常用的方法。由于激光干涉仪的应用重要性和系统的典型性,2.9.2 节还会详细介绍。

绝对式激光干涉仪,读出过程要复杂得多。要用一个波长链,即利用若干激光单波长,把这些波长两两组合形成拍,得到一列拍的波长(合成波长),合成波长为已知量,最长合成波长称为最高级,然后是下一级。测量过程:上一级测量结果为下一级测量结果的粗测值,即由两级波长比较确定下一级合成波长在被测距离中有多少整数条纹。再后,是第三级合成波长、第四级合成波长,测出了第四级合成波长的整数,用相位计测出小数部分的相位,则测得距离。

从以上可见,绝对式激光干涉仪测量长度时只与一个距离和两个位置有关,故称为绝对距离测量,绝对测长不涉及中间过程,测量过程可以中断,信号恢复后测量可以接续。

增量式激光干涉仪用于位移测量,是有导轨测量;合成波长激光干涉仪是无导轨测量。

从原理上看,绝对式激光干涉仪比增量式激光干涉仪使用方便。但实际上,两者都不可替代。经过多年的研究开发,增量式激光干涉仪的位移精度可以小于纳米、甚至皮米,测量范围可达几十米、甚至几百米。绝对式激光干涉仪在测量大距离时的精度不是很高。

2.9.2 单频和双频激光干涉仪

增量式激光干涉仪还可以分成几个小类,主要是单频激光干涉仪和双频激光干涉仪。单频激光干涉仪使用激光器发射的单一频率,双频激光干涉仪使用的激光器发射两个频率的激光束。

图 2-9-2 即单频激光干涉仪示意图。与图 2-9-1 相比,光源换成了 HeNe 激光器。这个 HeNe 激光器输出单个频率(又称单纵模),也可以是两个频率"挡"掉一个。由于以波长 λ 作尺子,激光器的频率(即波长)大小由称为稳频的技术稳定住,稳定性频率的漂移通常在 MHz 的量级,通常用比值 $\Delta\lambda/\lambda$ 表达波长稳定性。如:$\Delta\lambda/\lambda = 5 \times 10^6/4.7 \times 10^{14} \approx 1 \times 10^{-8}$。波长稳定性也就在 1×10^{-8}。图 2-9-2 的角锥棱镜 M_m、M_r 代替了图 2-9-1 两个反射镜,其余元件基本不变。为了实现自动测量计数,图 2-9-1 中的观察屏被光电探测器 D_1 和 D_2 代替,光电探测器把光强度转换成电信号供后续电路自动计数。并且,上述的单频干涉仪在光路结构设计上要设法使两个光电探测器 D_1 和 D_2 接收到的信号相位差 $90°$,以便实现可逆计数,即 M_m 左移做减法,右移做加法。

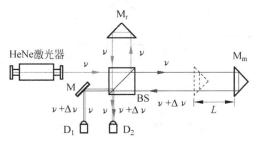

图 2-9-2 单频激光干涉仪示意图

单频激光干涉仪的位移测量公式也用式(2-9-1)表示,但是,光电探测器接收到的激光强度包含直流成分(分量)和交流成分(分量)。M_m 位移的干涉条纹移动是交流信号,而干涉条纹的背景光强则是直流信号。位移速度大,交流信号频率高(几 MHz 甚至更高),位移速度为零,交流信号变为直流(0 Hz),所以放大器的频带要从直流到高频交流。因此单频干涉仪只能采用直流放大器放大 D_1 和 D_2 的信号。而由于激光器功率存在漂移,光电接收系统暗电流和放大系数也有漂移,长距离测量时测量光束强度下降等,都使得直流放大器工作点漂移,带来干涉条纹的小数部分计算误差。因此,单频干涉仪抗干扰能力需要改进,近年还是取得了不错的进展。另一方面,单频干涉仪的优越性在于它没有测量速度上限的限制。

要克服单频激光干涉仪的直流漂移等缺点,核心问题是滤除干涉背景(干涉信号的直流分量)和直流放大器的系统噪声。滤除干涉背景噪声的办法是采用双频激光器作光源。

传统的双频激光器是塞曼(Zeeman)双频激光器,即在 HeNe 激光器所在空间加与光束同方向的磁场(轴向),目的是在激光器内放电管里形成轴向磁场,使激光器产生出两个频率,它们的频率差一般为 3 MHz。如果需要大的频率差,就要加大磁场,但这会引起激光功率的下降。如一支功率 1 mW 的 HeNe 激光器,磁场使其输出频率差大到 7 MHz 时,激光功率下降到不足 0.1 mW(原因见 14.1 节)。

　　近年出现的新型双频激光器是双折射-塞曼双频激光器,是本书作者团队研发出来的。这种激光器由置于激光器内的双折射元件使激光器一个频率变成两个频率;频率差从 0 兆赫兹到几百兆赫兹;又由加在激光器上的磁场(塞曼效应)解除两频率之间的"你生我灭"模式竞争状态(见 11.1 节),得到稳定双频输出。双折射-塞曼双频激光器的两个频率的间隔可以很大,激光功率仍可保持在 1 mW。

　　图 2-9-3 是双频激光干涉仪示意图。双折射-塞曼双频激光器输出偏振态正交的两个线偏振光,频率分别为 ν_1 和 ν_2,其频差为 $\nu_1 - \nu_2$(如 8 MHz)。偏振分光镜(polarization beam splitter,PBS)把两个正交线偏振光分开,ν_1 向右行进于测量臂,携带测量镜 M_m 的位移信息,即相位的改变。ν_2 向上行进于参考臂(参考镜 M_r 静止)。ν_1 和 ν_2 被 PBS 合成一束,形成干涉。光电探测器 D_2 把干涉条纹转化为电子余弦信号,其带有 M_m 的位移相位改变。D_1 也测得 $\nu_1 - \nu_2$ 的干涉余弦信号,但没有位移的相位。把 D_1 和 D_2 输出的电子余弦信号进行外差,只保留下位移信号。对信号鉴相,得到相位变化量,根据式(2-9-1)求出 M_m 的位移 L。M_m 位移方向通过比较测量信号和参考信号的频率差的正负来判断。实际上,因 M_m 位移有速度,频率 ν_1 有多普勒频移,这里不作讨论。

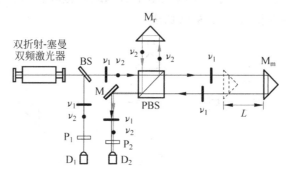

图 2-9-3　双频激光干涉仪示意图

　　从以上讨论可知,无论角锥棱镜 M_m 静止还是有位移,D_1 和 D_2 给出的都是交流信号($f_1 - f_2$)。因此,双频干涉仪可以采用交流放大器放大 D_1 和 D_2 的信号,避免直流漂移的影响。这使得双频干涉仪可以远距离测量和多通道多参数测量。

　　在大规模集成电路制造和检测设备(IC 装备)中,为了同时测量光刻的线条的宽度、长度和倾斜的误差,往往是几个干涉仪同时使用一支 HeNe 激光器。至今,光刻机不采用单频干涉仪,只使用双频干涉仪。

　　从式(2-9-1)可知,激光波长 λ 是激光干涉仪这"把"高精度的"刻度"。保证 λ 及其频率 ν 的稳定性至关重要,将在 12.2 节中讨论这一问题。

2.10　激光加工

　　通过聚焦,激光束可以在材料表面或内部很小的区域内形成很高的功率密度,从而实现对材料的加工,即激光加工。加工用激光器的功率从瓦级到万瓦级。激光加工常用激光器有掺钕钇铝石榴石(Nd：YAG)激光器、光纤激光器和二氧化碳(CO_2)激光器等。准分子激光器输出的波长在紫外波段,在微细加工领域,如大规模集成电路制造过程中的光刻工艺,得到了广泛的应用。

1. 激光加工机理:热加工和冷加工

激光热加工是指激光束照射物体表面,对表面进行加工处理。材料吸收激光束的能量,光斑处的材料局部升温。随着热作用的持续,材料表面达到熔化、气化温度,材料被气化蒸发或熔融溅出,实现材料的去除加工(激光切割、打孔)。如果材料表面气化生成的蒸气继续吸收激光能量,温度进一步升高,最后在材料表面产生高温、高密度的等离子体提高表面性能。

激光冷加工是指用很高能量的光子(紫外)打断材料(特别是有机材料)或周围介质内的化学键,从而导致材料发生非热过程破坏。冷加工不产生热损伤,因而被加工表面的里层和附近区域不受热产生热变形。

无论是热加工还是冷加工都可以用于材料的切割、打孔、刻槽或标记。前者更适合于焊接、表面改性和合金强化;后者则适用于光化学沉积、激光刻蚀、掺杂和氧化。

不同的应用使用不同的激光参数。例如:当激光脉宽为 10 ms 左右,聚焦功率密度为 10^2 W/mm^2,金属材料温升、相变并硬化;激光脉冲持续时间为几毫秒,聚焦功率密度在 $10^2 \sim 10^4$ W/mm^2,金属材料除了温升、熔化,主要是气化,一般用于熔化、焊接、合金化和熔敷;激光脉冲持续时间为 10^{-4} s 左右,聚焦功率密度在 $10^5 \sim 10^9$ W/mm^2,主要用于打孔、切割和打标。当激光脉冲能量足够高(聚焦功率密度 10^9 W/mm^2),脉冲宽度足够窄(小于 10^{-6} s),会产生冲击强化效应,主要用于冲击硬化。

2. 激光加工技术的分类及应用

(1) 激光表面处理技术。激光表面处理使材料表面发生所希望的物理、化学和力学等性能变化,改变材料表面结构,获得工业应用上的良好性能。

(2) 激光去除技术。激光去除技术包括激光打孔、激光切割、激光雕刻和激光打标。

(3) 激光焊接技术。激光焊接主要是实现金属材料之间的连接。激光束与材料的相互作用使连接区材料熔化,将两个零件连接起来。

(4) 激光快速成型和3D打印技术。激光快速成型和3D打印技术是一种"增加"式的加工方法。首先设计出零件的三维实体模型,然后用分层软件将该模型在 Z 向离散,把原来的三维模型变成一系列的二维薄片,在计算机控制下用激光束把被加工材料逐层/逐点堆积并固化黏结成一个二维薄片,许多不同的二维薄片逐渐堆积成一个三维实体,从而迅速并精确地制造出该零件。

(5) 激光微细加工。激光束可以聚焦到很小的尺寸,当激光作用于材料表面,它的热作用区很小,可以精确控制加工范围和深度,实现微细加工,满足微米甚至纳米尺度的加工要求。

2.11 光镊

20 世纪 70 年代,朱棣文(Sleven Chu)等首次发明了激光冷却和囚禁(冷冻)原子的方法,此后人们便开始利用这一原理探索光对微小宏观粒子或细胞的力学作用。1986 年,贝尔实验室的阿什金(Ashkin A.)等把一束激光聚焦,焦点处形成三维稳定的光学"势阱",可以将生物微粒囚禁在焦点处,并能俘获和移动生物微粒,这就是激光镊子,简称光镊。

光镊是一种新的物理工具,可实现对微米尺寸的微粒细胞及细胞器的无损伤捕获和操作,如动物和植物细胞。

图 2-11-1 是以倒置显微镜为基础的光镊的基本结构。它包括激光器,把光束直径扩大的扩束镜,把光束聚焦形成小光斑的聚焦镜,样品池(由微动工作台操纵移动),被捕获和操作样品。还包括用于观察和记录光镊对微粒操作过程的 CCD、目镜、监视器等。其余为必要的光学配件。一般选用连续工作的激光器做光镊的光源,输出光束在截面上从中心向外按 $1/e$ 分布(后文定义其为 TEM00 基横模),功率在几毫瓦至几十毫瓦,常用波长为 $0.6328\ \mu m$、$0.680\sim1\ \mu m$。

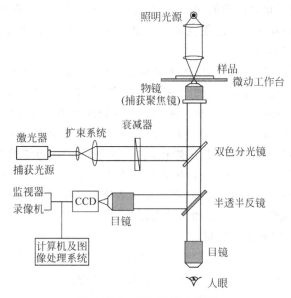

图 2-11-1　光镊的基本结构

要实现对生物粒子的稳定捕获和操纵,需要将激光束聚焦成尺寸为光波长量级的衍射极限光斑。因此,扩束镜形成直径尽量大的准直光束,聚焦镜有很高的放大倍数,如 $NA=1.25$ 的 $100\times$ 物镜就是较为理想的捕获聚焦镜。

当放在光镊的微动台上的液体器皿在聚光斑下移动时,器皿内靠近光斑的细胞就会被捕获:快速进入光斑焦点内,被光斑镊住,不再随液体器皿移动,这时,就可以对细胞做各种手术了:如把金粒注入细胞,细胞分解,两个细胞合并,从细胞取出一些结构(如线粒体)等。

近年来,随着科学技术的发展,光镊也出现了多种结构形式的变化,如多光镊系统、近场光镊、光纤光镊等。不论结构如何变化,其基本原理不变,都是利用强聚焦光束构成三维光阱实现对微小粒子的捕获和操纵。

2.12　激光手术刀

用高功率的激光束代替传统的手术刀做外科手术,这就是激光手术刀。激光手术刀的治疗方式主要有体表治疗、内腔治疗、介入治疗和开放手术治疗。强激光治疗具有出血少、操作定位精确、非接触、无菌和对周围组织损伤小的优点。强激光手术治疗利用激光的光热效应对组织进行凝固、气化或切割,从而达到消除病变的目的,它广泛应用于皮肤、眼科、泌尿外科、妇产科、普外科、消化、耳鼻喉、骨科、神经外科等各临床科室,可对体表、腔道的赘生物和肿瘤进行气化或切割,对血管瘤等血管性病变进行凝固治疗,或在气化、切割手术的同时进行凝固止血。此外,还可以采用较小剂量的激光照射断裂的血管、淋巴管或在神经的断端进行焊接。

激光手术刀基于激光对组织的光热效应。光热效应(凝固、气化或切割)主要是组织吸收光的能量,温度升高,组织发生物理性变化,也称为激光波长和生物组织的相互作用。人体组织 75% 以上是水,水对不同波长激光的吸收率不同。因此,水对不同波长激光的吸收特性是决定不同波长激光热效应的关键因素,不同病状使用不同类型的激光波长,也即不同类型激光器。水在 $2.0~\mu m$ 附近有一个尖锐的吸收峰,在 $3.0~\mu m$ 处有一个最强的吸收峰,这两个波段的激光与生物组织作用时,对邻近组织的热损伤较小。比如水对波长为 $1.064~\mu m$ 的 Nd:YAG 激光吸收较少,其凝固作用好,穿透深,而气化、切割作用差;水对波长为 $10.6~\mu m$ 的 CO_2 激光有较好的吸收,因此其具有良好的气化、切割作用,而凝固作用差,穿透浅;血红蛋白是人体组织中另一种主要的吸光基团,血红蛋白对 Ar^+ 激光($0.488~\mu m$、$0.514~\mu m$)的吸收率高,所以 Ar^+ 激光凝固作用好,切割作用差。

临床上最早用于强激光治疗的激光器有 CO_2 激光器、Nd:YAG 激光器和 Ar^+ 激光器。后来采用的激光器向高功率、小型化和轻便化方向发展,如多种输出模式(连续、单脉冲、重复脉冲和超脉冲输出)的高能 CO_2 激光,可通过光纤传导;在内窥镜下的手术中有独特优势的 Ho:YAG 激光器等。

2.13　激光陀螺与光纤陀螺

陀螺作为玩具为人们所喜爱。旋转的陀螺的轴线总指向地心。利用陀螺在高速旋转中转轴始终指向固定方向的特性,可以制成各种导航装置,检测出运动物体的水平转角、垂直转角、俯仰转角和角速度等信息,用于地面设施、航天航空器、潜艇以及导弹发射等的方位指示。传统的陀螺仪主要是机械式的,缺点是稳定性和定向定位精度较低,或造价高。20世纪60年代开始研究激光陀螺技术。激光陀螺的精度高,稳定性好,没有机械旋转零部件,体积小,寿命长。后来又陆续出现了光纤陀螺仪和微机电陀螺仪等。机电陀螺仪也是生力军,但与激光关联不大,不在本书的讨论范围。

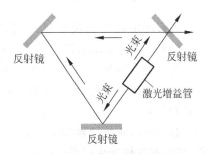

图 2-13-1　激光陀螺结构简图

本节介绍激光陀螺,光纤陀螺仪是从一般构成和应用角度出发来阐述。激光陀螺的原理见 15.2 节。而光纤陀螺也和激光器关联不大,本书略去对其详细讨论。

激光陀螺的基本结构如图 2-13-1 所示,其主要构成是一个由三面反射镜组成的光的振荡环路,光在其中可以顺时针,也可以逆时针行进,并且形成振荡,即激光器同时存在顺时和逆时针的激光振荡。当激光陀螺固定在旋转运动的物体上时,若在环路内设定一点作为光的起始点,顺时针和逆时针光束以此初始点为起点出发,绕环路旋转一周再回到出发点时,由于此出发点已经随运动物体转过一段距离,因此顺、逆时针光回到起始点走过不同光程,即旋转使它有了两个长度不同的谐振腔长。由于顺、逆时针光的环路光程不同,两者之间会产生光程差,其值为

$$\Delta L = \frac{4S_A}{c}\Omega \qquad\qquad (2\text{-}13\text{-}1)$$

式中,S_A 是环形光路所包围的面积,c 是光速,Ω 是环形激光旋转的角速度,这就是萨格纳克(Sagnac)效应。由于顺、逆时针行进光的环路光程不同,顺、逆时针光振荡的波长也有微小不同,频率也就不同,其差为

$$\Delta\nu = (4S_A/L\lambda)\Omega \qquad\qquad (2\text{-}13\text{-}2)$$

式中,$\Delta\nu$ 是顺、逆时针光的频率差,L 是环形激光器的腔长,λ 是激光的波长。通过测量 $\Delta\nu$ 即可得到物体运动的角速度,对角速度进行时间积分便可得到转角,进而可对激光陀螺的载体的方向定位。激光陀螺也常采用微分形式读出旋转角度并即时对载体运动方向作出修正。

上述激光陀螺光路为一个环形,也常称其为环形激光器,所以又称为环形激光陀螺。环形激光陀螺还有其他几种类型,如四频激光陀螺、非平面激光陀螺。无论哪种类型都来自萨格纳克效应,都用光电探测量测出式(2-13-2)给出的 $\Delta\nu$ 并转化成角速度和角度。

图 2-13-1 所示的陀螺只能测出纸平面转角,一个三维陀螺需要三个转轴互相垂直的陀螺,获得旋转器三个轴的转角。所谓旋转器一般指飞机、舰船、火箭、坦克等。高精度激光陀螺每小时误差仅 $0.001°$。

光纤陀螺和激光陀螺都是以式(2-13-1)作为基本原理:萨格纳克效应,不同的是提取萨格纳克相位的方法不同。正如上文所示,激光陀螺按式(2-13-2)变成了顺逆时针的拍频(差频)可看成一类激光器;而光纤陀螺则更直接测量顺逆时针行进光的相位差,没有激光振荡现象。相位差的稳定和探测是光纤陀螺的关键技术。现在的光纤陀螺误差可优于每小时 $0.01°$。

2.14   激光显示

现有的主流显示技术包括液晶显示(liquid crystal display,LCD)技术、等离子显示(plasma display panel,PDP)技术、数字光处理(digital light processing,DLP)技术等。

与其他几种技术相比,激光显示技术最突出的特点是使用红、绿、蓝固体激光器产生的连续激光作为三基色,容易实现三基色的平衡,更能真实客观地反映出事物的色彩特征,色彩鲜艳逼真。

激光显示系统原理如图 2-14-1 所示。红绿蓝三种固体激光器发出激光束分别被均匀化,扩束准直使光束更平行向前。三色光分别按显示图像的指令调制强弱变化。被调制的三色光经 X 棱镜合成,投影在显示屏上。

不同生产商和研究者使用不同激光器产生三基色光。中国科学院使用全固态非线性频率转换技术获得红绿蓝三基色激光束。红色光波长为 671 nm,绿色光波长为 532 nm,蓝色光波长为 473 nm。

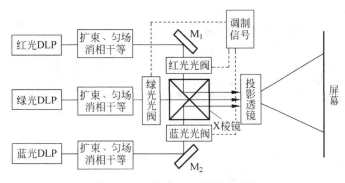

图 2-14-1　激光显示系统原理图

当前，以激光电视机为代表的激光显示已逐渐取代液晶电视，只是激光电视的成本暂时还比较高。

2.15　激光全息

激光全息技术是利用激光的相干性，将物体反射（或透射）光的振幅和相位同时记录在感光板上，记录全部信息，形成三维空间的立体图像。激光全息原理早就提出来了，但只有激光出现后才成为现实。因为全息技术要求光源的相干性特别好，强度足够高。正是激光器的出现使全息技术迅速发展起来并获得了广泛的应用。

1. 记录——光的干涉

拍摄全息照片的光路如图 2-15-1 所示，相干性极好的 HeNe（或 Ar^+）激光器发出激光束，经分束器 1 分成两束光，透射的一束光经分束器 1、反射镜 2 和扩束镜 3 射向被摄物体，再经物体表面漫反射后到达全息干板 5 上，这束光称为物光；分束器 1 反射的光经反射镜 6 和扩束镜 7 直接均匀地射向全息干板，这束光称为参考光。参考光和物光在全息干板上叠加便产生了干涉现象，在这种干涉场中的全息干板经曝光、显影和定影等处理，就将被摄物体的全部信息——振幅和相位的分布状况以干涉条纹的形式全部记录下来。所得到的全息图显然是一组复杂而不规则的干涉图样。

2. 再现——光的衍射

由于全息干板上记录的并不是物体的几何图样，因而直接观察只能看到许多明暗不同的条纹、小环和斑点等干涉图样，要看到原来物体的像，必须使全息图再现原来物体发出的光波，这个过程称为全息图的再现过程，它利用的是光栅衍射原理。

再现过程的观察光路如图 2-15-2 所示，一束从特定方向或与原来参考光方向相同的激光束照射全息图，全息图上每一组干涉条纹相当于一个复杂的光栅。根据光栅衍射原理，再现光将发生衍射，其 ＋1 级衍射光是发散光，与物体在原来位置时发出的光波完全一样，将形成一个虚像，与原物体完全相同，称为真像；－1 级衍射光是会聚光，将形成一个共轭实像，称为赝像。当沿着衍射方向透过全息图朝原来的被摄物的方位观察时，就可以看到逼真的三维立体图像（虚像）。

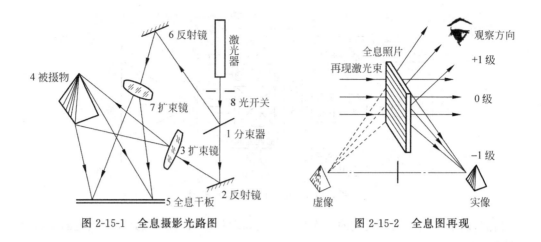

图 2-15-1   全息摄影光路图   图 2-15-2   全息图再现

　　光学全息术可应用于立体电影、电视、展览、显微术、干涉度量学、投影光刻、军事侦察监视、水下探测、金属内部探测、保存珍贵的历史文物、艺术品、信息存储、遥感、研究和记录物理状态变化极快的瞬时现象、瞬时过程(如爆炸和燃烧)等各个方面。比如,在商标、票据等上作防伪图像,把珍贵的文物用全息技术拍摄下来,可以真实立体地再现文物,可采用脉冲全息术再现人物肖像、结婚纪念照,再现人们喜爱的动物和多彩的花朵等。

第二篇
典型激光器

    本篇包括 2 章。第 3 章介绍粒子(原子、分子、离子等)发射和吸收光子的规律。粒子吸收和发射光子是激光器运转最基本的物理效应。第 4 章介绍几种典型的、常用的激光器,包括这些激光器的基本结构,激光束的形成,发射的波长、功率、发散角等特性。介绍的激光器包括红宝石激光器、氦氖(HeNe)激光器、二氧化碳(CO_2)激光器、氩离子(Ar^{3+})激光器、钕玻璃激光器、掺钕钇铝石榴石(Nd∶YAG)激光器、光纤(掺 Nd^{3+}、掺 Er^{3+})激光器、半导体激光器(LD)、准分子激光器、N_2 分子激光器、氦镉(HeCd)激光器、X 射线激光器、自由电子激光器、化学激光器、量子点和微腔激光器。

第 **3** 章

激光形成的物理基础：粒子的光吸收和光辐射

本章主要介绍光与粒子之间的相互作用，即爱因斯坦的粒子关于光子的吸收、辐射理论，这是激光形成的物理基础。

3.1 光的波粒二象性

光具有波粒二象性，已在 1.1.1 节中作了最简单的说明，已经能够理解激光产生的原理。本节讨论更深入的问题：光波的模式和量子态，以备理解更深入的物理问题。

光的波动性表现在光具有反射、折射、干涉、衍射和偏振等方面的特性；粒子性表现在光与物质相互作用时，如光电效应和康普顿散射效应等，光束被看成光子群的传播。量子电动力学在理论上阐明了光的波粒二象性，把光的波动理论和光子理论在电磁场的量子化描述基础上统一起来。在这个理论中，光波被看作是由量子化的微粒（光子）组成的电磁场。电磁场又可视为一系列波矢为 k_l 的单色平面波的线性叠加，或者视为一系列电磁波的本征模式（或本征状态）的线性叠加。每个本征模式所具有的能量是量子化的，即可以表示为基元能量 $\varepsilon_l = h\nu_l$ 的整数倍；本征模式的动量也可表示为基元动量 $p_l = hk_l$ 的整数倍。具有这种基元能量 ε_l 和基元动量 p_l 的物质单元就称为属于 l 个本征模式的光子。具有相同能量和动量的光子彼此间不可区分，处于同一模式。因此，每个模式内的光子数目是没有限制的。

按照量子电动力学的理论，光波模式和光子状态是等效的概念。下面对这一点进行进一步的讨论。

3.1.1 光波模式

在激光理论中，光波模式是非常重要的概念。按照经典电磁理论，光是一种电磁波，电磁波的传播规律由经典的麦克斯韦方程组描述。单色平面波是麦克斯韦方程组的一种特

解,可以表示为

$$E(r,t)=E_0 e^{i(2\pi\nu t-k\cdot r)} \tag{3-1-1}$$

式中,E_0 是光波电场的振幅矢量,ν 是单色平面波的频率,r 是空间位置矢量,k 是波矢。麦克斯韦方程组的通解可以表示为一系列单色平面波的线性叠加。

在自由空间,具有任意波矢 k 的单色平面波都可以存在,但是在一个有边界条件限制的空腔体积 V 内,只能存在一系列独立的具有特定波矢 k 的平面单色驻波。

定义:能够存在于空腔体积 V 内并具有特定波矢 k 的一系列独立的平面单色驻波称为电磁波模式或光波模。

一种光波模式是电磁波的一种运动类型,不同模式以 k 来区分。同时对应同一波矢 k 有两种不同偏振态的模式。

下面求解空腔体积 V 内存在的光波模式数。设空腔为 $V=\Delta x \Delta y \Delta z$ 的长方体。

在空腔体积 V 内存在的是一系列的平面单色驻波,所以沿三个坐标轴方向传播的波应该满足驻波条件:

$$\begin{cases} \Delta x = m\dfrac{\lambda}{2} \\[2mm] \Delta y = n\dfrac{\lambda}{2} \\[2mm] \Delta z = q\dfrac{\lambda}{2} \end{cases} \tag{3-1-2}$$

式中,m、n、q 为正整数。

在以 k_x、k_y、k_z 为直角坐标的波矢空间(k 空间)中,光波模对应于波矢空间的一点。由式(3-1-2)得

$$\begin{cases} k_x = \dfrac{\pi}{\Delta x}m \\[2mm] k_y = \dfrac{\pi}{\Delta y}n \\[2mm] k_z = \dfrac{\pi}{\Delta z}q \end{cases} \tag{3-1-3}$$

由式(3-1-3)可得,每一个模式在三个坐标轴方向相邻模间隔为

$$\begin{cases} \Delta k_x = \dfrac{\pi}{\Delta x} \\[2mm] \Delta k_y = \dfrac{\pi}{\Delta y} \\[2mm] \Delta k_z = \dfrac{\pi}{\Delta z} \end{cases} \tag{3-1-4}$$

因此,每个模式在 k 空间占有的体积元为

$$\Delta k_x \Delta k_y \Delta k_z = \frac{\pi^3}{\Delta x \Delta y \Delta z} = \frac{\pi^3}{V} \tag{3-1-5}$$

在 k 空间中,波矢绝对值处于 $|k|+d|k|$ 区间的体积为该范围内球壳体积的 $1/8$,体积为 $\left(\dfrac{1}{8}\right)4\pi\|k\|^2 d|k|$,所以在此体积内的模式数为

$$\frac{\left(\dfrac{1}{8}\right)4\pi\parallel\boldsymbol{k}\parallel^{2}d\mid\boldsymbol{k}\mid}{\Delta k_{x}\Delta k_{y}\Delta k_{z}}=\left(\frac{1}{8}\right)4\pi\parallel\boldsymbol{k}\parallel^{2}d\mid\boldsymbol{k}\mid\frac{V}{\pi^{3}} \tag{3-1-6}$$

考虑到 $\mid\boldsymbol{k}\mid=\dfrac{2\pi}{\lambda}=\dfrac{2\pi\nu}{c}$，$d\mid\boldsymbol{k}\mid=\dfrac{2\pi}{c}\mathrm{d}\nu$，代入式(3-1-6)，再考虑到对应同一 $\boldsymbol{k}$ 值有两个不同的偏振态，式(3-1-6)得到的模式数要乘以 2，整理后得到体积为 V 的空腔内频率在 $\nu\sim\nu+\mathrm{d}\nu$ 区间内的模式数为

$$N_{\nu}=\frac{8\pi\nu^{2}}{c^{3}}V\mathrm{d}\nu \tag{3-1-7}$$

3.1.2　光(量)子态

按照量子电动力学的观点，光子说认为组成光的物质微粒是光子，具有不同特征(动量、能量和偏振状态等)的光子分别处于不同的状态，称为光子态。光子是全同性粒子，在宏观上遵从玻色-爱因斯坦统计分布规律，处于同态的光子数是不受限制的，彼此不可区分。

下面将看出，光子态与光波模式是两个等价的概念，它们在数目上是相等的。

在经典力学中，质点的运动状态可以在广义笛卡儿坐标系中进行描述。由 x、y、z、p_{x}、p_{y}、p_{z} 六维笛卡儿坐标系组成的空间也称为相空间。相空间中的任意一点都可以代表质点的一种运动状态。

如果用相空间描述光子的运动，则处于同一相空间体积元(也称为相格)内的光子具有相同的光子态，因为其具有相同的频率(动量)、相同的运动方向和相同的偏振态，所以可视为处于同一状态(光子态)。换句话说，光子态的数目是与相空间的体积元相对应的。在一维相空间中，光子态数目对应于体积元 $\Delta V_{相}=\Delta x\Delta p_{x}$；在二维相空间中，光子态数目对应于体积元 $\Delta V_{相}=\Delta x\Delta y\Delta p_{x}\Delta p_{y}$；在三维相空间中，光子态数目对应于体积元 $\Delta V_{相}=\Delta x\Delta y\Delta z\Delta p_{x}\Delta p_{y}\Delta p_{z}$。但是光子的运动状态和经典宏观质点有着本质的区别，它受不确定关系的制约。

由不确定关系得

$$\begin{cases}\Delta x\Delta p_{x}\approx h\\\Delta x\Delta y\Delta p_{x}\Delta p_{y}\approx h^{2}\\\Delta x\Delta y\Delta z\Delta p_{x}\Delta p_{y}\Delta p_{z}\approx h^{3}\end{cases} \tag{3-1-8}$$

由式(3-1-8)可得一个相格体积元的值。相格是相空间中实验所能分辨的最小尺度。光子的某一运动状态只能定域在某一个相格中，但不能确定它在相格中的具体位置。这也表明光子运动状态是不连续的。

考虑到光子的动量为

$$\boldsymbol{p}=mc\boldsymbol{n}_{0}=\frac{\varepsilon}{c^{2}}c\boldsymbol{n}_{0}=\frac{h\nu}{c}\boldsymbol{n}_{0}=\frac{h}{2\pi}\times\frac{2\pi}{\lambda}\boldsymbol{n}_{0}=\hbar\boldsymbol{k} \tag{3-1-9}$$

式中，$\hbar=\dfrac{h}{2\pi}$，$\boldsymbol{k}=\dfrac{2\pi}{\lambda}\boldsymbol{n}_{0}$，$\boldsymbol{n}_{0}$ 是光子运动方向上的单位矢量。

由式(3-1-9)可得

$$\Delta p_{x}=2h\Delta k_{x},\quad\Delta p_{y}=2h\Delta k_{y},\quad\Delta p_{z}=2h\Delta k_{z} \tag{3-1-10}$$

把式(3-1-10)代入式(3-1-5),得

$$\Delta x \Delta y \Delta z \Delta p_x \Delta p_y \Delta p_z \approx h^3 \qquad (3\text{-}1\text{-}11)$$

所以一个光波模在相空间也占有一个相格,即一个光波模等效于一个光子态。

3.2　光子与粒子之间的相互作用

3.2.1　粒子的结构和能级

激光的产生,光与物质相互作用是其物理基础,这里所说的物质粒子包括原子、分子、离子。

按照玻尔理论:原子内的电子并非沿着任意的轨道运动,而是沿着具有一定半径 r 或一定能量 E 的轨道旋转,这叫做电子定态。电子可以有很多定态,其中能量最低的定态称为基态,其余的称为激发态。原子内电子可以由某一定态 E_2 跃迁到另一定态 E_1,在此过程中放出或吸收辐射能,其值 $h\nu$ 由下式决定:

$$h\nu = E_2 - E_1 \qquad (3\text{-}2\text{-}1)$$

式中,$E_2 > E_1$。若 E_2 为始态的能量,则放出辐射能;若 E_2 为终态的能量,则吸收辐射能。

只有一个电子的原子,其状态可用该电子的状态表示,即用一组量子数 $(n、l、m、m_s)$ 来表征原子的量子态,也就是具有一定能量的状态,称为原子的能级。其中 n 是主量子数,l 是角量子数,m 是磁量子数,m_s 是自旋量子数。不同的量子数组 $(n、l、m、m_s)$ 代表不同的能级,即原子的能级是分立的。两个量子态,当 n 不同时,其能量差别最大,按照玻尔理论,这是因为电子是处在不同的壳层里。当 n 相同而 l 不同时,能量差别要小得多,只是轨道的形状有所不同而已。当 $n、l$ 相同而 $m、m_s$ 不同时,往往具有相同的能量,只有在外磁场存在时,才显示出不同的能量。所以在能级图中,每个能级可以对应若干个量子态,这种能级称为简并的,它所对应的量子态数目称为该能级的简并度。

在具有多个电子的原子里,原子的状态由多个电子的状态决定。每个电子对应一组量子数。而且根据泡利不相容原理,在一个原子里不可能有两个电子具有相同的量子态。这样,如果两个电子的主量子数都等于1,它们的角量子数 l 和磁量子数 m 都只能取零,那么它们的自旋量子数必然相反,一个电子的 $m_s = \dfrac{1}{2}$,另一个电子的 $m_s = -\dfrac{1}{2}$。于是,在这个原子里不可能再有主量子数 $n=1$ 的电子了。因此 $n=1$ 的电子不可能超过两个。根据同样的道理,一个原子里主量子数 $n=2$ 的电子不可能超过 8 个,$n=3$ 的电子不可能超过 18 个。一般情况下,$n=N$ 的电子不能超过 $2N^2$ 个。

3.2.2　自发辐射的特点

自发辐射过程如图 3-2-1 所示。

处在高能级 E_2 上的原子是不稳定的,如果粒子的两个能级 E_2 和 E_1 满足辐射跃迁的选择定则,则处于高能级 E_2 的粒子总是会自发地跃迁到低能级 E_1,同时发射一个频率为 ν,能量为 ε 的光子,如下:

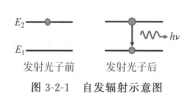

图 3-2-1　自发辐射示意图

$$\varepsilon = h\nu = E_2 - E_1 \tag{3-2-2}$$

激光工作物质是大量粒子的集合，对于大量的处于高能级的粒子而言，这些粒子各自独立地、随机地、自发地发射能量相同（暂不考虑 E_2 和 E_1 的微小不确定性）但方向、偏振、相位无关的光子。这些光子的波列频率 ν 满足如下条件：

$$\nu = \frac{E_2 - E_1}{h} \tag{3-2-3}$$

但它们的相位、偏振状态和传播方向都彼此无关。

普通光源的发光过程就是大量粒子的自发辐射过程，这一辐射跃迁过程完全是自发的，不论物质中外界光辐射存在与否，自发辐射都要发生。

3.2.3　自发辐射系数与自发辐射跃迁平均寿命

假设粒子的高能级 E_2 和低能级 E_1 满足辐射跃迁条件（也即定义"跃迁选择定则"），N_1 和 N_2 分别是能级 E_1 和 E_2 上的粒子数密度（单位体积内的粒子数），为了方便起见，在下文中把粒子数密度简称为粒子数。那么在单位体积中，在 dt 时间内，由高能级 E_2 自发辐射跃迁到低能级 E_1 的粒子数 dN_{21} 可由下式描述：

$$dN_{21} = A_{21} N_2 dt \tag{3-2-4}$$

式中，N_2 是高能级 E_2 上的粒子数，A_{21} 称为爱因斯坦自发辐射系数，简称自发辐射系数。其量纲是 $1/s$，式(3-2-4)可改写为

$$A_{21} = \frac{dN_{21}}{N_2 dt} \tag{3-2-5}$$

可以从两方面理解自发辐射系数 A_{21} 的物理意义：它是单位时间内 E_2 能级上自发跃迁的粒子数在 E_2 能级上的粒子总数中所占的比例；也是每一个处于 E_2 能级的粒子在单位时间内向 E_1 能级跃迁的几率。例如某一原子两能级间的自发辐射系数为 $A_{21} = 0.5 \times 10^8/s$，意味着在 10^{-8} s 内，处于 E_2 上的粒子将近有一半通过自发辐射回到低能级 E_1；也就是在 10^{-8} s 内，E_2 能级上的每一个粒子发生自发辐射的几率是 $1/2$。

可以证明，A_{21} 是原子在能级 E_2 上的平均寿命的倒数。在能级 E_2 上的粒子数 $N_2(t)$ 减少仅是由于自发辐射而引起的情况下，式(3-2-4)写为

$$-dN_{21} = A_{21} N_2(t) dt \tag{3-2-6}$$

解上式，并设 $t=0$ 时刻 E_2 能级上的粒子数是 N_{20}，得

$$N_2(t) = N_{20} e^{-A_{21} t} \tag{3-2-7}$$

它表示 E_2 能级粒子数随时间按指数规律衰减。令：

$$A_{21} = \frac{1}{\tau} \tag{3-2-8}$$

式(3-2-7)又可写为

$$N_2(t) = N_{20} e^{-t/\tau} \tag{3-2-9}$$

式中，τ 称为原子在能级 E_2 上的平均寿命，简称能级寿命。它是自发辐射跃迁时，高能级上的粒子数由于自发辐射衰减到初始时刻的 $1/e$ 时所经历的时间。

容易理解,自发辐射的光强可以表示为

$$I = I_0 e^{-t/\tau}\tag{3-2-10}$$

原子在能级 E_2 上的寿命 τ(或 A_{21})可以由实验测量,测量装置如图 3-2-2 所示(以固体激光介质为例)。光源 S 发出的白光被透镜会聚到一块固体激光介质上。固体激光介质(如红宝石将吸收白光中的黄光和绿光),同时自发辐射出红色的荧光,光电管用以接收荧光,并把荧光的强弱转换成电信号。此电信号被送进示波器观察。荧光越强,示波器看到的信号也越强。

从切断照射光束的时刻起,能在示波器上观察到如图 3-2-3 所示的波形。波形具有指数衰减规律,和式(3-2-10)一致。

气体原子能级寿命测量方式大体与图 3-2-2 相同。现在已经积累了大量的原子(粒子)能级寿命,需要时可查阅手册。

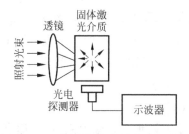

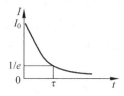

图 3-2-2　观测能级寿命的实验示意图　　　图 3-2-3　荧光曲线

下面列举几种典型激光谱线对应的激光上能级的平均寿命,见表 3-2-1。

表 3-2-1　几种典型的激光谱线对应的激光上能级的平均寿命

激 光 器	谱线/μm	能 级	平均寿命/s
HeNe	0.6328	$^2P_4$	2×10^{-8}
Ar^+	0.5145	$^4P^4D_{5/2}^0$	6×10^{-9}
CO_2	10.6	(001)	$10^{-4} \sim 10^{-5}$
红宝石	0.6943	^2E	3×10^{-3}
Nd：YAG	1.064	$^4F_{3/2}$	2.4×10^{-4}
Nd：YVO$_4$	1.064	$^4F_{3/2}$	1×10^{-4}
Nd 石英光纤激光器	参考掺 Nd：类激光器		

3.2.4　受激跃迁的特点

当粒子受到外来入射光激励时,存在两种受激跃迁过程:受激吸收和受激辐射。

这是两个相反的过程。如粒子的两个能级 E_2 和 E_1 满足辐射跃迁的选择定则,能量为 $\varepsilon = h\nu = E_2 - E_1$ 的光子照射处于低能级 E_1 的粒子,粒子会由于受到这种入射光的激励而吸收光子,跃迁到高能级 E_2,这个过程称为光的受激吸收跃迁,如图 3-2-4 所示。而如果粒子处于高能级 E_2,会由于受到这种入射光的激励发射一个同样的光子而跃迁到低能级 E_1,这个过程称为受激辐射跃迁,如图 3-2-5 所示。

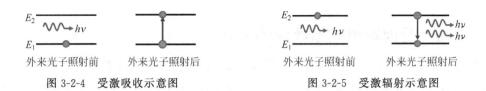

图 3-2-4　受激吸收示意图　　　　　图 3-2-5　受激辐射示意图

受激跃迁有如下鲜明的特点。

（1）和自发辐射相比，受激跃迁过程是一种被迫的，受到外界光辐射控制的过程。没有外来光子的照射，就不可能发生受激吸收跃迁和受激辐射跃迁。

（2）外来光子照射粒子时，粒子是吸收一个光子从 E_1 跃迁到 E_2，还是发射出一个光子从 E_2 跃迁到 E_1，完全取决于光子照射粒子前粒子所在的能级是 E_2 还是 E_1。

（3）受激辐射所产生的光子与外来激励光子属于同一光子态，或者说，受激辐射光子和外来光子具有相同的相位、传播方向和偏振状态。受激辐射光是相干光。受激辐射过程中一个入射光子变成了两个光子，入射光被放大了，如图 3-2-6 所示。

受激辐射产生光子的频率将在第 6 章进一步讨论。

图 3-2-6　受激辐射光放大示意图

3.2.5　受激跃迁几率和受激跃迁系数

设 N_1 为处在下能级 E_1 上的粒子数，频率为 ν 的入射光的单色辐射能量密度为 ρ_ν，在 dt 时间内，单位体积中从能级 E_1 吸收入射光子而跃迁到能级 E_2 的粒子数 dN_{12} 可唯象地表示为

$$dN_{12} = B_{12}\rho_\nu N_1 dt \tag{3-2-11}$$

其中比例系数 B_{12} 称为爱因斯坦受激吸收系数，也可简称为受激吸收系数，它与 A_{21} 一样，只与原子性质有关。

定义 $W_{12} = B_{12}\rho_\nu$ 为受激吸收跃迁几率，由式（3-2-11）得

$$W_{12} = B_{12}\rho_\nu = \frac{dN_{12}}{N_1 dt} \tag{3-2-12}$$

式中，W_{12} 是在单色辐射能量密度为 ρ_ν 的光照射下，在单位时间内产生受激吸收的粒子数在 E_1 能级上的粒子总数中所占的比例，也可看作在 E_1 能级的每一个粒子在单位时间内发生受激吸收的几率。应该强调指出，受激吸收跃迁几率不仅与原子性质有关，还与入射的单色能量密度 ρ_ν 有关。

受激辐射也有和受激吸收类似的定义和关系式。

设高能级 E_2 上的粒子数密度为 N_2，单色入射光的辐射能量密度为 ρ_ν，则 dt 时间内单位体积中从高能级受激辐射回到低能级 E_1 的粒子数密度 dN_{21} 可表示为

$$dN_{21} = B_{21}\rho_\nu N_2 dt \tag{3-2-13}$$

B_{21} 称为爱因斯坦受激辐射系数，也称为受激辐射系数，它只与原子性质有关。

定义 $W_{21} = B_{21}\rho_\nu$ 为受激辐射跃迁几率，由式（3-2-13）得

$$W_{21} = B_{21}\rho_\nu = \frac{dN_{21}}{N_2 dt} \tag{3-2-14}$$

式中，W_{21} 是在单色辐射能量密度 ρ_ν 的光照射下，在单位时间内由于受激辐射跃迁到低能级 E_1 的粒子数在 E_2 能级总粒子中所占的比例，也可看作在能级 E_2 上的每一个粒子在单位时间内发生受激辐射的几率。它和 W_{12} 一样，也与 ρ_ν 成正比。

3.2.6 爱因斯坦三系数间的关系

已得到了光与物质相互作用的三个系数：自发辐射系数 A_{21}、受激吸收系数 B_{12} 和受激辐射系数 B_{21}。它们都只与原子性质有关。换言之，原子本身的性质将决定它们之间的关系。下面根据光与物质相互作用的物理模型分析空腔黑体的热平衡过程，从而导出爱因斯坦系数 A_{21}、B_{21} 和 B_{12} 的相互关系。

在 dt 时间内，单位体积中自发辐射的粒子数为

$$A_{21}N_2 dt \tag{3-2-15}$$

受激吸收的粒子数为

$$B_{12}N_1\rho_\nu dt \tag{3-2-16}$$

受激辐射的粒子数为

$$B_{21}N_2\rho_\nu dt \tag{3-2-17}$$

在热平衡状态下，从 E_2 能级辐射到 E_1 能级上的粒子数等于 E_1 能级跃迁到 E_2 能级上的粒子数。即

$$A_{21}N_2 + B_{21}N_2\rho_\nu = B_{12}\rho_\nu N_1 \tag{3-2-18}$$

作为热平衡状态下的标志，腔内物质的原子数按能级的分布应服从热平衡状态下的玻尔兹曼分布，即

$$\frac{N_2}{N_1} = \frac{f_2}{f_1}e^{-\frac{E_2-E_1}{kT}} \tag{3-2-19}$$

式中，f_1 和 f_2 分别是 E_1 和 E_2 能级的统计权重，k 为玻尔兹曼常数。

由式(3-2-18)和式(3-2-19)，可得

$$\rho_\nu = \frac{A_{21}}{B_{21}} \cdot \frac{1}{\dfrac{B_{12}}{B_{21}}\dfrac{f_1}{f_2}e^{\frac{h\nu}{kT}} - 1} \tag{3-2-20}$$

而根据黑体辐射普朗克公式

$$\rho_\nu = \frac{8\pi h\nu^3}{c^3} \cdot \frac{1}{e^{\frac{h\nu}{kT}} - 1} \tag{3-2-21}$$

由式(3-2-20)和式(3-2-21)，得

$$\frac{B_{21}}{A_{21}} \cdot \left(\frac{B_{12}f_1}{B_{21}f_2}e^{\frac{h\nu}{KT}} - 1\right) = \frac{c^3}{8\pi h\nu^3} \cdot \left(e^{\frac{h\nu}{kT}} - 1\right) \tag{3-2-22}$$

令 $T \to \infty$，得

$$\frac{B_{21}}{A_{21}} = \frac{c^3}{8\pi h\nu^3} \tag{3-2-23}$$

将上式代入式(3-2-22)，有

$$B_{12}f_1 = B_{21}f_2 \tag{3-2-23a}$$

式(3-2-23)和式(3-2-23a)确定了 A_{21}、B_{21} 和 B_{12} 三个系数的关系。

若 E_2 能级的权重 f_2 和 E_1 能级的权重 f_1 相等，则

$$B_{12} = B_{21} \tag{3-2-23b}$$

由受激吸收几率和受激辐射几率的定义，此时应有

$$W_{12} = W_{21} \tag{3-2-24}$$

3.2.7　跃迁几率按频率的分布

物理学早已证明,粒子发射的每一条光谱线所包含的波长(频率)都有一定的宽度,即每一条光谱线并不是单一频率的光波,而是包含一个频率范围,这种现象称为光谱线的展宽,参见 6.1 节。所以,自发辐射的定义式(3-2-3),高能级 E_2 上的粒子跃迁到 E_1 能级时发射光的频率 ν 等于$(E_2-E_1)/h$,应该进行修正。

修正后的自发辐射系数可表示为

$$A_{21}(\nu)=A_{21}g(\nu,\nu_0) \tag{3-2-25}$$

式中,$g(\nu,\nu_0)$ 称为光谱线的线型函数,它给出了自发辐射按频率 ν 的相对分布,也可理解为跃迁几率按频率的分布函数。这里,$A_{21}g(\nu,\nu_0)$ 可理解为总自发辐射几率 A_{21} 中,分配在频率 ν 处单位频带内的自发跃迁几率。式(3-2-25)给出了自发辐射几率按频率的分布。这种自发辐射几率按频率的分布称为光谱线展宽,将在 6.1.1 节中给出详细讨论。

由式(3-2-23)得

$$B_{21}=\frac{c^3}{8\pi h\nu^3}A_{21}$$

把式(3-2-25)代入上式,得

$$B_{21}=\frac{c^3}{8\pi h\nu^3}\cdot\frac{A_{21}(\nu)}{g(\nu,\nu_0)}$$

或写为

$$B_{21}g(\nu,\nu_0)=\frac{c^3}{8\pi h\nu^3}\cdot A_{21}(\nu)$$

令:

$$B_{21}(\nu)=B_{21}g(\nu,\nu_0)$$

上式给出了受激辐射系数 B_{21} 按频率 ν 的分布。

在频率为 ν 的光场作用下,受激辐射几率应为

$$W_{21}(\nu)=B_{21}(\nu)\rho(\nu)=B_{21}g(\nu,\nu_0)\rho_\nu \tag{3-2-26a}$$

容易理解,受激吸收跃迁几率为

$$W_{12}(\nu)=B_{12}(\nu)\rho(\nu)=B_{12}g(\nu,\nu_0)\rho_\nu \tag{3-2-26b}$$

即由于光谱线的展宽,和原子相互作用的光的频率 ν 并不一定要精确等于原子中心频率 ν_0。只要 ν 处于 ν_0 附近的一个范围内,受激跃迁仍然可以发生,仅是几率不同而已。入射光的频率等于 ν_0 时,跃迁几率最大;偏离 ν_0 时,跃迁几率下降。

从应用的角度考虑,最感兴趣的应该是准单色光与粒子的相互作用。准单色光的定义是:其频率的带宽 $\Delta\nu'$ 远小于粒子的谱线宽度 $\Delta\nu$。激光就是这样的准单色光,它的带宽远小于自发辐射的谱线宽度。例如:HeNe 激光器 $0.6328\ \mu m$ 的谱线,自发辐射谱线宽度 $\Delta\nu$ 有 1500 MHz,而激光的谱线宽度 $\Delta\nu'$ 可小于 1 MHz,甚至几十 kHz,如图 3-2-7 所示。这部分

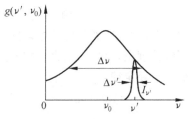

图 3-2-7　准单色光与粒子的相互作用

内容将在 6.1 节详细讨论。

在研究准单色光(如激光)与粒子的相互作用时,由于 $\Delta\nu' \leqslant \Delta\nu$,上述受激跃迁几率的表达式中 ρ_ν 可直接写成 ρ,于是式(3-2-26)可写为

$$W_{21}(\nu) = B_{21}g(\nu,\nu_0)\rho$$
$$W_{12}(\nu) = B_{12}g(\nu,\nu_0)\rho \tag{3-2-27}$$

3.2.8 自发辐射和受激辐射的强度关系

介质中有处于上能级 E_2 的粒子就有自发辐射。自发辐射光子对介质中的其他粒子来说就成了外来光子,能引起其他粒子的受激辐射或受激吸收。所以,自发辐射、受激辐射和受激吸收总是同时存在的。

可以证明,介质中自发辐射与受激辐射相比总占绝对优势。

设频率 ν 处的单位频带内的自发辐射光功率为 I_1,由式(3-2-25),有

$$I_1 = N_2 A_{21}g(\nu,\nu_0)h\nu$$

设频率 ν 处的单位频率带内受激辐射的光功率为 I_2,由式(3-2-26),有

$$I_2 = N_2 B_{21}g(\nu,\nu_0)\rho_\nu h\nu$$

于是有

$$\frac{I_2}{I_1} = \frac{B_{21}\rho_\nu}{A_{21}}$$

把式(3-2-23)代入上式,得

$$\frac{I_2}{I_1} = \frac{c^3}{8\pi h\nu^3}\rho_\nu \tag{3-2-28}$$

ρ_ν 由普朗克黑体辐射公式给出,代入上式,有

$$\frac{I_2}{I_1} = \frac{1}{e^{\frac{h\nu}{kT}}-1} \tag{3-2-29}$$

在 $T=1500\text{ K}$ 的热平衡空腔中,对 $\lambda=0.5\ \mu\text{m}$ 的光,有

$$\frac{I_2}{I_1} = 2\times10^{-9}$$

即自发辐射强度比受激辐射强度高出大约 9 个数量级。因此,热平衡状态下,受激辐射实际上是不存在的。

3.2.9 玻尔兹曼分布

在大量原子或分子组成的系统中,一定温度下,由于原子或分子的热运动,原子或分子之间相互碰撞,或者与容器壁碰撞,导致不可能所有的粒子都处于最低能量状态——基态。根据统计理论,可以导出大量粒子所组成的系统在热平衡状态下,其粒子数按能级的分布服从玻尔兹曼定律:

$$N_i \propto f_i e^{-\frac{E_i}{kT}} \tag{3-2-30}$$

式中,N_i 为处在能级 E_i 上的粒子数,f_i 为能级 E_i 的简并度,k 为玻尔兹曼常数,T 为热平衡的绝对温度。由式(3-2-30)可知,处在基态的粒子数最多,处于越高的激发态能级上的粒

子数就越少。

显然，分别处于 E_m 和 E_n 能级上的粒子数 N_m 和 N_n 必然满足如下关系：

$$\frac{N_m/f_m}{N_n/f_n} = e^{-\frac{E_m-E_n}{kT}} \tag{3-2-31}$$

可见只要 $T>0$，$E_m>E_n$，总有 $\dfrac{N_m}{f_m}<\dfrac{N_n}{f_n}$，即处于高能级的粒子数总是小于处于低能级的粒子数，这是热平衡条件下的一般规律。

在激光器中需要造成相反的情况，即 $\dfrac{N_m}{f_m}>\dfrac{N_n}{f_n}$，这种情况称为粒子布居数反转，此时高能级上的粒子数大于低能级上的粒子数，这是在非热平衡条件下得到的结果。如果 $f_m=f_n$，则反转粒子数密度为 $\Delta N = N_m - N_n$。为了方便起见，在下文中把反转粒子布居数密度简称为反转粒子布居数。

第 4 章
典型激光器

本章介绍几种典型激光器的工作原理和输出光束的特性,包括红宝石激光器、HeNe 激光器、半导体激光器、CO_2 激光器和光纤激光器等。通过本章的学习,读者能够掌握常用激光器的一般工作原理。对于激光器输出光束的更精细的内容,如光谱线压窄、光束能量在其横截面上的分布、光脉冲的形成等将在第四篇讨论。

4.1 红宝石及其他固体激光器

红宝石激光器是世界上最早诞生的激光器。早在激光问世前,人们就能够制造红宝石(Ruby),并在钟表中用作轴承。科学家对红宝石的晶格、能级和光谱等结构十分清楚,还用它产生微波放大。因此,梅曼首先想到利用红宝石来实现光放大,产生激光输出。

参与红宝石激光器形成激光的是铬离子(Cr^{3+})的三个能级(称为三能级系统)。红宝石激光器在全息照相、医疗、加工,以及一些物理参数测量中有应用价值。

作为学习者,先从能级结构相对简单、有代表性、易于理解的红宝石激光入手学习激光器,再学习其他激光器,就容易多了。因此,本节将以红宝石激光器的构造和激光束的形成过程为例引进若干激光器的重要常用概念。

本节虽然以红宝石激光器为标题,但掺钕钇铝石榴石、掺钕钒酸钇等固体激光器有与之相同或相似的光学和泵浦结构。掺钕的钇铝石榴等激光器在工业中应用更为广泛。

4.1.1 红宝石激光器结构

红宝石激光器的基本结构如图 4-1-1(a)所示。全反射镜和部分反射镜(也称为输出镜)是两个平面镜。两镜都镀 $\lambda/4$($\lambda=0.6943\ \mu m$)的介质膜系,一层厚 $\lambda/4$ 的高折射率介质,再一层厚 $\lambda/4$ 的低折射率介质。全反射镜的反射率接近 100%(技术上达不到 100%),部分反射镜的反射率为 $40\%\sim70\%$。

红宝石的成分是三氧化二铝(Al_2O_3)单晶中掺入少量 Cr^{3+}(0.05%)。全反射镜和部分反射镜构成一 FP 标准具,又称为激光谐振腔,因上下左右四周未对 0.6943 μm 波长光封闭,所以称为开放式谐振腔(FP 标准具),提供了光的反馈回路,光可在其中来回多次反射,这是激光振荡通路。脉冲氙灯可以通过数百安培甚至上千安培的电流,发出极强的可被红宝石中 Cr^{3+} 吸收的光,即氙灯的作用是把电能转化为可被红宝石内 Cr^{3+} 吸收的光能。储能电容 C 的作用是向氙灯提供能量,其放电时为氙灯提供大电流。储能电容 C 的容量一般为数百、甚至上千微法拉,耐压数千伏。氙灯触发电路如图 4-1-1(b)所示。变压器 T,变压比高达数百至上千,次级绕在氙灯上,其初级和电容 C_0(1 μF)及可控硅(或其他电子元件)P 连接。可控硅的触发端控制其导通,这是氙灯触发通路。储能电容 C 经氙灯放电,氙灯发光,激光器发射激光。

聚光镜是一个截面为椭圆的比脉冲氙灯略长的椭圆反射镜,氙灯位于椭圆的一个焦点处,红宝石棒位于椭圆的另一个焦点处。如图 4-1-1(c)所示,氙灯发出的光最大限度地聚焦于红宝石棒内。

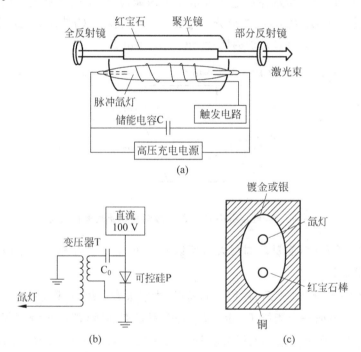

图 4-1-1　红宝石激光器的基本结构(a)、氙灯触发电路(b)和聚光镜结构(c)

4.1.2　工作过程

(1) 接通上千伏(一般为 2000 V)的高压直流电源,电源将向储能电容 C 充电。C 中储存能量,大小为 $W=\dfrac{1}{2}CV^2$。电容中的电荷不能从氙灯上流过,因为氙灯中氙的电离电压需要上万伏。尽管电容 C 上有千伏的高压,氙灯并不能放电。

(2) C_0 充电。百伏的直流电压源经过 C_0 到地,C_0 两极间有 3~100 V 电压。

(3) 步骤(1)和步骤(2)完成后,在可控硅 P 的控制极上加几伏电压,可控硅即导通。C_0 通过可控硅、T 的初级放电形成电流。在变压器的次级感生出上万伏高压,使氙灯中的氙原子电离,氙灯从绝缘体变成导体。此时氙灯仅有不足 1 Ω 的电阻,储能电容 C 放电电流达数千安。此放电过程属于 RC 型,电流-时间曲线如图 4-1-2 所示,氙灯发光的曲线也有相似的形状。

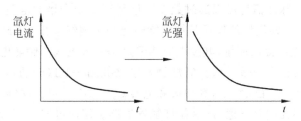

图 4-1-2　氙灯的电流-时间曲线

(4) 椭圆聚光镜(腔)把氙灯光会聚到红宝石棒上。

(5) 红宝石棒中的 Cr^{3+} 吸收氙灯发射光中的绿光光子,由基态跃迁到高能级。红宝石中 Cr^{3+} 的能级如图 4-1-3 所示左侧竖线表示原子内能,横线是能级高度。能级图没有横坐标。一般基态能级用 E_1 表示,高能级分别用 E_2 和 E_3 表示。Cr^{3+} 从 E_1 跃迁到 E_3,吸收氙灯绿光($0.41\ \mu m$ 和 $0.56\ \mu m$)光子的能量:$E_3 - E_1 = h\nu$。

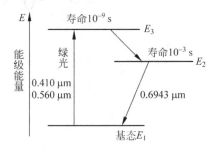

图 4-1-3　红宝石中 Cr^{3+} 的能级图及其受激吸收跃迁

E_3 实际是一个能带(能量范围很大),所以 Cr^{3+} 可吸收氙灯光中一个较宽频带的光子而跃迁到 E_3 能级上。

Cr^{3+} 跃迁到高能级 E_3 上后,停留时间短(因为能级寿命短);平均在 10^{-9} s 左右的时间即离开 E_3 跃迁到下面一个能级 E_2 上。E_2 是个亚稳态能级(即稳定程度仅次于稳态的原子能级状态)。Cr^{3+} 在 E_2 上停留的平均时间是 3×10^{-3} s,是在 E_3 停留时间的 10^6 倍,因此 Cr^{3+} 在 E_2 能级上积聚起来。Cr^{3+} 从 $E_3 \to E_2$ 的过程要放出能量 $E_3 - E_2$,这部分能量通过碰撞方式传给红宝石晶体,使晶体变热。这种不发出光子的跃迁过程,称为无辐射跃迁。晶体变热,降低激光器从电能转化成光能的效率,对激光器是不利的。往往需要用水流把红宝石的热量带走,即所谓水冷。

(6) 氙灯持续发光,所以大量的 Cr^{3+} 吸收光子从基态 E_1 跃迁到 E_3,又迅速地从 E_3 跃迁到 E_2,在 E_2 上停留时间长。这就使大量的 Cr^{3+} 源源不断地被"抽运"到 E_2(或被泵浦到 E_2)。氙灯的作用就像是一个泵,把 E_1 的粒子抽运到 E_2,所以氙灯又称为光泵(light pump)。

(7) 设想空间有一个光子(能量 $= E_2 - E_1$)进入红宝石并和 Cr^{3+} 碰撞,在碰撞中可能发生以下两种情况。

① 如果 Cr^{3+} 处在基态 E_1，则 Cr^{3+} 将吸收光子从 E_1 跃迁到高能级 E_2，这就是受激吸收跃迁过程。

② 如果 Cr^{3+} 处在激发态 E_2，则 Cr^{3+} 将辐射出一个和入射光子完全一样的新光子，且 Cr^{3+} 回到基态能级 E_1，这就是受激辐射跃迁过程。也就是说，光子是被吸收还是激发出一个新光子，完全取决于 Cr^{3+} 所处的能级。如果高能级 E_2 上的粒子数 N_2 小于低能级 E_1 上的粒子数 N_1（$N_2 < N_1$），则光子被吸收的可能性要大于再激发出一个新光子的可能性；如果 $N_2 > N_1$，则激发出一个新光子的可能性大于光子被吸收的可能性。

定义 $N_2 > N_1$ 时为粒子布居数反转，所谓反转是指，本来 Cr^{3+} 基本都在 E_1 能级上（$N_1 \gg N_2$），现在 $N_2 > N_1$，粒子分布（布居）反转了，称为粒子布居数反转。

当大量光子进入一个粒子布居数反转的红宝石时，将有多于半数的光子保存自己并激发出新的光子，少于半数的光子被吸收。从宏观的角度来看，光被放大了，这就是光放大。

处于粒子布居数反转状态下的红宝石能放大入射光，称作对光有增益。粒子布居数反转是实现光放大的必要条件之一。

上述讨论为了突出最基本的概念忽略了物理学上的能级简并。

(8) 光泵发出的光越强，把大量 Cr^{3+} 从基态 E_1 抽运到亚稳态 E_2（经 E_3）的速率越大，越容易实现粒子布居数反转，E_2 的能级寿命越长，也就越容易实现粒子布居数反转。

(9) E_2 能级上的一些粒子因自发辐射出 $0.6943\ \mu m$ 的光子，这些光子中总有一些是沿红宝石棒轴向（即 FP 谐振腔的轴线方向）传播，这部分光子被红宝石放大，这就是光放大。

被放大的光又被反射镜来回反射，反复放大。两反射镜的作用相当于电子振荡线路中的反馈回路。一切激光器都要有光的反馈回路，也就是说一切激光器都必须有一个谐振腔（由两个反射镜组成）。

(10) 在电子线路中电子振荡器必须满足幅值条件，即振荡器的放大倍数必须大于信号沿反馈回路一周的损耗。在激光器中也必须满足这一条件，即光沿谐振腔往返一周所获得的增益，必须大于光在谐振腔中往返一周所遭受的损耗，即增益大于损耗。增益由红宝石提供，损耗主要是由谐振腔半反射镜透射光，以及材料的吸收、散射等引起的。

在图 4-1-4 中，如果部分反射镜 $R = 50\%$，则光的单程损耗即为 50%（不考虑其他损耗）。

根据以上讨论，可以给出以下两个重要定义。

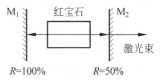

图 4-1-4 谐振腔示意图

① 刚好能使红宝石激光器形成激光振荡的电容器储存的能量称为红宝石激光器的阈值能量。激光阈值对应的上下能级粒子数之差称为阈值反转粒子数：

$$\Delta N_{th} = (N_2 - N_1)_{th} \tag{4-1-1}$$

② 恰好能使激光器形成激光振荡的增益系数称为阈值增益系数（增益系数即单位长度介质对光的放大倍数），用 G_{th} 表示。

(11) 当电容 C 的电压下降到不能维持氙灯点燃时，Cr^{3+} 的抽运就停止了，激光发射也就终止了。

4.1.3　氙灯泵浦的其他固体激光器

本节的开头提到氙灯泵浦的其他固体激光器具有和红宝石激光器相似的构造,如图 4-1-1 所示。主要的不同是激光介质,可以是掺钕钇铝石榴石棒,也可以是掺钕的钒酸钇棒。由于它们的相似性,不再专门介绍氙灯泵浦的其他棒状激光器。

4.1.4　红宝石激光器输出光的特性

红宝石激光器是典型的固体激光器,输出光的特点是多脉冲、宽光谱、高功率。

1. 时间特性

输出光强呈尖峰脉冲结构。

氙灯点燃后,经过约毫秒时间开始激光振荡。然后是一系列尖峰脉冲,脉冲间隔约微秒,一个发光周期约有数千个脉冲。形成脉冲的原因是:一旦激光形成了,就存在着粒子布居数反转增加和粒子布居数反转减少两个过程,具体解释如下。

氙灯点亮以后,持续发光,图 4-1-5(a)从 A 到 B,在泵浦的作用下,上能级 E_2 积聚大量粒子,产生粒子布居数反转 ΔN(图 4-1-5(b))。当 ΔN 大于阈值反转粒子数 ΔN_{th} 时,激光器输出激光。

由于光泵继续把 E_1 粒子抽运到 E_2,反转粒子数 ΔN 仍不断增加。激光输出功率继续增加,此阶段对应脉冲的上升沿。当输出激光达到一定功率,强烈的受激辐射使上能级 E_2 的粒子数大量减少。当上能级 E_2 粒子数的减少速率大于光泵浦使 E_2 上粒子数增加速率时,激光器输出功率的增加速度亦减缓,但由于 $\Delta N \gg \Delta N_{th}$,因此激光器的输出功率仍然在增加。当反转粒子数 $\Delta N = \Delta N_{th}$ 时,对应的是脉冲峰值,此时激光器输出功率最大。此后,由于 $\Delta N < \Delta N_{th}$,红宝石失去光的放大作用,激光器输出功率下降,直至光功率为零,此阶段对应脉冲的下降沿。之后,储能电容的放电仍在继续,以至产生第二个脉冲。然后是第三个,第四个,……,如图 4-1-5(c)所示。

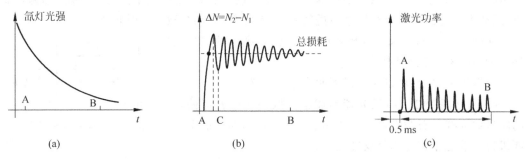

图 4-1-5　红宝石激光器的输出特性示意图,图中 A 到 B 约毫秒

2. 谱线宽

光谱线宽度约 0.4 nm(2.4×10^5 MHz),这样的宽度比 HeNe 激光器的谱线宽度(10^{-5} nm)宽得多,因此红宝石激光器与 HeNe 激光器的相干性差距很大,但在固体激光器中是最好的,常用于脉冲式的相干测量。

3. 输出功率高

如果使用调 Q 技术,功率可高达数万、数十万、甚至数百万兆瓦。

4.1.5　其他固体激光器

其他脉冲工作的固体激光器,如 Nd：YAG 激光器、Nd：YVO$_4$ 激光器、钕玻璃激光器等都可以使用氙灯泵浦产生激光,凡是掺钕的激光介质激光器输出波长都是 $1.06~\mu m$,功率都很大,多用于激光加工和军事目的。巨大功率的钕玻璃激光器则用于研究可控核聚变实验,用于寻求新的能源。这些激光器体积大(或巨大),但泵浦原理与前文讲的红宝石激光器类似。

还有一类并不以脉冲方式工作,而是连续输出的由半导体激光器泵浦的 Nd：YAG 和 Nd：YVO$_4$ 激光器,将在 4.6 节中介绍。

4.1.6　形成激光振荡的基本要素

根据上述红宝石激光器的工作过程,可以归纳出形成激光振荡的三个基本要素,在学习其他激光器时需加以注意。

(1) 激光工作物质的能级结构必须易于实现粒子布居数反转。

(2) 激光器泵浦的作用是实现粒子布居数反转。

(3) 粒子布居数反转是光放大的必要条件。

(4) 增益大于损耗是形成激光振荡的必要条件。

(5) 激光谐振腔的作用:提供光子的反馈回路,实现光的多次往复经过激光介质,反复放大。

4.2　氦氖激光器

氦氖(HeNe)激光器是最先实现激光振荡输出的气体激光器。HeNe 激光器输出的是 Ne 的光谱线,在可见和红外波段有多条,其中最常用的是红光 $0.6328~\mu m$,以及红外光 $1.15~\mu m$ 和 $3.39~\mu m$ 三条谱线,还有绿光 $0.5435~\mu m$,黄光 $0.5991~\mu m$,也能形成激光振荡。波长越长的谱线,越能获得强的激光功率。由于 HeNe 激光束具有单色性和方向性好,输出功率和波长能够控制得很稳定,并且结构简单、造价低廉等优点,因而广泛应用于精密计量、检测、准直、信息处理,以及医疗、光学实验等多个方面。HeNe 激光器是玻璃管状结构,玻璃是气密性非常优良的材料。HeNe 激光器是一种小功率激光器,放电管长十几厘米的激光器输出功率为 1 毫瓦量级,放电管长 $1\sim2~m$ 的激光器输出功率可达几十至百毫瓦。HeNe 激光器是放电激励的气体激光器的典型代表,它的工作过程、制造工艺和设计器件的方法对其他气体激光器都有参考意义。

4.2.1　HeNe 激光器的结构

1. 基本结构

HeNe 激光器的结构形式很多,但基本结构由激光放电管、电极和光学谐振腔构成。放电通路由毛细管、储气室和正、负电板构成。光学谐振腔由一个全反镜和一个部分反射镜组成。

以内腔式 HeNe 激光器为例,如图 4-2-1 所示,一支 HeNe 激光器由 A、B、C、D 四部分组成。内腔式是指两个反射镜直接作为激光器的密封元件,既是谐振腔反射镜又是 HeNe

气体的密封元件。

(1) M_1、M_2 是两个反射镜,构成一个光学谐振腔。M_1 是平面反射镜,一般镀 7 层介质膜,属 $\lambda/4$ 膜系(或硫化锌-氧化镁,或氧化锆-氧化硅),反射率 $R \sim 98\%$ 上下。M_2 是凹面反射镜,一般镀 17 层介质膜,反射率 $R \sim 100\%$,也属 $\lambda/4$ 膜系。(HeNe 激光器常用波长有: $0.6328\ \mu m$、$1.15\ \mu m$ 和 $3.39\ \mu m$)。绿光和黄光的 HeNe 激光器也有研

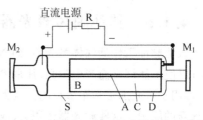

图 4-2-1   内腔式 HeNe 激光器结构示意图

究和应用。需要激光器输出哪个波长,就针对该波长镀制反射镜的介质膜。

红宝石激光器的光学谐振腔为两个平面镜,HeNe 激光器则是一个平面镜、一个凹面镜。主要原因是为了增加光的反馈次数,或者说让光子在两镜间来回反射多次而不逸出腔外。在第 5 章,我们还会证明,这种由两反射镜组成、光束在其中多次反射而不逸出的谐振腔是一种稳定谐振腔,有利于实现激光振荡。

(2) S(除反射镜 M_1、M_2 外的全部)是硬质玻璃(或石英玻璃)壳。S 内充 He 气和 Ne 气,He:Ne=7:1,总气压 3～5 托(1 托=133.32 Pa)。壳内分如下三个区。

A 区:毛细管。是一根内径为 0.8～2 mm 的玻璃管。当电极加上高压后,毛细管中的气体被电离、放电,把 Ne 原子抽运到高能态,产生粒子布居数反转。

B 区:储气泡。储气泡不是必要的部分,对产生激光无贡献,但对延长激光器寿命的作用关系极大。因为壳内 HeNe 气压低,壳外大气压总要向壳内渗透 CO_2、O_2、N_2 等气体,这些储气泡可使管内气体的成分变化缓慢,从而延长激光器寿命。

C 区:阴极区。区内装有阴极 D,一般都用铝皮做成圆筒状或直接用薄铝管,因为铝的电子发射率高、溅射小,筒状是为了增加电子发射面积和减少阴极溅射。

(3) 阳极:一直径约 2 mm 的钨杆(棍)。

(4) 高压直流电源:能输出几千伏电压,电流为 3～10 mA。

图 4-2-1 中的 HeNe 激光器由于具有全封闭结构,称为内腔式激光器。内腔式结构 HeNe 激光器输出正交线偏振光。而不是像有些文献讲的随机偏振光或圆偏振光。

2. 其他结构

此外,还有全外腔式和半外腔式两种结构,如图 4-2-2 所示。图(a)是全外腔式,HeNe 放电管是独立的;图(b)是半外腔结构,放电管和部分反射镜为一体。

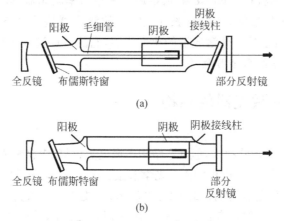

(a)

(b)

图 4-2-2   全外腔式和半外腔式 HeNe 激光器结构示意图

之所以设计图 4-2-2 所示两种结构的 HeNe 激光器,原因如下。

(1) 要求输出线、单偏振光。由于在腔内装有布儒斯特窗,垂直于纸面振动的分量(也称 s 光)反射出腔外不能形成振荡,只有平行于纸面振动的分量(p 光)能在腔内多次往返,获得光放大,从而形成激光输出。

(2) 满足某些研究或实验的需要。在一些研究方案中,往往需要在光腔内插入一些元件,如甲烷气体、晶体石英片等。而上述两种结构的激光器可以满足这样的需要。

(3) 激光器腔镜失谐时(失去平行)方便调节。较长激光器腔长度较大(如大于 1 m),管壳易变形,可能导致 M_1 和 M_2 不平行,激光器无法正常工作。全外腔式或半外腔式激光器的腔镜可以方便地调节补偿回壳体变形。

这两种结构的 HeNe 激光器的共性是都有一片光学玻璃片,玻璃片法线和光轴夹角为布儒斯特角,该光学玻璃片称为布氏窗。由于布氏窗的存在,激光器输出线偏振光,可广泛用于对激光偏振态有需求的场合,如偏振成像、临床医学等。

4.2.2 HeNe 激光器放电通路、工作电压和电流

(1) 打开高压直流电源,电源输出数千伏直流高压。

(2) 直流高压加在正、负极上,高压把部分 He 电离,He、Ne 气成为导电体。放电通路是:正极→A 区(毛细管)→C 区→D→负极→R(大电阻,几十千欧)→电源→正极。电流(几毫安)沿上述回路流动,放电气体呈漂亮的橙红色,此时,工程里常称为激光器点亮。

(3) 气体击穿前,HeNe 激光器正、负极间电压为数千伏,气体击穿后,大电阻 R 分去部分电压,在 200 mm 长激光管的两极间有数百伏电压,流过的电流比较小,一般 2~10 mA,腔长 150 mm 的 HeNe 激光器放电电流在 4 mA 上下。

(4) 激光器被"点亮"后,Ne 原子被抽运到高能级,实现粒子布居数反转,如增益大于损耗,形成激光。

4.2.3 HeNe 激光器 0.6328 μm 波长激光激发机理

所谓激光激发机理是激光介质中与产生激光有关的各能级的跃迁过程。

1. He 和 Ne 的能级结构

He 和 Ne 的能级结构(图 4-2-3 仅给出和产生激光有关的能级)在能级图中,以竖线表示一个原子的能级值。能级图没有横坐标。

(1) He 原子有 2 个能级参与激发过程:基态 1^1S_0 和亚稳态能级 2^1S_0,亚稳态能级有较长的寿命。

(2) Ne 原子有 4 个能级参与 0.6328 μm 波长的激发过程:①基态 1^1S_0;②能级 $1S_2$($1S$ 是一组能级,共 4 个,$1S_2$ 是其中之一);③能级 $2P_4$($2P$ 是一组能级,共 10 个子能级,其余 9 个不参与 0.6328 μm 的激发过程),寿命 19.1 ns;④能级 $3S_2$($3S$ 能级共有 4 个子能级,其余 3 个不参与 0.6328 μm 的激发过程),寿命 96 ns。

以上 4 个能级的排列顺序是按照能量由低到高。

2. 激发过程

(1) 在热平衡状态下,He 原子和 Ne 原子几乎全部在自己的基态上(也就是所有原子都

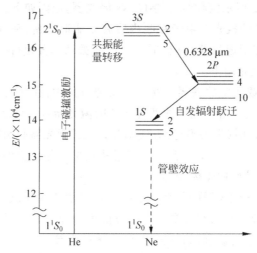

图 4-2-3   产生 $0.6328\ \mu m$ 的 He 原子和 Ne 原子的能级图

处于能量最低状态),而其他能级基本上是空的。

(2) 当 HeNe 激光管放电时,阴极发射电子高速向阳极运动,电子在运动中与基态 He 原子发生频繁非弹性碰撞,电子能量转移给 He 原子,使 He 原子从基态激发到 2^1S_0。这种碰撞可能是几个电子轮番碰撞一个 He 原子。

(3) He 原子的 2^1S_0 是亚稳态,寿命较长,能积累大量 He 原子。激发态原子常用 He* 表示。

(4) He 原子在 2^1S_0 能级上不能通过自发辐射回到基态。但 He* 原子和基态 Ne 原子发生非弹性碰撞,把能量转移给 Ne 原子,使 Ne 原子激到 $3S_2$ 能级上。这就是所谓的能量共振转移。He 原子的 2^1S_0 能级比 Ne 原子的 $3S_2$ 能级的能量稍低一些($0.0048\ eV$),这一能量差是由原子热运动的动能补充;Ne 原子的 $3S_2$ 能级寿命不太长($96\ ns$),但 He* 和基态 Ne 原子碰撞几率极大,所以 $3S_2$ 能级上能积累大量激发态 Ne 原子(Ne*)。

(5) Ne* 原子 $3S_2$ 向 $2P_4$ 跃迁,发出 $0.6328\ \mu m$ 的激光。

(6) $2P_4$ 能级的 Ne 原子不能向基态跃迁(违禁的),而是通过自发辐射跃迁到 $1S_2$ 能级。

(7) $1S_2$ 能级的 Ne 原子主要通过与管壁碰撞把能量传给管壁而回到基态,这一过程称为"管壁弛豫效应"。

说明:为了使 $0.6328\ \mu m$ 下能级 $2P_4$ 处于出空状态以实现它的粒子布居数反转,要求 $1S_2$ 能级也是空的,$1S_2$ 能级的出空主要是通过使用小内径的毛细管来实现(谐振腔为 $200\ mm$ 的管子,毛细管直径仅 $1\ mm$ 左右)。毛细管内径小,在 $1S_2$ 能级的 Ne 原子频繁和毛细管内壁发生碰撞,把它的能量传给管壁,回到基态。

4.2.4   激光产生的过程

(1) 在激光管点亮时,同时发生下述两个过程。

① Ne*($3S_2$)在激光上能级的积累

$$He(1^1S_0) \xrightarrow{\text{电子碰撞}} He^*(2^1S_0) \xrightarrow{\text{共振转移}} Ne^*(3S_2)$$

这一过程使激光上能级的粒子数快速增加。

② $Ne^*(2P_4)$ 从激光下能级的出空：

$$Ne^*(2P_4) \xrightarrow{\text{自发辐射}} Ne^*(1S_2) \xrightarrow{\text{管壁效应}} Ne(1^1S_0)$$

这一过程使激光下能级的粒子数快速出空。

因此,粒子布居数反转就迅速建立起来了,从而在毛细管内建立起增益区。

(2) 光学谐振腔的反馈作用,使平行于毛细管轴线运动的光子反复多次通过毛细管而得到放大。

(3) 光在毛细管中通过时获得增益,一旦增益大于光在激光谐振腔中的总损耗(衍射损耗,在反射上输出光的损耗,布氏窗片的内吸收以角度偏离布氏角的损耗)时,就形成光振荡,产生激光束。

例 HeNe 激光器的毛细管内径 $d=1\,\text{mm}$,全反镜和输出镜的透过率分别为 0.2% 和 2%(9 层介质膜)。问腔长至少多长才能形成激光振荡?

解: HeNe 激光器在最佳放电条件下,中心频率处的小信号增益系数为

$$G = 3 \times 10^{-4} \frac{l}{d} (\text{单程})$$

其中,l 为毛细管长度。光的损耗主要是两片反射镜透射光引起的,$\alpha \approx 2.2\%$。要形成激光振荡,增益 G 必须大于损耗 α。由此,计算可得毛细管有效长度必须大于 37 mm 才能产生激光。

4.2.5 影响激光功率的因素

(1) 两反射镜不平行(称为光学谐振腔失调)。这时反射镜失去反馈作用(或者说腔损耗增大),一般认为两镜的平行度应小于约半分(角),实际上可以调整到角秒的水平。

(2) 输出镜最佳透过率。如果输出镜反射率 R 很大,则光腔损失很小,易于满足增益大于损耗的激光振荡条件,很容易建立激光振荡,但光只在腔内振荡而无法输出;如果输出镜反射率 R 很小,光腔损耗就大,以至于增益比损耗还小,无法形成激光振荡。所以存在一个最佳透过率,它往往是由实验得出。

(3) 最佳放电电流。经验证明,激光管点亮后,如果从最小输入电流(一般 3 mA)逐渐增大,HeNe 激光光功率也增大,但达到一定值后,电流增加,光功率反而变小。因此,存在最佳工作电流。

比较典型的一套参数是：长 150 mm 的 HeNe 激光器,毛细管长 110 mm、内径 1 mm,输出镜透射率 1.2%,放电流 3.5～4.0 mA,输出功率～1 mW。

4.2.6 HeNe 激光器输出特性

1. 输出功率

有两个特点:①连续输出功率可稳定在 $1\%\sim5\%$;②由毛细管长决定($100\,\text{mm}\sim2\,\text{m}$),激光功率的范围为 $0.5\sim80$ mW。

2. 方向性好

HeNe 激光器的方向性远优于红宝石激光器和其他固体激光器,光束发散角接近衍射

极限。这是因为 HeNe 激光器的激光介质是均匀的气体,而固体的红宝石介质内有应力和气泡等。

3. 单色性好

光源的单色性一般用中心波长的谱线宽度($\Delta\lambda$)表示。单色性越好,谱线越窄,即 $\Delta\lambda$ 越小。在采取一定的稳频即稳波长措施后,HeNe 激光波长的谱线宽度 $\Delta\lambda \approx 0.000006$ nm。而 4.1 节的红宝石激光器,其谱线宽度 $\Delta\lambda \approx 0.4$ nm。两者相差约 5 个数量级。

这里需要指出一个问题:对于一般的 HeNe 气体放电,它所发出的自发辐射谱线的频率宽度为 1500 MHz。实际上,HeNe 激光的频率宽度可控制在千赫兹。

4. 正交偏振

HeNe 激光器的输出光是正交线偏振的,即若激光束含有六个频率,频率从大到小,一定是垂直偏振、水平偏振、垂直偏振、……相邻的互相垂直,相间的互相平行。现在资料上常讲 HeNe 激光器输出的是圆偏振或随机偏振,这是不正确的。详细的解参见第 10 章。

4.3　半导体激光器

半导体激光器(laser diode,LD),又称激光二极管,诞生于 1962 年。之后,半导体激光器逐渐发展,成为应用面最广、发展最迅速的一种激光器件。它的特点是体积小、效率高、寿命长、功率大、成本低、波长范围宽,以及可集成。它的泵浦方式也简单:仅在半导体 pn 结(或 np 结)注入低压电流即可,不像固体激光器需要另一个光源泵浦,也不像 HeNe 激光器需要几千伏高电压。半导体激光器是光纤通信的主要光源,同时,在光存储、激光打印、测距、激光雷达和医疗等方面有着广泛的应用。半导体激光器的缺点是其发射光束发散角大,光束截面上光强不均匀,这一缺点是催生 LD 泵浦的固体微片激光器动因之一。

4.3.1　早期半导体激光器的基本结构

如图 4-3-1 所示,一个典型的同质结半导体激光器,主要有 5 个功能部分。

A:一层 p 型半导体(在 GaAs 中掺入 Zn 元素)。p 型半导体中有大量的空穴,每个空穴可以容纳一个电子。

B:一层 n 型半导体(在 GaAs 中掺入 Te 元素)。n 型半导体中有大量自由电子。自由电子不受核或晶格束缚,可以自由运动。

尽管 p 型半导体中有空穴,n 型半导体中有自由电子,但总正电荷和总负电荷数量上是相等的,即半导体仍是电中性的。

C:p 型半导体和 n 型半导体接触面的两侧薄层,称为pn 结区。

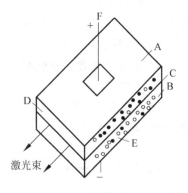

图 4-3-1　同质结半导体激光器的
　　　　　典型结构

D 和与之相对的表面:解理面。两个解理面平行,构成半导体激光器的谐振腔。同质结半导体激光器中,解理面通常是 GaAs 与空气的分界面。GaAs-空气界面反射率较高,可达 35%(玻璃-空气界面反射率仅 4%左右)。

E：磨砂面。消除这个界面的反射。

F：导线。电流从"+"的一端流向"−"的一端。

工作过程：电流从正极流入，从负极流出。激光从解理面出射。

两个解理面之间的距离，即谐振腔长，约为 0.3 mm，宽度和厚度也约为 0.1 mm。

4.3.2 GaAs 半导体材料的能级(带)和 pn 结

1. 半导体的能带

如图 4-3-2 所示，是 GaAs 半导体中电子的能级图。半导体中电子的能级较宽，称为能带：导带、价带和禁带。

(1) 导带。该区域内的电子能量大，处于自由状态，即不受原子核或晶格束缚可以自由运动，这也是导带名称的由来。导带事实上包括一系列分立的能级(如图 4-3-2 中右上角的一系列横线所示)。电子可以位于上述任何一分立的能级上，但是不能处于分立的能级之间(即各横线之间的区域是违禁的)。

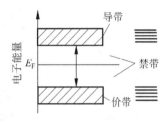

图 4-3-2 半导体的能带结构

(2) 价带。该区域内的电子能量较小，具有的能量不足以挣脱原子核的束缚。这种由价电子形成的能带称为价带。和导带类似，价带也具有一系列分立的能级。

(3) 禁带。在价带和导带之间的区域称作禁带，是电子所不能具有的能量值。

(4) 费米能级(E_F)。费米能级是具有统计学意义的物理概念，并不是真实存在的能级。在费米能级上电子占据的概率是 1/2。

能级图仅仅说明了电子有可能具有哪些能量值(即能级)。对于具体的某一半导体材料，假设它有 N 个电子，这些电子在各能级上是怎样分布的呢？统计力学已证明：半导体材料中的电子在各能级的分布满足费米-狄拉克统计规律。

2. 费米-狄拉克统计

(1) 在一个由 N 个电子构成的物质系统中，任何两个电子都不能具有相同的能量。即在一个能级上不可能有两个或两个以上状态相同的电子，最多只能容纳电子自旋方向相反的两个电子。

(2) 热平衡状态下，在上述物质系统中，电子位于能量为 E 的能级上的概率 $f(E)$ 为

$$f(E) = \frac{1}{e^{\frac{E-E_F}{kT}} + 1}$$

式中，T 是绝对温度，k 是玻尔兹曼常数，E_F 是费米能级的能量，它在导带和价带之间。上式说明能量值小于费米能级的能级上，每个能级上面基本上都有一个电子，而大于费米能级能量的能级上，电子存在的概率很小。

因为导带所有能级都高于费米能级 E_F，所以整个本征半导体导带上的电子是很少的(很少有电子有导带能量)。价带所有能级都低于费米能级 E_F，所以电子基本上都处于价带(价带也就很少有空穴)。

上述分析说明了本征半导体中,导带缺少自由电子,价带缺少空穴。

3. 高掺杂半导体

通过在半导体材料中掺杂不同杂质,使费米能级升高或下降,以实现导带内有自由电子、价带内有空穴。

(1) 在半导体 GaAs 中掺入 Zn,将使半导体中的费米能级下降,甚至降到价带里面去。由于电子全部在费米能级之下,因此在费米能级到价带顶部之间区域出现了空穴,如图 4-3-3(a)所示,这就是 p 型半导体。

(2) 在半导体 GaAs 中掺入碲(Te),将使半导体中的费米能级上升到导带中去。由于电子全部在费米能级之下,因此在费米能级到导带底部之间的区域出现了自由电子,如图 4-3-3(b)所示,这就是 n 型半导体。

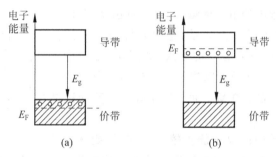

图 4-3-3   高掺杂的 p 型和 n 型半导体

(a) p 型半导体;(b) n 型半导体

4. pn 结

(1) 结合。把一块 p 型半导体(多空穴)和一块 n 型半导体(多自由电子)结合在一起组成一个 pn 结。

(2) 扩散。我们知道,p 型半导体中多空穴;n 型半导体中多自由电子,一旦它们连在一起就要发生扩散,电子从 n 型半导体向 p 型半导体扩散,空穴从 p 型半导体向 n 型半导体扩散。

(3) 自建场的建立。本来两种半导体都为中性,这种扩散的结果使 n 型半导体中的电子迁移到 p 型半导体中,所以它就带了正电。同样,p 型半导体带上负电。有净电荷的出现就要形成电场,电场是从正电荷指向负电荷,这样的电场称为自建场(即势垒)。当自建场的电场强度达到一定数值时,这个电场的存在将阻止电子从 n 型半导体向 p 型半导体的扩散,扩散运动将停止。空穴从 p 区向 n 区的扩散也将停止。自建场是位于 p 型半导体和 n 型半导体交界面两侧的一个区域,称为"空间电荷区(即 pn 结区)",在此区域中,电子和空穴同时存在。

从另一方面看,当 n 型半导体和 p 型半导体组成一个 pn 结时,作为一个整体,要求组成 pn 结的两型半导体的费米能级必须处在同一能量水平。因此,如图 4-3-4(a)所示,原来 p、n 型半导体中不等的两个费米能级,在组合成 pn 结后,p 型半导体的费米能级抬升,而 n 型半导体的费米能级降低,最后形成一个统一的费米能级,如图 4-3-4(b)所示。这样,就在 pn 结区出现一个斜坡,这个斜坡就是一个电位的强势垒。这就意味着,在 n 区的自由电子迁移到

p区,需要跨过这个势垒,其势能变化为:$(-e)\times(-E_g)=\Delta E>0$。也就是说,需要外部激励源对电子做功,才能克服这个势垒。解决的办法是,加正向偏置电压,削弱势垒,使电子能自由扩散到p区。

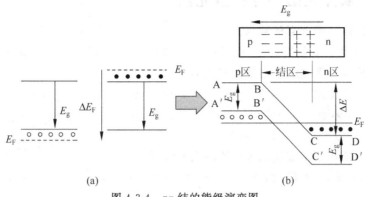

图 4-3-4 pn结的能级演变图

4.3.3 半导体激光器的工作过程

(1)当pn结加正向偏置电压 V 时(p加正电压,n加负电压),势垒降低,引起电子和空穴扩散。

① 外场是由p区指向n区,外场正电压将大部抵消结区p型半导体的负电位;外加负电压将大部抵消结区n型半导体的正电位。

② 这样,结区两边的电位差大大降低了。即BC和$B'C'$的斜度下降,n区内的费米能级相对于p区的费米能级被抬升,这样就形成了一个作用区(也常称作激活区或有源区),区内存在大量处于高能级的自由电子和大量处于低能级的空穴,如图4-3-5所示。

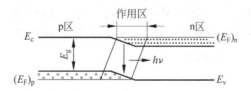

图 4-3-5 正向偏置pn结半导体激光器

(2)电子、空穴在作用区相遇,导带电子的能量大于价带空穴的能量,复合时,电子把多余的那部分能量释放出来形成光辐射。

(3)在谐振腔的反馈下(由两个解理面组成),上述光辐射形成激光

$$h\nu=E_{导带底}-E_{价带顶}=E_c-E_v$$

4.3.4 半导体激光形成的条件

(1)半导体必须是高掺杂的,n区的掺杂使费米能级进入导带,p区的掺杂使费米能级进入价带。

(2)在pn结上加的正向电压必须足够高,以便使结区空穴位能大大低于电子位能,这是形成"粒子布居数反转"的条件。

由以上可知,半导体激光器中的粒子布居数反转和红宝石以及 HeNe 中的粒子布居数反转有着完全不同的含义。

4.3.5 双异质结半导体激光器

1. 同质结 GaAs 激光器的缺点

所谓同质结就是 p 型 GaAs 和 n 型 GaAs,两层 GaAs 对在一起形成一个结。同质结 GaAs 激光器不尽人意的地方是使这样的激光器工作需要注入的电流很大。实际上,p 型 GaAs 和 n 型 GaAs 制成的半导体激光器只能以脉冲的形式工作,重复频率也不高,一般为几千~几万赫兹。

研究人员分析出了造成这么大电流注入的原因。

(1) 发光区域 d 太宽,约 $2\sim 4\ \mu m$,如图 4-3-6 所示。

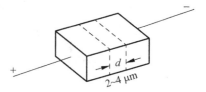

图 4-3-6   同质结 GaAs 激光器的
结构示意图

(2) 在无源区,光有衍射损失。一旦加在 pn 结上的电流等于或超过阈值电流,激光束就形成了。激光实际上并不仅限于有源区,而要向有源区两侧(即无源区)衍射,在无源区中光只能被吸收,使电子从价带跑到导带中。

因此,研究人员提出了一种新方法,制成了新的半导体激光器,即双异质结半导体激光器。

2. 双异质结半导体激光器的原理

既然 GaAs 半导体激光器发光区太宽,就把它设计窄一点;既然激光的光会向无源区衍射,就在无源区和有源区边界上加一个反射面,阻断激光从有源区向无源区的衍射。这就是双异质结半导体激光器产生的背景和思路。

具体说来:取一层很薄(通常约 $1\ \mu m$)的 p 型 GaAs,在它的右边做一层 p 型的 GaAlAs。请注意,它和 GaAs 相比是另一种材料。由 p-GaAs 和 p-GaAlAs 结合成的这个结称为异质结,因为它是由两种材料构成。而在同质结半导体激光器中,p 型和 n 型半导体是同一种材料 GaAs,两者对比如图 4-3-7 所示。

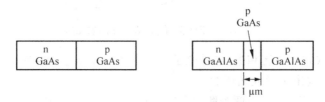

图 4-3-7   双异质结半导体激光器的结构对比

在上述单个异质结的基础上,再用一层 n 型 GaAlAs 做在 p 型 GaAs 的左边,这是由两种不同半导体材料组成的异质结:p-GaAs 和 n-GaAlAs。

这样,就有了两个异质结,称为双异质结。中间 $1\ \mu m$ 厚的一层 p 型 GaAs,就组成了一个双异质结半导体激光器最核心的部分。这一薄层 GaAs,有的书上称为中间层。

3. 异质结的作用

(1) 两异质结面是两个反射面,把光阻止在 $1\ \mu m$ 的 p-GaAs 区域中,这样,光要出 GaAs

区是从光密媒质(GaAs 的折射率为 3.6)传播到光疏媒质(GaAlAs 的折射率为 2.9),以一定角度从中间层 p-GaAs 入射到两侧的 GaAlAs 区的激光将在界面上发生全反射,即构成一个波导,从而阻断了激光从有源区向无源区的衍射。

(2)异质结的能级结构如图 4-3-8 所示。在 p-GaAs 和 p-GaAlAs 的界面处会形成一个势垒,以阻止从 n 区进入 p-GaAs 区的电子向 p-GaAlAs 扩散。p-GaAlAs 区得不到电子,所以就不可能形成激光,从而大大减少了发光区的宽度。在 p-GaAs 区和 n-GaAlAS 的界面处也形成一个势垒,阻止空穴从 p-GaAs 向 n-GaAlAs 扩散,这是因为 p-GaAs 上的价带能级高于 n-GaAlAs 价带最高能级,所以在 n-GaAlAs 找到空穴的可能性很小。

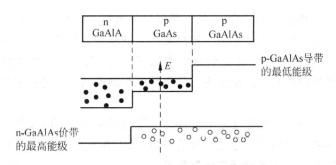

图 4-3-8　异质结的能级结构

总之,在 p-GaAs 区两侧,要么没有电子,要么没有空穴,所以不存在电子和空穴复合发光。于是,发光区仅仅存在于 p-GaAs 区,而它只有 $1\ \mu m$ 厚。

总结:作用(1)和作用(2)的共同作用结果,使光衍射损失和发光区厚度减小,所以半导体激光器阈值电流也减小。同质结 GaAs 激光器阈值 $I=(3\sim5)\times10^4\ A/cm^2$,双异质结 GaAs 激光器阈值 $I=2\times10^3\ A/cm^2$。

4.3.6　半导体激光器的光波长

半导体激光器(激光二极管,LD)的光波长非常丰富,覆盖了从红外到可见,再到紫外的大量的波长,因此应用非常广泛。半导体激光介质和波长见表 4-3-1。

表 4-3-1　半导体激光介质和波长

发光介质	衬　　底	激　射　波　长	波　　段
InGaN	GaAs	$0.480\sim0.490\ \mu m$	可见光
InGaAlP	GaAs	$0.630\sim0.680\ \mu m$	可见光
AlGaAs	GaAs	$0.720\sim0.760\ \mu m$	可见光
AlGaN	GaAs	$0.760\sim0.900\ \mu m$	近红外光
InGaN	GaAs	$0.980\ \mu m$	近红外光
InGaAsP	InP	$1.3\ \mu m$、$1.48\ \mu m$、$1.55\ \mu m$	远红外光

红外光激光二极管是高密度光信息处理系统,如光盘、激光打印机的光源,也是光纤通信系统最重要的光源,因为通信光纤的低损耗波长(光纤的通光窗口)正是红外光,即 $0.85\ \mu m$、$1.3\ \mu m$ 和 $1.55\ \mu m$ 的光。在更高存储密度光信息处理系统中,红外光激光二极管

就会被紫外光半导体激光器所取代。

可见光激光二极管更多用于需要可见的场合,如条形码读出器、激光教鞭等。

紫外光半导体激光器用于荧光激发、光致发光、全息存储、生物检测、共聚焦显微、材料分析等领域。

4.3.7　激光二极管阵列

一般单个腔二极管激光器只能发射功率几十至几百毫瓦的光,对于一些应用来说,需要提高功率,如激光加工。

阻碍激光二极管产生大功率的原因,一是随注入电流产生的结温升,二是端面激射区的高光功率密度引起的突发性光学损伤。解决第一个问题的办法是降低激光形成的最低供电电流(称为激光振荡阈值),提高电-光转化效率(又称为量子效率)。实现的途径是采用特殊工艺把有源区厚度控制在几十纳米以内。解决第二个问题的办法是扩大激光二极管的发光区面积。

单个激光二极管的输出功率总是有限的。为了获得高激光功率,发展了二极管阵列激光器。二极管阵列激光器由多个激光二极管组成,所有激光二极管发射的激光束合并为一束,功率增加,所以称为大功率激光二极管阵列。

常见的激光二极管阵列由许多平行排列的激光二极管组成。其中的每一个二极管的发光面宽度约 $1\,\mu m$,二极管之间的中心距离为 $10\,\mu m$,每一个线阵由几十至几百个二极管组成。阵列可连续工作,或低重频长脉冲(如 $100\,Hz$、$200\,\mu s$ 脉宽)的准连续工作。一个 $1\,cm$ 长的线阵二极管激光器在连续工作时的输出功率可大于 $12\,W$。在准连续工作状态下,输出功率达 $100\,W$,可以满足相当多的应用需求。

4.3.8　分布反馈式半导体激光器

如果不用解理面作半导体激光器的反射端面,就可以把调制器、开关、波导和光源共同制作在单片半导体材料上,做成集成光路。分布反馈式(DFB)半导体激光器除了具有不用解理面的优点外,还能限制纵模数量,使激光器发射的光谱变纯,即单色性变好。

它采用的方法是把介质表面做成周期性的波纹形状,这种光栅式的结构起谐振腔的作用,它所发射的激光频率由光栅的周期决定。

4.4　二氧化碳激光器

顾名思义,二氧化碳激光器是以 CO_2 气体作为激光工作物质的激光器。CO_2 激光器属于中红外波段激光器,输出波长在 $10\,\mu m$ 左右,含有几十条光谱线,各光谱线之间的间隔为 $0.01\sim0.03\,nm$。CO_2 激光器应用最多的波长是 $10.6\,\mu m$ 和 $9.6\,\mu m$。在 CO_2 的几十条光谱线中,这两条谱线的激光功率最大。一般情况下,放电增益管 $1\,m$ 左右的 CO_2 激光器可连续输出 $40\sim60\,W$ 的功率。这是 HeNe 激光的 1000 倍。同样长度的 HeNe 激光器的激光功率约为 $40\,mW$。在气体激光器中,CO_2 激光器的电-光转换效率可高达 $30\%\sim40\%$。CO_2 激光器的输出波长在 $10\,\mu m$ 左右,正好处于大气窗口(即衰减小)。因此,CO_2 激光器在诸如激光加工(焊接、切割、打孔等)、大气或深空通信、激光雷达、化学分析、激光诱发化学反应、外科手术等方面应用广泛。

4.4.1 CO_2 激光器的基本结构

CO_2 激光器的基本结构之一如图 4-4-1 所示,这一结构称为封闭式结构。CO_2 激光器主要由三部分组成:CO_2 放电管、光学谐振腔、电源及泵浦。

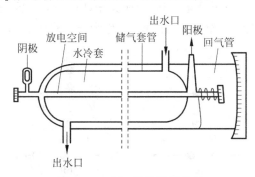

图 4-4-1 CO_2 激光器结构图

CO_2 放电管常用硬质玻璃制成的套筒式结构,是激光器的主体。放电管中央是空心的毛细管,激光束在空心管内形成,沿着其轴传播。CO_2 激光器毛细管直径比 HeNe 激光管大。例如,1 m 长的 HeNe 激光毛细管内径 $1.8 \sim 2$ mm,而 CO_2 放电毛细管内径为 $6 \sim 8$ mm。CO_2 激光器输出功率对放电毛细管内径不很敏感,冗余性很强。毛细管往外为水冷套管,水冷套管内有冷却水流过,带走毛细管内放电电流生成的热量。最外是储气管。

CO_2 激光器发射激光的是 CO_2。但除了充 CO_2 外,还要充氦气和氮气作为辅助气体,辅助气体帮助把 CO_2 泵浦到高能级。一般还有少量的氢或氙气。通常,总气压 $30 \sim 50$ 托。一个典型的充气压和各种气体的比值:CO_2 充 $1.5 \sim 3$ 托,氮气充 $1.5 \sim 3$ 托,氦气充 $6.0 \sim 20$ 托,水蒸气充 0.2 托。

CO_2 激光器常用平凹谐振腔,谐振腔镜面上镀有金膜。全反射镜在波长 $10.6\ \mu m$ 处的反射率不低于 98.8%。因为 CO_2 激光器发出 $10.6\ \mu m$ 的光,为红外光,所以输出端反射镜基片使用可透红外光的锗(或砷化镓),镀以金膜。全反射镜的基片一般用硅。CO_2 激光器不能使用可见光材料,如 K9、石英玻璃作为输出镜基片,它们强烈吸收 $10.6\ \mu m$ 波长的光,几毫米厚的石英玻璃会把 $10.6\ \mu m$ 的光吸收殆尽。

封闭式 CO_2 激光器的放电电流较小,阴极用钼片或镍片做成圆筒状。0.5 m、1 m 长的 CO_2 激光器的工作电流是 $30 \sim 40$ mA,阴极圆筒的面积为 $500\ cm^2$。为了不污染镜片,常在阴极与镜片之间加一光阑,阻挡从阴极高速飞出的电子直接冲到反射镜片上造成反射镜损坏。

4.4.2 CO_2 的能级及激发过程

CO_2 激光器利用 CO_2 分子的电子基态的两个振动能级之间的跃迁形成光放大,产生激光振荡。

CO₂ 分子结构：CO₂ 分子是线形的三原子分子(即三个原子在一条直线上)，碳原子在中间，氧原子在两侧各一个，形成一条分子连线，如图 4-4-2(a)所示。图中黑圆圈代表碳原子，白圆圈代表氧原子。三原子之间的相互运动(振动)有三种振动方式。

(1) 两个氧原子同步作垂直于分子连线的振动，而碳原子则向相反的方向垂直于分子连线的振动，称为弯曲振动，如图 4-4-2(b)所示。

(2) 两个氧原子沿分子连线向相反方向振动，即两个氧原子在振动中同时达到振动的最大值和平衡值，而此时碳原子静止不动，因而其振动称为对称振动，如图 4-4-2(c)所示。

(3) 氧原子沿分子连线作相同方向的振动，称为非对称振动，如图 4-4-2(d)所示。

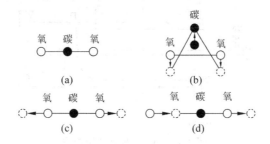

图 4-4-2　CO₂ 分子的振动方式

(a) CO₂ 分子结构；(b) 弯曲振动；(c) 对称振动；(d) 非对称振动

CO₂ 分子的这三种不同的振动方式，确定了其有不同组别的振动能级。与激光产生相关的 CO₂ 分子激光器的能级跃迁如图 4-4-3 所示。各能级不是一条单一的振动谱线，而是由许多谱线组成的谱带。其中最强的也是最有实用价值的仅有两条：一条是 00^01 态→10^00 态的跃迁，波长约为 $10.6~\mu m$；另一条是 00^01 态→02^00 态的跃迁，波长约为 $9.6~\mu m$。

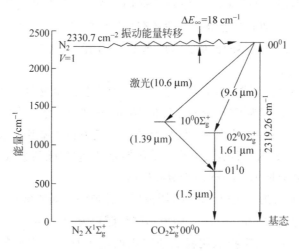

图 4-4-3　CO₂ 分子激光器能级图

CO₂ 激光的激发过程。在 CO₂ 激光器中，主要的工作物质由 CO₂、氮气、氦气等气体组成。其中 CO₂ 是产生激光辐射的介质，氮气及氦气为辅助性气体，辅助抽运 CO₂ 到激光上能级。CO₂ 激光器利用气体放电泵浦，使放电管中 CO₂ 气体达到粒子布居数反转状态(00^01 能级的原子多于 10^00 能级)。将直流电源电压加到 CO₂ 激光放电管的两电极上，当不加电压或电压很低时,两电极间的气体完全绝缘,内阻为无穷大,没有电流流过;随着电压的升高,气体中开始有带电粒子移动,当达到某一电压值时,气体被击穿,内阻急剧减小,电流迅速增加,CO_2 放电开始,这一电压值称为着火电压。为了使放电能够稳定地工作在放电管电流-电压特性曲线的某一点上,需在放电管的供电电路中采用限流技术,如串联电阻等。

抽运 CO_2 分子到激光上能级的过程是:CO_2 激光放电管放电时,N_2 分子与电子碰撞获得电子的能量而被激发到一个亚稳态能级,从而积累较多的激发态 N_2 分子,而激发态 N_2 分子的能级与 CO_2 分子的 00^01 能级很接近,二者通过非弹性碰撞发生能量共振转移,把 CO_2 分子激发到 00^01 态。共振转移过程概率很大,从而在激光上能级(00^01)积累 CO_2 分子。下能级的出空:下能级(10^00)和(02^00)通过与基态 CO_2 分子碰撞落到(01^10)能级,这个碰撞几率很高。但是,从(01^10)能级到基态(00^00)能级衰减很慢。为了克服下能级的出空阻塞问题,充入的氦气加速(01^10)能级到基态(00^00)能级的热弛豫过程,使激光下能级(10^00)和(02^00)快速出空。

4.4.3　其他类型的 CO_2 激光器

CO_2 激光器有较多的种类,具体类型如下。

(1) 轴向流动 CO_2 激光器。顾名思义,此类激光器的气流方向、电流方向和光轴方向在同一轴线上。工作气体从放电管一端连续流入,在另一端抽走,流速达 200 m/s 量级。轴向流动 CO_2 激光器的功率很高,可达到 3 kW/m 放电长度。

(2) 横向流动 CO_2 激光器。顾名思义,此类激光器的气流方向、电流方向和光轴方向互相垂直。横向流动 CO_2 激光器有很好的气体冷却效果,同样的气体放电长度,输出功率大于轴向流动 CO_2 激光器。

(3) 横向激励高气压 CO_2 激光器。这种激光器的充气压高达 1~2 个大气压,横向放电,由此而得名,常写为 $TEACO_2$ 激光器。$TEACO_2$ 激光器作为脉冲激光器使用,脉宽几十纳秒,峰值功率可达 10^{10} W。

(4) 气动 CO_2 激光器。气动 CO_2 激光器是连续输出功率最大的激光器,可达 40K 瓦。基本原理是用气体动力学方法让 CO_2 突然冷却。冷却过程中,CO_2 高能级和低能级的弛豫时间(寿命)不同,实现粒子布居数反转。

(5) 波导 CO_2 激光器。波导 CO_2 激光器的结构特征是激光器内光束要经过一段波导。波导可以是类似于图 4-4-1 所示的激光放电管,但为了形成波导,放电管的内径仅为 1~2 mm,不是图 4-4-1 的 6~8 mm。于是,光束的特性主要由波导决定,而不是仅由反射镜的曲率半径决定。

4.5　光纤激光器

光纤激光器是在光纤中掺入稀土离子作为工作物质制成的激光器。光纤激光器的基本结构如图 4-5-1 所示。这一构成被称为纵向泵浦法布里-珀罗(F-P)谐振腔结构。两个激光腔镜之间放置一段掺杂稀土离子光纤作为工作物质,泵浦光从光纤激光器的左边腔镜耦合进光纤,在光纤中向右传输。泵浦光被掺杂光纤中的稀土离子吸收,形成稀土离子粒子布居数反转,形成光放大,一旦增益大于损耗,激光形成,激光束从右边的腔镜输出。

图 4-5-1　光纤激光器的基本结构示意图

光纤激光器泵浦激光波长 λ_1 小于光纤激光器输出波长 λ_2。例如,掺铒光纤激光器的激光工作物质是掺铒光纤,使用半导体激光波长 $\lambda_1 = 0.98\ \mu m$ 的光泵浦,其输出波长为 $\lambda_2 = 1.55\ \mu m$ 的激光。因此,光纤激光器可看成是一个波长转换器。

早期的光纤激光器是将作为泵浦的半导体激光束直接耦合进入直径小于 $10\ \mu m$ 的掺铒光纤激光器单模光纤纤芯中,这就要求半导体激光输出光也必须为单(横)模,否则,很难把泵浦光耦合到掺铒光纤的纤芯。因此,早期的光纤激光器输出功率较低,有报道的最高功率也就几百毫瓦。为了提高光纤激光器的输出功率,1988 年有人提出泵浦光由包层进入掺铒光纤的方案。初期的设计是圆形的内包层,但由于圆形内包层完美的对称性,使得泵浦吸收效率不高。直到 90 年代初矩形内包层的出现,使光纤激光转换效率提高到 50%,输出功率达到 5 W。随后出现了双包层光纤制作工艺和高功率半导体激光器泵浦技术,光纤激光器的输出功率大幅度提高,目前采用的单根掺铒光纤已经实现了万瓦量级的激光输出。

双包层光纤是由纤芯、内包层、外包层、保护层四部分组成,如图 4-5-2 所示。与常规的光纤相比,双包层光纤多了一个专门传输泵浦光的内包层。纤芯是掺了稀土元素的单模光纤,作为激光振荡的通道。一般情况下,纤芯是单模光纤。内包层由横向尺寸和数值孔径都比纤芯大得多、折射率比纤芯小得多的光波导组成,是泵浦光通道,对应泵浦光波长是多模,用以传输高功率的泵浦光。外包层由折射率比内包层小的材料构成。保护层可由硬塑料制成,起保护光纤的作用。

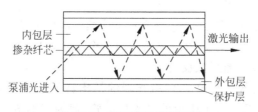

图 4-5-2　双包层光纤截面图

半导体激光器发射的泵浦光进入尺寸较大的内包层,在内、外包层界面上多次内反射并穿越界面进入纤芯,在纤芯被掺杂稀土离子吸收。这一双包层光纤结构显著提高了泵浦光的使用效率,可达 90% 以上。由于内包层的折射率小于纤芯,可保证激光仅在单模纤芯中传输,使得其输出的激光束质量高(即光束横截面上光强分布均匀)。即使选用大功率的多模激光二极管阵列作为泵浦源,也能保证输出激光光束质量近衍射极限的情况下,仍能获得高功率。为了适于高功率运转,内包层的尺寸应尽可能大(一般应大于 $100\ \mu m$),同时还应保持较大的数值孔径,这样能提高收集泵浦光的能力,有利于泵浦光的耦合(一般数值孔径大于 0.36)。

光纤激光器的腔镜多采用光纤光栅,光纤光栅反射镜就制作在光纤内,是光纤激光器的重大改进。

光纤激光器的优点较多。

(1) 可以将稀土离子吸收光谱对应的高功率、低亮度、廉价的多模 LD 激光通过泵浦双包层光纤结构,实现高亮度、衍射极限的单模激光输出。

(2) 光纤作为圆柱形波导介质,纤芯直径小,纤芯内易形成高功率密度,从而引起激光工作物质能级的粒子布居数反转,构成的激光器具有激光阈值低、转换效率高、光束质量好等特点。

(3) 光纤结构具有很高的"表面积/体积"比,因而散热效果好,无需庞大的水冷系统,只需简单的风冷即可。

(4) 光纤具有很好的柔性,激光器可设计得相当小巧灵活,易于系统集成,同时可在恶劣环境下工作,适合于野外施工。

(5) 光纤激光器的激射波长取决于掺稀土离子,不受泵浦波长的限制,所以可以通过掺杂不同稀土离子,在 $0.38\sim4\ \mu m$ 范围内实现激光输出,波长选择容易且可调谐。

(6) 光纤输出与现有通信光纤匹配,易于耦合且效率高,可实现传输光纤与有源光纤一体化,是实现全光通信的基础。

4.6 二极管泵浦的 Nd∶YAG 固体激光器

4.1 节以红宝石激光器为例介绍了固体激光器,4.3 节中介绍了半导体激光器。本节把半导体激光器和固体激光器结合,以 LD 代替氙灯泵浦固体激光器,使固体激光器性能发生显著变化。

一个提问,LD 已经具有大功率、高效率、小体积的特点,为什么还要让 LD 做配角,仅作为固体激光器的泵浦源呢? 回答这一问题要提及 LD 缺点的一面:相当差的方向性。4.3 节更多讲到 LD 的优点,但它有一个突出的缺点,就是它出射的光束是发散的,一个方向发散 5°,另一个方向发散 30°。即使采用准直技术,也不能使光束横截面上的光斑变得均匀,满足某些应用需求。

再看 Nd∶YAG 激光器。从 1964 年第一台连续运转的 Nd∶YAG 激光器的实现到今天,50 多年来,它一直因输出功率高受到与加工有关领域的重视,广泛用于军事、工业和医疗等行业。Nd∶YAG 晶体是目前综合性能最为优异的激光晶体,典型的发射波长是 $1.064\ \mu m$,也可以发射 $0.940\ \mu m$、$1.320\ \mu m$ 和 $1.440\ \mu m$ 波长的激光。Nd∶YAG 激光器可以连续和脉冲两种工作方式。连续方式运转的 Nd∶YAG 激光器输出功率超过 1000 W。每秒 5000 次重复频率运转的 Nd∶YAG 激光器输出峰值功率可达千瓦以上。每秒几十次重复频率的调 Q 激光器的峰值功率可达几百兆瓦。高强度的激光脉冲可以通过倍频技术实现绿光 $0.532\ \mu m$、紫外光 $0.355\ \mu m$ 和深紫外光 $0.266\ \mu m$ 的激光输出。

传统的固体 Nd∶YAG 激光器,通常由掺钕钇铝石榴石晶体棒、泵浦灯、聚光腔、光学谐振腔、电源及制冷系统组成,和图 4-1-1 所示红宝石激光器结构大致相同。这一结构至今仍然被采用以满足某些应用需求。

脉冲氙灯作为泵浦也有不尽人意的地方。脉冲泵浦灯发射的光谱只有一部分被晶体棒所吸收并转换成激光能量,大部分注入电能转换成热能,所以转换效率低,一般为 2%～3%。而且大量的热能堆积会造成激光晶体不可避免的热透镜效应,使激光束质量变差,所以整个激光器需要庞大的制冷系统,体积很大。泵浦灯的寿命为 300～1000 h,操作人员需要花很多时间中断系统工作换灯。

二极管泵浦固体激光器(全固化固体激光器)发明出来并获得迅速发展和广泛应用。二极管泵浦固体激光器既解决了 LD 光束严重的发散,又提高了 Nd：YAG 激光器寿命问题,其优点归纳如下。①转换效率高。由于半导体激光的发射波长与固体激光工作物质的吸收峰相吻合,加之泵浦光模式可以很好地与激光振荡模式相匹配,从而光-光转换效率很高,可达到 50%以上,整机效率也可以与 CO_2 激光器相当,比灯泵固体激光器高出一个数量级。②性能可靠、寿命长。激光二极管的寿命大大长于闪光灯,达到 15000 h 以上。③输出光束质量好。由于二极管泵浦激光的高转换效率,减少了激光工作物质的热透镜效应,改善了激光束的输出质量。

4.6.1　Nd：YAG 激光器的能级

以 Nd^{3+} 部分取代 $Y_3Al_5O_{12}$ 晶体中 Y^{3+} 的激光工作物质称为掺钕钇铝石榴石(简称 Nd：YAG)。Nd：YAG 晶体中的 Nd^{3+} 是激活粒子,能级如图 4-6-1 所示。

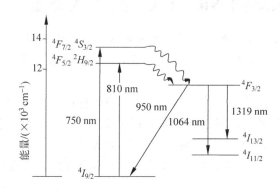

图 4-6-1　Nd：YAG 激光器的能级图

处于基态 $^4I_{9/2}$ 的 Nd^{3+} 吸收泵浦光的光子能量后跃迁到 $^4F_{5/2}$、$^2H_{9/2}$ 和 $^4F_{7/2}$、$^4S_{3/2}$ 能级(Nd：YAG 的主要吸收带是在 $0.730～0.760\ \mu m$ 和 $0.790～0.820\ \mu m$,吸收带的中心波长是 $0.810\ \mu m$ 和 $0.750\ \mu m$,带宽为 30 nm),然后几乎全部通过无辐射跃迁迅速降落到 $^4F_{3/2}$ 能级。$^4F_{3/2}$ 是一个寿命为 0.23 ms 的亚稳态能级。处于 $^4F_{3/2}$ 能级的 Nd^{3+} 可以向多个下能级跃迁并产生辐射,其中几率最大的是 $^4F_{3/2}\sim^4I_{11/2}$ 的跃迁(波长为 $1.064\ \mu m$),其次是 $^4F_{3/2}\sim^4I_{9/2}$ 的跃迁(波长为 $0.950\ \mu m$),$^4F_{3/2}\sim^4I_{13/2}$ 的跃迁几率最小(波长为 $1.319\ \mu m$)。从能级图可知,产生 $1.064\ \mu m$ 和 $1.319\ \mu m$ 波长的激光跃迁过程是四能级系统。由于 $^4I_{11/2}$ 和 $^4I_{13/2}$ 能级位于基态之上,粒子数很少,只需很低的泵浦能量就能实现激光振荡。因此最容易产生激光的波长是 $1.064\ \mu m$,要产生 $1.319\ \mu m$ 波长的激光,需要设法抑

制 1.064 μm 激光的振荡。$^4F_{3/2} \sim ^4I_{9/2}$ 的跃迁属于三能级系统,室温下难以产生激光。Nd：YAG 激光器属于典型的四能级系统,相比红宝石和钕玻璃激光器,其光谱线(宽)较窄,因此可以获得较大的增益,导致其阈值也比红宝石和钕玻璃激光器小得多。

4.6.2　激光二极管泵浦的固体激光器的结构

激光二极管是激光器,固体激光器也是激光器,本节标题是上述两种激光器的结合。激光二极管泵浦的激光器仍然是一种固体激光器,但泵浦不再是氙灯,而是激光二极管。激光二极管泵浦的固体激光器的英文缩写为 DPL 或 DPSSL,其常用介质为 Nd：YAG(掺钕钇铝石榴石)、Nd：YVO$_4$(掺钕钒酸钇)、掺钕钒酸钆晶体(Nd：GdVO$_4$)等。常用的 LD 输出波长为 0.808 μm 的激光,转化成 Nd：YAG 的 1.064 μm 的激光。

激光二极管泵浦 Nd：YAG 固体激光器的光束质量(均匀性和发散角)远远超过 LD,光转化效率远高于氙灯泵浦的固体激光器。

激光二极管泵浦固体激光器系统包括 Nd：YAG 介质、LD、LD 光泵对 Nd：YAG 介质的耦合方式、LD 电源等。大功率和远距离传输还要考虑光束质量优化。

1. LD 端面泵浦固体激光器

LD 端面泵浦固体激光器结构如图 4-6-2 所示。激光晶体左右表面分别镀 1.064 μm 的高反膜与镀有 1.064 μm 部分反射膜,形成谐振腔,使 1.064 μm 的激光产生振荡输出。作为泵浦源的半导体激光器输出光后经光学镜组整形,将光束发散角压缩并聚焦于激光晶体内。激光晶体靠近泵浦源 LD 的一端端面镀 0.808 μm 增透膜和 1.064 μm 的高反膜。0.808 μm 的增透膜使泵浦源发出的 0.808 μm 波长的激光几乎没有损耗地进入激光晶体。该结构中泵浦光束激活的晶体模体积较小,因而一般用于功率较小的激光器。但端面泵浦的优势在于输出的激光模式较好,便于实现 TEM$_{00}$ 输出。

图 4-6-2 是 LD 端面泵浦的 Nd：YAG 激光器示意图。LD 被致冷,聚焦光学系统把 LD 的激光束聚焦在 Nd：YAG 晶体内;Nd：YAG 两端面镀膜作为激光腔镜,1.06 μm 的激光束从 YAG 晶体右表面出射。

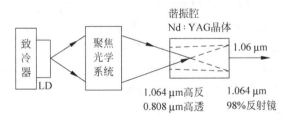

图 4-6-2　LD 端面泵浦的 Nd：YAG 激光器

2. 侧面泵浦固态激光器

侧面泵浦固态激光器如图 4-6-3 所示。注意和图 4-6-2 的异同:图 4-6-3 的激光谐振腔反射镜是上、下两个面,而图 4-6-2 是左、右两个面;图 4-6-3 的激光谐振腔轴线在垂直方向,激光束向上输出,泵浦光从左进入谐振腔,所以称为侧面泵浦。

3. 微片激光器

微片激光器集端面泵浦与侧面泵浦的优点于一身。微片非常薄,厚度仅几百微米。它

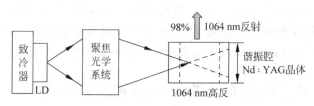

图 4-6-3　侧面泵浦的 Nd：YAG 激光器

的基本结构是或用光纤耦合输出的半导体激光器作泵浦，或用 LD 贴近微片进行端面泵浦。微片激光器输出功率比较小，多用于高稳定高、精度场合。

4.7　其他气体和离子激光器

4.2 节和 4.4 节已经分别介绍了 HeNe 激光器和 CO_2 激光器，本节介绍其他气体激光器。

4.7.1　氩离子激光器

氩离子(Ar^+)激光器是惰性气体离子激光器的典型代表。它输出的激光波长主要在可见光的蓝绿波段($0.4880\,\mu m$ 和 $0.5145\,\mu m$)，连续输出功率一般为几十瓦至上百瓦。Ar^+ 激光器是可见光区连续输出功率最高的激光器之一，被广泛地应用在激光显示、全息照相、信息处理、泵浦染料激光、光谱分析、医疗诊断、非线性光学、工业加工等领域。

1. Ar^+ 的能级结构

在放电激励条件下，氩原子(Ar)与快速电子碰撞后发生电离形成基态 Ar^+($3p^5$)。处于基态的 Ar^+ 如果再与电子发生非弹性碰撞就会将 $3p^5$ 中的一个电子激到更高的能级形成激发态的 Ar^+。在这些激发态中与产生 Ar^+ 激光有关的能级有 $3p^44s$、$3p^44p$、$3p^43d$、$3p^45s$、$3p^44d$。如图 4-7-1 所示，Ar^+ 的辐射跃迁可以发生在 $3p^44p-3p^44s$ 之间和 $3p^44s-3p^5$ 之间。而激光谱线主要由 $3p^44p$ 和 $3p^44s$ 两能级之间的跃迁产生，其中 $0.4880\,\mu m$ 和 $0.5145\,\mu m$ 两波长的激光最强。

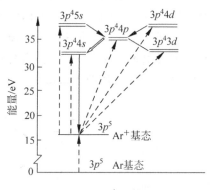

图 4-7-1　Ar^+ 的能级图

2. Ar^+ 激光器的激发机理

Ar^+ 的激发主要是靠电子碰撞激发，其激发过程有下面三种形式。

(1) 电子与 Ar 碰撞，将 Ar 电离成 Ar^+，Ar^+ 再与电子碰撞而被激发到高能态。此激发形式称为"二步过程"。

(2) 电子与 Ar 碰撞后直接把 Ar 电离并激发到激发态，称这种激发过程为"一步过程"。

上面两种激发形式在 Ar^+ 激光器中都存在，至于哪种占优势则取决于工作条件和工作方式。"一步过程"中，需要的电子的能量较大($35.5\,eV$)，只有在低气压脉冲激光器中才能达到。而"二步过程"，需要的激发能量较低($16\sim20\,eV$)，所以在连续工作的器件中，"二步过程"占主导地位。

(3) 通过电子碰撞先把 Ar^+ 激发到 $3p^4 5s$ 和 $3p^4 4d$ 等高能级上,然后通过辐射跃迁到达激光上能级 $3p^4 4p$ 上,这一过程称为串级激发。这种激发过程对激光上能级粒子的积累贡献较大,可占总积累的 $30\%\sim 40\%$。

3. Ar^+ 激光器的结构特点

Ar^+ 激光器的结构比其他气体激光器复杂,除了具有与 HeNe 激光器类似的谐振腔、放电管、储气泡(或使用储气瓶)、电极等部件外,还包括回气管、轴向磁场等特有的结构,这主要是由它的激发机理所决定的。

首先,Ar^+ 激光器工作在低气压和大放电电流密度条件下。因为上述三种激发过程要求电子的能量都较高,这就要求放电管内的气压降到 133 Pa 以下,以增加电子自由程,降低能量损耗,提高电子的能量。同时,为了提高电子数密度以增加电离和激发过程,Ar^+ 激光器采用弧光放电,电流密度高达 $100\sim 1000$ A/cm^2。在这样的大电流密度、低气压放电情况下,存在严重的气体泵浦效应,即放电管内的气体会被从一端(阳极)抽运到另一端(阴极),造成两端气压不均匀,严重时会造成激光猝灭现象。因此,为了使 Ar^+ 激光器稳定工作,在放电管外必须放置回气管,依靠气体的扩散作用,使气体分布均匀,保持放电管内气压的稳定。

另外,为了提高 Ar^+ 激光器的输出功率及寿命,一般要加几十到 100 mT 左右的轴向磁场。磁场产生的洛伦兹力可约束电子和离子向管壁的扩散,使放电集中在放电管中心 $1\sim 2$ mm 的范围内,提高了放电电流密度,增加了 Ar^+ 的数量,并促进了 Ar^+ 的激发,从而提高了激光器的输出功率和效率。磁场通常由套在放电管外面的螺线管产生。

又由于 Ar^+ 激光下能级的弛豫主要依靠基态 $Ar^+(3p^5)$ 在管壁处与电子复合而回到 Ar 基态,所以放电管直径一般较细,为 $2\sim 4$ mm。关于制作放电管的材料,低功率时一般用石英毛细管;高功率下宜采用耐熔导热良好的石墨或氧化铍陶瓷;管外壁需要水冷降温。

4.7.2 氮气分子激光器

氮气分子激光器的输出波长主要在紫外区,其中以 $0.3371\ \mu m$ 最常用。N_2 激光器一般充纯 N_2,总气压几十托。N_2 激光器以脉冲方式工作,输出脉宽小于 10 ns,输出脉冲峰值功率可高达几十兆瓦,重复频率为数十至数千赫兹,是短波长激光器。N_2 激光器用于探测、医疗、物质荧光分析及光化学等方面。

1. N_2 激光器能级结构

图 4-7-2 为 N_2 的能级图。N_2 激光器是三能级系统。因激光下能级不是基态,可看成"类"四能级系统。激光跃迁发生在不同电子态 $C^3 \Pi_u$ 和 $B^3 \Pi_g$ 的振动能级之间。两电子态中的不同振动能级之间跃迁可以得到多条谱线,其中以 $0.3371\ \mu m$ 最强。N_2 激光器放电时,基态 $(X^1 \Sigma)$ 分子与电子碰撞后跃迁到 $C^3 \Pi_u$ 和

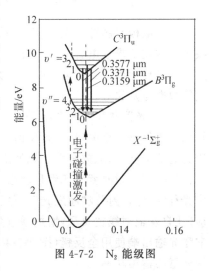

图 4-7-2 N_2 能级图

$B^3 \Pi_g$。虽然上能级的激发几率比下能级的大得多,但由于上能级的寿命(40 ns)比下能级的

寿命(约 10 μs)短得多,所以只在激励起始后很短的时间内能形成粒子布居数反转状态,这段时间后,下能级粒子数超过上能级,受激放大过程自行终止。这类激光器称为自终止激光,快速放电是这类激光器工作的先决条件,泵浦放电脉冲宽度必须远小于 40 ns。

2. N_2 激光器的激励方法

为了得到快速脉冲辉光放电,一般是利用快速放电装置。

图 4-7-3 是一种激励 N_2 激光器的示意图和结构简图。由于 N_2 激光器的结构很难用常用的平面示意图给出,这里用示意图作说明。这种激光器由放电管和脉冲放电电路组成。放电电路由储能电容 C、脉冲形成线 B 和火花隙组成。电容 C 是平行平板电容器。火花隙是一个幅值大而上升时间短的脉冲的开关。当电容 C 充至一定电压时,电容通过火花隙放电并形成电脉冲。电脉冲通过 N_2,N_2 被激励,形成相干辐射光。激光束由激光输出窗口射出。窗口常用镀了增透膜的石英片。

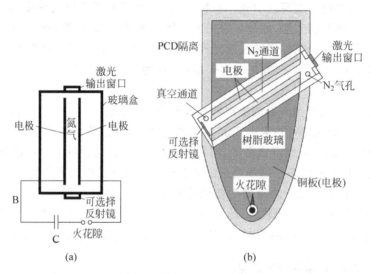

(a)   (b)

图 4-7-3 N_2 激光器激励的示意图(a)和结构简图(b)

由于电极是脉冲放电,电极不同位置形成高压脉冲的时间由此位置与火花隙间的距离决定。这就要求放电管不同位置依次放电,各处的延迟时间正好等于最先放电处发出的自发辐射光传播到该处所需的时间。为此,N_2 激光器有几种放电方式,如行波放电法、同轴传输线放电激励法等。

N_2 激光器和其他激光器不同,一般激光器的激光束从激光反射镜输出,而 N_2 激光器输出窗口仅是一个窗口,不是反射镜。换言之,N_2 激光器无需谐振腔就能形成激光束,这是因为它的增益高,从放电管一端发出的自发辐射光在沿轴线传播的过程中不断被放大,从激光器另一端出射时就可产生足够强的相干辐射。其实质是自发辐射的放大。有时也把这种发光称为"超辐射"或"超发光"。尽管 N_2 激光器输出光属于自发辐射,但由于"增益变窄效应"比自发辐射线宽要窄,增加增益介质光程长度(放电管长度)可增加输出功率。在放电管非激光输出端使用全反镜(图 4-7-3 中的可选择反射镜),也是为了集中光发射于一端,增加激光器的输出功率。

4.7.3　氦镉激光器

氦镉激光器主要用在癌细胞检查、制版、显示、全息照相存储、测距、光化学和光生物学等领域。

HeCd 激光器是一种金属蒸气离子激光器,其工作物质是氦和镉(蒸气)混合气体,产生激光跃迁的是 Cd⁺,He 作辅助气体。HeCd 激光器在直流放电条件下连续工作,输出功率一般为几十毫瓦。主要输出波长是 $0.4416\ \mu m$ 和 $0.325\ \mu m$,处于蓝紫区。

谱线 $0.4416\ \mu m$ 对应的能级跃迁是 $5S^2\,^2D_{5/2}\rightarrow 5P^2P^0_{3/2}$,而 $0.325\ \mu m$ 对应的能级跃迁是 $5S^2\,^2D_{5/2}\rightarrow 5P^2P^0_{1/2}$。

图 4-7-4 是与产生激光有关的能级图。把 Cd⁺ 由基态泵浦到激发态主要有两个过程。

第一个过程是彭宁碰撞效应,He(1^1S_0)与电子碰撞,跃迁至激发态;激发态 He 和 Cd 碰撞,Cd 成为离子并激发至高能态 Cd⁺*(^2D)。

第二个过程是电子直接碰撞激发 Cd 成为离子并激发至高能态 Cd⁺*(^2D)。在这两个过程中,第一个过程比第二个过程更重要。

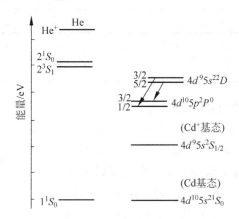

图 4-7-4　HeCd 激光器能级简图

左侧箭头:$0.325\ \mu m$;右侧箭头:$0.4416\ \mu m$

HeCd 激光器有两种主要类型。

1. 正柱区工作的 HeCd 离子激光器

正柱区的 HeCd 离子激光器只能产生 $0.4416\ \mu m$ 和 $0.325\ \mu m$ 的激光。放电管的结构与前面介绍的气体激光器有几处不同。第一,要有加热源,把金属 Cd 变成蒸气。第二,要设置电泳封闭区。由于电泳效应,金属蒸气可能会飞溅到布儒斯特窗片或谐振腔反射镜上,污染镜片,降低其性能。第三,为保证金属蒸气密度稳定,放电管用硬质玻璃或石英制成,内径为 2~3 mm,管内充入几百帕的氦气。

2. 空心阴极 HeCd 激光器

空心阴极 HeCd 激光器能产生 $0.4416\ \mu m$ 和 $0.325\ \mu m$ 的激光,也能产生波长为 $0.5337\ \mu m$、$0.6355\ \mu m$ 和 $0.6360\ \mu m$ 的激光。这主要是由阴极的特殊结构决定的。管壁开有小孔的金属管既是阴极管又是放电管,Cd 蒸气通过小孔进入放电管。如果管内径小到一定程度,电子就能获得很大能量,高能电子足以使 He 电离,从而把电荷转移给 Cd,并能获得 He 电离出的足够快的电子,所以能产生波长更长的激光。

4.7.4　准分子激光器

准分子是一种在激发态结合为分子,在基态解离为原子的不稳定缔合物。自从 1970 年第一台准分子激光器问世以来,人们研制成功了多种准分子激光器。目前,准分子激光器脉冲输出能量可达百焦耳量级,脉冲峰值功率达千兆瓦以上,重复频率高达 1 kHz,可广泛应用于光化学、同位素分离、医学、生物学、光电子及微电子加工等领域。

1. 准分子激光器的种类

准分子激光器的种类很多,有稀有气体准分子激光器、稀有气体氧化物准分子激光器、稀有气体卤化物准分子激光器、金属蒸气卤化物准分子激光器。已成功运转的准分子激光器及其波长见表 4-7-1。

表 4-7-1　准分子激光器及其波长

准分子	Xe_2^*	Kr_2^*	Ar_2^*	ArO^*	KrO^*	XeO^*	KrF^*	ArF^*
波长/μm	0.176	0.146	0.126	0.5576	0.5578	0.550	0.248	0.193
准分子	XeF^*	$KrCl^*$	$ArCl^*$	$XeBr^*$	XeI^*	NeF^*	$XeCl^*$	$ArXe^*$
波长/μm	0.353	0.223	0.170	0.282	0.254	0.108	0.308	0.173

2. 准分子激光器的能级结构及特点

图 4-7-5 是准分子的势能曲线。从图中可以看出,激发态势能在某一核间距时最小,这是束缚态的特征。基态势能随核间距的增加而单调下降。激光跃迁发生在束缚态与基态之间。准分子跃迁到基态后立即解离,这意味着激光下能级总是空的。因此不存在激光下能级被充满而终止粒子布居数反转的问题。激光下能级是基态,基本上没有无辐射损耗,因此量子效率很

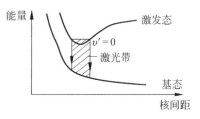

图 4-7-5　准分子势能曲线

高。由于激光下能级不是某个确定的振动-转动能级,跃迁是宽带的,因此准分子激光器可以做成频率可调谐器件。

3. 准分子激光器的泵浦方式

准分子激光器普遍采用电子束泵浦和快速放电泵浦两种方式。

(1) 电子束泵浦。用电子枪产生能量高、上升时间快的电子束脉冲,将电子束射向准分子区,作为激活介质的准分子被激发。用电子束泵浦可分为横向、纵向和同轴泵浦三种形式。它的优点是产生的泵浦脉冲上升时间快、单脉冲能量大、可大面积泵浦。缺点是要求庞大的电子束源、结构复杂、造价高、难度大。

(2) 快速放电泵浦。放电泵浦多采用布鲁姆林(Blumlein)电路,它具有体积小、结构简单、可高重复率运转等优点,在商用准分子激光器中得到广泛应用。

4.8 X射线激光器

X射线激光是相干的X射线,它可以帮助人们揭示细胞的精细结构,进一步了解化学反应的详细过程和研究等离子体特性等。所以自激光器问世以来,人们也一直在探究获得X射线激光器的方法。

X射线具有很强的穿透能力,普通的反射镜无法实现X射线的反馈,达不到谐振的目的,因此X射线激光器不能像普通激光器一样用谐振腔建立起激光振荡,所以对于X射线激光器,没有谐振腔,类似于激光放大器。

目前,成功获得X射线激光主要是以激光等离子体为介质,泵浦机制为电子碰撞激发和复合泵浦。在电子碰撞激发机制中,研究最多的是类氖锗方案。由于所需的泵浦激光功率密度太高很难有所突破,而对功率密度要求相对较低的类镍机制取得了较大进展。与此同时,复合泵浦机制,由于所需的泵浦激光功率密度较低,而且可能更容易实现小型化,所以一直引起人们广泛的重视。下面分析复合泵浦X射线激光器的原理。

4.8.1 原子布居数反转过程

对复合泵浦X射线激光,其主要机制是先设法产生大量高阶离子,也称为"母离子",然后让等离子体迅速冷却,由于"母离子"优先复合到低一阶离子(工作离子)的高激发态能级,从而形成粒子布居数反转及激光增益。目前人们研究比较多的主要是类氢、类氦、类锂和类钠方案。选中这四种方案与它们的原子结构是分不开的。它们大多是裸离子或满壳层加一个电子这样的结构。众所周知,原子的各阶电离能在满壳层处有一个跳跃,即满壳层不易再继续电离。这样上面的几种方案就比较容易得到较多的"母离子",从而迅速冷却时将有更多的离子复合到低阶离子的高激发态。这些离子的共同点是激光下能级的寿命都很短,从而容易形成激光下能级的迅速排空,以利于实现粒子布居数反转。

4.8.2 等离子体条件

随着波长的缩短,产生激光辐射的材料中所需能量密度急剧增加,这样,当波长短到50 nm以下时,激射材料必须采用等离子体。

可见光波段或近红外波段的激光器常用来产生短波激光所需的等离子体。在这类实验中,将光聚焦在固体靶上形成线状等离子体。产生过程是固体蒸发并电离,然后膨胀并高速离开靶面。在短暂时间内(典型值是 $2\sim100$ ps)X射线激射沿等离子体线发生,激射区域等离子体的温度和密度应满足一定条件,范围一般在离靶面 $10\sim100~\mu m$ 处。激射的机理是受激辐射对自发辐射光子的放大,并不需要反射镜。

1. 最大增益

通过仔细考虑复合泵浦机制X射线激光的特点,可以得到所需等离子体参数的定标率。众所周知,要实现最大激光增益,希望有尽可能多的激光上能级粒子,同时尽可能少的激光下能级粒子。在一定的电子温度下,随着电子密度的增加,激光上能级的粒子数分布迅速增加(因为三体复合速率和电子密度平方成正比),直到激光上能级的粒子数分布和更高激发态能级以及"母离子"基态达到萨哈-玻尔兹曼平衡。若电子密度继续增大,则激光上下能级之间也将达到玻尔兹曼平衡,这时粒子布居数反转将消失,激光增益也将消失。所以最大增益基本出现在激光上能级和更高的激发态,以及"母离子"基态已达到萨哈-玻尔兹曼平衡,而激光上下能级之间还没有达到玻尔兹曼平衡的时候。

2. 电子温度

众所周知,复合泵浦机制的关键是要快速冷却,但由于萨哈-玻尔兹曼分布的限制,过冷的等离子体没有太大的意义,并且在通常的实验中,一般存在的问题是,不易在得到远离平衡的电离态分布的同时,得到很低的电子温度。所以已有的实验和数值模拟结果证实 X 射线激光增益区的电子温度低于电离能的 10% 就可以了。

4.8.3　台面 X 射线激光器

随着 X 射线激光器发光物质和发射机理的相继发现,人们正进一步致力于缩小激光器体积,从而实现台面大小 X 射线激光器。

邓恩(Jim Dunn)与其合作者在美国劳伦斯-利弗莫尔国家实验室制作了一台 X 射线激光器,它能发射 14~20 nm 的 X 射线,这台只占用一个光学台面的系统被称为台面 X 射线激光器(CMT)。

这一成绩的取得,依赖于两项研究进展。20 世纪 90 年代中期,几个研究组发现,与单个长脉冲相比,采用两个短的红外脉冲照射靶可产生更强的 X 射线。预脉冲比主脉冲早到达数纳秒,建立了膨胀等离子体,供第二脉冲与其相互作用。双脉冲法解决了与短波激光有关的几个困难,增加了对激光能量的吸收,更重要的是,等离子体密度梯度下降,参与激射作用的等离子体总量增加。密度梯度的下降和"增益体积"的增大使 X 射线不再衍射出增益区,从而使 X 射线在等离子体整个长度区域被放大。

第二项研究进展是啁啾脉冲放大的发现。在这项技术中,一个短脉冲在被放大前先在时间上拉长,放大之后再将其压缩。现有的激射介质不能把很短的脉冲直接放大到高能量。而啁啾脉冲放大可使相当小的激光器产生强的飞秒光脉冲,用以激发 X 射线激光,甚至激发核过程。

利弗莫尔小组利用这两项技术在钼、钯、银、镉和锡上获得 X 射线激射。这些元素均在等离子体中电离,除三个最内壳层外,它们的电子都被剥离。这样的电子组态可称为"类镍型",因为与镍原子有着相似的电子结构。$3d$ 基态的类镍离子与电子碰撞,被激发到 $4d$ 和 $4p$ 态。根据量子力学原理,禁止较高的 $4d$ 能级的离子衰落到基态,因而在该能级积累,而在较低的 $4p$ 能级上的离子可以很快地衰变。这就造成 $4d$ 与 $4p$ 间粒子布居数反转。当等离子体中的电子具有合适的温度和能量,能产生最大数量的类镍离子及粒子布居数反转时,即可得到最大的增益。

在利弗莫尔的实验中,用两个激光脉冲中的第一个在基态产生类镍离子。第二个脉冲则足够快地提升电子温度,造成粒子布居数反转,但不使基态离子进一步电离,若进一步电离则会减少类镍离子的数量。约克大学的杰夫(Geoff pert)和利弗莫尔的尼尔森(Joe Nilson)进行了模拟计算,结果表明,激发态粒子数的确调整很快。即使使用皮秒激光脉冲作为泵浦源,被激发的离子也仅处于准稳态平衡。

这一领域的目标是用台面激光器(如 CMT)来产生 X 射线激射,同时用大型高功率激光系统(如"火神")使波长进一步缩短。这两项研究均可在实验室中提供窄带、高亮度 X 射线激射源。

4.8.4 用飞秒激光产生 X 射线

近年来飞秒高强度激光器的研究取得很大进展,用比较小型的实验装置就能得到高度集中的高强度激光束,照射到材料上,可使氢原子的电场达到 $E_{atom} = 5 \times 10^9$ V/cm 以上。这样高的库仑电场,电子就具有相对论的性质。用高强度飞秒激光和电子束互相作用,可产生单色性好的飞秒 X 射线脉冲。用这种方法产生的 X 射线装置体积小、成本低、X 射线质量好。

光子和低能电子碰撞,光子的能量减小,波长增大,称为康普顿效应。如果光子和运动的速度非常接近光速的高能电子相撞,光子的能量便不是减小,而是增加,波长变短,这称为逆康普顿效应,所产生的辐射称为逆康普顿辐射。

利用逆康普顿效应可以产生飞秒 X 射线。为确保稳定性和可靠性,对激光束和电子束在时间和空间上精确控制是最基本的,也是很必要的。为保证激光束和电子束有一定数量,要防止电子束散焦和激光束长脉冲化。作为表示电子束品质的参数,保存量越小,越可能和电子束在狭小领域正交。

为获得高质量的电子束,电子枪采用激光照射光电阴极的技术产生阴极电流。加速部分采用稳定的高频电源加速管。

1. 激光光电阴极电子枪

普通电子枪用热阴极,电子束的横向运动分量大。利用紫外短脉冲激光照射光电阴极产生的阴极电流,电子束的横向运动分量极小,具有层流性质。电子枪的主体一般用无氧铜制成。阴极由 Nd：YAG 激光的 4 次谐波(0.266 μm)、脉冲幅宽为皮秒的紫外光照射。采用磁聚焦电子束,电子束的稳定性好。这种激光光电阴极电子枪有极高的稳定性,同时体积也不大。新开发出来的激光光电阴极电子枪,其稳定性和作用时间如图 4-8-1 所示。从图 4-8-1 看到,激光束和电子束互相作用时间为皮秒,而且稳定性好。

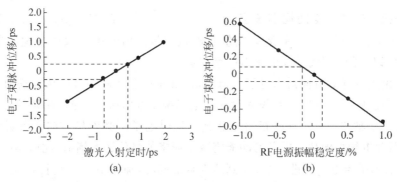

图 4-8-1 激光束和电子束作用时间

2. 电子束的加速和同步

用激光光电阴极产生的高品质电子束,经加速后还要用磁透镜聚焦。电子枪是一体化设计的,产生的电子束幅值和相位的稳定性与加速时的电子束的时间波动有关。为提高稳定性,所加电压的平坦度要达到 0.17%,而脉冲电压平坦度要达到 0.13%。图 4-8-1(b)展示了电子束脉冲幅值对电源波动允许的范围。

激光和电子束在飞秒级的水平同步是很重要的。激光用 100 MHz 模式同步激光器(脉冲发生器)为基准,产生亚皮秒级的稳定度。用光学方法进行高频倍增。

上面简要介绍了用逆康普顿效应产生飞秒级单色性好、方向性好的 X 射线束。这种装置体积小、成本低、维修方便,适用于医疗等方面,特别适用于检查血管结构、心脏异常、金属内部微小缺陷等。

4.9   特殊类型激光器

4.9.1   自由电子激光器

自由电子激光器(free electron laser,FEL)是一种不同于传统激光器的相干辐射光源。自由电子激光器的基本原理是通过自由电子和光辐射场之间的相互作用把电子能量直接传递给光辐射而使其辐射强度增大。自由电子激光器的工作物质是自由电子,不需要气体、液体或固体作为工作物质,而是将高能电子束的动能直接转换成相干辐射能。

自由电子激光器是加速器和激光技术的组合。自由电子激光器包括加速器、波荡器(摆动器)、束/波互作用腔,即谐振腔。加速器提供工作物质——高能电子束;波荡器是一种极性交错排列的周期性磁场系统,作用于电子束使电子束横向摇摆着(螺旋形)变速行进,将电子束的动能转换成辐射能,并在谐振腔内进行受激相干放大,输出辐射场。

如图 4-9-1 所示,一组扭摆磁铁可以沿 z 方向产生周期性变化的磁场,磁铁沿 y 方向排列。由加速器提供的高速电子束经偏转磁铁导引进入这一扭摆磁场。电子受此磁场的作用,将在 xz 平面内摇摆前进。这一摇摆运动是有加速度的,所以电子将发射电磁波。辐射属于自发辐射。自发辐射的电磁波主要集中在轴向,振动方向沿 x 方向,其中心波长为

$$\lambda_s = \lambda_w / 2\gamma^2 \tag{4-9-1}$$

式中,λ_w 是扭摆磁场的空间周期长度,$\gamma = 1 \sqrt{1 - v^2/c^2} = E/E_0 = mc^2/m_0 c^2$ 是电子的能量因子,m 和 m_0 分别是电子的运动质量和静止质量。由于电子束中各电子的自发辐射是随机的,所以不能相干叠加,也就不能增强放大。

设有一束光沿着 z 方向射入电子通道内,光束在一定条件下可以从摇摆前进的电子取得能量而增强。如图 4-9-2 所示,设入射光的电场振动方向沿 x 方向,在某时刻其极大值正好在电子通过 z 轴的地方 a 点并指向 x 正向。这时电子所受电场方向与其运动方向成钝角,故要克服此电场力做功。电子的动能将减小而将能量传送给辐射,此后辐射和电子都沿 z 方向前进。如果当电子前进半个 λ_w 到达 b 点的同时,辐射多走了半个 λ_s 的距离,则此时电子仍然要克服电场力做功,将能量传给辐射。这样继续下去,电子不断地将能量传给辐射而使辐射强度不断增大。符合这一"同步条件"的辐射波长应满足下式:

$$\frac{\lambda_w}{v} = \frac{\lambda_w + \lambda_s}{c} \tag{4-9-2}$$

式中,v 是电子运动速度。

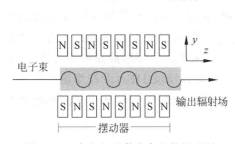
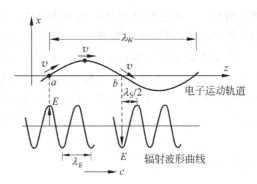

图 4-9-1　自由电子激光产生的原理图
（x 轴垂直纸面）

图 4-9-2　电子在 xz 平面内运动及向辐射场
传递能量示意图

由此可知，送入扭摆磁场的辐射的频率如果和该扭摆磁场中运动的电子的自发辐射的频率相同，则该自发辐射就能从电子持续地获得能量而加强，这时电子的能量称为共振能量。从量子理论的角度，可以理解为在辐射和电子能量共振的条件下，自由电子可以被外来光子激发而发出频率和振动方向相同的光子，从而增大了原来辐射的强度。这就是自由电子受激辐射的过程。

从式(4-9-1)可以看出，自由电子激光的频率随入射电子能量的增大而增大，因而是连续可调的。目前扭摆磁场的周期长度为 $2 \sim 3$ cm，电子束的能量可达 $10^6 \sim 10^9$ eV，自由电子激光发射的激光频谱可以从远红外跨越到硬 X 射线。

4.9.2　化学激光器

化学激光器是一类利用化学反应释放的能量来实现工作粒子布居数反转的激光器。化学反应产生的原子或分子往往处于激发态，在特殊情况下，可能会有足够数量的原子或分子被激发到某个特定的能级，形成粒子布居数反转，以致出现受激辐射而引起光放大作用。其泵浦源为化学反应所释放的能量。这类激光器大部分以分子跃迁的方式工作，典型波长范围为近红外到中红外谱区。最主要的有氟化氢(HF)和氟化氘(DF)两种装置。前者可以在 $2.6 \sim 3.3 \ \mu m$ 输出 15 条以上的谱线；后者则约有 25 条谱线处于 $3.5 \sim 4.2 \ \mu m$。这两种器件目前均可实现数兆瓦的输出。其他化学分子激光器包括波长为 $4.0 \sim 4.7 \ \mu m$ 的溴化氢(HBr)激光器，波长为 $4.9 \sim 5.8 \ \mu m$ 的一氧化碳(CO)激光器等。

化学激光器首先由波拉尼(J. C. Polanyi)于 1961 年提出。1965 年，卡斯帕(J. Kasper)和皮门特(G. Pimentel)研制成功了第一台 HCl 化学激光器，它是利用放热化学反应来实现激活介质的粒子布居数反转而产生受激辐射的。

HF/DF 化学激光器的基本原理如下：HF 化学激光器通过氘原子(D_2)和过量的氟(F_2)在燃烧室中反应后，生成 F、F_2、DF 和稀释 He 组成的高温混合气体，它们经喷嘴管进入光腔，与含稀释剂 He 的燃料 H_2 混合，发生泵浦反应、能量转移反应、解离复合反应及激射过程。

这样，通过喷嘴进入光腔的混合气体主要有 6 种化学组分：F、F_2、HF、CF_4、N_2 和 He，它们在光腔内与燃料 D_2 气流发生泵浦反应、能量转移反应和解离复合反应。因此，具有特定面型和结构的喷嘴组件是连续波 HF/DF 化学激光器的一个关键组件,它前面连接高温高压的燃烧室,后面接低温低压的光腔,对化学激光器的性能有极大的影响。

化学激光器中需要解决很多气体动力学的问题,其中主要的问题是"一定要建立起很高的流速,以便从光腔里移走已激射过的、会吸收光的气体,并使光腔内维持适于有效激射作用的温度和压力",这便是化学激光器的起动问题。即在光腔中要形成超声速气流,一方面将废气排出,另一方面建立低温、低压的激射环境。如果连续波 HF/DF 化学激光器起动失败,气流会在扩压器的收缩段堵塞,造成光腔内压力升高、温度上升,从而使激光器功率下降,甚至无功率输出。

4.9.3　量子点激光器和微腔激光器

1. 量子点激光器

量子点激光器(quantum dot laser)是一种微结构的半导体激光器,对注入载流子具有三维量子限制。量子点激光器的有源区被宽带隙势垒区分割为许多小体积,其线度在三维方向上均接近或小于载流子的德布罗意波长,对载流子在空间所有方向上的运动均进行了量子限制,即电子能量是量子化的。这种电子在三维方向上全部受限制的材料(或者结构)称为量子点。此时,半导体材料原有的能带结构被重新分裂为分立的能级。

量子点激光器与其他半导体激光器在基本结构上,除使用单层或多层量子点作为有源区,其他并无区别。

与其他半导体材料的激光器相比,理论上量子点激光器具有更低的阈值电流密度、更高的光增益、更高的温度稳定性和更宽的调制带宽等优点。

量子点的制备方法很多,但常用的有两种:一是微结构材料生长与微细加工技术相结合的方法;二是应变自组装制备量子点新技术。据文献报道,室温下,在 $100~\mu m$ 宽量子点激光器的连续输出功率最高可达 7 W。

2. 微腔激光器

微腔激光器的核心部分是它的微谐振腔,这些微谐振腔至少在某一维上的尺度为光波长量级。这种结构能改变处于谐振腔中的原子的自发辐射特性。这时谐振腔中的光波场不能用经典的麦克斯韦理论来描述,而必须用量子电动力学的方法处理。

微腔激光器的工作原理:爱因斯坦提出的受激辐射理论认为,自发辐射并非原子的本征属性,而是受激原子的本征性质,只有借助于这种不可逆转的自发辐射才能使原子与真空电磁场(光子为零的场)之间实现热平衡。受激原子之所以不可逆转地要自发辐射,是由于真空电磁场包容了几乎无限多个连续模式,它可以接纳受激原子辐射出来的任何光子。如果用光学谐振腔来改变真空电磁场的模式结构,受激原子的自发辐射性质就会有很大改变,有的模式被加强,有的模式被抑制。利用这一原理,如果可以使自发辐射由无限多个连续模式变成趋于量子化的少数几个模式,如图 4-9-3(a)所示,并使某个模式或少数几个模式获得增益,那么自发辐射模式

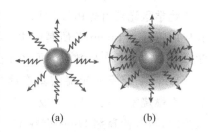

图 4-9-3　微腔激光器工作原理示意图
(a) 原子的自发辐射模式;
(b) 激射模式

就直接变成激射模式,输出激光,如图 4-9-3(b)所示。理想条件下,可以使全部自发辐射光子都进入一个激射模式,这就大大降低了激光器的阈值,因此微腔激光器被认为是无阈值激光器。

上面所提及的量子点激光器就是微腔激光器的一种。

光学微腔主要分为以下几类。第一类是垂直于表面的发射激光器,该激光器有源区是用分子束外延生长(MBE)的量子阱,在其两侧再用 MBE 生长分布式多层介质反射膜,构成谐振腔的端面反射镜,类似于传统的 F-P 微腔。第二类是光子晶体微腔。光子晶体的结构是周期性排列的,光子晶体微腔是在这种周期性结构中引入特定的缺陷,从而打破原有的周期,并在原来的不透光禁带内产生共振频率而形成的光学谐振腔。第三类是光学回音壁模式的微腔(whispering gallery mode,WGM)。WGM 微腔是指在微腔内部,光以全反射的形式传播,使得光被约束在腔内并沿着赤道面绕行,当光程等于波长整数倍时,会产生等间隔分立的共振模,这种电磁场模式称作回音壁模式,也称为耳语回廊模式。

回音壁模式微腔的本质是利用光在微腔弯曲界面上从折射率高的介质(光密介质)向折射率低的介质(光疏介质)传播时,在两种介质交界处发生全反射的现象。这种微腔具有高品质因子和低模式体积的特点。下面以微球型回音壁微腔为例来说明微腔激光器的结构。

如图 4-9-4(a)所示的是硅球型回音壁微腔的结构示意图。光波模式被约束在赤道面上传播。图 4-9-4(b)是微腔内赤道面上的 WGM 模场中第 m 个模式的分布图。

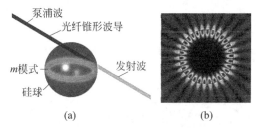

图 4-9-4　硅球型回音壁微腔结构

(a)硅球型回音壁微腔构造图;(b)微腔内赤道面上的 WGM 模场分布图

美国电话电报公司(AT&T)的贝尔(Bell)实验室于 1992 年首先研制成功 InGaAs/InGaAsP 的半导体 WGM 微腔。采用图钉状微盘腔结构,在室温下 InGaAs 微腔激光器的阈值电流仅为 100 μA。

微腔激光器最大的优点在于高集成密度和低功耗。每个微腔激光器的阈值达亚毫安甚至微安量级,即使百万个激光器同时工作,其总的功耗也只有几瓦。微腔激光器及其集成的二维面阵适用于大规模光子器件集成光路。

第三篇
形成激光振荡的基本单元:
光学谐振腔和激光介质

  一般情况下激光器必须有三个元件:两面反射镜和一"块"激光介质。最简单的结构,两面平面反射镜平行放置,实际上是物理光学中讲的法布里-珀罗标准具,通常称为谐振腔。激光介质置于两面反射镜中间。激光介质种类很多,形状多样,有激光"棒"、激光"片"、激光"管"。这三个元件决定了激光器最基本的性能。本篇讨论激光谐振腔和激光介质在激光产生中各自的作用。激光谐振腔的主要作用有以下几点。①构成光往复反馈回路,使沿谐振腔轴线方向传播的光往返多次通过工作物质,反复放大,形成沿谐振腔镜面法线往返传播的激光束,这是激光方向性好的原因。②构成激光谐振腔的两个反射镜的反射膜多是 1/4 波长膜系,即反射镜基片上镀一层 $\lambda/4$ 厚的高折射率材料后再镀一层 $\lambda/4$ 厚的低折射率材料,交替镀制,层数由反射率的要求决定。λ 是激光器的工作波长,激光介质发射的其他光谱线波长得不到激光谐振腔的反馈而不能往返振荡。这是让激光器输出单波长的基本原因。③单波长也还是包括一定光谱宽度的,如波长为 694.3 nm 的红宝石光谱宽度有 0.4 nm。在谐振腔内往返传输的光必须满足驻波条件,使激光介质发射的光谱仅有若干分立的谱线,如必要时可以只有一条,形成振荡,这是激光具有比激光介质单光谱线更好的单色性的原因之一。本篇先介绍介质不置于谐振腔(第 5 章)时的行为,随后介绍激光介质(第 6 章)及其对光的放大(第 7 章)。

第 **5** 章
光学谐振腔

激光谐振腔由一对平行放置的反射镜构成,反射镜的反射率因激光类型不同从 3% 到 99.9% 不等。在本章,为了讨论方便,谐振腔被设定为一对平行平面镜,简称 FP 腔。实际上的激光谐振腔可由一对平面镜,也可由一对凹面镜,或一对平凹镜构成。

5.1　激光谐振腔的分类

谐振腔是由两个球面反射镜组成的共轴系统,即两镜面的轴线(镜面顶点与曲率中心连线)重合。按照组成谐振腔的两块反射镜的形状及它们的相对位置,可将谐振腔分为平行平面腔、平凹腔、平凸腔、双凹腔、双凸腔、对称共焦腔、共心腔等。如果反射镜焦点都位于腔的中点,便称为对称共焦腔。如果两球面镜的球心在腔的中心,称为共心腔。各种谐振腔的结构如图 5-1-1 所示。图中,L 为两反射镜之间的距离(间隔),R_1、R_2 分别为两个反射镜的曲率半径。

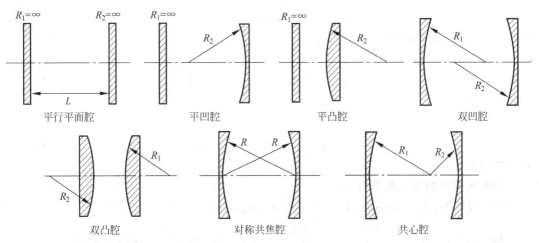

图 5-1-1　各种谐振腔的结构示意图

5.2　谐振腔的稳定性条件

激光束是在谐振腔中产生的,谐振腔的结构对激光束的特性起着重要的作用。对于 FP 腔,平行于光轴的光线(与平面垂直的光线)在腔内来回反射任意多次而不会投射到腔镜的通光口径之外。而偏离光轴的光线经过有限次数的反射就会投射到腔镜的通光口径之外,仅在激活介质内得到有限长度的放大。傍轴光线能够在腔中任意多次往返传播而不逸出腔外的谐振腔称为稳定腔,反之称为非稳腔。本节讨论谐振腔的结构与稳定性的关系。

谐振腔两块反射镜相隔一定的距离。把两个反射镜的球心连线作为光轴,整个谐振腔系统是轴对称的,这时两个反射镜的反射面可以看成是共轴球面。平面镜是曲率半径为无穷大的球面镜。

稳定腔和非稳腔可以用腔长、两个反射镜的曲率半径以及它们之间的距离确定。

如图 5-2-1 所示,共轴球面腔的结构可以用三个参数表示:两个球面反射镜的曲率半径 R_1、R_2 和腔长 L。谐振腔长 L 为与光轴相交的反射镜面上的两个点之间的距离。在本节中,完全忽略谐振腔中的介质(折射率 n),如需要考虑介质折射率时,L 应由 $L'=Ln$ 代替。规定凹面镜的曲率半径为正,凸面镜的曲率半径为负。

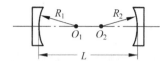

图 5-2-1　共轴球面腔结构示意图

共轴球面腔的稳定性条件可以证明如下:

$$0 \leqslant \left(1 - \frac{L}{R_1}\right)\left(1 - \frac{L}{R_2}\right) \leqslant 1 \tag{5-2-1}$$

引入参数 g:

$$\begin{cases} g_1 = 1 - \dfrac{L}{R_1} \\ g_2 = 1 - \dfrac{L}{R_2} \end{cases}$$

式(5-2-1)变为

$$0 \leqslant g_1 g_2 \leqslant 1 \tag{5-2-2}$$

即当式(5-2-2)成立时谐振腔为稳定腔。

当

$$g_1 g_2 \leqslant 0 \quad 或 \quad g_1 g_2 \geqslant 1 \tag{5-2-3}$$

时为非稳腔。

当

$$g_1 g_2 = 0 \quad 或 \quad g_1 g_2 = 1 \tag{5-2-4}$$

时为临界腔。

判断谐振腔的稳定性举例。

(1) 双凹腔: $R_1 = 80 \, \text{mm}$, $R_2 = 40 \, \text{mm}$, $L = 100 \, \text{mm}$。

解: $g_1 = 1 - \dfrac{100}{80} = -\dfrac{1}{4}$; $g_2 = 1 - \dfrac{100}{40} = -\dfrac{3}{2}$; $0 < g_1 g_2 < \dfrac{3}{8}$,所以是稳定腔。

（2）凸凹腔：$R_1 = -40$ mm，$R_2 = 75$ mm，$L = 50$ mm。

解：$g_1 = 1 + \dfrac{60}{40} = \dfrac{5}{2}$；$g_2 = 1 - \dfrac{60}{75} = \dfrac{1}{5}$；$0 < g_1 g_2 = 0.5 < 1$，所以是稳定腔。

（3）平凹腔：$R_1 = \infty$，$R_2 = 50$ mm，$L = 40$ mm。

解：$g_1 = 1 - \dfrac{40}{\infty} = 1$；$g_2 = 1 - \dfrac{40}{50} = 0.2$；$0 < g_1 g_2 = 0.2 < 1$，所以是稳定腔。

（4）双凸腔：$R_1 = -20$，$R_2 = -10$ mm，$L = 50$ mm。

解：$g_1 = 1 + \dfrac{50}{20} = \dfrac{7}{2}$；$g_2 = 1 + \dfrac{50}{10} = 6$；$g_1 g_2 = 21 > 1$，所以是非稳腔。

非稳腔内的光线容易溢出腔外，意味着更大的光线能量损失。但在一些应用中非稳腔也是不可替代的。比如非稳腔出射的激光束具有更好的方向性（准直性），因为与谐振腔轴有夹角的光线很快逸出，不能在谐振腔中正反馈。

5.3　谐振空腔的谐振频率

以 FP 腔为例，把腔中的激光工作物质没有实现粒子布居数反转（光在谐振腔内传输不能获得增益）时的谐振腔形象地称为空腔（或无源腔）。

作为激光谐振腔，谐振腔内只能存在满足以下条件的光场：光经腔内往返一周再回到起始位置时，与起始出发波同相位，即满足相长干涉条件，称为相位自洽。如图 5-3-1 所示，腔的几何长度为 L，腔内激光介质的折射率为 η，M_1 和 M_2 是激光谐振腔的两个腔镜。

腔内光场满足干涉相长条件，即光往返一周的相位满足

$$\Delta\varphi = \frac{2\pi}{\lambda} \cdot 2L' = q \cdot 2\pi \tag{5-3-1}$$

式中，$L' = \eta L$ 是谐振腔的光学长度。上式变形有：

$$L' = q\frac{\lambda}{2}, \quad q = 1,2,3 \tag{5-3-2}$$

式中，q 是整数。这时在空腔内就会存在两列振幅和频率都相同，而传播方向相反的光波，这两列光波相干叠加形成驻波，如图 5-3-2 所示。

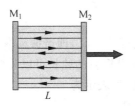

图 5-3-1　典型的驻波空腔

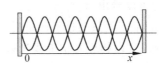

图 5-3-2　谐振腔内形成驻波示意图

设正向和反向传播的光波场振幅分别为

$$E_1 = E_0 \cos 2\pi\left(\nu t - \frac{x}{\lambda}\right) \tag{5-3-3}$$

$$E_2 = E_0 \cos 2\pi\left(\nu t + \frac{x}{\lambda}\right) \tag{5-3-4}$$

式中,λ 和 ν 分别是光波的波长和频率,E_0 是光波的初始振幅。

合成驻波的场振幅为

$$
\begin{aligned}
E &= E_1 + E_2 \\
&= E_0 \cos\left(\nu t - \frac{x}{\lambda}\right) + E_0 \cos 2\pi\left(\nu t + \frac{x}{\lambda}\right) \\
&= 2E_0 \cos 2\pi \frac{x}{\lambda} \cos 2\pi\nu t
\end{aligned}
\tag{5-3-5}
$$

式(5-3-5)称为驻波方程。振幅 $\left|2E_0 \cos 2\pi \dfrac{x}{\lambda}\right|$ 随 x 而变,与时间无关。在 $\left|\cos 2\pi \dfrac{x}{\lambda}\right| = 1$ 处是波腹,振幅为 $2E_0$,在 $\left|\cos 2\pi \dfrac{x}{\lambda}\right| = 0$ 处是波节,振幅为 0。

驻波的光强为

$$
\begin{aligned}
I &= E \cdot E^* \\
&= 4E_0^2 \cos^2 2\pi \frac{x}{\lambda} \cos^2 2\pi\nu t \\
&= 4I_0 \cos^2 2\pi \frac{x}{\lambda}\left(\frac{1 + \cos 4\pi\nu t}{2}\right)
\end{aligned}
\tag{5-3-6}
$$

式中,I_0 是初始入射波的场强。在波腹处光强为 $4I_0$,波节处光强为 0。相邻波节相距二分之一波长,两个波节之间的振幅按正弦分布。波腹处振幅最大。

由驻波条件式(5-3-2)得

$$
\nu_q = \frac{qc}{2L'}
\tag{5-3-7}
$$

式中,ν_q 是与 q 对应的空腔中的谐振频率。腔内满足 ν_q 的平面驻波场是 FP 腔的本征模式。驻波的波节数由 q 决定,每一 q 值对应一列驻波。其 q 和 $q+1$ 的频率差可表示为

$$
\nu_q = \nu_{q+1} - \nu_q = \frac{c}{2L'}
\tag{5-3-8}
$$

驻波腔光场中有大量的空间"节点"和波腹,式(5-3-7)和式(5-3-8)的推导见 9.2.2 节。

5.4 谐振空腔的线宽

从式(5-3-7)可以看出,角标 q 改变 1,谐振频率改变 $C/2L'$,即谐振频率是等间隔的,如图 5-4-1 所示。频率间隔只与谐振腔的腔长有关,改变谐振腔的腔长可以改变频率间隔。

谐振空腔的线宽即物理光学中多光束干涉的锐度,可表示为

$$
\Delta\nu_{1/2} = \frac{c}{2\pi\eta L} \frac{1-R}{\sqrt{R}}
\tag{5-4-1}
$$

$\Delta\nu_{1/2}$ 表示对应于干涉亮条纹半峰值全宽度的频率范围,也是透过激光谐振空腔的激光频率宽度,如图 5-4-1 所示。相应的波长宽度可由 $\lambda = c/\nu$ 求出:

$$
\Delta\lambda_{1/2} = \frac{\lambda^2}{c} \Delta\nu_{1/2} = \frac{\lambda^2}{2\pi\eta L} \frac{1-R}{\sqrt{R}}
\tag{5-4-2}
$$

应当注意,上述波长宽度 $\Delta\lambda_{1/2}$ 是一严格单色光由于平行平面腔的多光束干涉效应而

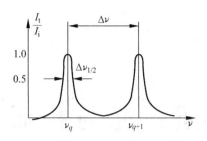

图 5-4-1　谐振腔的输出频率

产生的条纹宽度。还没有考虑激光形成过程中光的受激辐射对条纹宽度的强烈的压窄效应。

第 **6** 章

激光介质：光与物质的相互作用

激光器产生激光束,激光束由光子组成,光子来源于物质粒子,或是物质粒子从高能级"自发"跃迁到低能级发射一个光子,或由外来光子激发高能级上的粒子,粒子"受激"发射一个光子。本章将论述这些原子(粒子)和光子相互作用的过程并讨论发射光子的光谱性质。

6.1 激光介质和光子：光与物质的相互作用

通过前几章,已对激光的形成和激光束的特点有了基本了解。本章将着重讨论激光产生的物理基础,即光与物质的相互作用(共振)。光指光子,物质指粒子,即原子、分子或离子等。

光与物质共振相互作用的过程,包括发射光的光谱线的展宽、增益(光放大)的产生和饱和,以及激光器稳态的建立等。

激光和自然光(如光谱灯)相比,其亮度高,谱线宽度窄,发散角小。为了揭示这些物理现象的本质,已建立几种理论模型。严格的激光理论模型是用量子电动力学来描述的。原则上,量子电动力学理论可以描述激光器的全部特性。但是,这种处理方法在数学上十分繁杂。实际上,经典理论最为常用,其对光波电磁场与组成物质的粒子(原子)体系都作经典式的描述,即用电动力学的麦克斯韦方程描述光场,又视原子为经典的电偶极子。

在氦氖双频激光器和激光陀螺等的激光频率、光强以及它们的关联研究中,常用半经典理论。其特点是:采用经典麦克斯韦方程描述光场,用量子力学描述物质原子的内部能量及电子运动。这一理论研究是 1964 年由兰姆(Willis Eugene Lamb)开始的,所以又称为兰姆理论。兰姆理论能揭示激光器中的大部分物理现象,如增益饱和效应、模的相位锁定效应、激光振荡的频率牵引与频率推斥效应等。

还有全量子理论将光频电磁场和物质原子都作量子化处理,便可建立光与物质相互作用的全量子理论。激光器的全量子理论可以解决光子数的统计分布、光子数起伏、相干性噪声,以及线宽极限等问题,但是因为它的复杂性,很少有文献提及。

6.1.1　光谱线、线型函数和宽度

用光谱仪分析汞灯、钠灯等光源的光谱可以发现，光谱中含有多条谱线，一条光谱线即代表光源发射一种频率（波长）的光。它是高能级（E_2）粒子向低能级（E_1）自发辐射跃迁形成的。还可以观察到：每一条光谱线对应的波长（频率）都不是一条线，而是有一定的宽度。不同光谱的宽度也各不相同。这说明一条光谱线并不是单一频率的光波，而是覆盖一定频率（波长）范围，这一现象被称为光谱线的展宽。

而按照自发辐射的定义式(3-2-2)和式(3-2-3)，高能级 E_2 上的粒子跃迁到 E_1 能级时发射光的频率 ν 等于$(E_2-E_1)/h$。这和上述对光谱线的实验观察是不相符的。为了使自发辐射的概念和实验结果一致，必须对此进行修正。

下面，我们从观察到的实验现象出发，首先考虑修正后谱线宽度的表征，然后，再讨论引起谱线展宽的各种因素。

由于谱线展宽，自发辐射光强不再集中于一个单一的频率$(E_2-E_1)/h$ 上，而变成了以 $\nu_0=(E_2-E_1)/h$ 为中心频率的随频率变化的函数，记作 $I(\nu)$，如图 6-1-1 所示。

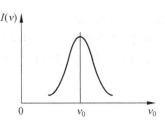

图 6-1-1　自发辐射的频率分布

$I(\nu)$ 是一个描述自发辐射功率按频率分布的函数，分布在 $\nu\sim\nu+\mathrm{d}\nu$ 的光强为 $I(\nu)\mathrm{d}\nu$，而总光强 I 可表示为

$$I=\int_{-\infty}^{+\infty} I(\nu)\mathrm{d}\nu \tag{6-1-1}$$

为了使讨论简化，在很多情况下，我们更关心的是图 6-1-1 中曲线的形状和与其对应的函数形式，为此，令

$$g(\nu,\nu_0)=I(\nu)/I \tag{6-1-2}$$

$g(\nu,\nu_0)$ 称为光谱线的线型函数，它给出自发辐射功率按 ν 的相对分布，可理解为自发辐射跃迁几率按频率的分布函数。

将式(6-1-2)改写为

$$I(\nu)=Ig(\nu,\nu_0)=\frac{c}{n}N_2h\nu_0A_{21}g(\nu,\nu_0) \tag{6-1-3}$$

式中，$A_{21}g(\nu,\nu_0)$ 表示在总自发辐射跃迁几率 A_{21} 中，分配在频率 ν 处单位频带内的自发辐射跃迁几率，$g(\nu,\nu_0)$ 的量纲为［秒］，ν_0 表示线型函数的中心频率。把式(6-1-3)代入式(6-1-1)，有

$$\begin{cases} I=\int_{-\infty}^{+\infty} Ig(\nu,\nu_0)\mathrm{d}\nu \\ \int_{-\infty}^{+\infty} g(\nu,\nu_0)\mathrm{d}\nu=1 \end{cases} \tag{6-1-4}$$

此式称为线型函数的归一化条件，它表示曲线 $g(\nu,\nu_0)$ 下的面积应为1。

线型函数在 $\nu=\nu_0$ 时有最大值 $g(\nu_0,\nu_0)$，并在 $\nu=\nu_0\pm\Delta\nu/2$ 时下降至最大值的 $1/2$，即

$$g(\nu_0+\Delta\nu/2,\nu_0)=g(\nu_0-\Delta\nu/2,\nu_0)=\frac{1}{2}g(\nu_0,\nu_0) \tag{6-1-5}$$

按上式定义的 $\Delta\nu$ 称为谱线宽度。

自发辐射光的频率有一定宽度，与"自发辐射是单一频率"这一原有认知相比，光谱线展

宽了。引起光谱线展宽的物理因素有很多,本书仅讨论自然展宽、碰撞展宽和多普勒展宽。

下面将分析引起谱线展宽的各种因素,并根据不同的物理过程给出线型函数的具体函数形式。

6.1.2 自然展宽

根据经典的电磁理论,一个原子可以看作是一个电偶极子(图 6-1-2),有正电和负电中心。当原子中的电子作频率为 ν_0 的简谐振动时,该原子就会发射频率为 ν_0 的光波。但由于电子在发射光波过程中不断损耗能量,它振动的振幅也就不断衰减,辐射的电磁波亦将随之减弱。图 6-1-3 画出了电磁场振幅随时间变化的情况。通常这一衰减电磁场可以写成复数形式:

$$E(t) = E_0 e^{-(\gamma/2)t} e^{i2\pi\nu_0 t} \tag{6-1-6}$$

式中,γ 是衰减因子,$E_0 e^{-(\gamma/2)t}$ 是一衰减振幅。按照傅里叶分析,这一衰减的光波不再是单一频率 ν_0 的振动,而是包含有多个频率的光波,即光谱线展宽了。由于原子在发光中能量的衰减是必然的,所以称这种展宽机制为自然展宽。

图 6-1-2   经典的电偶极子模型

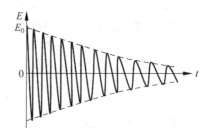

图 6-1-3   经典电偶极子辐射的电磁波

原子发射的光强与光波振幅平方成正比,

$$I \propto |E|^2 = EE^*$$

即

$$I \propto E_0^2 e^{-\gamma t} \tag{6-1-7}$$

比较式(3-2-10)和式(6-1-7),可得

$$\gamma = \frac{1}{\tau} \tag{6-1-8}$$

或

$$\gamma = A_{21}$$

对式(6-1-6)作傅里叶变换,可求得自发辐射的频谱:

$$E(\nu) = \int_0^{+\infty} E(t) e^{-i2\pi\nu t} \, dt = E_0 \int_0^{+\infty} e^{i2\pi(\nu_0 - \nu)t} e^{-\frac{\gamma t}{2}} \, dt$$

$$= \frac{E_0}{\frac{\gamma}{2} - i2\pi(\gamma_0 - \gamma)} \tag{6-1-9}$$

自发辐射光强与光波振动振幅的平方成正比,所以在频率 $\nu \sim \nu + d\nu$ 的自发辐射功率 $I(\nu)$ 为

$$I(\nu) \, d\nu = CE^2(\nu) \, d\nu$$

C 是一个常比例系数。而自发辐射光波总光强为

$$I = \int_{-\infty}^{+\infty} I(\nu) \, \mathrm{d}\nu = C \int_{-\infty}^{+\infty} |E(\nu)|^2 \, \mathrm{d}\nu$$

把上述两式代入线型函数定义式(6-1-2)，可得

$$g_N(\nu, \nu_0) = \frac{I(\nu)}{I} = \frac{|E(\nu)|^2}{\int_{-\infty}^{+\infty} |E(\nu)|^2 \, \mathrm{d}\nu}$$

$$= \frac{1}{\left[\left(\dfrac{\gamma}{2}\right)^2 + 4\pi^2(\nu - \nu_0)\right] \int_{-\infty}^{+\infty} \dfrac{1}{\left(\dfrac{\gamma}{2}\right)^2 + 4\pi^2(\nu - \nu_0)} \, \mathrm{d}\nu}$$

式中，$g_N(\nu, \nu_0)$ 是自然展宽型函数，上式分母中的积分为一常数，令其为 A。A 应当使 $g_N(\nu, \nu_0)$ 满足式(6-1-7)的归一化条件，即

$$\int_{-\infty}^{+\infty} g_N(\nu, \nu_0) \, \mathrm{d}\nu = \int_{-\infty}^{+\infty} \frac{1}{A} \cdot \frac{\mathrm{d}\nu}{\left(\dfrac{\gamma}{2}\right)^2 + 4\pi^2(\nu - \nu_0)^2} = 1$$

故得

$$A = \int_{-\infty}^{+\infty} \frac{\mathrm{d}\nu}{\left(\dfrac{\gamma}{2}\right)^2 + 4\pi^2(\nu - \nu_0)^2} = \gamma^{-1}$$

于是可得

$$g_N(\nu, \nu_0) = \frac{\gamma}{\left(\dfrac{\gamma}{2}\right)^2 + 4\pi^2(\nu - \nu_0)^2} \tag{6-1-10}$$

由衰减因子和能级寿命的关系式(6-1-8)得

$$g_N(\nu, \nu_0) = \frac{\dfrac{1}{\tau}}{\left(\dfrac{1}{2\tau}\right)^2 + 4\pi^2(\nu - \nu_0)^2} \tag{6-1-11}$$

式(6-1-11)就是谱线自然展宽的线型函数，具有洛伦兹线型，如图 6-1-4 所示。

从图 6-1-4 可以看到：

(1) 当 $\nu = \nu_0$ 时，$g(\nu_0, \nu_0)$ 为极大值 g_m

$$g_m = g_N(\nu_0, \nu_0) = 4\tau \tag{6-1-12}$$

(2) 对 $\nu_1 = \nu_0 - \dfrac{1}{4\pi\tau}$ 和 $\nu_2 = \nu_0 + \dfrac{1}{4\pi\tau}$ 两点，有

$$g_N(\nu_1, \nu_0) = g_N(\nu_2, \nu_0) = \frac{1}{2} g_m = 2\tau$$

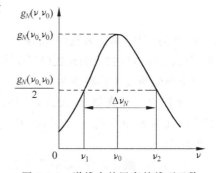

图 6-1-4 谱线自然展宽的线型函数

所以，按照定义，自然展宽的谱线宽度 $\Delta\nu_N$

$$\Delta\nu_N = \nu_2 - \nu_1 = \frac{1}{2\pi\tau} = \frac{A_{21}}{2\pi} \tag{6-1-13}$$

此式表明自发辐射跃迁几率 A_{21} 越大（原子在能级 E_2 的寿命越短），自然展宽的谱线宽度 $\Delta\nu_N$ 越大，自然展宽的线宽完全由原子的特性决定。

6.1.3 碰撞展宽

引起谱线展宽的另一原因是粒子之间的无规则热运动。粒子总在作无规则热运动,当它们足够接近时,它们之间的相互作用将改变原子原来的运动状态,我们说粒子之间发生了碰撞。

气体增益介质的粒子(原子、分子或离子)除了相互碰撞外也和激光器管壁(气体激光器)不断发生碰撞。在激光晶体介质中(如红宝石)或玻璃激光介质(如钕玻璃)中,每个粒子也受到相邻粒子的作用,这些粒子可能在某一时刻发生"碰撞"。碰撞使粒子发光中断,缩短了粒子在上能级 E_2 上的平均寿命。粒子发射的电磁波是如图 6-1-5 所示的波列。自发辐射存在光波随时间的衰减,又由于在 t_1 时刻发生碰撞导致波列在此时刻中断。显然这种波列比图 6-1-3 中的自然衰减的波列偏离简谐波的程度更大,因而它将引起光谱线的进一步展宽。这种因粒子之间的碰撞引起的光谱线展宽称为碰撞展宽。

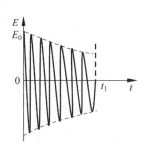

图 6-1-5　发光粒子碰撞时
发射的电磁波

关于碰撞展宽,下面给出一些重要的结论。

(1) 碰撞展宽所造成的线型函数 $g_L(\nu,\nu_0)$ 和自然展宽一样,仍为洛伦兹线型函数:

$$g_L(\nu,\nu_0) = \frac{\Delta\nu_L}{2\pi} \cdot \frac{1}{(\nu-\nu_0)^2 + \left(\frac{\Delta\nu_L}{2}\right)^2} \tag{6-1-14}$$

式中,$\Delta\nu_L$ 为碰撞展宽引起的线宽,称为碰撞宽度。

(2) 无论是气体激光介质还是固体激光介质,它们的碰撞展宽宽度都可通过实验测量获得。

(3) 气体激光器在充气气压不太高时,$\Delta\nu_L$ 与气压成正比,所以往往称碰撞展宽为压力展宽。

$$\Delta\nu_L = aP \tag{6-1-15}$$

式中,P 为气压,单位为托(1 托等于 133 帕),a 为比例系数,它随气体的不同及谱线的不同而变化,a 的单位为 MHz/托(MHz/帕)。

下面介绍几个典型的例子。

对于 CO_2 激光器,波长为 $\lambda = 10.6\ \mu m$ 的谱线,$a \approx 6.5 \times 10^6$ Hz/托(4.9×10^4 Hz/帕)。当管内气压 P 从 5 托(6.7×10^2 帕)变到 20 托(2.7×10^3 帕)时,$\Delta\nu_L$ 值由 33 MHz 变到 130 MHz。

在 HeNe 激光器中,如果是在 He：Ne 按 7：1 气压比混合的气体放电管中,对于氖的 $0.6328\ \mu m$ 光谱线,其 a 值为 9.6×10^7 Hz/托(7.2×10^5 Hz/帕)。当管内总气压为 1~2 托(1.33×10^2 帕~2.66×10^2 帕)时,$\Delta\nu_L$ 值为 96~190 MHz。

6.1.4 多普勒展宽

人耳听到的声音音调是声波频率的反映。我们有这样的体验:开过来的火车比离去的火车的汽笛音调要高。这种现象是由于声学多普勒效应引起的。

当光源与光接收器作相对运动时，光接收器接收到的光波频率 ν 也将随光源与接收器相对运动速度 v 的不同而改变，这种现象称为光学多普勒效应。

当发光原子相对于接收器静止时，接收器所接收到的光波频率为 ν_0；但当发光原子相对于接收器以 v_z 的速度运动，且 $\left|\dfrac{v_z}{c}\right| \ll 1$ 时，接收器接收到的光频率为

$$\nu = \nu_0\left(1 + \frac{v_z}{c}\right) \tag{6-1-16}$$

式中，v_z 的符号是这样决定的：当光源向着接收器运动时，v_z 取"＋"号；当光源离开光接收器运动时，v_z 取"－"号。

$$\nu - \nu_0 = \frac{v_z}{c}\nu_0 \tag{6-1-17}$$

称为多普勒频移。

在气体激光介质中，光学多普勒效应将引起介质粒子的自发辐射谱线显著的展宽。根据分子运动理论，包含大量原子（分子）的气体激光介质中的粒子的热运动速度服从麦克斯韦统计分布规律。在温度为 T 的热平衡状态下，单位体积内具有 z 方向速度分量 $v_z \sim v_z + \mathrm{d}v_z$ 的原子数为

$$\mathrm{d}N(v_z) = N(v_z)\mathrm{d}v_z = N\left(\frac{m}{2\pi kT}\right)^{\frac{1}{2}} \mathrm{e}^{-mv_z^2/2kT}\mathrm{d}v_z \tag{6-1-18}$$

式中，k 为玻尔兹量常数，T 为绝对温度，m 为原子（分子）的质量，N 为总的原子数密度。原子数按 v_z 的分布函数 $N(v_z)$ 示于图 6-1-6(a) 中。

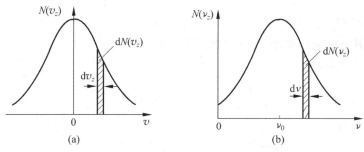

图 6-1-6   原子数按速度和频率的分布

(a) 按速度分布；(b) 按频率分布

从图 6-1-6 中可见，原子数是以 $v_z = 0$ 为中心对称分布的，即在速度间隔 $v_z \rightarrow v_z + \mathrm{d}v_z$ 和速度间隔 $-v_z \rightarrow -v_z - \mathrm{d}v_z$ 内的原子数相等。

这一分布规律适用于高能级 E_2，也适用于低能级 E_1。

高能级 E_2 上原子的自发辐射的情况如下：E_2 能级上运动速度为 v_z 的原子发射一个光子，接收器接收到的光频率为 $\nu = \nu_0\left(1 + \dfrac{v_z}{c}\right)$。以 $v_z = c(\nu - \nu_0)/\nu_0$ 代入式(6-1-18)，则可以获得发射频率处于 $\nu - \nu + \mathrm{d}\nu$ 内的粒子数

$$\mathrm{d}N_2(\nu) = N_2(\nu)\mathrm{d}\nu$$

$$= N_2\left(\frac{m}{2\pi kT}\right)^{\frac{1}{2}} \mathrm{e}^{-\frac{mc^2}{2kT\nu_0^2}(\nu-\nu_0)^2} \mathrm{d}(\nu-\nu_0)\frac{c}{\nu_0}$$

$$= N_2\frac{c}{\nu_0}\left(\frac{m}{2\pi kT}\right)^{\frac{1}{2}} \mathrm{e}^{-\frac{mc^2}{2kT\nu_0^2}(\nu-\nu_0)^2} \mathrm{d}\nu$$

式中，N_2 是 E_2 能级上的原子数密度。于是，自发辐射光强按频率分布的函数：

$$I(\nu) = \frac{c}{n}h\nu_0 dN_2(\nu)A_{21} = h\nu_0 N_2 A_{21}\frac{c}{\nu_0}\left(\frac{m}{2\pi kT}\right)^{\frac{1}{2}} \mathrm{e}^{-\frac{mc^2}{2kT\nu_0^2}(\nu-\nu_0)^2} \tag{6-1-19}$$

而自发辐射的总光强可积分求得

$$I = \int_{-\infty}^{+\infty} I(\nu)\mathrm{d}\nu = h\nu_0 N_2 A_{21}\frac{c}{\nu_0}\left(\frac{m}{2\pi kT}\right)^{\frac{1}{2}}\frac{\sqrt{\pi}}{\sqrt{\dfrac{m}{2kT}}\cdot\dfrac{c}{\nu_0}}$$

由式(6-1-2)，以 $g_D(\nu,\nu_0)$ 表示多普勒展宽的线型函数，有

$$g_D(\nu,\nu_0) = \frac{I(\nu)}{I} = \frac{c}{\nu_0}\left(\frac{m}{2\pi kT}\right)^{\frac{1}{2}} \mathrm{e}^{-\left[\frac{mc^2}{2kT\nu_0^2}(\nu-\nu_0)^2\right]} \tag{6-1-20}$$

对 $g_D(\nu,\nu_0)$ 求积分：

$$\int_{-\infty}^{+\infty} g_D(\nu,\nu_0)\mathrm{d}\nu = \frac{c}{\nu_0}\left(\frac{m}{2\pi kT}\right)^{\frac{1}{2}}\int_{-\infty}^{+\infty} \mathrm{e}^{-\left[\frac{mc^2}{2kT\nu_0^2}(\nu-\nu_0)^2\right]}\mathrm{d}\nu$$

$$= \frac{c}{\nu_0}\left(\frac{m}{2\pi kT}\right)^{\frac{1}{2}}\left(\frac{2\sqrt{\pi}}{2\sqrt{\dfrac{mc^2}{2kT\nu_0^2}}}\right) = 1$$

即 $g_D(\nu,\nu_0)$ 满足归一化条件。

$g_D(\nu,\nu_0)$ 具有高斯函数形式，示于图 6-1-7 中。当 $\nu=\nu_0$ 时，具有最大值，即

$$\int_{-\infty}^{+\infty} g_D(\nu_0,\nu_0)\mathrm{d}\nu = \frac{c}{\nu_0}\left(\frac{m}{2\pi kT}\right)^{\frac{1}{2}} \tag{6-1-21}$$

其半高全宽 $\Delta\nu_D$ 为

$$\Delta\nu_D = 2\nu_0\left(\frac{2kT}{mc^2}\ln2\right)^{\frac{1}{2}} \tag{6-1-22}$$

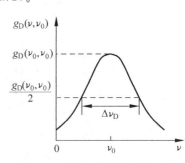

图 6-1-7 多普勒展宽线型函数

称为多普勒线宽。

式(6-1-20)也可改为下述形式

$$g_D(\nu,\nu_0) = \frac{2}{\Delta\nu_D}\left(\frac{\ln2}{\pi}\right)^{\frac{1}{2}} \mathrm{e}^{-\left[\frac{4\ln2(\nu-\nu_0)^2}{\Delta\nu_D^2}\right]}$$

下面介绍两个典型例子(对照式(6-1-22))。

(1) 氦氖激光工作物质氖原子的 $0.6328\ \mu\mathrm{m}$ 光谱线的多普勒宽度

$$\Delta\nu_D \approx 1500\ \mathrm{MHz}$$

与前面的碰撞展宽的数据比较可以知道，氖原子的 $0.6328\ \mu\mathrm{m}$ 谱线的宽度主要是由多普勒

展宽引起的。

（2）二氧化碳激光器工作物质的 $10.6\ \mu m$ 光谱线的多普勒宽度：

$$\Delta\nu_D = 53\ \text{MHz}$$

与氖原子 $0.6328\ \mu m$ 谱线相比，它的多普勒宽度小得多，这是由于它的频率低（波长长）和分子量 m 大的缘故（参见式(6-1-22)）。

6.1.5　均匀展宽和非均匀展宽

上文介绍了三种光谱线展宽机制，自然展宽、碰撞展宽和多普勒展宽。按其特点又可以把这三种展宽分为两类：均匀展宽和非均匀展宽。

自然展宽和碰撞展宽都属于均匀展宽，它们共同的特点如下。

（1）引起展宽的物理因素对每个原子都是等同的。自然展宽机制中大量原子中的每一个都有相同的平均寿命。碰撞展宽中，大量粒子中的每一个都有相同的受到其他粒子碰撞的机会。

（2）都是光辐射偏离简谐波，这种偏离引起了谱线的展宽。在这类展宽中，每一粒子的一次发光对谱线内的任一频率都有贡献。在均匀展宽中，不能把某一发光粒子和 $g(\nu,\nu_0)$ 曲线中的某一频率单独联系起来。

把自然展宽和碰撞展宽的线型函数式(6-1-11)和式(6-1-20)合并起来，合并后的线型函数和谱线宽度表示为

$$g_H(\nu,\nu_0) = \frac{\dfrac{\Delta\nu_H}{2\pi}}{(\nu-\nu_0)^2 + \left(\dfrac{\Delta\nu_H}{2}\right)^2} \tag{6-1-23a}$$

$$\Delta\nu_H = \frac{1}{2\pi}\left(\frac{1}{\tau_N} + \frac{1}{\tau_L}\right) = \Delta\nu_N + \Delta\nu_L \tag{6-1-23b}$$

式中，$g_H(\nu,\nu_0)$ 为同时包括自然展宽和碰撞展宽的线型函数，$\Delta\nu_H$ 为相应的线宽。对于一般气体激光介质，均匀展宽主要由碰撞展宽决定。$\Delta\nu_L \gg \Delta\nu_N$，只有当气压极低时，自然展宽才会显示出来。

对于固体激光增益介质，引起均匀展宽的因素要复杂些。一般情况下，主要是由晶格热振动引起的。这种展宽的机理是：由于晶格粒子的热振动，发光粒子处于随时间周期变化的晶格场中，能级位置也在一个范围内变化，从而引起谱线展宽。由于晶格热振动对于所有发光粒子的影响是相同的，所以它属于均匀展宽。一般激光晶体在室温下的光谱线（宽）基本上就是由这种展宽因素引起的。

多普勒展宽属于非均匀展宽，接收器接收到的不同频率的光来自不同速度的粒子。在这类展宽中，每一发光粒子所发的光只对谱线内的某些确定的频率才有贡献。在非均匀展宽中，可以辨别谱线上的某一频率范围是哪一部分原子发射的。

6.1.6　光谱线的综合展宽

在实际的光谱线中，往往是多种展宽因素同时存在，称为综合展宽，其线型称为综合展宽线型。一般来说，这种线型比较复杂，有两种极限情况。

(1) $\Delta\nu_H \ll \Delta\nu_D$。这种综合展宽近似于多普勒非均匀展宽。其物理意义是：自发辐射的中心频率为 ν_0，相对运动速度为 v_z 的那部分原子只对光谱线中频率为 ν 的那部分光功率有贡献，$\nu = \nu_0(1 + v_z/c)$。

(2) $\Delta\nu_D \ll \Delta\nu_H$。这种综合展宽近似于均匀展宽。这时高能级原子近似看成具有同一中心频率 ν_0，每个原子都对整个光谱线的光功率有贡献。

下面介绍几种典型气体激光器谱线宽度。

(1) HeNe 激光器。

$\Delta\nu_N$：Ne 原子 $3s_2$ 到 $2p_4$ 的 $0.6328\,\mu m$ 谱线，$\Delta\nu_N \approx 10\,\text{MHz}$。

$\Delta\nu_L$：对一般器件，气压 p 为 $1\sim3$ 托 $(1.33\times10^2\sim3.99\times10^2\,\text{Pa})$，故 $\Delta\nu_L$ 为 $100\sim300\,\text{MHz}$。

$\Delta\nu_D$：在式(6-1-22)中代入 k 和 c 的数值，并代入 $m = 1.66\times10^{-27}\,\text{Mg}$，得

$$\Delta\nu_D \approx 7.16\times10^{-7}\left(\frac{T}{M}\right)^{\frac{1}{2}}\nu_0 \tag{6-1-24}$$

式中，M 为原子(或分子)量。

式(6-1-24)中，代入 Ne 原子的原子量 $M = 20$，$T = 400\,\text{K}$，估算得 $\Delta\nu_D \approx 1500\,\text{MHz}$。

可见，在 HeNe 激光器中，可以认为是多普勒展宽占主要地位。

(2) CO_2 激光器。

$\Delta\nu_N$：CO_2 的 $10.6\,\mu m$ 谱线，$\Delta\nu_N \approx 1\sim10\,\text{MHz}$。

$\Delta\nu_L$：$\alpha = 6.5\,\text{MHz/托}(49\,\text{kHz/Pa})$，$\Delta\nu_L = \alpha p$ 与气压有关。

$\Delta\nu_D$ 在式(6-1-24)中代入 $M = 44$，$T = 400\,\text{K}$，估算得出 $\Delta\nu_D \approx 60\,\text{MHz}$。

可见，气压 p 在 10 托$(13.3\times10^2\,\text{Pa})$左右时，可以认为是综合展宽；对于 p 比 10 托 $(13.3\times10^2\,\text{Pa})$大得较多的情况下，则是均匀展宽为主。

(3) Ar^+ 激光器和 HeCd 金属蒸气激光器。

这两种激光器的特点都是工作物质温度较高$(500\sim1500\,\text{K})$，而气压一般只有几托(几百帕)，因而主要是多普勒非均匀展宽。对 Ar^+ 激光器，$\Delta\nu_D \approx 6000\,\text{MHz}$，对 HeCd 激光器，$\Delta\nu_D \approx 1800\,\text{MHz}$(单同位素 Cd)或 $4000\,\text{MHz}$(天然 Cd)。

应该指出，固体物质的谱线宽度一般都比气体大很多，例如红宝石 $0.6943\,\mu m$ 谱线，其谱线宽度约为 $0.4\,\text{nm}$。或以频率表示的谱线宽度为 $\Delta\nu = c\dfrac{\Delta\lambda}{\lambda^2} \approx 2.4\times10^5\,\text{MHz}$。

总之，由于存在谱线的自然展宽、碰撞展宽和多普勒展宽，自发辐射频率 ν 并非严格等于 $(E_2 - E_1)/h$，而是有一个分布范围，这就是本节所描述的各种线型函数。

6.2　光在介质中的增益

在一定的激励条件下，激光工作物质对一定频率的光具有增益作用。这种增益作用是形成激光的前提，也是分析激光器振荡条件、模竞争效应、输出功率的基础。具有不同发射谱线线型的介质有不同的增益特性，而且随着入射光频率和强度的不同，介质提供的增益也不同。本节讨论增益系数的定义及其表达式。

6.2.1 增益系数的定义

激光器具有光放大的能力，也就是说对光有增益。不同的激光器，其光放大的能力也各不相同。即使是同一种激光器，其参数不同，比如气体激光器的气压改变，固体激光器的掺杂离子浓度改变，光的增益就会不同。为了比较不同激光器的增益大小，我们定义了增益系数的概念。

定义：准单色光通过单位长度的增益介质后的强度增长率为工作介质的增益系数。如果在工作物质的某一对能级间（跃迁频率为 ν）已经形成了粒子布居数反转状态，这时若有频率为 ν、光强为 I_0 的准单色光入射，则由于受激辐射，光强在传播过程中将不断增加，如图 6-2-1 所示。设 z 处光强为 $I(z)$，$z+dz$ 处光强为 $I(z)+dI(z)$，按上述定义，增益系数可表示为

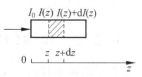

图 6-2-1 介质对光的增益

$$G = \frac{dI(z)}{I(z)dz} \tag{6-2-1}$$

根据上述增益系数的定义，可以计算光在已经形成粒子布居数反转的工作介质（也称作增益介质）中传播时，光强随传播距离的变化关系。

由式（6-2-1）两边同乘以 dz，得

$$\frac{dI(z)}{I(z)} = Gdz$$

两边求积分

$$\ln I = G(z) + C$$

设在 $z=0$ 处光强为 I_0，即入射到介质中的初始光强为 I_0，则

$$I = I_0 e^{Gz} \tag{6-2-2}$$

式（6-2-2）表明，光在增益介质中传播时，光强随着传播距离以指数形式快速增加。这一结论成立的前提条件是没有考虑光场引起的受激吸收，即假设光场强度始终是一个稳定的小信号，它的存在不会引起增益介质的反转粒子数差的改变。因此，式（6-2-2）只适用于小信号的情况。

反之，在已知初始入射光强以及出射光强的条件下，根据式（6-2-2），也可以推导出增益系数的表达式。

假设入射增益介质的初始光强为 I_0，在经过长度为 L 的增益介质后，出射的光强变为 I，则根据式（6-2-2），该增益介质的增益系数为

$$G = \frac{1}{L} \ln \frac{I}{I_0} \tag{6-2-3}$$

式（6-2-3）即实验测量增益介质的小信号增益系数的依据。

下面给出一些常用激光器的增益系数。

（1）对于常用激光器，也可以由经验公式或图表求出。例如 HeNe 激光器的 $0.6328\ \mu m$ 激光谱线，在最佳放电条件下，中心频率小信号增益系数可由下列经验公式求出

$$G_m = 3 \times 10^{-4} \frac{l}{d} \tag{6-2-4}$$

当毛细管直径 $d=0.1$ cm(一般 HeNe 激光器都取此数值),如果 HeNe 管长 $l=1$ m,则

$$G_m = 3 \times 10^{-3}/\text{cm}$$

(2) CO_2 激光器,10.6 μm 谱线的小信号增益系数为

$$G_m = 0.01/\text{cm}$$

CO_2 激光器比 HeNe 激光器 0.6328 μm 谱线的增益系数大得多。

工作介质的增益系数以实验测量为准,上述 HeNe 激光器和 CO_2 激光器的增益系数可作为设计的依据。理论计算的结果可参考,但往往有偏差。

6.2.2 非均匀展宽(多普勒展宽)介质的增益系数表达式

有了增益系数的定义式(6-2-1),下面来导出增益系数的一般表达式。

首先求解受激辐射导致的单位体积光能量的增加,然后导到增益系数。

(1) 求解单位体积内的反转粒子数 ΔN(也称为粒子反转布居数)在某一频率处单位频率间隔内的分布。

设多普勒展宽介质已实现粒子布居数反转(也称作布居数反转),反转的粒子数 ΔN 为激光上能级的粒子数密度与激光下能级粒子数密度的差值。考虑增益介质的线型函数 $g(\nu, \nu_0)$,如图 6-2-2 所示。对于已知的反转粒子数 ΔN,一旦发生受激辐射,如果为非均匀展宽,则在频率为 ν 的单位频率间隔内,所占有的反转粒子数为

$$\Delta N g(\nu, \nu_0) \tag{6-2-5}$$

在此处的线型函数 $g(\nu, \nu_0)$ 也表示频率为 ν 的光占总光强的百分数。

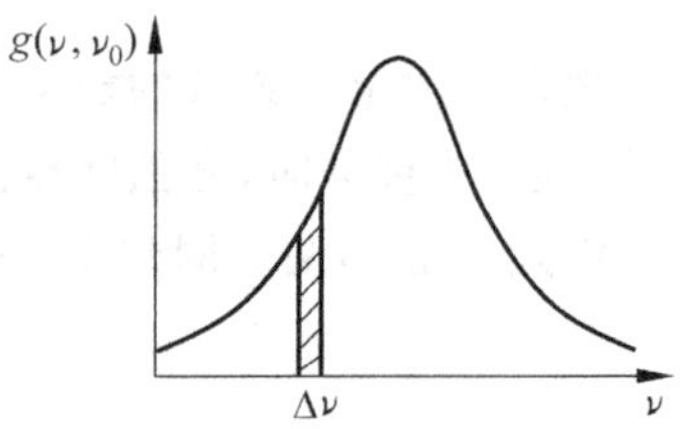

图 6-2-2 非均匀展宽线型函数随 $g(\nu, \nu_0)$ 的变化关系

(2) 求解强度为 I,频率为 ν 的光入射到工作介质中引起的受激辐射概率。

已知光强 I 的定义为单位时间内通过单位横截面的光能量,如果入射光功率密度是 ρ(单位长度上),所以单位时间内通过某一横截面的光能是

$$I = \rho \frac{c}{\eta}$$

式中,η 是折射率。

或

$$\rho = \frac{\eta I}{c}$$

功率密度为 $\rho = \eta I/c$ 的光进入介质,受激辐射几率则是

$$W_{21} = \rho B_{21} = \frac{\eta I}{c} B_{21} \tag{6-2-6}$$

(3) 求解受激辐射产生的新增光子及其能量。

对于非均匀展宽介质,强度为 I,频率为 ν 的入射光进入工作介质,只和与之对应的那部分反转的粒子 $\Delta N g(\nu, \nu_0)$ 产生受激辐射,从而生成新的光子。根据式(6-2-5)和式(6-2-6),则受激辐射产生的新光子数为

$$\Delta N g(\nu, \nu_0) B_{21} \frac{\eta I}{c}$$

每个光子的能量为 $h\nu$，则可得新增的光能量为

$$\Delta Ng(\nu,\nu_0)B_{21}\frac{\eta I}{c}h\nu=\frac{\mathrm{d}I}{\mathrm{d}z} \tag{6-2-7}$$

把式(6-2-7)代入式(6-2-1)，则有

$$G=\frac{\mathrm{d}I}{I\mathrm{d}z}=\frac{1}{I}\Delta Ng(\nu,\nu_0)B_{21}\frac{\eta I}{c}h\nu$$

消去 I 得

$$G=\Delta Ng(\nu,\nu_0)B_{21}\frac{\eta}{c}h\nu \tag{6-2-8}$$

如果考虑能级简并

$$\Delta N=N_2-N_1\frac{f_2}{f_1}$$

f_1 和 f_2 分别是能级 E_1 和 E_2 的统计权重，则

$$G=\left(N_2-N_1\frac{f_2}{f_1}\right)g(\nu,\nu_0)B_{21}\frac{\eta}{c}h\nu \tag{6-2-9}$$

由上式可见，增益系数与反转的粒子数 ΔN 和线型函数成正比。

6.2.3　均匀展宽介质的增益系数表达式

经过大体相同的推导，可以得出均匀展宽介质的增益系数表达式为

$$G=\Delta Ng(\nu,\nu_0)B_{21}\frac{\eta}{c}h\nu$$

与非均匀展宽介质的表达式(6-2-8)相同。

$g(\nu,\nu_0)$ 应理解为一旦粒子发生受激辐射，辐射光能量对频率为 ν 的单位频带的贡献份额。$\Delta Ng(\nu,\nu_0)$ 可理解为 ΔN 个粒子发生受激辐射对频率为 ν 的单位频带中的贡献总份额。

6.2.4　对增益系数的讨论

影响增益系数 G 的因素主要有以下几个方面。

1. 增益系数 G 是入射光频率 ν 的函数，在 ν_0 处 G 最大

从式(6-2-9)可以看出，在 G 的表达式中出现了 $g(\nu,\nu_0)$，$g(\nu,\nu_0)$ 是 ν 的函数，当然 G 也是 ν 的函数，而且显然 $G(\nu)$ 具有和 $g(\nu,\nu_0)$ 相同的函数形式和曲线。可画图 $g(\nu,\nu_0)$-ν 和 $G(\nu)$-ν，在 ν_0 处 g 和 G 都有最大值，如图 6-2-3 所示。

定义：工作介质的增益系数 $G(\nu)$ 随频率 ν 变化的关系曲线称为增益曲线。

在实际应用中，不论是 $g(\nu,\nu_0)$ 曲线还是 $G(\nu)$ 曲线，大多不画出纵坐标数值，因为使用 $G(\nu)$ 曲线时人们关心的是曲线的形状而不是数值大小，所以 $g(\nu,\nu_0)$ 曲线就可以认为是 $G(\nu)$ 曲线。

可能有人会问：在式(6-2-9)中还有一个 ν，当 ν 增

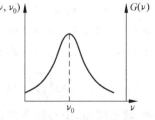

图 6-2-3　$g(\nu,\nu_0)$-ν 与 $G(\nu)$-ν 的变化规律示意图

加时,G 不是和 ν 成正比吗？那么 G 曲线就应不同于 $g(\nu,\nu_0)$ 了。

很容易证明,式(6-2-9)中非隐含 ν 的作用对 G 的影响完全可以忽略,$g(\nu,\nu_0)$ 起主导作用。

一般说来,光谱宽度是比较窄的,比如 HeNe 激光的线宽 $\Delta\nu_D = 1500\ \mathrm{MHz}$,所以在式(6-2-9)中激光 ν 的实际变化范围是：$10^{14} \pm \dfrac{1}{2}(1.5 \times 10^9)\ \mathrm{Hz}$,如图 6-2-4 所示。

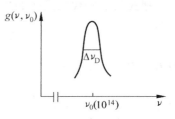

图 6-2-4　激光线宽 $\Delta\nu_D$ 随 ν 的变化规律

(1) 非隐含的 ν 在 $\Delta\nu_D$ 中变化时,对 G 的影响仅是 10^{-5},即 1/100000。

(2) 隐含的 ν 在 $\Delta\nu_D$ 范围内变化时,$g(\nu,\nu_0)$ 最小值是 0；$g(\nu,\nu_0)$ 最大值发生在 ν_0 处。

以 $\nu = \nu_0$ 代入式(6-1-20),有

$$g(\nu_0,\nu_0) = \frac{c}{\nu_0}\left(\frac{m}{2\pi kT}\right)^{\frac{1}{2}}$$

所以线型函数在线宽范围之内可从 0 变到 $g(\nu_0,\nu_0)$,即隐含的 ν 决定激光的增益大小。$G(\nu)$ 和 $g(\nu,\nu_0)$ 曲线的形状相同。

2. 工作介质的增益系数和荧光谱线宽成反比

下面以均匀展宽介质为例加以说明。

在前面得到了均匀展宽的线型函数式(6-1-23a),当 $\nu = \nu_0$ 时,式(6-1-23a)变成

$$g_N(\nu_0,\nu_0) = \frac{\Delta\nu_H}{2\pi}\frac{4}{\Delta\nu_H^2} = \frac{2}{\pi\Delta\nu_H} \tag{6-2-10}$$

在 $\nu = \nu_0$ 时,增益系数变为

$$G(\nu_0) = \left(\Delta N B_{21}\frac{\eta}{c}h\nu_0\right)g(\nu_0,\nu_0) = \left(\Delta N B_{21}\frac{\eta}{c}h\nu_0\right)\frac{2}{\pi\Delta\nu_H} \tag{6-2-11}$$

上述公式说明：介质的光谱线(宽)越宽,频率为 ν_0 的光增益越小。这一结果适用于光谱线(宽)内的任一频率,也适用于非均匀展宽线型的介质。

总之,介质的增益和它的光谱线(宽)成反比。

从增益 G 产生的物理机制上看,上述结论是很容易理解的。在相同的粒子数差值 ΔN 情况下,光谱线(宽)$\Delta\nu$ 越大,其中所包含的频率成分越多,每个单位频率间隔分得的 ΔN 就越少。ΔN 越少,增益 G 越小,所以每一频率 ν 单位宽度内所对应的增益 G 就下降。

这里给出一个 HeNe 激光器的实例。HeNe 激光器有三个波长,分别是 0.6328 μm、1.15 μm 和 3.39 μm。随着 λ 增大,G 也增大。对于 0.6328 μm 的激光器,增益 G 最小,不容易出光,出光功率也较小；1.15 μm 的激光器,增益 G 较大,所以它容易出光；3.39 μm 的激光器,增益 G 最大,可以出强激光。原因之一就是光谱线(宽)$\Delta\nu_D$ 引起的。由式(6-1-24) $\Delta\nu_D = 7.16 \times 10^{-7}\nu_0\left(\dfrac{T}{M}\right)^{\frac{1}{2}}$ 可知：$\lambda \downarrow \to \nu_0 \uparrow \to \Delta\nu_D \uparrow \to G \downarrow$,所以对于同一种激光器的不同谱线,波长越短,中心频率越大,光谱线(宽)越宽,G 增益越小。

3. 增益系数 G 和激发速率 R_1 及激光上能级寿命 τ_3 的关系

根据 6.2 节的内容,有如下关系：

$$\Delta N \propto \Delta N^0 = N_1 W_{14} \tau_3 = R_1 \tau_3$$

即反转粒子数 ΔN 与小信号反转粒子数 ΔN^0 成正比，而小信号反转粒子数 ΔN^0 与激发速率和上能级寿命 τ_3 成正比。因此，增益系数也与激发速率 R_1 成正比。

4. 增益系数 G 和入射光强 I 的关系

根据式(6-2-9)，工作介质的增益系数 G 和入射光强 I 无关。这一结论成立的前提是入射光是一个小信号，它引起的受激辐射很微弱，不足以改变激光上下能级之间的反转粒子数差 ΔN。当入射光足够强时，产生强受激辐射，大量消耗上能级的粒子数，从而改变反转粒子数差 ΔN，根据式(6-2-9)，必然影响增益 G，对于这一情形，将在 6.3 节详细介绍。

6.3 速率方程及其稳态小信号解

6.3.1 激光速率方程

从前文已经知道，粒子布居数反转是形成激光必不可少的条件。本节将讨论影响粒子布居数反转的条件及粒子布居数反转的变化规律。为此需要建立稳态情况下(各能级粒子数均不随时间变化)的各能级上粒子数所满足的微分方程，组成一个微分方程组，这样的方程组称作激光器的速率方程组。

1. 三能级系统速率方程组

三能级系统的典型例子是红宝石激光器。图 6-3-1 是三能级系统工作物质的能级简图。

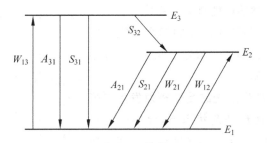

图 6-3-1　三能级系统示意图

参与激光产生过程的有三个能级：E_1 是基态能级，并作为激光下能级；E_2 一般为亚稳态能级，并作为激光的上能级；E_3 为抽运高能级。参与激光形成的跃迁过程如下。

(1) 在激励泵浦源的作用下，基态 E_1 上的粒子被泵浦(抽运)到高能级 E_3 上，抽运几率设为 W_{13}。

(2) 到达高能级 E_3 的粒子将主要以无辐射跃迁的形式极为迅速地转移到激光上能级 E_2，其跃迁几率设为 S_{32}。另外，E_3 上的粒子也能以自发辐射(跃迁几率为 A_{31})、无辐射跃迁(跃迁几率为 S_{31})等方式返回基态 E_1，但对于一般激光工作物质来说，这种跃迁过程的几率很小，可以忽略。

(3) 激光上能级 E_2 是亚稳态能级，即 A_{21} 很小，粒子在能级 E_2 上的寿命较长，E_2 上的粒子将向 E_1 跃迁，途径有三个：①自发辐射跃迁(跃迁几率为 A_{21})；②无辐射跃迁(跃迁几率为 S_{21})；③受激辐射跃迁(跃迁几率为 W_{21})。

(4) 因受激吸收,能级 E_1 上的粒子跃迁到 E_2(跃迁几率为 W_{12})。

根据上述粒子间的跃迁过程,并设产生激光的上下能级简并度 $f_1 = f_2$,可写出下述三个方程:

$$\frac{dN_3}{dt} = N_1 W_{13} - N_3 (S_{32} + A_{31}) \tag{6-3-1}$$

$$\frac{dN_2}{dt} = N_1 W_{12} - N_2 W_{21} - N_2 (A_{21} + S_{21}) + N_3 S_{32} \tag{6-3-2}$$

$$N_1 + N_2 + N_3 = N \tag{6-3-3}$$

N 为单位体积内工作物质的总粒子数。由于一般情况下 S_{31} 很小,故在上式中被忽略。

三能级系统产生激光的上下两个能级分别是 E_2 和 E_1,若 $f_1 = f_2$,实现粒子布居数反转的条件是 $N_2 > N_1$。

除了式(6-3-1)、式(6-3-2)和式(6-3-3)以外,还要考虑激光器光腔内的光子数密度(单位体积内的光子数)随时间的变化规律。除了需要考虑受激辐射和受激吸收引起的光子数变化以外,还要考虑谐振腔的损耗。设光子在谐振腔内的寿命为 τ_R,则第 l 个光波模式的光子数密度:

$$\frac{dn_l}{dt} = N_2 W_{21} - N_1 W_{12} - \frac{n_l}{\tau_{Rl}} \tag{6-3-4}$$

式中忽略了少量自发辐射的非相干光子。

2. 四能级系统速率方程组

HeNe 激光器是典型的四能级激光系统。

如图 6-3-2 所示,参与产生激光的四个能级分别为基态能级 E_1、抽运高能级 E_4、激光上能级 E_3(亚稳态能级)和激光下能级 E_2。

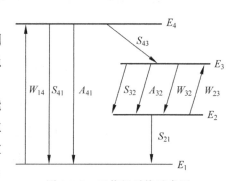

图 6-3-2　四能级系统示意图

在三能级系统中,产生激光的受激辐射发生在能级 E_2 和 E_1 之间。而在热平衡状态下,介质内的粒子几乎全部在基态能级 E_1 上。为了实现粒子布居数反转,产生光放大,必须把半数以上的粒子激发到 E_2 能级上,这就要求泵浦光的抽运能力很强。在红宝石激光器中,就要有很大的抽运速率 W_{13}。

对于四能级系统,形成激光的受激辐射发生在能级 E_3 和 E_2 之间。在热平衡状态下,E_2 能级基本上是空的。

$$N_2 \approx 0 \tag{6-3-5}$$

实现 E_3 和 E_2 间的粒子布居数反转就不需要像三能级系统那样把半数粒子抽运到激光上能级,于是,实现粒子布居数反转就容易得多了。

典型的四能级系统固体激光增益介质是掺三价钕离子(Nd^{+3})的玻璃或 YAG 单晶。这类介质的激光器形成激光振荡比红宝石激光器要容易。

四能级系统中,粒子在各能级间的跃迁过程如下。

(1) 在激励源的作用下,基态 E_1 上的粒子被抽运到高能级 E_4 上,抽运几率设为 W_{14}。

（2）到达 E_4 的粒子以无辐射跃迁形式非常迅速地转移到激光上能级 E_3，其跃迁几率为 S_{43}。

$$S_{43} \gg W_{14} \tag{6-3-6}$$

此外，E_4 能级上的粒子也以自发辐射几率 A_{41} 和无辐射跃迁几率 S_{41} 回到基态 E_1，且有

$$S_{43} \gg A_{41} \tag{6-3-7}$$

$$S_{43} \gg S_{41} \tag{6-3-8}$$

（3）亚稳态能级 E_3 上的粒子有较长的寿命，并以受激辐射跃迁几率 W_{32} 跃迁到激光下能级 E_2。同时，存在自发辐射几率 A_{32}、无辐射跃迁几率 S_{32} 和受激吸收几率 W_{23}。

（4）到达能级 E_2 的粒子以一定的方式迅速转移到基态 E_1，这一过程称为"抽空或出空"。实际使用的激光增益介质必须满足下式：

$$S_{21} \gg W_{23} \tag{6-3-9}$$

以保证在 E_1 能级的粒子被大量抽运到 E_4 能级。

按上述粒子在各能级之间的跃迁过程，忽略若干次要因素，并设 $f_1 = f_2$ 的情况下，四能级系统的速率方程组可写为

$$\frac{\mathrm{d}N_4}{\mathrm{d}t} = N_1 W_{14} - N_4(S_{43} + A_{41}) \tag{6-3-10}$$

$$\frac{\mathrm{d}N_3}{\mathrm{d}t} = N_2 W_{23} - N_3 W_{32} - N_3(A_{32} + S_{32}) + N_4 S_{43} \tag{6-3-11}$$

$$\frac{\mathrm{d}N_1}{\mathrm{d}t} = N_2 S_{21} - N_1 W_{14} \tag{6-3-12}$$

$$N_1 + N_2 + N_3 + N_4 = N \tag{6-3-13}$$

由式（3-2-31）可知，式（6-3-1）和式（6-3-2）中的自发辐射跃迁几率、受激辐射跃迁几率都应是频率的函数。实际运转的激光谐振腔内，以三能级系统为例，参与能级 E_2 和 E_1 之间的受激吸收和受激辐射的光辐射是频率为 ν 的准单色激光。ν 可能和线型函数 $g(\nu, \nu_0)$ 的中心频率 ν_0 重合，也可能不重合。于是受激吸收跃迁几率 W_{12} 和受激辐射跃迁几率 W_{21} 将随着频率 ν 的变化而改变。在准单色光的条件下，$\rho = n_l h\nu$，n_l 是准单色光的光子数密度，所以应该修正式（6-3-2），式（6-3-2）不能反映这一物理现象，修正后的三能级系统的速率方程组为

$$\begin{cases} \dfrac{\mathrm{d}N_3}{\mathrm{d}t} = N_1 W_{13} - N_3(S_{32} + A_{31}) \\[2mm] \dfrac{\mathrm{d}N_2}{\mathrm{d}t} = -\left(N_2 - \dfrac{f_2}{f_1}N_1\right)\dfrac{8\pi\nu^2}{c^3}A_{21}g(\nu,\nu_0)\varphi_l - N_2(A_{21}+S_{21}) + N_3 S_{32} \\[2mm] N_1 + N_2 + N_3 = N \\[2mm] \dfrac{\mathrm{d}n_l}{\mathrm{d}t} = \left(N_2 - \dfrac{f_2}{f_1}N_1\right)\dfrac{8\pi\nu^2}{c^3}A_{21}g(\nu,\nu_0)n_l - \dfrac{n_l}{\tau_{Rl}} \end{cases} \tag{6-3-14}$$

式中，n_l 称为单位体积内频率为 ν 的单位频带内的模式数，由具体激光谐振腔决定。

根据和三能级系统完全相同的考虑，修正后的四能级系统的速率方程组为

$$
\begin{cases}
\dfrac{\mathrm{d}N_4}{\mathrm{d}t} = N_1 W_{14} - N_4 (S_{43} + A_{41}) \\[2mm]
\dfrac{\mathrm{d}N_3}{\mathrm{d}t} = -\left(N_3 - \dfrac{f_2}{f_1} N_2\right)\dfrac{8\pi\nu^2}{c^3} A_{21} g(\nu,\nu_0)\varphi_l - N_3(A_{32} + S_{32}) + N_4 S_{43} \\[2mm]
\dfrac{\mathrm{d}N_1}{\mathrm{d}t} = N_2 S_{21} - N_1 W_{14} \\[2mm]
N_1 + N_2 + N_3 + N_4 = N \\[2mm]
\dfrac{\mathrm{d}n_l}{\mathrm{d}t} = \left(N_2 - \dfrac{f_2}{f_1} N_1\right)\dfrac{8\pi\nu^2}{c^3} A_{21} g(\nu,\nu_0)n_l - \dfrac{n_l}{\tau_{Rl}}
\end{cases} \tag{6-3-15}
$$

在前面,我们得到了工作介质的增益系数表达式

$$
G = \Delta N g(\nu,\nu_0) B_{21} \frac{\eta}{c} h\nu
$$

式中,粒子反转数差 ΔN 的大小对介质增益 G 的大小起重要的作用,没有粒子布居数反转就没有增益系数。

所以,要计算增益系数 G 的具体大小,必须知道反转的粒子数 ΔN。而 ΔN 是激光上下能级的粒子数差,因此,必须求解上述三能级或四能级系统的速率方程组获得。

由于大部分激光工作物质都是四能级系统,所以下面将求解四能级激光器的速率方程组。研究的步骤是由简单到复杂,即首先考虑最简单的情况,忽略线型函数以及入射光强度的影响,得到一些简单而有用的结论;然后再考虑一般情况,即把线型函数以及入射光强度的因素考虑在内,得到普适性的结论。

在最简单的情况下,做以下两点假设:①不考虑准单色光入射激光介质导致的受激辐射、受激吸收对激光上下能级粒子数的影响,即考虑小信号的情况;②忽略光谱线型对激光上下能级粒子数的影响。直接求解速率方程组(6-3-14)~方程组(6-3-15),得到相关的结果。

然后对上述两点进行修正,考虑入射光强和线型函数对上下能级粒子数的影响,得到普适性的结论。

6.3.2   稳态小信号情况下的反转粒子布居数 ΔN

1. 稳态小信号的具体含义及其简化条件

(1) 小信号的含义是,在四能级系统中,频率为 $(E_3 - E_2)/h$ 的光子数密度很小,以至于激光上能级 E_3 和激光下能级 E_2 之间的受激辐射和受激吸收都很弱,受激辐射和受激吸收都不影响粒子反转数 ΔN,即 $W_{23} \to 0$ 和 $W_{32} \to 0$。

(2) 稳态的含义是,四个能级上的粒子数都不随时间而变化。如 E_4 能级在单位时间内增加的粒子数($E_1 \to E_4$)和减少的粒子数($E_4 \to E_1, E_3$)相等。在一台连续运转的激光器中,工作介质就是处于这种稳定状态。

在稳态时

$$
\frac{\mathrm{d}N_4}{\mathrm{d}t} = \frac{\mathrm{d}N_3}{\mathrm{d}t} = \frac{\mathrm{d}N_2}{\mathrm{d}t} = \frac{\mathrm{d}N_1}{\mathrm{d}t} = 0 \tag{6-3-16}
$$

反转粒子数为 $\Delta N = N_3 - N_2$。

值得注意的是,因为 S_{21} 非常大,E_2 几乎是空的。例如在 HeNe 激光器中 E_2 能级粒子

是靠 Ne 原子和毛细管壁频繁地碰撞把能量交给管壁而回到基态。即

$$N_2 = 0 \tag{6-3-17}$$

所以粒子反转数

$$\Delta N = N_3 - N_2 \approx N_3 \tag{6-3-18}$$

2. 速率方程组的稳态小信号解和反转粒子数

下面求解小信号条件下的速率方程组稳态解。

由 $\dfrac{\mathrm{d}N_4}{\mathrm{d}t} = 0$，有

$$N_1 W_{14} - N_4 S_{43} = 0 \tag{6-3-19}$$

由 $\dfrac{\mathrm{d}N_3}{\mathrm{d}t} = 0$，则有

$$N_2 W_{23} - N_3 W_{32} - N_3 (A_{32} + S_{32}) + N_4 S_{43} = 0 \tag{6-3-20}$$

又因为 $N_2 = 0$，$N_3 = \Delta N$，$W_{32} \rightarrow 0$，得到

$$-\Delta N (A_{32} + S_{32}) + N_1 W_{14} = 0 \tag{6-3-21}$$

$$\Delta N = \frac{N_1 W_{14}}{A_{32} + S_{32}} \tag{6-3-22}$$

式中分母 A_{32} 和 S_{32} 是能级 E_3 在小信号情况下向 E_2 跃迁的主要渠道，决定了 E_3 能级的寿命。

定义：E_3 能级的寿命为

$$\tau_3 = \frac{1}{A_{32} + S_{32}}$$

式(6-3-22)变成

$$\Delta N = N_1 W_{14} \tau_3$$

为了表示小信号，ΔN 右上角往往标以 0 即 ΔN^0。

定义：$R_1 = N_1 W_{14}$ 为激发速率（即单位时间内在单位体积中从 E_1 跃迁到 E_4 的粒子数）。则

$$\Delta N^0 = N_1 W_{14} \tau_3 = R_1 \tau_3 \tag{6-3-23}$$

式(6-3-23)表明，在小信号情况下四能级系统的粒子布居数反转取决于以下因素：①基态向 E_4 的激发速率 R_1；②E_3 的能级寿命 τ_3；③与光强无关。这个结果是在忽略谱线线型函数的情况下得到的，仅适用于小信号条件。

一个高效的四能级激光系统必须具备：激发速率大；激光上能级寿命长。HeNe 和 Nd：YAG 激光器就具备这样的特点。HeNe 激光器中之所以要加入 He 就是为了提高 W_{14}。这一关系式很容易理解：激发速率越大，激光上能级寿命越长，则上能级积累的粒子数越多，越容易实现粒子布居数反转，从而更容易产生激光振荡。

6.3.3　速率方程与激光器中的弛豫振荡现象

式(6-3-14)和式(6-3-15)所示的速率方程揭示了激光介质不同能级上的粒子数的实时变化关系。实际上，激光器速率方程模型存在多种繁简程度不同的表述形式，并且根据研究对象的不同，速率方程涉及的物理参量也不同。

在分析激光器的输出特性时，需要建立激光腔内光场和增益介质的反转粒子数之间的

关系。从式(6-3-14)和式(6-3-15)可以推导得到另外一组速率方程,它描述了激光增益介质内反转粒子数和腔内光场的耦合关系,从中可以推导出激光器的阈值条件、稳态和动态特性,如激光器的弛豫振荡等。

对于单纵模线偏振激光器,描述其反转粒子数和腔内光场的速率方程为

$$\frac{\mathrm{d}\Delta N}{\mathrm{d}t} = \gamma(N_0 - \Delta N) - B\Delta N \mid E \mid^2$$

$$\frac{\mathrm{d}E(t)}{\mathrm{d}t} = \left[\mathrm{i}(\omega_c) - \omega + \frac{1}{2}(B\Delta N - \gamma_c) \right] E(t) \tag{6-3-24}$$

式中,$E(t) = E_0(t)\exp(\mathrm{i}\phi t)$,表示谐振腔内的光场,$\Delta N$ 代表激光增益介质的反转粒子数,γ 为反转粒子的衰减速率,γN_0 为泵浦速率,γ_c 为腔内光场的衰减速率,B 为爱因斯坦受激辐射系数,圆频率 ω_c 和 ω 分别为谐振腔共振频率和实际激光频率。

令式(6-3-24)中的微分项为零,得到其稳态解为

$$E_{0s} = \frac{\gamma}{B}(\eta - 1), \quad N_s = \gamma_c/B, \quad \phi_c = 2\pi \tag{6-3-25}$$

式中,$\eta = N_0/N_s$,为实际和阈值泵浦功率之比,称为相对泵浦水平。式(6-3-24)即激光器稳定工作时的状态,其中可直接测量的是 E_{0s},因为激光强度 $I = E_{0s}^2$。

激光器实际工作时,由于式(6-3-25)中各分量都存在量子噪声,导致激光器系统会偏离此稳态,因此,对式(6-3-24)围绕此稳态解作线性稳定分析,得到

$$\frac{\mathrm{d}\Delta n}{\mathrm{d}t} = -(\gamma + BE_{0s}^2)\Delta n - 2BN_sE_{0s}\Delta e$$

$$\frac{\mathrm{d}\Delta e}{\mathrm{d}t} = \frac{1}{2}BE_{0s}\Delta n \tag{6-3-26}$$

式中,Δe 和 Δn 分别为 E_{0s} 和 N_s 的微扰量,暂时不考虑相位。求解式(6-3-26)即可获得激光器光场振幅的弛豫振荡表达式

$$\frac{\Delta e}{E_{0s}} = \exp(-\zeta t)\exp(\mathrm{i}\omega, t) \tag{6-3-27}$$

式中,$\zeta = \frac{\eta\gamma}{2}$,为弛豫振荡的衰减速率,$\omega_r = \sqrt{\gamma_c\gamma(\eta - 1)}$,为弛豫振荡频率。式(6-3-27)表明,当 $\eta > 1$,激光器系统遇到外界扰动时,它总会振荡地趋向于一个稳态,趋向稳态的速率为 ζ。

图 6-3-3 是 LD 泵浦的单纵模 Nd：YAG 激光器弛豫振荡波形。

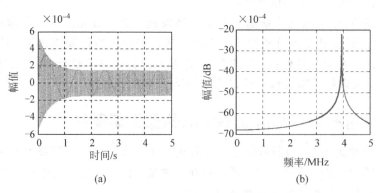

(a)   (b)

图 6-3-3   单纵模激光器弛豫振荡理论波形

(a) 时域图；(b) 频域图

6.4　激光介质中的反转粒子数饱和及增益饱和

6.4.1　问题的提出

1. 小信号条件下的结论

在前几节中，给出了增益的表达式：

$$G = \Delta N g(\nu,\nu_0) B_{21}\frac{\eta}{c}h\nu \qquad (6\text{-}4\text{-}1)$$

式中，增益系数 G 与粒子反转数 ΔN 成正比，说明 ΔN 在形成激光振荡中占有很重要的地位，所以在 6.3 节又求解了稳态小信号情况下的速率方程，研究了影响反转粒子数 ΔN 的各种因素。

在求解四能级系统速率方程组时，作了这样的假定：在介质中频率为 $\nu=(E_3-E_2)/h$ 的光子数密度很小，受激辐射和受激吸收不影响激光上下能级的反转粒子数 ΔN，这就是所谓小信号的情况。在这种情况下，得到了反转粒子数的表达式为

$$\Delta N^0 = N_1 W_{14}\tau_3 = R_1\tau_3 \qquad (6\text{-}4\text{-}2)$$

2. 大信号光状态

在实际的激光器中，腔内的光强不能总处于小信号状态，而是需要激光器内的光有足够强度，这样才会有强激光输出。例如 HeNe 激光器中，输出的最小功率也有 0.5 mW，而反射镜透过率为 98%，所以腔内单方向光功率为

$$0.5 \div (1-98\%)\ \mathrm{mW} = 25\ \mathrm{mW}$$

事实上，当强激光入射进激光介质时，大量光子和激光上能级粒子发生相互作用，使高能态粒子受激辐射而回到激光下能级。对于四能级系统，即 E_3 粒子数减小，E_2 粒子数增加，结果是 $\Delta N=(E_3$ 粒子数 $-E_2$ 粒子数)下降。

3. 入射光引起的饱和效应

由于实际激光器中存在的都是大信号，经过上面的分析，这一大信号会导致强烈的受激辐射，改变激光上下能级的粒子数分布，从而改变反转粒子数 ΔN。因此，对这一现象给出如下定义：

反转粒子数 ΔN 随受激辐射(入射光强 I_0)增大而减小的现象称为反转粒子数饱和(下文写为 ΔN 饱和)。

问题还没有就此结束，入射到介质中的光强的增加导致反转粒子数 ΔN 下降，由式(6-4-1)可知，ΔN 的下降将导致增益系数 G 的下降，即 $I_0\uparrow\rightarrow\Delta N\downarrow\rightarrow G\downarrow$。

由此，又给出增益饱和的定义如下：

激光介质的增益系数 G 随入射光强增加而下降的现象称为增益系数的饱和(下文写为 G 饱和)。

在实际的激光器中，由于只有特定频率的光才满足驻波条件，所以存在于激光谐振腔中的只能是若干个不连续频率 $\nu_1,\nu_2,\nu_3,\cdots$。在一个长度小于 15 cm 的 0.6328 μm 的 HeNe 激光器中，则只有一个频率存在于谐振腔中。所以 ΔN 饱和以及 G 饱和是指特定频率的光在激光介质中引起的反转粒子数饱和以及增益饱和现象。

6.4.2 均匀展宽介质的 ΔN 饱和与 G 饱和

1. 大信号光入射时,均匀展宽激光介质的反转粒子数

仍考虑稳态情况。此时由于频率为 $\nu=(E_3-E_2)/h$ 的光子数密度相当大,所以 W_{32} 和 W_{23} 的作用不可忽略。求解式(6-3-10)和式(6-3-11),得

$$\Delta N = \frac{\Delta N^0}{1+W_{32}\tau_3} \tag{6-4-3}$$

当 I_ν 足够强时,将有 $\Delta N < \Delta N^0$, I_ν 越强,反转粒子数减少得越多,这就是反转粒子数饱和。

由于受激辐射光为准单色光,故应有 $W_{32}=B_{32}\rho g_H(\nu,\nu_0)=B_{32}\dfrac{I_\nu\eta}{c}g_H(\nu,\nu_0)$。式中, $g_H(\nu,\nu_0)$ 是能级 E_3 到 E_2 的均匀展宽的谱线线型函数, I_ν 为入射光强度。于是式(6-4-3)可以写为

$$\begin{aligned}
\Delta N &= \frac{\Delta N^0}{1+B_{32}\dfrac{I_\nu\eta}{c}g_H(\nu,\nu_0)\tau_3}\\
&= \frac{\Delta N^0}{1+\dfrac{I_\nu}{I_s(\nu,\nu_0)}}
\end{aligned} \tag{6-4-4}$$

式中,

$$I_s(\nu,\nu_0)=\frac{c}{B_{32}\eta g_H(\nu,\nu_0)\tau_3}=\frac{8\pi ch}{\lambda^3\eta g_H(\nu,\nu_0)}$$

是与工作物质和受激辐射光频率有关的参量。当 $\nu=\nu_0$ 时,

$$I_s(\nu)=\frac{\pi c\Delta\nu_H}{2\eta B_{32}\tau_3}=\frac{4\pi^2 hc\Delta\nu_H}{\lambda^3\eta}$$

由于 $I_s(\nu_0)$ 具有光强的量纲,故称为饱和光强。式(6-4-4)表明,强度为 I_ν、频率为 ν_0 的光入射时将使反转粒子数密度 ΔN 减少到小信号情况时的 $\dfrac{1}{1+I_\nu/I_s}$。

典型气体激光器的饱和光强列于表 6-4-1 中。

表 6-4-1　典型气体激光器的饱和光强

激光种类	HeNe 0.6328 μm	HeCd 0.4416 μm	As$^+$ 0.5145 μm	CO$_2$ 10.6 μm
I_s/(W/mm^2)	约 0.3	约 0.7	约 7	约 2

把式(6-4-4)写为饱和光强 $I_s(\nu_0)$ 和线型函数 $g_H(\nu,\nu_0)$ 的表达式

$$\Delta N = \frac{\Delta N^0}{1+\dfrac{I_\nu}{I_s(\nu,\nu_0)}}=\frac{\Delta N^0}{1+\dfrac{I_\nu}{I_s(\nu_0)}\dfrac{g_H(\nu,\nu_0)}{g_H(\nu_0,\nu_0)}}$$

对于均匀展宽介质,谱线宽度为 $\Delta\nu_H$,把线型函数表达式代入上式可得

$$\Delta N = \frac{(\nu - \nu_0)^2 + \left(\frac{\Delta \nu_H}{2}\right)^2}{(\nu - \nu_0)^2 + \left(\frac{\Delta \nu_H}{2}\right)^2 \left(1 + \frac{I_\nu}{I_s(\nu_0)}\right)} \Delta N^0 \tag{6-4-5}$$

2. 大信号光入射时，均匀展宽激光介质的增益系数

式(6-4-5)和式(6-4-1)联立即得 G 和 ν、I_ν 的关系：

$$G_H(\nu, I_\nu) = G_H^0(\nu_0) \frac{\left(\frac{\Delta \nu_H}{2}\right)^2}{(\nu - \nu_0)^2 + \left(\frac{\Delta \nu_H}{2}\right)^2 \left(1 + \frac{I_\nu}{I_s(\nu_0)}\right)} \tag{6-4-6}$$

3. 讨论

从式(6-4-5)和式(6-4-6)可以得出下列结论。

(1) 入射光强 I_ν 越大，粒子反转布居数 ΔN 越小，G 也就越小，这个道理很简单。入射光强越大，受激辐射越强烈，从激光上能级跃迁到激光下能级的粒子越多，这就是粒子反转布居数饱和以及增益饱和。

若 $I_\nu = 0$，则 $\Delta N = \Delta N^0$，由式(6-4-6)可知，此时的增益系数与光强无关。小信号增益系数可表示为

$$G_H^0(\nu) = G_H^0(\nu_0) \frac{\left(\frac{\Delta \nu_H}{2}\right)^2}{(\nu - \nu_0)^2 + \left(\frac{\Delta \nu_H}{2}\right)^2} \tag{6-4-7}$$

式中，$G_H^0(\nu_0)$ 是中心频率 ν_0 处的小信号增益系数：

$$G_H^0(\nu_0) = \Delta N^0 g(\nu, \nu_0) B_{21} \frac{\eta}{c} h\nu \tag{6-4-8}$$

(2) 某一频率的大信号光入射工作介质，会引起整个增益曲线均匀下降（即线宽内一切频率的增益都下降）。用 G^0 代替 $G_H^0(\nu)$，用 G 代替 $G_H(\nu, I_\nu)$，先画出小信号增益曲线，即 G^0-ν 曲线，再作 G-ν 曲线，如图 6-4-1 所示。因为入射光强的增加引起了反转粒子数差 ΔN 的减少，即 $\Delta N < \Delta N^0$，所以由式(6-4-6)，大信号下的 G 曲线相比 G^0 曲线整体下降，如图 6-4-1 所示。

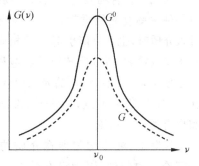

图 6-4-1　均匀展宽介质小信号和大信号下的增益曲线

大信号光的增益曲线相比小信号下的增益曲线出现整体下降，这一现象可以从均匀展宽介质的谱线展宽机理来解释：在均匀展宽介质中，每个原子发光时，对线型函数曲线 $g(\nu, \nu_0)$ 上的每个频率都有光能贡献；反之，线型函数曲线 $g(\nu, \nu_0)$ 内的每一种频率光入射后都可引起受激辐射跃迁，使激光上能级粒子数减少，从而导致对线型函数曲线 $g(\nu, \nu_0)$ 上每一频率的光能贡献都要减小，所以在线型函数曲线 $g(\nu, \nu_0)$ 上任一频率入射光都会引起增益曲线 G 下降。

(3) 不同频率的光入射介质引起 ΔN 和 G 下降的程度不同。当入射光频率越靠近中心频率 ν_0，饱和作用越强，当入射光频率偏离中心频率时，饱和作用较 $\nu = \nu_0$ 时要弱。

举例说明：

当 $I_\nu = I_s$ 时，比较频率 $\nu = \nu_0$ 和频率 $\nu = \nu_0 \pm \dfrac{\Delta\nu_H}{2}$ 时引起 ΔN 的不同下降；

把 $I_\nu = I_s$，$\nu = \nu_0$ 代入式(6-4-5)得 $\Delta N = \dfrac{1}{2}\Delta N^0 = \dfrac{3}{6}\Delta N^0$；

把 $I_\nu = I_s$，$\nu = \nu_0 \pm \dfrac{\Delta\nu_H}{2}$ 代入式(6-4-5)得 $\Delta N = \dfrac{2}{3}\Delta N^0 = \dfrac{4}{6}\Delta N^0$。

从以上比较可以看出，当 $\nu = \nu_0$ 时，反转粒子数减少了一半，而在 $\nu = \nu_0 \pm \dfrac{\Delta\nu_H}{2}$ 时，反转粒子数减少了 1/3。即在同样光强下，入射光频率不同引起的激光介质中的反转粒子数饱和也不同(增益饱和也不同)。越靠近中心频率 ν_0，饱和作用越强($\Delta N^0 - \Delta N$ 下降越多)；偏离中心频率越远，则饱和作用越弱。从另一角度看则是入射光频率越靠近中心频率 ν_0，介质中受激辐射越强烈，所以入射光造成的反转粒子数下降越严重。

均匀展宽激光介质反转粒子数饱和和增益饱和发生的频率范围是

$$\nu \in \left[\nu_0 - \frac{\Delta\nu_H}{2}\sqrt{1 + \frac{I_\nu}{I_s}},\ \nu_0 + \frac{\Delta\nu_H}{2}\sqrt{1 + \frac{I_\nu}{I_s}}\right]$$

$$|\nu - \nu_0| = \Delta\nu_H\sqrt{1 + \frac{I_\nu}{I_s}} \tag{6-4-9}$$

6.4.3　非均匀展宽介质反转粒子数饱和与增益饱和

非均匀展宽介质的反转粒子数饱和现象十分简单，这是由它的谱线展宽形成机制决定的。

对于纯多普勒展宽介质，每个粒子发光时只对一种频率有光能贡献。反过来当一种单色光进入介质时，也就只能引起一种相应运动速度的粒子受激辐射，所以反转粒子数饱和仅在这一频率处发生，如频率为 ν_A 的光入射使 $\Delta N(\nu)$ 曲线在 ν_A 处下降到 A 点，如图 6-4-2 所示。增益饱和也有类似的结论。

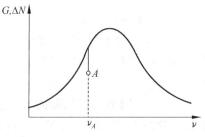

图 6-4-2　纯非均匀展宽介质的粒子反转布居数饱和以及增益饱和

实际上，纯非均匀展宽介质的增益饱和更是理论上的归纳，因为没有什么粒子只有热运动而不与其他粒子的碰撞。

6.4.4　综合展宽工作物质的 ΔN 饱和与 G 饱和

实际的激光器中需要分析工作介质线型函数对饱和作用影响的是气体激光器，特别是HeNe激光器。HeNe激光器的线型宽度主要由多普勒宽度决定，但因为有较大的碰撞加宽，它的饱和作用却属于综合展宽，其多普勒宽度 $\Delta\nu_D = 1500\,\text{MHz}$，而均匀展宽宽度 $\Delta\nu_H$ 为百兆赫兹，$\Delta\nu_D$ 与 $\Delta\nu_H$ 相比宽很多(见 6.1.6 节)。

为了说明综合展宽介质的 ΔN 饱和，下面首先回顾综合展宽机制：综合展宽介质的谱线线型是由纯非均匀展宽(多普勒)和纯均匀展宽线型叠加而成。

多普勒展宽是由于粒子对接收器有不同速度。对接收器运动速度不同的粒子发射的光具有不同的频率，即每一特定类型的粒子只发射某一特定中心频率的光。如一粒子发光频率为 ν_A，此粒子发光中，受到碰撞，光波列中断，所以发射的光场是一列有限长度的电磁波波列。于是，按傅里叶分析均匀展宽产生了。按均匀展宽理论，发光频率为 ν_A 的粒子实际发射了以 ν_A 为中心，宽度为 $\Delta\nu_H$ 的均匀展宽谱线。不同运动速度的粒子，各自发射了以自己频率为中心的均匀展宽谱线。图 6-4-3 示出了这些均匀展宽谱线按照多普勒展宽线型叠加形成了综合展宽线型。

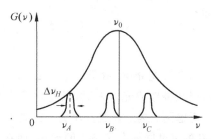

图 6-4-3   综合展宽介质增益曲线的形成

下面讨论综合展宽介质与光的相互作用。按照上述综合展宽介质增益曲线的形成过程，当频率为 ν_A 的一束光射入综合展宽介质时，将引起以 ν_A 为中心频率的均匀展宽 $\Delta\nu_H$ 范围内反转粒子数饱和。如图 6-4-4 所示，具体分析如下：

(1) 对 $\Delta\nu_H$ 谱线中心频率刚好为 ν_A 的粒子，在光强为 I 的光作用下 ΔN 从 A_0 下降到 A_1；

(2) 对谱线中心频率为 ν_B 的粒子，由于入射光频率 ν_A 偏离中心频率 ν_B，所以引起的饱和效应较小，它仅仅从 B_0 下降到 B_1；

(3) 对谱线中心频率为 ν_C 的粒子，由于入射光频率 ν_A 偏离中心频率 ν_C，已大于 $\dfrac{\Delta\nu_H}{2}\sqrt{1+\dfrac{I}{I_s}}$，所以引起的饱和效应可以忽略；

(4) 频率为 ν_A 的光使粒子数饱和的范围即均匀展宽线型的饱和宽度，在粒子布居反转数曲线上出现了一个(烧孔)。

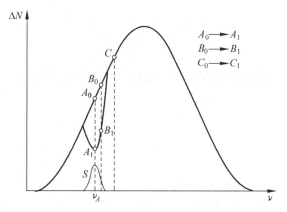

图 6-4-4   综合展宽介质的反转粒子数饱和效应

定义：当某一频率的光入射到一综合展宽介质时，引起介质中某一频率范围内的粒子反转布居数饱和，称为粒子布居反转数的烧孔效应。

孔的宽度仍然可由式(6-4-9)给出

$$| \nu - \nu_0 | = \frac{\Delta\nu_H}{2}\sqrt{1 + \frac{I_\nu}{I_s}}$$

也即

$$\delta_\nu = \Delta\nu_H\sqrt{1 + \frac{I_\nu}{I_s}} \tag{6-4-10}$$

对于综合展宽介质,由于 $\Delta\nu_D \gg \Delta\nu_H$,(比如 HeNe 激光器,$\Delta\nu_D = 1500$ MHz,$\Delta\nu_H$ 为百兆赫兹),当几种频率光入射时,只要它们的间隔大于 δ_ν,都会各自产生烧孔。

考虑到 $G \propto \Delta N$,当频率为 ν 的光入射综合展宽介质时,G 曲线存在与 ΔN 曲线同样的烧孔,孔的宽度同样由式(6-4-9)给出,而在孔之外的曲线形状仍然和小信号相同。如 HeNe 激光,可能有 ν_0、ν_1 和 ν_2 几个频率,它们在 G 曲线上各自产生烧孔,获得增益,从而往往出现多纵模激光振荡,如图 6-4-5 所示。

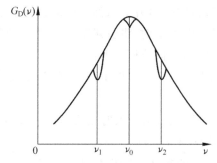

图 6-4-5   综合展宽介质的增益饱和效应

对于综合展宽介质激光器,在大信号光入射的情况下,其增益系数表达式推导过程较为复杂,需要同时考虑多普勒展宽线型以及均匀展宽线型的综合影响,此处省略推导过程,仅给出如下结论:

$$G(\nu, I) = \frac{G_D^0(\nu_0)}{\left(1 + \dfrac{I(\nu)}{I_s}\right)^{\frac{1}{2}}}e^{-\frac{4\ln2(\nu-\nu_0)^2}{\Delta\nu_D^2}} \tag{6-4-11}$$

式中,G_D^0 是多普勒展宽介质在中心频率 ν_0 处的小信号增益系数,$\Delta\nu_D$ 是多普勒展宽线型的谱线宽度。

第 **7** 章

激 光 振 荡 增 益，损 耗 和 放 大

第 6 章讨论了光子与激光介质粒子之间的相互作用。在固体激光器中，泵浦光（半导体激光器 LD、脉冲氙灯）光子被激光介质吸收，介质粒子跃迁到高能级，粒子具备了辐射光子的条件。一旦高能级粒子积累达到粒子布居数反转，固体激光介质就有了光放大的条件。气体激光器中，部分气体被电离，气体离子和电子碰撞使激光介质的粒子从低能级到高能级跃迁，并实现粒子布居数反转，具有了光放大的条件。

本章主要讨论粒子布居数反转后介质对光的放大，及介质、谐振腔对光的损耗。本章还将讨论激光放大器。为了获得更大的激光功率，常常把激光束注入激光放大器中放大。

7.1 激光器的增益和损耗

本节将讨论两个问题：①激光阈值增益系数；②激光器稳定工作状态下的增益系数。

7.1.1 激光器的损耗和阈值条件

如果谐振腔内工作物质的某对能级处于粒子布居数反转状态，则频率处在它的荧光谱线宽度内的光信号会因增益而不断增强。另一方面，谐振腔中存在各种损耗，又使光信号不断衰减。能否产生激光振荡，取决于增益与损耗的比值。对于光学谐振腔，要获得激光振荡，需令光在腔内往返一次所获得的增益至少可以补偿它在传播过程中的损耗，这是激光产生的必要条件。因此，需要讨论产生激光所需要的最小增益系数。

关于增益系数，在 6.2 节已经作过讨论，因此，下面需要解决光的损耗问题，然后再讨论阈值条件的具体形式。

1. 激光器的损耗

激光器内的损耗一般有下列几项。

(1) 光在光学谐振腔两镜面上的透射。这种透射，对激光器就是损耗，分别用 t_1 和 t_2

表示。因为即使是全反射镜,一般镀制技术仍有约 0.2% 的透过率,而输出腔镜的透过率会很大,以保证激光器输出高功率。

（2）反射镜膜层的吸收和散射损耗。这主要是由于反射膜层镀得不均匀,表面有起伏,有颗粒引起的。

（3）光在介质内受到折射(气泡或折射率不均匀)、散射(有杂质颗粒)或吸收(被杂质粒子)而引起的损耗。这种情况主要发生在固体介质激光器中。

（4）激光器腔内插入光学元件造成的损耗,如布儒斯特窗(简称布氏窗)等。布氏窗一般用石英玻璃制作,国产石英玻璃的吸收系数约为 0.002/cm。

2. 阈值条件

如果光在工作介质中的增益系数为 G,谐振腔长(这里假定工作介质充满整个谐振腔)为 L,则光在谐振腔内往返一次的总增益为 $2LG$。这里为了方便,激光谐振腔长 $L' = \eta L$ 都写为 L。但在计算固体激光器腔长时 η 较大,不能用几何长度 L 代替物理长度 L'。

光在激光器谐振腔中能够得到持续放大的必要条件是总增益大于总损耗。用 α 表示光在激光器内往返一次的全部损耗,那么产生激光振荡的阈值条件为

$$2LG \geqslant \alpha, \quad \alpha \ll 1$$
$$(1-\alpha)\mathrm{e}^{2GL} = 1$$

由上式有

$$G \geqslant \frac{\alpha}{2L} \qquad\qquad (7\text{-}1\text{-}1)$$

由式(7-1-1)确定的增益系数称作阈值增益系数,即最小增益系数。谐振腔对不同模式的光损耗有明显的差别。例如,对纵模的损耗相同,但是对不同横模的损耗不相同,主要是衍射损耗不同。如高阶横模的衍射损耗比基横模的大,所以它的阈值增益系数比基横模的大,如图 7-1-1 所示,基横模的损耗(也是阈值增益 G_{th}^{00})小于高阶横模的损耗(阈值增益 G_{th}^{01})。在激光器中,只有净增益大于零的那些模式的光场才可能形成激光振荡,这体现了谐振腔对激光模式的选择性(关于激光横模与纵模的概念将在第 8 章和第 9 章介绍)。

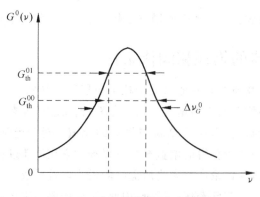

图 7-1-1   净增益带宽(出光带宽)

用 G' 代表净增益,则 $G' = G - \dfrac{\alpha}{2L}$,它表示只有在 $G'(\nu) \geqslant 0$ 区域的频率(纵模)才能形成激光振荡。

由 $G'(\nu)\geqslant0$ 所限定的频率范围，称为净增益带宽，也称为出光带宽，如图 7-1-1 中的 $\Delta\nu_G$。其中，$\Delta\nu_G^0$ 代表的是小信号增益带宽。

当激光器损耗增加时，损耗线向上平移，净增益带宽减小；当增益加大时，净增益带宽变宽。净增益带宽也称为出光带宽，用 $\Delta\nu_O$。

在一般情况下，激光器内光的损耗主要是反射镜输出损耗，则式(7-1-1)可记作

$$2L'G \geqslant t_1+t_2 \quad \text{或} \quad G \geqslant \frac{1}{2L'}(t_1+t_2) \tag{7-1-2}$$

当 $G=\frac{1}{2L'}(t_1+t_2)$ 时，称此增益系数为阈值增益系数，$2L'G$ 称为激光器的总增益。

根据式(6-4-1)，增益系数 G 与反转粒子数 ΔN 成正比。因此，与阈值增益系数相对应的是阈值反转粒子数 ΔN_{th}，同样由激光器的损耗决定。

7.1.2 连续运转激光器的稳态增益

对于一台激光器，在初始状态时，它的总增益大于总损耗，当光沿着激光器轴线方向传播时，它将被激光介质放大，在往返传播中被多次放大，照此发展下去，激光器内的光能将无穷大。而实际上，任何激光器的光强都是有限的，且一旦开始工作，很快就进入稳定工作状态，光强基本上不变。是什么原因驱使激光器进入稳定状态，决定激光器稳定状态的因素又有哪些？

在激光器工作的初始状态激光器内的光是一个小信号，其增益与光强无关，因此它在激光器内往返多次传播过程中被持续放大。当增大到一定程度时，激光器内的光不再是小信号而是大信号的强光，根据 6.4 节的内容，该大信号将引起反转粒子数 ΔN 饱和，从而导致增益 G 饱和，即增益下降，则大信号光在腔内往返过程中放大的倍数不断减弱，直至增益等于损耗，进入稳定状态。在此状态下，光在腔内往返传播，由于增益等于损耗，光强不增不减。这就是连续运转激光器的稳态，此时的增益称为稳态增益。

连续运转激光器的稳态总增益 $2L'G$ 等于激光器的总损耗 α，即有

$$2GL'=\alpha$$

与之相对应，稳态反转粒子数 ΔN 等于激光器的阈值反转粒子数 ΔN_{th}。

正因为连续运转激光器的稳态反转粒子数总等于激光器的阈值反转粒子数 ΔN_{th}，所以激光器的泵浦光越强，小信号的 ΔN^0 越大，所以必需有大的 I_ν 才能导致更强的饱和作用，使 ΔN^0 下降至 ΔN_{th} 的状态，即激光腔内必有更大的光强，激光器则有更大的功率输出。

下面举例说明如何近似求解激光器的阈值总增益或增益系数。很多情况下，近似求解得出的结果和严格计算之间的误差是可以接受的。

例1 一个连续工作的 $0.6328\,\mu m$ 的环形激光器，由四个反射镜 M_1、M_2、M_2 和 M_4 组成(图 7-1-2)，反射镜的平均反射率为 99.7%。腔内还有一个长 2 cm 的 ZF_2 玻璃，吸收系数 0.003 cm。增益毛细管内径 1 mm，两端为两片镀有增透膜层的窗片，每一增透膜系的透过率为 99.8%。窗片由红外石英组成，厚 3 mm，红外石英对 6328 Å 的吸收系数是 0.002/cm，问增益管至少多长才能维持激光振荡？

解：(1) 增益管即只含有激光介质对光放大的 HeNe 气体管，两端窗片起密封作用。环形激光是由反射镜组成的一个环形光路，由这四个反射镜组成光的环形通路，使光在介质

中传播、放大,从而形成激光。光的传播路径是 $M_1 \rightarrow M_2 \rightarrow M_3 \rightarrow M_4$ 或 $M_1 \rightarrow M_4 \rightarrow M_3 \rightarrow M_2$。

(2) 求谐振腔总损耗。谐振腔的损耗有下列各项:

四个反射镜,每个透过 0.003,总透过损失 $0.003 \times 4 = 0.012$;ZF_2 玻璃 0.003/cm,玻璃总吸收损失 $0.003 \times 2 = 0.006$;增益管两端的两个石英窗片有四片增透膜,每片增透膜反射 0.002,总反射损耗(这里的反射对谐振腔来说是一种损耗)$0.002 \times 4 = 0.008$;两个窗片吸收系数均为 0.002/cm,窗片总吸收 $0.002 \times 0.3 \times 2 = 0.0012$;腔总损耗是各损耗之和,共计为 0.03。

(3) 求增益管最小长度 l(总增益 G 等于总损耗)。

总增益 $G = 3 \times 10^{-4} \dfrac{l}{d} = $ 总损耗 $= 0.03$

$$l = 0.03 \frac{d}{3 \times 10^{-4}} = 100 \text{ mm}$$

例 2   求双异质结激光器最小增益系数,设结区长 0.3 mm(图 7-1-3)。

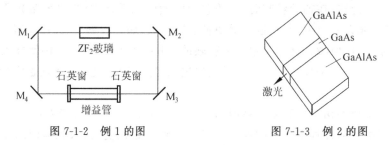

图 7-1-2   例 1 的图   图 7-1-3   例 2 的图

解:因为双异质结激光器工作时,发光介质仍然是 GaAs,其解理面反射率为 38%。所以谐振腔的总损耗为 $1 - 38\% \times 38\% = 0.8556$。

注意当腔内的损耗 α 不满足 $\alpha \ll 1$ 时,计算总损耗时不能采用直接累加各项损耗的方法,而应该根据能量守恒,损耗=总能量-腔内留存的能量。

为了维持激光器振荡要求

$$2GL \geqslant 0.8556$$

增益系数

$$G \geqslant \frac{0.8556}{2 \times 0.3} / \text{mm} = 1.426 / \text{mm}$$

即要求光在半导体介质中每前进 1 mm 路程,至少要放大 1.426 倍。

7.2   激光放大器

当光信号通过处于反转粒子数状态的工作物质时,因受激辐射而被放大,所以处于反转粒子数状态的工作物质就是一个激光放大器。

在某些应用领域中,要求激光束具有很高的功率或能量。为此,必须增加激光工作物质的体积,但制造光学均匀性好的大体积固体激光材料却很困难,造价很高。而且大功率或大能量激光振荡器往往难以产生性能优良的激光束。此外,谐振腔内高功率(能量)激光束的往返传输还会使腔内的工作物质和光学元件遭到破坏。因此，为了获得高质量、高功率激光束，往往采用一级或多级激光放大器将小功率激光器输出的优质激光束放大。

迄今为止的光纤通信系统，为了增加通信距离都需在通信线路中设置一定数量的中继器，将衰减了的信号放大后再继续传输。而中继器无一例外都是采用光—电—光的转换方式。中继器的这种工作模式带来了不少问题，如成本高、系统复杂、可靠性低等。而且由于电子设备不可避免地存在着寄生电容，限制了传输速率的进一步提高，出现所谓的"电子瓶颈"。于是，人们设想，是否可以使用光放大器直接进行光信号的放大，以实现全光通信。经过多年的不懈努力，各种各样的光放大器终于问世了。特别是掺铒光纤放大器(erbium doped fiber amplifier，EDFA)的发明使光通信技术产生了革命性的变化。与传统中继器相比，它具有两个明显的优势：可实现比特率及调制格式的透明传输，升级换代也变得十分容易；它不只是对单个信号波长，而是在一定波长范围内对若干个信号都可以放大。这样就导致了 EDFA 与光波分复用技术(wavelength division multiplexing，WDM)的融合，奠定了高速大容量 WDM 光通信系统与网络大规模应用的基础。

根据增益介质的不同，目前主要有两类光放大器：一类是采用活性介质，如半导体材料和掺稀土元素(Nd、Sm、Ho、Er、Pr、Tm、Yb)的光纤，利用受激辐射机制实现光的直接放大，如半导体激光放大器和掺杂光纤放大器；另一类基于光纤的非线性效应，利用受激散射机制实现光的直接放大，如光纤拉曼放大器和光纤布里渊放大器。其中半导体光放大器是利用半导体材料固有的受激辐射放大机制，实现相干光放大，其原理和结构与半导体激光器相似。但由于半导体放大器本身固有的较大的噪声以及码型效应，使其难以应用在长距离、大容量通信系统中。而光纤布里渊放大器则严重受限于其过窄的增益带宽，实用性不大。目前国际上公认的，可满足日益增长的带宽需求的放大技术主要就是掺铒光纤放大器和拉曼放大器。

下面以使用最广泛的掺铒光纤放大器(EDFA)为例，介绍光放大器的结构、工作原理和重要的性能参数。

1. 掺铒光纤放大器的结构

EDFA 的增益介质是掺铒光纤，采用光泵浦，泵浦源是激光二极管。图 7-2-1 是 EDFA 的典型结构。

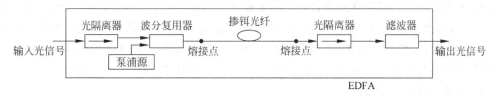

图 7-2-1　EDFA 的结构示意图

其中掺铒光纤是 EDFA 的核心部件。它以石英光纤为基质，在纤芯中掺入微量的铒离子。在几米至几十米的掺铒光纤内，光被放大和增强。

为了提高信号光和泵浦光的能量密度，从而提高光与物质相互作用的效率，掺铒光纤的模场纤芯直径为 $3\sim6\,\mu m$，比常规光纤的 $9\sim16\,\mu m$ 小得多。但掺铒光纤芯径的减小也使它与常规光纤的模场不匹配，从而产生较大的反射和连接损耗。解决的方法是在光纤中掺入少许氟元素，使其折射率降低，从而增大模场半径，达到与常规光纤可匹配的程度。

为了更有效地放大,在制作掺铒光纤时,通常将大多数铒离子集中在纤芯的中心区域,因为在光纤中,可以认为信号与泵浦光的场都近似为高斯分布,在纤芯轴线上光强最强,铒离子集中在近轴区域,将使光与粒子充分作用,从而提高能量转换效率。

泵浦源是 EDFA 的另一核心部件,它为光信号放大提供足够的能量,是实现增益介质反转粒子数的必要条件。由于泵浦源直接决定着 EDFA 的性能,所以要求其输出功率高,稳定性好,寿命长。实用的 EDFA 泵浦源是半导体激光二极管,其泵浦波长有 $0.980\,\mu m$ 和 $1.480\,\mu m$ 两种,应用较多的是 $0.980\,\mu m$,其优点是噪声低,泵浦效率高,功率可高达数百毫瓦。

2. 掺铒光纤放大器的工作原理

EDFA 采用掺铒离子单模光纤作为增益介质,在泵浦光激发下产生反转粒子数,对信号光实现受激辐射放大。由此可知,这种光纤的光放大特性与铒离子的性质密切相关。铒离子的相关能级如图 7-2-2 所示。图中左侧三行字(泵浦态、亚稳态、基态)是能态名称,可了解其在放大中的作用,图中右侧六行字是各级的符号。

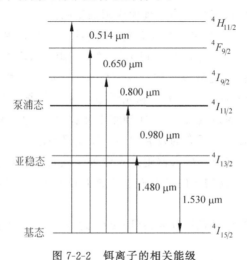

图 7-2-2　铒离子的相关能级

铒离子在未受到任何激励的情况下,处于最低能级,即基态 $^4I_{15/2}$ 上。当泵浦光入射后,铒离子中的电子吸收泵浦光的能量后,向高能级跃迁。处于高能级的铒离子是不稳定的,它会通过非辐射跃迁迅速转移到寿命较长的亚稳态能级上。$0.514\,\mu m$、$0.650\,\mu m$、$0.800\,\mu m$、$0.980\,\mu m$,以及 $1.480\,\mu m$ 的光都可以作为泵浦光。但较短的泵浦波长能使激发态离子跃迁到更多的能态,消耗泵浦功率,降低放大器增益和量子效率。采用 $0.980\,\mu m$ 和 $1.480\,\mu m$ 的泵浦光可以有效地避免泵浦光的受激吸收。因此实用化的 EDFA 均选择在 $0.980\,\mu m$ 和 $1.480\,\mu m$ 波长上作为泵浦。

当用 $0.980\,\mu m$ 的激光二极管作泵浦源时,掺铒光纤相当于一个三能级系统。处于基态 $^4I_{15/2}$ 的铒离子在吸收了泵浦光子的能量后被激发到 $^4I_{11/2}$ 能级,由于在能级 $^4I_{11/2}$ 上铒离子的寿命时间只有 $1\,\mu s$,电子迅速以非辐射跃迁的方式从 $^4I_{11/2}$ 能级弛豫到亚稳态能级 $^4I_{13/2}$,$^4I_{11/2}$ 能级通过非辐射跃迁衰变到 $^4I_{13/2}$ 的速率远大于其他过程衰变的速率,所以从能级 $^4I_{11/2}$ 到能级 $^4I_{13/2}$ 的弛豫时间常数只有几纳秒,因此可有效避免 $^4I_{11/2}$ 能级上的受激辐射。在源源不断的泵浦下,亚稳态能级 $^4I_{13/2}$ 上的粒子数不断积累,从而实现了粒子数反转分布。采用 $0.980\,\mu m$ 泵浦的 EDFA 具有更好的泵浦效率和噪声特性。

　　当采用 $1.480~\mu m$ 泵浦时，掺铒光纤相当于一个准三能级系统，吸收和辐射跃迁只涉及基态 $^4I_{15/2}$ 和激发态 $^4I_{13/2}$。$^4I_{13/2}$ 是一个亚稳态能级，其能级寿命为 $10\sim12~ms$，因此很容易在亚稳态 $^4I_{13/2}$ 与基态 $^4I_{15/2}$ 之间实现粒子布居数反转分布。采用 $1.480~\mu m$ 泵浦的不利因素是存在泵浦波长的受激辐射，这将消耗处于激发态的粒子数，引起放大器增益、泵浦效率和噪声性能的恶化。

　　事实上，石英的非晶特性把铒离子的能级展宽成能带。用 $1.480~\mu m$ 的激光器作泵浦源时，基态（E_1）铒离子先被抽运到 $^4I_{13/2}$ 能带的高能级（E_3），然后经过无辐射跃迁到同一能带 $^4I_{13/2}$ 的低能级（E_2），在 E_2 和 E_1 之间建立粒子布居数反转。由于 E_3 和 E_2 能量差较小，属于同一能带，这一过程称为准三能级系统。

3. 光纤放大器的性能参数

（1）增益

　　在使用 $0.980~\mu m$ 和 $1.480~\mu m$ 的激光作为泵浦光，实现粒子数反转的同时；另一方面，也有少数粒子以自发辐射方式从亚稳态能级跃迁到基态能级，产生自发辐射噪声，并且在传输过程中不断得到放大，成为放大的自发辐射（amplified spontaneous emission，ASE）噪声。为了提高放大器的增益，应尽可能多地把基态铒离子激发到激发态能级，然后无辐射地弛豫到亚稳态能级。

　　EDFA 的输出功率含信号功率和噪声功率两部分，噪声功率是放大的自发辐射产生的，记为 P_{ASE}，则 EDFA 的增益用分贝表示为

$$G = 10\lg\left(\frac{P_{out} - P_{ASE}}{P_{in}}\right)~(dB) \tag{7-2-1}$$

式中，P_{out}、P_{in} 分别是输出信号和输入信号的光功率。

　　EDFA 的增益不是简单的一个常数或解析式，它与掺铒光纤的长度、铒离子浓度、泵浦功率等因素有关。当输入光功率较小时，G 是一个常数，即输出光功率 P_{out} 与输入光功率 P_{in} 成正比。此时的增益用符号 G_0 表示，称为光放大器的小信号增益。但当 G 增大到一定数值后，光放大器的增益开始下降，这种现象称为增益饱和，如图 7-2-3 所示。当光放大器的增益降至小信号增益 G_0 的 $1/2$，也就是用分贝表示为下降 3 dB 时所对应的输出功率，称为饱和输出光功率 P_{out}^{sat}。

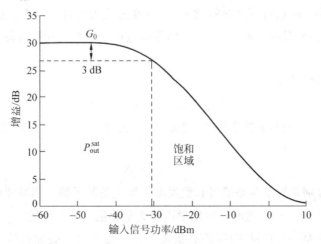

图 7-2-3　增益与输入信号光功率之间的关系

根据饱和输出光功率的定义,可求得它的表达式

$$P_{\text{out}}^{\text{sat}} = \frac{G_0 \ln 2}{G_0 - 2} P_{\text{sat}} \tag{7-2-2}$$

式中,P_{sat} 是 EDFA 的饱和功率,与介质的特性有关。值得注意的是,饱和功率 P_{sat} 与饱和输出功率 $P_{\text{out}}^{\text{sat}}$ 是有区别的,前者指光放大器的增益降至小信号增益的 1/2 时对应的输入信号光功率,而后者指此时的输出光功率。

（2）EDFA 的增益平坦性

增益平坦性是指增益 G 与波长 λ 的关系,即增益谱 $G(\lambda)$。很显然,我们希望在所需要的工作波长范围具有较为平坦的增益,特别是在波分复用系统中使用时,要求对所有信道的波长都具有相同的放大倍数。图 7-2-4 是掺铒光纤中增益系数与波长的关系。很显然,掺铒光纤的增益平坦性并不理想。为了获得较为平坦的增益特性,需要增大 EDFA 的带宽。可以采用两种方法增大带宽:一种方法是采用新型宽带掺杂光纤,如在纤芯中再掺入铝离子;另一种方法是在掺铒光纤链路上放置均衡滤波器。

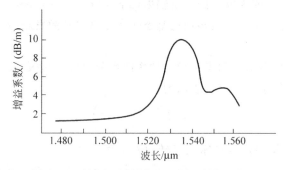

图 7-2-4　掺铒光纤中增益系数与波长的关系

（3）放大器噪声

光放大器是基于受激辐射或散射机理工作的。在这个过程中,绝大多数受激粒子因受激辐射而被迫跃迁到较低的能带上,但也有一部分是自发跃迁到较低能带上自发地辐射光子。自发辐射光子的频率在信号光的范围内,但相位和方向却是随机的。那些与信号光同方向的自发辐射光子经过有源区时被放大,所以称为放大的自发辐射。因为它们的相位是随机的,对于有用信号没有贡献,就形成了信号带宽内的噪声。光放大器的主要噪声来源于放大的自发辐射。

放大的自发辐射功率等于

$$P_{\text{ASE}} = 2n_{\text{sp}} h\nu (G - 1) \Delta\nu \tag{7-2-3}$$

式中,$h\nu$ 是光子能量,G 是放大器增益,$\Delta\nu$ 是光放大器的带宽,n_{sp} 是自发辐射因子,它的定义是

$$n_{\text{sp}} = \frac{N_2}{N_2 - N_1} \tag{7-2-4}$$

式中,N_1 和 N_2 分别是处于基态能级和激发态能级上的粒子数。当高能级上的粒子数远大于低能级粒子数时,$n_{\text{sp}} \to 1$。这时自发辐射因子为最小值。但实际的 n_{sp} 在 1.4～4 之间。

自发辐射噪声是一种白噪声(噪声频谱密度几乎是常数),叠加到信号光上后会劣化信

噪比 SNR。信噪比的劣化用噪声系数 F_n 表示，其定义为

$$F_n = \frac{SNR_{in}}{SNR_{out}} \qquad (7\text{-}2\text{-}5)$$

式中，SNR 指的是由光电探测器将光信号转变成电信号的信噪比(信噪比定义为平均信号功率与噪声功率之比)，SNR_{in} 表示光放大前的光电流信噪比，SNR_{out} 表示光放大后的光电流信噪比。

第四篇
激光束特性

    激光器被广泛应用源于激光束的性质。本篇包括6章,主要介绍激光束的特性。通过本篇的学习,对激光束会有全面的认识。第8章介绍激光束的横模及传播。第9章介绍激光纵模,与激光器的输出参数-频率相关。第10章介绍激光器偏振。第11章介绍激光器的模竞争与功率调谐,主要是激光器的纵模竞争与功率调谐特性。第12章介绍连续激光器的功率和频率特性。第13章介绍激光的脉冲特性,与激光器输出参数-时域特性相关。

    通过本篇的学习可以全面认识激光束。

第 8 章
激光束的横模及传播

本章首先介绍激光束的横向场分布,然后介绍激光束(称为高斯光束)的一般特性以及高斯光束的聚焦准直等技术。

8.1 激光腔的横模与激光束的高亮度

在电子学中,TEM(transverse electric and magnetic field)用于标识电磁波的模式,指在垂直于电磁波传播方向的平面上电场和磁场的分布,也称为横电磁波。激光原理借用这一电子学的定义,通常用横电磁波 TEM 表示激光谐振腔中光波的一个模式,记为 TEM_{mnq}。其中,下脚标 m 和 n 用于表示谐振腔中光场的横向分布(与传播方向相垂直的横截面内的光场),下脚标 q 代表谐振腔中光场沿纵向(光束传播方向)的光场分布,本章将介绍 TEM_{mn}。

8.1.1 激光束的横向场分布:横模

激光束在横向的光场分布用横模表示。

激光束在与传播方向相垂直的横截面内的光场分布称为激光横向模式,用符号 TEM_{mn} 表示。每一组 mn 表征一个激光场的横向分布,简称为一种横模。

图 8-1-1 是观察激光束横模场分布及横模的一个简单方法,光源是 HeNe 激光器,用白纸板作观察屏,激光束垂直照射到观察屏上。假设激光沿 z 向传播,激光束在横截面(xy 平面)上的光强分布呈现有规律的若干种图样。每一种图样代表一种不同的横模模式。图 8-1-1 中右上角给出了其中一种横模模式分布。

根据激光工作介质的形状和谐振腔型的不同,激光横模有两种分布,或以 x 和 y 轴对称,或旋转对称,或是他们的叠加。以 x 和 y 轴为对称的稳定的横向分布,称为轴对称型横模,用 TEM_{mn} 表示。其中,m 是 x 方向上光强(电场强度)出现极小值的次数,n 是 y 方向上光强出现极小值的次数。如图 8-1-2 所示,TEM_{00} 模称为基横模,其他称为高阶横模,mn 数值越大,代表横模的阶次越高。

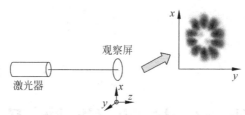

图 8-1-1 观察激光束横模场分布的实验装置

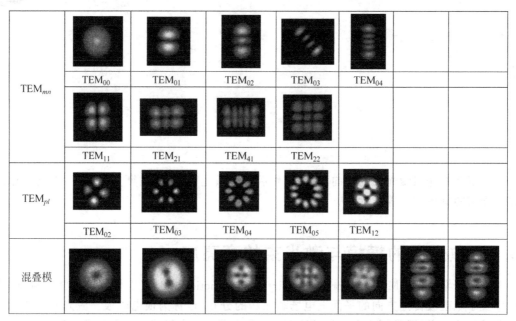

图 8-1-2 几种激光横模照片

最上面两排是以 x 和 y 轴为对称,第三排是旋转轴对称,最下一排是两个横模混叠模式

图 8-1-3 给出了几种旋转轴对称的横模模式的电场强度分布及其对应的光强分布。第 16 章将仔细介绍获得这些横模的实验系统。

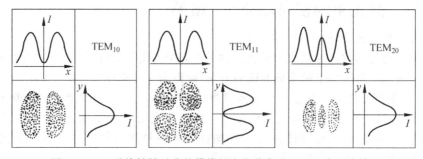

图 8-1-3 几种旋转轴对称的横模的光强分布(x:以一直径为轴)

激光场存在旋转对称的横向分布。称为旋转对称型横模。用 TEM_{pl} 表示。p 是在半径方向上(不包括中心点)出现的暗环的次数,l 则是沿圆周出现的暗直径的次数。每一组 pl 表示一种激光场的横向分布,称为一种横模。如图 8-1-2 中所示,图中列举了几种常见的旋转对称型横模。

有人可能会问:为什么有时候是轴对称,有时候是旋转对称呢? 一般来说,是激光介质横截面的形状、泵浦光的截面形状、泵浦位置、激光介质不均匀(如有应力、气泡内部杂质等),或某些元件不均匀(如反射镜)有关。

当全面考虑激光束的纵向场和横向场分布时,则一个完整的激光模式应该表示为 TEM_{mnq} 或者 TEM_{plq}。一般 mn 或 pl 的数值都比较小(0、1、2、3),而 q 很大(10^5 量级)。因此,在激光器实际应用中,经常省略 q 的具体数值,仅标出一个字母 q,如 ν_q;而 m、n、p、l 是给出数值的,如 TEM_{12}。

早期解释横模形成常用福克斯-李理论:光在两镜之间往返传播时,相当于经过多次小孔衍射,衍射的结果即形成图 8-1-2 给出的横模分布模式。认为横模的本质是由两反射镜构成的开腔所允许存在的稳定的光场分布。但是,实际的激光器的横模模式要复杂得多,需要仔细调整激光器各元件才能获得想要的模式。

8.1.2　横模频率

不同序数 mn 或 pl 的横模,其频率也不相同。关于横模的频率,有如下结论。

(1) 不同横模(指 m 或 n 不同而 q 相同)间的频率是不同的。

对于确定的 q,相邻两横模之间的频率差称为横模间隔。即 m(n)分别差 $m\pm1$ 或 $n\pm1$。

例如:一台红宝石激光器,腔长为 7 cm,光束的直径为 0.7 cm,观察到 TEM_{10q} 和 TEM_{00q} 之间的频率间隔约为 0.16 MHz,即 $\nu_{10q}-\nu_{00q}=1.6\times10^5$ Hz;TEM_{20q} 和 TEM_{00q} 之间的频率间隔 0.32 MHz(横模也是等间隔的),即 $\nu_{20q}-\nu_{00q}=3.2\times10^5$ Hz。

(2) 共焦腔的横模间隔可解析表示为

$$\Delta\nu_{横}=\frac{c}{2L'}\times\frac{\Delta m+\Delta n}{2} \tag{8-1-1}$$

若 $\Delta m=1,\Delta n=0$ 时

$$\Delta\nu_{横}=\frac{c}{4L'}=\frac{1}{2}\left(\frac{c}{2L'}\right)=\frac{1}{2}\Delta\nu_q \tag{8-1-2}$$

即共焦腔相邻两横模之间的频率差是纵模间隔的 $\frac{1}{2}$。纵模间隔的定义可参考式(9-2-19)。

在实际工程中,很少用到定量横模频率间隔,而是希望得到 TEM_{00} 模。获得基模的途径是增加腔长 L,减小激光器内光束的直径,或增大激光腔镜的曲率半径(见 8.1.4 节)。

如果激光器的谐振腔中两反射面及工作物质端面都是理想平面,两腔镜严格平行,就不会有除了基模以外的其他横模输出。即基横模是由谐振腔决定,而不是由工作物质的直径决定。因为此时只有基横模状态下的光才能满足谐振条件。但是事实上激光腔镜反射面和激光棒两个通光面都不可能是理想平面,两腔镜做不到严格平行。尤其是在固体激光器中,工作物质受热不均产生凸透镜效应(激光棒中的热畸变引起的一种透镜效应,这就使得本来平行平面共振腔的作用类似于一个球面镜共振腔),导致腔内光经过工作物质时与基横模行进方向略有差异的也可能符合谐振条件,于是激光器会输出几个方向不同(这个方向差异通常非常小)的光束,即多横模。多横模,尤其是高阶横模的激光束方向性差,能量密度低,对很多应用都不利,因此应当尽量减少高阶横模。

激光多横模产生的原因比较复杂,除了与腔镜有关外,还与很多因素有关,如偏离轴向光束的干涉、工作物质的色散、散射效应,以及腔内光束的衍射效应等都可能引起横模产生。如果腔的结构发生变化(激光器工作温度变化和机械振动引起的)、激光器工作环境的变化都可能导致激光器输出横模的变化。

为了获得激光 TEM$_{00}$ 模,已经积累了丰富的实验数据作为设计和激光器装调的参考,往往比理论计算更有效。

8.1.3   光束质量的评价 M^2 因子

一般来说,基横模的光束发散角最小,高阶横模的光束发散角较大,在很多应用场合都要求基横模。但是在大功率固体激光器中,激光束常常不是基横模,即使采用相位共轭补偿波前畸变技术,也不一定能达到基横模的光束质量和发散角。为了方便比较不同激光器输出的光束质量,激光应用中常用 M^2 因子定量描述光束质量: M^2 因子定义为

$$M^2 = \frac{实际束腰直径 \times 远场发散角}{1.27 \times 波长}$$

M^2 是模式的表征,基横模的 M^2 为 1.0,横模阶次越高 M^2 就越大,M^2 越接近 1 说明光斑越接近基横模,光束质量越好。

8.1.4   激光的高亮度和横模选择

1. 基横模与激光的高亮度

TEM$_{00}$ 模光束横截面上光强分布图案呈严格的高斯型,人眼观察为中心最亮,向外变暗的漂亮圆形,且分布范围很小,所以相比于其他高阶横模来说发散角最小。

设 ΔS 为发光面的面积,其沿着发光面法线方向 $\Delta\Omega$ 立体角内的光功率为 ΔP,则光源在该方向上的亮度定义为单位截面和单位立体角内发射的光功率,写为

$$B = \frac{\Delta P}{\Delta S \cdot \Delta\Omega} \tag{8-1-3}$$

可以看出在其他条件不变的情况下,$\Delta\Omega$ 越小,亮度越高。

对于激光来讲,激光束所张立体角如图 8-1-4 所示。

由于激光束的发散角 θ 很小(发射角的定义参考 8.2.1 节),根据立体角的定义,则有

$$\Delta\Omega = \frac{\pi(\theta R)^2}{R^2} = \pi\theta^2 \tag{8-1-4}$$

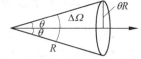

图 8-1-4   激光束所张立体角

由于激光束的发散角比普通光源的发散角小得多,根据式(8-1-4),则有激光的立体角比普通光源小得多,再结合式(8-1-3),因此激光束比普通光源的亮度要大得多。从激光本身来讲,基横模激光束比高阶横模激光束的发散角要小,所以基横模激光束亮度更大。

模式 TEM$_{00}$ 具有亮度高、发散角小、径向光强分布均匀等特点,是激光干涉计量、激光测距、激光加工以及非线性光学研究中的理想光束模式。因此如何设计与改进激光器的谐振腔以获得基横模(模式选择技术)输出是一个重要的问题。经过选模之后,输出功率可能有所降低,但由于发散角的改善,其亮度可提高几个数量级。

2. 横模选择原理

由谐振腔理论可知,激光振荡的条件是增益必须大于损耗。而单程损耗 δ 可分为与横模产生相关的衍射损耗 δ_c 和与横模产生无关的其他损耗移动 δ_d 两种,(如输出损耗、吸收损耗、散射损耗等)。基横模的衍射损耗最小,横模阶次越高,其衍射损耗越大。横模选择的实质是保证 TEM_{00} 模振荡,而使高阶横模的振荡受到抑制。损耗最接近 TEM_{00} 模的低阶横模是 TEM_{10} 模。因此,TEM_{10} 模能否被抑制就成了横模选择的关键。

图 8-1-5 给出了对称圆形镜稳定球面腔的 TEM_{00} 模和 TEM_{10} 模的单程能量损耗曲线。可以看出,衍射损耗不仅与横模阶数有关,还与谐振腔的菲涅尔数 N_f 以及谐振腔 g 参数(参考 5.2 节)有关。谐振腔的菲涅尔数定义为 $N_f = a^2/\lambda L$,其中 a 为腔反射镜半径,L 为谐振腔腔长,λ 为激光波长。从图 8-1-5 中可以查得 TEM_{00} 模与 TEM_{10} 模的单程衍射损耗,分别用 δ_{00} 和 δ_{10} 表示。

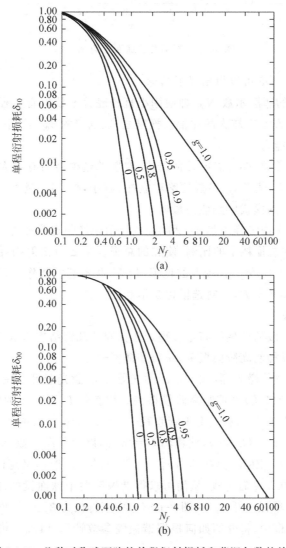

图 8-1-5 几种对称球面腔的单程衍射损耗和菲涅尔数的关系

(a) TEM_{00} 模;(b) TEM_{10} 模

图 8-1-6 以更直观的方法表示了对称圆形镜稳定球面腔 δ_{10}/δ_{00} 随 N_f、g 参数变化的关系曲线。图中虚线表示 δ_{00} 保持某一定值时,δ_{10}/δ_{00} 随 N_f 的变化关系曲线。

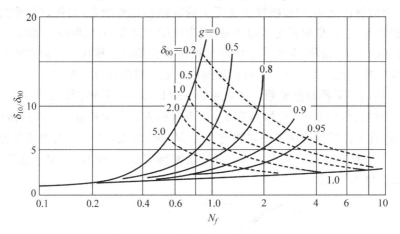

图 8-1-6　对称圆镜球面腔的 δ_{10}/δ_{00}

从图 8-1-5 与图 8-1-6 可以得出以下结论。

(1) 适当减小腔的菲涅尔数 N_f,即使用小直径腔镜或放电管直径以及大的腔长 L,在一定的 δ_{00} 下能使 δ_{10}/δ_{00} 有较大的比值。换言之,在确定的 δ_{00} 下,适当减小 N_f 值可以提高谐振腔的模式鉴别能力。

(2) 谐振腔的 g 参数,亦即腔的几何结构,对腔的选模能力有重大影响。从图 8-1-6 可看出,在某一确定的 N_f 值下,g 参数的绝对值 $|g|$ 越小,δ_{10}/δ_{00} 越大。显然,共焦腔选模能力最强,而平行平面腔的模式鉴别能力最弱。

上述论述是基于考虑怎样增加 δ_{10} 和 δ_{00} 的比值来增强选模能力。此外,必须注意应相对增大衍射损耗 δ_0 在总损耗中的比例,使腔的总损耗主要由衍射损耗来决定,这样才有利于选横模。否则,即使 δ_{10}/δ_{00} 有较大的比值,但 δ_0 并不起主要作用,从而导致对不同的横模来说,总损耗的差异并不大,这对选模也是不利的。

3. 横模选择方法

对稳定腔来说,一般的选模措施是合理地选择腔的几何结构参数,并在谐振腔中插入一个适当尺寸的光阑,以抑制高阶模振荡,获得基横模输出。

对于中小功率的气体激光器(如 HeNe 激光器、Ar^+ 激光器等),往往通过限制激光介质的横截面积(即放电管口径)来抑制高阶模振荡。如腔长 L 为 1 m 的对称球面腔 HeNe 激光器,输出镜透过率为 1.5%,放电毛细管直径 $2a=1.5$ mm。根据 HeNe 激光器增益系数 G 的经验公式 $G=3\times10^{-4}(L/2a)$,估算出 $G=20\%$,以及菲涅尔数 $N_f=a^2/\lambda L=0.9$。考虑到输出损耗,欲抑制 TEM_{10} 模振荡,需使 $\delta_{10}\geqslant18.5\%$。根据确定的 δ_{10} 和 N_f 值,可从图 8-1-5(b)查得 $g=0.5$ 左右为宜,从而可求得谐振腔两个球面镜的曲率半径 R_1 和 R_2 均为 2 m。TEM_{00} 模的单程损耗 δ_{00} 从图 8-1-5(a)中查得仅为 3%。

在 8.2 节高斯光束中,将介绍如何根据谐振腔参数计算 TEM_{00} 模的束腰半径。这里,直接给出其计算公式

$$\omega_0 = \sqrt{z_0\lambda/\pi} \tag{8-1-5}$$

以及

$$z_0^2 = \frac{L(R_1-L)(R_2-L)(R_1+R_2-L)}{[(L-R_1)+(L-R_2)]^2} \tag{8-1-6}$$

令式(8-1-6)中 $R_1=R_2=R=2$ m，则得 $\omega_0=0.43$ mm。上述参数的选择，使该激光器能够获得 TEM_{00} 模的输出。对于非对称圆形球面稳定腔的估算，只要从有关参考文献中找出 δ_{00} 和 δ_{10} 的曲线关系后，仍可进行类似估算。

固体激光器往往采用在激光谐振腔内插入限模光阑的方法达到选模要求。其基本原则是使限模光阑的通光孔半径大致等于或略大于基横模的光束半径。因此，必须首先计算基横模的光束半径。

根据谐振腔的几何结构参数可以计算激光传播过程中轴向各位置处的光束半径 $\omega(z)$。这里直接给出了 TEM_{00} 模的光束半径 $\omega(z)$ 沿腔轴 z 方向的表达式为(参考 8.2 节)

$$\omega(z) = \omega_0 \left[1 + \left(\frac{\lambda z}{\pi \omega_0^2} \right)^2 \right]^{\frac{1}{2}} \tag{8-1-7}$$

式中，z 为轴向的位置坐标，束腰 ω_0 为 z 轴的原点位置。

因此根据式(8-1-5)～式(8-1-7)，可以求得稳定球面腔轴向不同位置处的基横模光束半径，用以估计限模光阑通光孔的大小和位置。具体的孔阑尺寸是根据实验的最佳效果选择的。即在抑制高阶模的同时，由最大的基横模输出能量(或功率)来确定。

值得注意的是，非稳腔不仅具有模体积大的优点，而且其自身的横模选择能力高，相邻横模之间有较大的损耗差异，容易实现大模体积 TEM_{00} 模运转，常应用于高功率、大能量输出的固体或气体激光器中。

8.2　激光束的传播特性：高斯光束

稳定腔结构的激光器所发射的基横模激光，以高斯光束的能量分布形式在空间传播。本节讨论高斯光束的特性、高斯光束在自由空间和均匀各向同性介质中的传输规律、无像差光学系统对高斯光束的变换和扩束、准直规律。

8.2.1　高斯光束的一般特性

已经知道平面电磁波的电场强度的复振幅可表示为

$$E(x,y,z) = E_{x \text{或} y}(z) = E_0 e^{-jkz} \tag{8-2-1}$$

即平面波的电场强度 E 在 xy 平面内，沿 z 轴成正弦和余弦规律变化。

还知道均匀球面波的电场强度复振幅可表示为

$$E(x,y,z) = E_0 \frac{1}{r} e^{-jkr} \tag{8-2-2}$$

球面波的复振幅和 $r(r=\sqrt{x^2+y^2+z^2})$ 成反比，电场强度 E 随 r 作正弦或余弦变化。

用电磁场理论可以证明：任何稳定的光学谐振腔所产生的激光束既不是平面波也不是球面波，而是一种所谓的高斯光束，这一节我们讨论高斯光束的特性。

下面，首先给出高斯光束的电场强度的一般表达式，然后讨论高斯光束的波面形状、光斑大小等一系列问题。

1. 高斯光束的电场强度的一般式

当激光束(高斯光束)沿 z 轴传播时,电场强度 E 可表示如下:

$$E(x,y,z) = \frac{A_0}{\omega(z)} \exp\left[-\frac{(x^2+y^2)}{\omega^2(z)}\right] \cdot \exp\left[-jk\left(\frac{x^2+y^2}{2R(z)} + z\right) + j\varphi(z)\right] \quad (8\text{-}2\text{-}3)$$

式(8-2-3)是 x、y、z 的函数,表明它给出了电场强度在整个空间的分布。一般情况下,并不使用高斯光束的上述表达式,需要关注的是这个式子中反映高斯光束特性的几个参数。

下面逐一解释式(8-2-3)中的有关符号(从左到右):

(1) $E(x,y,z)$ 是激光束在空间某一点处的电场强度复振幅。

(2) $A_0/\omega(z)$ 是激光束在 z 轴上(即 $x=0$,$y=0$)各点处的电场强度振幅。

(3) $\omega(z)$ 是与轴线相交于 z 点的高斯光束等相位面上的光斑半径,它可以给出激光束在 z 处的光斑大小,$\omega(z)$ 可表示为

$$\omega(z) = \omega_0 \left[1 + \left(\frac{\lambda z}{\pi \omega_0^2}\right)^2\right]^{\frac{1}{2}} \quad (8\text{-}2\text{-}4)$$

式中,λ 是激光波长;ω_0 是 $z=0$ 处的光斑尺寸,称为基横模高斯光束的腰斑半径或束腰半径。束腰是整个激光束光斑最小的位置。

(4) $R(z)$ 是在 z 处波阵面的曲率半径,$R(z)$ 可表示为

$$R(z) = z\left[1 + \left(\frac{\pi \omega_0^2}{\lambda z}\right)^2\right] \quad (8\text{-}2\text{-}5)$$

(5) $\varphi(z)$ 是一个相位因子

$$\varphi(z) = \arctan\left(\frac{\lambda z}{\pi \omega_0^2}\right) \quad (8\text{-}2\text{-}6)$$

2. 高斯光束的特性

在研究高斯光束(沿 z 轴传播)的过程中,以下几个问题是最重要的:激光束在传播过程中,沿光路(z 轴)各点处的波阵面的形状和曲率半径;垂直于光路的横截面内的电场强度的分布规律;沿光轴各点处的光斑大小(尺寸)。下面将分别加以讨论。

1) 高斯光束的波阵面是球面

证明:当 z 为常数 z_0 时,高斯光束强度复振幅表示为

$$E(x,y,z_0) = \frac{A_0}{\omega(z_0)} \exp\left[\frac{-(x^2+y^2)}{\omega^2(z_0)}\right] \exp\left[-jk\left(\frac{x^2+y^2}{2R(z_0)} + z\right) + j\varphi(z_0)\right] \quad (8\text{-}2\text{-}7)$$

下面分析式(8-2-7)中与 x 和 y 有关的相位部分是一个什么样的函数,以及它关于 x、y 的变化规律。

首先,从球面波的表达式(8-2-2)的相位因子出发,通过一些推导,观察并比较它和高斯光束表达式(8-2-7)相位部分的联系,由式(8-2-2)及说明,有

$$\begin{aligned}
[-jkr] &= -jk(x^2+y^2+z^2)^{\frac{1}{2}} \\
&= -jkz\left(1 + \frac{x^2+y^2}{z^2}\right)^{\frac{1}{2}} \\
&\approx -jkz\left(1 + \frac{x^2+y^2}{2z^2}\right) \\
&= -jk\left(z + \frac{x^2+y^2}{2z}\right) \quad (\text{当 } z \gg x, z \gg y \text{ 时})
\end{aligned} \quad (8\text{-}2\text{-}8)$$

然后再观察高斯光束的相位表达式(式(8-2-3)的第二个方括号):

$$-jk\left[\left(\frac{x^2+y^2}{2R(z)}+z\right)+j\varphi(z)\right]$$

在上述表达式中,当 $z\to\infty$ 时, $R(z)=z\left[1+\left(\frac{\pi\omega_0^2}{\lambda z}\right)^2\right]$ 中的 ω_0 实际上是相当小的,即

$R(z)\to z$,而 $\varphi(z)=\arctan\frac{\lambda z}{\pi\omega_0^2}\to 0$,于是高斯光束的相位因子变成

$$-jk\left[\frac{x^2+y^2}{2z}+z\right] \tag{8-2-9}$$

比较式(8-2-8)和式(8-2-9)可以看出,它们完全相同,所以可以说高斯光束也是球面波。注意:这一结论成立的前提条件是 $z\gg x$,$z\gg y$,即高斯光束场集中在近轴区域,而实际情况也确实如此,后面章节关于高斯光束的场分布可证明这一点。

上述是对激光束的第一个认识。

2) 高斯光束波阵面的曲率半径 $R(z)$ 是变化的。在 $z=0$ 时,高斯光束的波阵面为平面;远离 $z=0$,波阵面的曲率半径 $R(z)$ 逐渐减小; $z=\frac{\pi\omega_0^2}{\lambda}$ 时达到最小值,随着 $|z|$ 的继续增加, $R(z)$ 又逐渐增大。

从 $R(z)$ 的表达式可说明上述过程。

(1) $z=0$ 时, $R(z)\Big|_{z=0}=\lim\limits_{z\to 0}\left(z+\frac{\pi^2\omega_0^4}{\lambda^2 z}\right)\to\infty$,即曲率半径为无穷大的球面就是一个平面,说明 $z=0$ 的平面是激光电场强度的一个等相位面。

(2) 对 $R(z)$ 求微分得

$$\frac{dR(z)}{dz}=\frac{d}{dz}\left[z+\left(\frac{\pi\omega_0^2}{\lambda}\right)^2\frac{1}{z}\right]=1-\left(\frac{\pi\omega_0^2}{\lambda}\right)^2\frac{1}{z^2}$$

① 当 $z^2<\left(\frac{\pi\omega_0^2}{\lambda}\right)^2$ 时, $\frac{dR(z)}{dz}<0$,即 $R(z)$ 随 z 的增加而减小,说明从 $z=0$ 开始,波阵面越来越弯曲,曲率半径越来越小。

② 当 $z^2=\left(\frac{\pi\omega_0^2}{\lambda}\right)^2$ 时, $\frac{dR(z)}{dz}=0$,是极值点,即有最小曲率半径的波阵面。

以 $z=\frac{\pi\omega_0^2}{\lambda}$ 代入式(8-2-5)可知,这一最小曲率半径的球面是 $R(z)=z\left[1+\left(\frac{\pi\omega_0^2}{\lambda z}\right)^2\right]=\frac{2\pi\omega_0^2}{\lambda}$。

③ 当 $z>\frac{\pi\omega_0^2}{\lambda}$ 时, $\frac{dR(z)}{dz}>0$,即 $R(z)$ 随 z 的增加而增加。

④ 当 $z\to\infty$ 时, $R(z)\to\infty$。

总之,从 $z=0$ 沿着正轴 z 的方向上波阵面的曲率半径 $R(z)$ 是:平面→越来越小→最小→增大→∞。

在 $z<0$ 时,高斯光束的波阵面也是球面,波阵面的曲率半径和 $z>0$ 时是对称的。在整个 z 轴上波阵面的形状如图 8-2-1 所示。

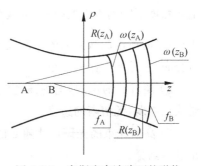

图 8-2-1 高斯光束波阵面的形状

3) 高斯光束的各个波阵面的曲率中心是变化的,并不重合。

由高斯光束在 z 处的波阵面的曲率半径表达式(8-2-5)可得到

$$|R(z)| = \left| z\left[1+\left(\frac{\pi\omega_0^2}{\lambda z}\right)^2\right]\right| > |z|$$

这说明在图 8-2-1 中,波阵面 f_A 和 f_B 的球心都在 z 轴的负半轴区,且不重合,f_A 的球心是 A 点,f_B 的球心是 B 点。因此,对于高斯光束来说,它的各个波阵面的曲率中心并不重合,是不断变化的。这是高斯光束与球面波的不同之处。

4) 在光束截面上的电场强度 E 的振幅是 x^2+y^2 的指数函数,在数学上称为高斯型分布。

(1) 观察 $z=0$ 处高斯光束电场强度 E 的振幅部分。把 $z=0$ 代入式(8-2-3)得

$$E(x,y,z) = \frac{A_0}{\omega(0)}\exp\left[\frac{-(x^2+y^2)}{\omega^2(0)}\right]e^0 \tag{8-2-10}$$

令

$$x^2+y^2=r^2$$

式(8-2-10)变成

$$E = \frac{A_0}{\omega_0}e^{-r^2/\omega_0^2} \tag{8-2-11}$$

在数学上,e^{-r^2} 称为高斯函数。

从式(8-2-11)可以看出,光场强度的相位已变成和 x、y 无关的量,但振幅还是 x、y 的函数。已定义过,$z=0$ 处的光斑尺寸即束腰半径 ω_0。

激光原理中,称光束在 xy 平面上的这种按高斯函数分布的振幅为高斯分布。

(2) 高斯分布的讨论

按式(8-2-10),画出电场强度 E 在 $z=0$ 处的高斯分布曲线,如图 8-2-2 所示。因 E 是随 r^2 变化,$r=0$ 处是最大值,关于 $r=0$ 对称,从图 8-2-2 可知:

① $r=0(x=y=0)$ 是光斑中心,有最大振幅,$E(0,0,0)=\dfrac{A_0}{\omega_0}$。

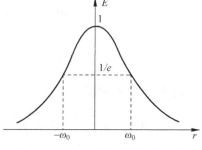

图 8-2-2　$z=0$ 处的高斯分布曲线

② 当 $r=\omega_0$ 时,$E(r=\omega_0)=\dfrac{1}{e}\dfrac{A_0}{\omega_0}$。即 $r=\omega_0$ 时,电场强度下降到中心处的 $\dfrac{1}{e}$,也就是说电场强度下降到中心处的 $\dfrac{1}{e}$ 时的半径为有效的光斑半径,平时所说的激光束的光斑大小即指这一半径值。在这一半径范围之外,仍然有光场能量分布,但是所占比例很小。

③ 随着 r 的增加,电场强度值继续下降并逐渐趋向于 0。总之,光斑中心处最亮,随 r 增大而减弱,无清晰的边缘。

5) 高斯光束的光斑尺寸随 z 的增加而增大,即光束是发散的。从式(8-2-4)中很容易得出这一结论。

通常说激光束的平行度很好,但并不是平行光。为了描述激光束的发散程度,定义角

2θ 为激光束的发散角。

定义:

$$2\theta = 2\frac{\mathrm{d}\omega(z)}{\mathrm{d}z} = \frac{2\lambda^2 z}{\pi\omega_0}(\pi^2\omega_0^4 + z^2\lambda^2)^{-\frac{1}{2}}$$

为激光束发散角,2θ 与 z 有关,在光路的不同点上有不同发散角。

有三点值得注意:

$z = 0$ 时,$2\theta = 0$,光束无发散;

$z = \dfrac{\pi\omega_0^2}{\lambda}$ 时,　$2\theta = \dfrac{\sqrt{2}\lambda}{\pi\omega_0}$;

$z \to \infty$ 时,　$2\theta = 2\dfrac{\lambda}{\pi\omega_0}$。

这说明发散角随 z 的增加而增大,最大发散角($z \to \infty$)为 $\dfrac{2\lambda}{\pi\omega_0}$。

定义: $0 \leqslant z \leqslant \dfrac{\pi\omega_0^2}{\lambda}$ 的范围为激光束的准直距离,在此区间内发散角比较小。

6) 高斯光束的光斑尺寸随 z 的变化曲线是双曲线型,如图 8-2-3 所示。

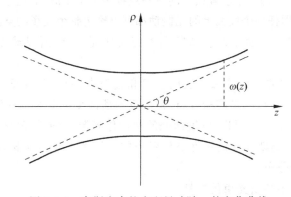

图 8-2-3　高斯光束的光斑尺寸随 z 的变化曲线

8.2.2　光学谐振腔中的高斯光束

1. 共焦腔中的高斯光束

首先回忆共焦腔的概念。共焦腔是指在光学谐振腔中 $R_1 = R_2 = L$,即两边凹面镜的曲率半径相等且焦点在腔的中点重合,如图 8-2-4 所示。

然后,从高斯光束的特性出发,构建一个共焦腔,并证明这个共焦腔产生的光束就是高斯光束。

一束腰半径为 ω_0,位置在 $z = 0$ 处的高斯光束,在光路中 $z = \pm\dfrac{\pi\omega_0^2}{\lambda}$ 处各放一曲率半径为 $R_1 = R_2 = 2\dfrac{\pi\omega_0^2}{\lambda}$ 的凹面反射镜时,将构成一个腔长为 $L = R_1 = R_2 = 2\dfrac{\pi\omega_0^2}{\lambda}$ 的共焦腔,如图 8-2-5 所示。下面,将证明按照这个方法构建的这个共焦腔和高斯光束是完全匹配的,不会破坏原来的高斯光束的特性。

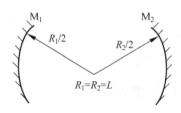

图 8-2-4   共焦腔

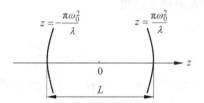

图 8-2-5   与高斯光束相对应的共焦腔

证明：高斯光束的波面为 $R(z)=z\left[1+\left(\dfrac{\pi\omega_0^2}{\lambda z}\right)^2\right]$，把 $z=\pm\dfrac{\pi\omega_0^2}{\lambda}$ 代入得

$$R(z)=2\,\frac{\pi\omega_0^2}{\lambda} \tag{8-2-12}$$

式(8-2-12)表明,高斯光束在反射镜处的波阵面曲率半径 $R(z)$ 恰好等于反射镜的曲率半径 R_1 和 R_2。换言之,高斯光束的波阵面和反射镜表面完全重合,光束被反射镜反射后不影响高斯光束的波面分布,不会影响高斯光束场的特性。

接下来将证明共焦腔所产生的光束就是高斯光束。

在光的传播过程中,每一个波阵面上的每一点都是一个子波源,这些子波源发出新的球面子波,在共焦腔中,根据任一个波面上的光振动都可以确定整个光场的空间分布。原因如下。

(1)移入反射镜时,球面正好和高斯光束的波阵面重合,所以球面镜并不影响波面的形状。

(2)又因反射镜对波面上的每一点反射率和透射率都相等,故反射波和透射波的空间分布和入射光束仍然相同,都是高斯分布,镜面反射所改变的只是透射波的强度。

(3)根据惠更斯-菲涅尔原理,以镜面处的波面作光源,仍能复现整个空间的光束。

总之,构造的腔和高斯光束的特性是相对应的。按照上述方法构建的共焦腔可以产生并保持高斯光束的场分布。

下面讨论共焦腔中高斯光束的特性。

(1)束腰的位置和半径。如图 8-2-6 所示,共焦腔的两个反射镜的曲率半径相同,$R_1=R_2=R=L$,对称放置在 $|z|=\dfrac{\pi\omega_0^2}{\lambda}$ 处,所以束腰在谐振腔的中间平面上（$z=0$ 处）。束腰的半径由 $L=2\,\dfrac{\pi\omega_0^2}{\lambda}$ 计算可得

$$\omega_0=\left(\frac{L\lambda}{2\pi}\right)^{\frac{1}{2}}=\left(\frac{R\lambda}{2\pi}\right)^{\frac{1}{2}} \tag{8-2-13}$$

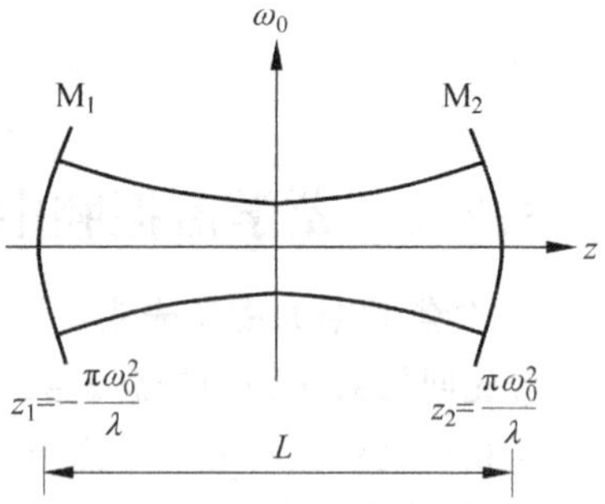

图 8-2-6   共焦腔中光束的特性

(2)镜面上的光斑半径(尺寸)。在 8.2.1 节中给出光路上任一点的束腰半径为

$$\omega(z)=\omega_0\left[1+\left(\frac{\lambda^2 z^2}{\pi^2\omega_0^4}\right)\right]^{\frac{1}{2}} \tag{8-2-14}$$

把镜面处 $z=\dfrac{\pi\omega_0^2}{\lambda}$ 及 $\omega_0=\left(\dfrac{L\lambda}{2\pi}\right)^{\frac{1}{2}}$ 代入 $\omega(z)$,有

$$\omega_{M_1} = \omega_{M_2} = \omega_0 \left[1 + \left(\frac{\pi \omega_0^2}{\lambda} \right)^2 \frac{\lambda^2}{\pi^2 \omega_0^4} \right]^{\frac{1}{2}} = \sqrt{2}\,\omega_0$$

$$= \sqrt{2} \left(\frac{L\lambda}{2\pi} \right)^{\frac{1}{2}} = \left(\frac{L\lambda}{\pi} \right)^{\frac{1}{2}} \tag{8-2-15}$$

即共焦腔的两个反射镜面上的光斑尺寸为

$$\omega_{M_1} = \omega_{M_2} = \sqrt{2}\,\omega_0 = \left(\frac{L\lambda}{\pi} \right)^{\frac{1}{2}}$$

（3）远场发散角

$$2\theta = 2\,\frac{\lambda}{\pi \omega_0} = 2 \left(\frac{2\lambda}{\pi L} \right)^{\frac{1}{2}} \tag{8-2-16}$$

因此，根据式(8-2-13)、式(8-2-15)和式(8-2-16)，共焦腔的束腰半径、镜面上的光斑半径和远场发散角完全由腔长 L 或球面曲率半径 R 决定，腔长 L 一旦确定，整个高斯光束的分布就完全确定了。可能有人会说波长 λ 是可变的，但实际上，对确定的激光器来说，波长 λ 可看成常数。

2. 对称型非共焦腔中的高斯光束

图 8-2-7 中的光学谐振腔为对称型非共焦腔，它的特点是两凹面反射镜曲率半径相等，但不共焦。

如何求解上述对称型非共焦腔中的高斯光束？我们比较熟悉的是共焦腔，共焦腔的腔长唯一地决定了整个腔中的高斯光束特性。因此，有没有一种办法把对称型非共焦腔和共焦腔联系起来，通过共焦腔来求解对称型非共焦腔中的高斯光束？答案是肯定的，对称型非共焦腔可以等价于一个共焦腔。

下面来证明并求解等价共焦腔的参数。

首先，对这两种谐振腔作一比较，参见图 8-2-8 共焦腔由两曲率半径为 R_C 和 R_D 的反射镜组成，$R_C = R_D = L_C = R'$。对称型非共焦腔的两凹面镜曲率半径相等，即 $R_A = R_B = R$，但它们的焦点不重合。

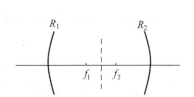

图 8-2-7　对称型非共焦腔

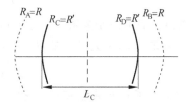

图 8-2-8　对称型非共焦腔中的等价共焦腔

假设在共焦腔的光路上找到两个对称的位置，该处的波阵面曲率半径 $R(z) = R_A = R_B$。在此位置处，放置两个曲率半径为 $R_A = R_B$ 的凹面镜，就构成了一个对称型非共焦腔。由于凹面镜的曲率半径 R_A 和 R_B 与共焦腔的波阵面曲率半径 $R(z)$ 严格相等，因此两反射镜 R_A 和 R_B 的引入，并没有改变原高斯光束的波面形状和光场分布，镜面上的反射率仅改变光束透射强度。因此，共焦腔和这个对称型非共焦腔的高斯光束光场是完全相同的。换句话说，对称型非共焦腔和共焦腔等效，或反过来，共焦腔和对称型非共焦腔等效。

推而广之,按照上述的方法,可以在共焦腔的高斯光束光场中选择两个位置,放置两个凹面反射镜,使得反射镜的曲率半径分别等于各自位置处的高斯光束的波阵面曲率半径,则由这两个反射镜组成的非共焦腔是稳定腔,且与该共焦腔等价。即普通的非共焦腔也有等价的共焦腔。

有两个谐振腔,一个是共焦腔,另一个是非共焦腔,如果两腔对应同一高斯光束,则称共焦腔为非共焦腔的等价共焦腔。

之所以要定义等价共焦腔,是因为共焦腔中的高斯光束场比较简单,唯一地由共焦腔的腔长决定。所以,要计算非共焦腔的高斯光束场,可以先求解该腔的等价共焦腔,由非共焦腔的腔长 L 和反射镜曲率半径 R 确定等价共焦腔的腔长 L_c。一旦 L_c 已知,则整个高斯光束的场就唯一地确定了。

下面求解 L_c,主要是寻找 L_c 和非共焦腔参数 R 和 L 的关系。

共焦腔中轴线上各点的波面半径的一般式为

$$R(z) = z\left[1+\left(\frac{\pi\omega_0^2}{\lambda z}\right)^2\right] \tag{8-2-17}$$

式中,$\omega_0 = \left(\frac{L_c\lambda}{2\pi}\right)^{\frac{1}{2}}$(注意 L 变成了 L_c),代入式(8-2-17)得

$$R(z) = z\left[1+\left(\frac{\pi\left(\frac{L_c\lambda}{2\pi}\right)}{\lambda z}\right)^2\right] = z\left[1+\left(\frac{L_c}{2z}\right)^2\right] \tag{8-2-18}$$

即

$$R(z) = z\left[1+\left(\frac{L_c}{2z}\right)^2\right] \tag{8-2-19}$$

因为与共焦腔对应的对称型非焦腔腔长为 L,所以非共焦腔反射镜的坐标为 $z = \pm\frac{L}{2}$,因此,非共焦腔的球面反射镜处的波阵面曲率半径为

$$R\left(z=\frac{L}{2}\right) = \frac{L}{2}\left[1+\left(\frac{L_c}{L}\right)^2\right]$$

在上面的等式中含有三个参数:L 是非共焦腔腔长,L_c 是等价共焦腔腔长,R 是反射镜的曲率半径。如果 L 和 R 是已知的,L_c 可表示为

$$L_c = (2RL-L^2)^{\frac{1}{2}} \tag{8-2-20}$$

由式(8-2-20),可通过非共焦腔长 L 和构成腔的球面反射镜曲率半径 R 算出等价共焦腔长 L_c。

以 L_c 分别代入式(8-2-13)、式(8-2-14)和式(8-2-16)中,可求得非共焦腔中高斯光束的特性参数。

(1)非共焦腔中高斯光束的束腰半径 ω_0

$$\omega_0 = \left(\frac{L_c\lambda}{2\pi}\right)^{\frac{1}{2}} = \left(\frac{\lambda}{2\pi}\right)^{\frac{1}{2}}(2RL-L^2)^{\frac{1}{4}} = \left[\frac{\lambda^2}{4\pi^2}(2RL-L^2)\right]^{\frac{1}{4}} \tag{8-2-21}$$

(2)非共焦腔中高斯光束的远场发散角 2θ

用式(8-2-20)取代式(8-2-16)中的 L,得

$$2\theta = 2\left(\frac{2\lambda}{\pi L_C}\right)^{\frac{1}{2}} = 2\left[\frac{4\lambda^2}{\pi^2(2RL-L^2)}\right]^{\frac{1}{4}} \tag{8-2-22}$$

(3) 非共焦腔反射镜面上的光斑尺寸 ω_A 和 ω_B

用式(8-2-20)取代式(8-2-15)中的 L，得

$$\omega_A = \omega_B \tag{8-2-23}$$

因此，通过引入等价共焦腔的概念，可以方便地计算对称型非共焦腔中高斯光束的光场特性参数。

3. 不对称腔(特别是平凹腔)中的高斯光束

定义：两反射镜曲率半径不相等，且焦点不重合的光学谐振腔，称为不对称非共焦腔。由一平面反射镜和一凹面反射镜组成的腔最常见，如 CO_2 激光器、HeNe 激光器等气体激光器就是用平凹腔。

已经知道，一个对称非共焦腔等价于一个共焦腔，束腰在腔中央，波阵面是一平面。如果在腔中央引入一平面镜，因平面镜恰好位于共焦腔的腔中央束腰处，故引入的平面没有破坏高斯光束的波面，如图 8-2-9 所示。

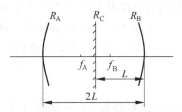

图 8-2-9　不对称非共焦腔

因此，由反射镜 R_C 和 R_A、R_B 构成的腔与由 R_A 和 R_B 构成的腔有相同的高斯光束场分布。这时应注意，对称非共焦腔的腔长 $2L$ 是平凹腔腔长 L 的 2 倍。

在前面部分，已经得到对称非共焦腔和等价共焦腔的腔长公式，即式(8-2-20)在平凹腔的情况下，若以 L 代表平凹腔的腔长，R 是凹面镜的曲率半径，则平凹腔的等价共焦腔腔长 L_C 为

$$L_C = \left[2R(2L)-(2L)^2\right]^{\frac{1}{2}} = 2(RL-L^2)^{\frac{1}{2}} \tag{8-2-24}$$

平凹腔的光束特性如下：

(1) 用式(8-2-24)中的 L_C 取代式(8-2-13)中的 L，得束腰半径(即平镜上的光斑尺寸)为

$$\omega_0 = \left(\frac{\lambda L_C}{2\pi}\right)^{\frac{1}{2}} = \left[\frac{\lambda^2}{\pi^2}(RL-L^2)\right]^{\frac{1}{4}} \tag{8-2-25}$$

(2) 用式(8-2-24)中的 L_C 取代式(8-2-15)中的 L，得凹面镜上的光斑尺寸为

$$\omega_B = \left(\frac{L_C\lambda}{\pi}\right)^{\frac{1}{2}} = \sqrt{\frac{2\lambda}{\pi}}(RL-L^2)^{\frac{1}{4}} \tag{8-2-26}$$

(3) 用式(8-2-24)的 L_C 取代式(8-2-16)中的 L，得远场发散角为

$$2\theta = 2\left(\frac{2\lambda}{\pi L_C}\right)^{\frac{1}{2}}$$

$$= 2\left[\frac{\lambda^2}{\pi^2(RL-L^2)}\right]^{\frac{1}{4}}$$

8.2.3　高斯光束经过薄透镜时的变换——聚焦和准直

激光束是高斯光束，有着不同于平面波或球面波的特性，这是 8.2.1 节已讨论过的。在

实际应用中,往往需要改善激光束某些特性以达到应用的目的。如激光打孔,需要把光束聚焦,以获得能量集中、尺寸合适的光斑;又如在激光准直、测距中需要进一步减小发散角,以获得更好的方向性。改善激光束的特性一般要使用薄透镜,这就需要研究高斯光束通过薄透镜时的变换规律。

1. 薄透镜对高斯光束的变换

用薄透镜对高斯光束进行变换时,我们感兴趣的是从透镜出射光束的参数:①束腰大小,决定了所能得到的最小光斑;②束腰位置,相当于几何光学中的聚焦距离;③透镜处的波阵面曲率半径;④透镜处的光斑大小。其中,束腰大小和束腰位置是最重要的参数,因为一旦这两个参数确定了,空间传播的整个高斯光束场就完全确定了。

前面已经讲过,高斯光束是一个特殊的球面波,它在传播过程中曲率半径和曲率中心的位置在不停变换。但归根结底,它还是球面波。因此,在研究薄透镜对高斯光束的变换时,我们的思路是能否借用薄透镜对球面波的变换公式。

下面来推导薄透镜对球面波的变换公式,首先从透镜成像公式出发。

式(8-2-27)是透镜成像公式:

$$\frac{1}{S} + \frac{1}{S'} = \frac{1}{f} \tag{8-2-27}$$

式中,S 是物距,S' 是像距,f 是透镜焦距。符号定义:光自左向右传播时,物在透镜左方 S 为正号,物在透镜右方 S 为负号;像在透镜的右方 S' 为正,像在透镜的左边 S' 为负。

上述成像公式是从几何光学角度出发的,下面从波动光学角度观察薄透镜对光波的变换,如图 8-2-10 所示。一点光源(在 O 点)发出一球面波,通过透镜变成会聚在 O' 的一个球面波。

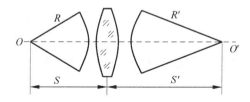

图 8-2-10   透镜对球面波的变换

显然,在透镜处,物波的球面半径 $|R| \approx |S|$,像波的球面半径 $|R'| \approx |S'|$。

对于波面曲率半径的符号,作如下规定:发散球面波的曲率半径为正,会聚球面波的曲率半径为负,则有

$$R = S, \quad R' = -S' \tag{8-2-28}$$

式中,R 为发散球面波的曲率半径,为正值;S 为物距,在镜左侧,为正值;R' 为会聚球面波的曲率半径,为负值;S' 为像距,在镜右侧,为正值。

把式(8-2-28)代入式(8-2-27),得

$$\frac{1}{R} - \frac{1}{R'} = \frac{1}{f} \tag{8-2-29}$$

上式在形式上和透镜成像公式没有差别,但却被赋予了另一个含义。

式(8-2-29)中,R 和 R' 分别是透镜处入射波和出射波的波阵面曲率半径,因此式(8-2-29)表明:一个薄透镜可以将一个波阵面曲率半径为 R 的球面波变换成一个曲率半径为 R' 的

新的球面波。

此处,不再把薄透镜看成一个成像系统,而是看成一个波阵面曲率半径的变换系统,变换的结果由焦距决定。高斯光束也是一个球面波,因此式(8-2-29)也适用于高斯光束。

有了上述基础,下面讨论薄透镜对高斯光束的变换。

根据前面的讨论,希望知道的是高斯光束经过薄透镜之后的束腰半径 ω_0'、透镜处的波阵面曲率半径 R'、束腰位置 z',以及透镜处的光斑大小 ω'。对于入射的高斯光束,已知的参数一般是束腰半径 ω_0 和束腰位置 z,透镜处的波阵面曲率半径 R 和光斑大小 ω 根据高斯光束的传输特性可以求得。

如图 8-2-11 所示的系统,首先计算入射高斯光束在透镜处(z 处)的光斑大小 ω 和波阵面曲率半径 R,如式(8-2-4)和式(8-2-5)所示。

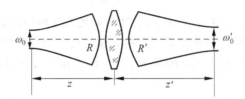

图 8-2-11　透镜对高斯光束的变换

下面逐一求解出射高斯光束的相关参数。

(1) 透镜处的光斑大小 ω'

由于是薄透镜,可忽略光穿过透镜引起的光场分布的变化,所以出射光仍为高斯光束,且光斑尺寸不变

$$\omega' = \omega \tag{8-2-30}$$

式中,ω 由式(8-2-4)给出。

(2) 透镜处的波阵面曲率半径 R'

根据前面的讨论,透镜是一个波面曲率半径变换系统,由式(8-2-29)可以求得 R' 为

$$\frac{1}{R'} = \frac{1}{R} - \frac{1}{f} \tag{8-2-31}$$

式中,R 由式(8-2-5)式给出。

(3) 束腰半径 ω_0' 和束腰位置 z'

在计算出射高斯光束的束腰半径 ω_0' 和束腰位置 z' 之前,先推导一组典型的公式,即根据高斯光束场中任意位置处的光斑半径 ω 和波阵面曲率半径 R,求解此高斯光束的束腰半径 ω_0 和束腰位置 z。推导过程如下。

对式(8-2-4)进行平方,然后除以式(8-2-5),可得

$$\frac{\omega^2}{R} = \frac{\lambda^2 z}{\pi^2 \omega_0^2} \tag{8-2-32}$$

两边乘以 $\frac{\pi}{\lambda}$,则有

$$\frac{\pi \omega^2}{\lambda R} = \frac{\lambda z}{\pi \omega_0^2} \tag{8-2-33}$$

把式(8-2-33)代入式(8-2-4),得

$$\omega^2 = \omega_0^2 \left[1 + \left(\frac{\pi\omega^2}{\lambda R} \right)^2 \right] \tag{8-2-34}$$

把式(8-2-33)代入式(8-2-5),得

$$R = z \left[1 + \left(\frac{\lambda R}{\pi\omega^2} \right)^2 \right] \tag{8-2-35}$$

由式(8-2-34)可求出 ω_0^2 为

$$\omega_0^2 = \omega^2 \left[1 + \left(\frac{\pi\omega^2}{\lambda R} \right)^2 \right]^{-1} \tag{8-2-36}$$

由式(8-2-35)可求出 z 为

$$z = R \left[1 + \left(\frac{\lambda R}{\pi\omega^2} \right)^2 \right]^{-1} \tag{8-2-37}$$

式(8-2-36)和式(8-2-37)的意义在于,已知高斯光束光路中任意位置处的光斑大小 ω 和波阵面曲率半径 R,就可以计算该高斯光束的束腰半径和束腰位置。

对于从透镜出射后的高斯光束的参数,加上标识符"′",于是式(8-2-36)和式(8-2-37)变为

$$\omega_0'^2 = \omega'^2 \left[1 + \left(\frac{\pi\omega'^2}{\lambda R'} \right)^2 \right]^{-1} \tag{8-2-38}$$

$$z' = R' \left[1 + \left(\frac{\lambda R'}{\pi\omega'^2} \right)^2 \right]^{-1} \tag{8-2-39}$$

式中,ω' 和 R' 分别由式(8-2-30)和式(8-2-31)给出。

至此,可以总结求出射光束参数的过程:由 $\omega' = \omega$ 求得 ω',由 $\frac{1}{R'} = \frac{1}{R} + \frac{1}{f}$ 求得 R',由 ω' 和 R' 求 ω_0',最后由 ω' 和 R' 求 z(z 是从透镜到出射光束束腰的距离)。当出射光束束腰位于坐标原点时,z 是透镜的坐标。当 $z > 0$,束腰在波面左方;当 $z < 0$,束腰在波面右方。

从前面的讨论可以看出,只要知道光路上任一点的 R 和 ω,就可确定整个高斯光束的分布。因此,有些教科书中,把 R 和 ω 综合到一起定义了一个复参数 q,表达式如下:

$$\frac{1}{q(z)} = \frac{1}{R(z)} - \mathrm{i} \frac{\lambda}{\pi\omega^2(z)} \tag{8-2-40}$$

于是薄透镜对光束的变换式(8-2-31)改写为

$$\frac{1}{q'} = \frac{1}{q} - \frac{1}{f} \tag{8-2-41}$$

式中,q' 为出射光束在透镜处的复参数,q 为入射光束在透镜处的复参数。

在很多场合,用复参数 q 讨论并计算高斯光束的传输和变换规律,将更为简单明了。

2. 高斯光束的聚焦

在对高斯光束聚焦时,我们通常关心两个问题:①聚焦点位置,决定了系统的工作距离以及外形尺寸;②焦点尺寸,决定了激光加工中打孔的大小以及光盘存储中的容量。下面,求解高斯光束经过薄透镜聚焦之后的上述两个参数。

(1)聚焦点位置 z'

聚焦点位置可由式(8-2-39)计算。

一般情况下,都使用短焦距系统对高斯光束进行聚焦,f 较小,例如几厘米,这时

式(8-2-39)可简化,具体过程如下。

在式(8-2-31)中,一般情况下 R 是相当大的,如 HeNe 激光器的球面镜曲率半径一般为 1 m。因为 $R \gg f$,即 $\frac{1}{R'} \approx -\frac{1}{f}$,所以有

$$R' \approx -f$$

代入式(8-2-39)得

$$z' = -f\left[1 + \left(\frac{\lambda f}{\pi \omega'^2}\right)^2\right]^{-1} \tag{8-2-42}$$

一般情况下 $\frac{\lambda f}{\pi \omega'^2} \ll 1$,例如 $\omega' = 1$ mm,$f = 2$ mm,$\lambda = 6.328 \times 10^{-4}$ mm,则

$$\frac{\lambda f}{\pi \omega'^2} = 0.004 \ll 1$$

所以有

$$z' = -f$$

即高斯光束经短焦距透镜会聚后束腰的位置在焦点附近。

(2) 聚焦点尺寸

高斯光束经变换后仍然是束腰处的光斑最小,因此束腰半径就是聚焦后光斑的大小,可由式(8-2-38)得出。

一般情况下 $\frac{\lambda f}{\pi \omega'^2} \ll 1$,所以 $\frac{\pi \omega'^2}{\lambda f} \gg 1$,则式(8-2-38)可写作

$$\omega'_0 = \omega'\left(\frac{\pi \omega'^2}{\lambda R'}\right)^{-1} = \frac{\lambda R'}{\pi \omega'}$$

在短焦距情况下,$|R'| = |-f|$,$\omega' = \omega$,所以有

$$\omega'_0 \approx \frac{\lambda f}{\pi \omega} \tag{8-2-43}$$

式中,ω 是入射光束在透镜处的光斑尺寸。

从式(8-2-43)可以看出,被聚焦的光束入射到透镜上的光斑尺寸(即 ω)越大,则经透镜后形成的焦斑越小。所以为了获得很小的焦斑,可采用如图 8-2-12 所示的透镜组系统。第一个透镜的作用是把光斑增大(使光斑发散),再由第二个透镜聚焦。

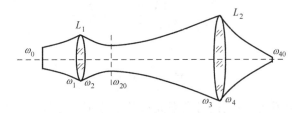

图 8-2-12 双透镜聚焦系统

3. 高斯光束的准直

在激光准直测距中,需要激光束有很好的准直性,即有小的发散角。而激光器输出的激光束往往无法直接用于准直和测距中。这时,就需要用光学系统对激光束进行准直,压缩光束的发散角。

在 8.2.1 节曾定义发散角为 $2\theta = 2\dfrac{\lambda}{\pi\omega_0}$。

由此式可知：对一确定波长的激光束来说，发散角的大小只由束腰半径决定。束腰半径越大，光束的发散角越小。要得到小发散角的激光束就要增加束腰半径(这点和聚焦相反)。

在几何光学中，一般用倒装的望远镜系统对光束进行准直。同样地，高斯光束中也采用倒装望远镜来进行激光束的准直，如图 8-2-13 所示。图中，两透镜间距等于两透镜焦距之和。第一个是短焦透镜，用来对高斯光束聚焦，获得极小的束腰半径 ω_0'；第二个是长焦透镜，获得大的束腰半径 ω_0''，减小发散角，改善光束的方向性。

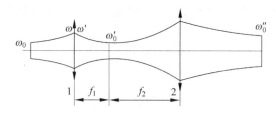

图 8-2-13   高斯光束的准直

求发散角的步骤是：由 ω_0 算出经过第一透镜后的 ω_0'；要获得好的准直效果，ω_0' 必须正好位于第二个透镜的后焦面上(入射光束的束腰半径位于透镜后焦面，则出射光束的束腰最大，发散角最小，准直效果最佳)，则可由 ω_0' 算出经第二个透镜出射光束的束腰半径 ω_0''；由 ω_0'' 就可以算出出射光束的发散角 $2\theta_出$(具体过程略)：

$$2\theta_出 = 2\frac{\lambda}{\pi\omega} \cdot \frac{f_1}{f_2} \tag{8-2-44}$$

由上式可知，入射到第一个透镜上的光斑尺寸 ω 越大，准直系统出射的光束发散角越小。

为了衡量准直系统的性能，定义发散角压缩比 M(也称为准直倍率)：入射光和出射光的发散角之比。

对于图 8-2-13 所示的准直系统，出射光的发散角由式(8-2-44)给出，而入射光发散角为

$$2\theta_入 = 2\frac{\lambda}{\pi\omega_0}$$

根据发散角压缩比 M 的定义，则有

$$M = \frac{2\theta_入}{2\theta_出} = \frac{2\lambda/\pi\omega_0}{2\lambda f_1/\pi\omega f_2} = \frac{f_2}{f_1} \cdot \frac{\omega}{\omega_0}$$

即

$$M = \frac{f_2}{f_1} \cdot \frac{\omega}{\omega_0} \tag{8-2-45}$$

从式(8-2-45)可以看出，望远镜对高斯光束的准直不仅与望远镜本身的参数 f_2/f_1 有关，还与高斯光束的束腰半径 ω_0 以及入射至第一个透镜处的光斑 ω(实际上，这个光斑 ω 完全取决于束腰到透镜的距离)有关。而在几何光学中，望远镜对发散光束的准直仅与 f_2/f_1 有关。

HeNe 激光器是常用的激光准直测量仪器光源，多采用平凹腔结构。下面给出平凹腔结构激光器的光束准直结果。当平面镜为输出镜，光腰在平面反射镜处，如果准直系统中的

第一个透镜和平面镜相距很近时,则有 $\omega=\omega_0$,所以 $M=f_2/f_1$;当凹面镜为输出镜时,可得 $M=\sqrt{2}\dfrac{f_2}{f_1}$(适用于半共焦腔)。

8.3 激光束的方向性

本章前面的讨论是以理想激光束为背景的,实际激光器(特别是固体激光器)输出的光束并不是理想状态,甚至远离理想 TEM_{00} 模场分布。

人们通常用近场和远场特性来描述激光器输出的光场分布。近场特性是指光强在激光输出镜面上的分布,它往往和激光器的横向模式联系在一起。远场特性是指距输出腔面一定距离的光束在空间的分布,它常常与光束的发散角联系在一起。

理想状态下,激光束的发散角一般都在百分之几到万分之几弧度的数量级,即它的方向性远好于普通光源。原因在于激光器谐振腔对光束方向性起到了严格限制作用。非轴向的光子很快逸出腔外,只有沿谐振腔轴线方向往返传播的光才能持续地被增益介质放大,从而实现激光振荡。

激光器输出光束的方向性由工作物质的种类和光学谐振腔的具体结构等决定。气体激光器,由于其工作物质是均匀性好的气体,而且谐振腔较长,因而光束方向性最好,发散角为 $10^{-4}\sim10^{-3}$ rad。其中尤以 HeNe 激光器发散角最小,仅 3×10^{-4} rad 左右,接近衍射极限角(2×10^{-4} rad)。固体和液体激光器因其工作物质均匀性欠佳(有气泡,折射率也不均匀),以及谐振腔较短,光束发散角较大,一般在 10^{-2} rad 范围。半导体激光器以晶体解理面为反射镜,两个理解面形成的谐振腔腔长短仅毫米,所以它的光束方向性最差,发散角为 $(5\sim10)\times10^{-1}$ rad。

第 **9** 章
激光纵模和单色性

9.1　激光谐振腔和单色性

　　为了更好地理解光的单色性,首先定义一个光学基本概念:具有单一频率的光称为单色光。

　　但是实际上,绝对的单色光是不存在的。只存在准单色光,即光的波长总有一个小的波长范围分布。如图 9-1-1 所示,一束波长为 λ_0 的准单色光,它的波长实际上是以 λ_0 为中心的一个小范围分布,用 $\Delta\lambda$ 表示。$\Delta\lambda$ 是 λ_0 左右两个强度最大值一半处所对应的波长范围,称为波长的半高全宽度,简称波长宽度。$\Delta\lambda$ 的值即光的单色性的度量。一般当一束光的波长范围是 10 Å 时,这束光的单色性较差;当波长范围减小到 $\Delta\lambda \sim 10^{-5}$ Å 时,这束光的单色性较好。

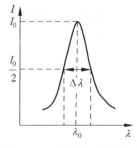

图 9-1-1　准单色光的波长
范围示意图

　　与单色光相对应的概念是复色光,它由各种不同频率的光复合而成,如白光就是由七种颜色的光复合而成的。

　　对于激光,同样如此。如果要提高激光的单色性,就要压窄它的波长或频率范围,而这与激光谐振腔的作用有关。

9.2　激光腔纵模

　　本节将研究光学谐振腔的驻波条件,也即谐振腔所允许在其中存在的光的频率条件,也称作激光的谐振条件。

9.2.1　空腔谐振条件

这里标题的空腔是指谐振腔内没有增益介质,或暂时忽略增益介质作用的谐振腔。

考虑由两个反射镜组成的一个空谐振腔,按普通物理,两平行反射镜(FP 标准具)的驻波条件应有:激光谐振腔长等于半波长的整数倍,可用公式表示为

$$L' = \frac{1}{2}\lambda q, \quad q = 1, 2, 3, \cdots \tag{9-2-1}$$

式中,λ 是光波长。这就是激光的谐振条件,它给出了空腔中允许存在的谐振波长,是激光原理中最基本的公式之一。

在式(9-2-1)中,L' 应理解为空腔的物理长度,即光程,是腔内光路和全部元件的光程的总和 $L' = \eta L$。

式(9-2-1)也可写作

$$\lambda = \frac{2L'}{q} \tag{9-2-2}$$

则有

$$
\begin{aligned}
q = 1, \quad & \lambda = 2L' \\
q = 2, \quad & \lambda = L' \\
q = 3, \quad & \lambda = 2L'/3 \\
& \vdots \\
q = \infty, \quad & \lambda = 0
\end{aligned}
$$

因此,在谐振空腔内允许存在的分立波长理论上有无穷多个,而实际激光器仅有少数甚至一个形成振荡,后文将给予讨论。

9.2.2　空腔谐振频率及间隔

式(9-2-1)和式(9-2-2)给出的是空谐振腔的谐振波长,根据波长和频率的关系,也可以用频率表示上述两个公式,有时用频率表示会更方便。

定义满足谐振条件的光的频率称为激光谐振频率。根据式(9-2-1),结合 $c = \lambda\nu$,得到

$$\nu_q = \frac{c}{2L}q \tag{9-2-3}$$

式中,ν_q 表示第 q 级频率,c 是光速,其他同式(9-2-1)。同样地,理论上,腔内允许存在的光频率有无穷多个。所有的谐振频率 ν 在频率轴上是一系列分立值,不满足式(9-2-3)的光频率在腔内无法存在。

在实际应用中,经常使用激光谐振频率间隔的概念。定义相邻两谐振频率之间的频率差为激光谐振频率间隔。

下面,讨论两谐振频率之间的频率差。考虑谐振腔光学长度,对第 q 级频率,有

$$\nu_q = \frac{c}{2L'}q$$

对第 $q+1$ 级频率,有

$$\nu_{q+1}=\frac{c}{2L'}(q+1)$$

谐振频率间隔为

$$\Delta\nu_q=\nu_{q+1}-\nu_q=\frac{c}{2L'}$$

令

$$\Delta\nu=\nu_{q+1}-\nu_q=\frac{c}{2L'} \tag{9-2-4}$$

这里,请注意:在腔内有介质时,L'应理解为光学长度。只有介质内没有发光物质和光学元件或忽略时,才用 L。

$$L'=\eta L,\quad \eta \text{ 为介质折射率} \tag{9-2-5}$$

式(9-2-3)和式(9-2-4)改为

$$\nu_q=\frac{c}{2L'}q=\frac{c}{2\eta L}q \tag{9-2-6}$$

由式(9-2-4)可知,腔内的谐振频率在频率轴上等间隔排列,相邻两谐振频率之间的频率差相等,只与激光器谐振腔长有关。

9.2.3　空腔频率宽度

所谓的空腔可以包含以下两种情况:①腔内没有激光介质;②腔内有激光介质,但忽略其存在。空腔又称为无源腔。

式(9-2-5)和式(9-2-6)给出了输出频率(纵模)在频率轴上的位置和相邻频率的间隔,本小节讨论输出光的一个频率的光谱宽度,即频率宽度。

作为激光器的谐振腔,反射率不可能是 100%,否则将无法把激光从谐振腔中输出去,所以由谐振腔的不完全反射导致谐振腔的损耗,使得谐振腔内的光子具有有限的寿命,引起由式(9-2-6)给的频率 ν_q 的展宽,即所说一个频率实际上具有一定的宽度。

这实际上就是 5.4 节所说:单色光入射 FP 标准具,由于多光束干涉效应导致透射峰的频率都具有一定的宽度。回顾 6.1.1 节,那里也有一个类似的绕嘴概念:光谱线的宽度,是线还要有宽度。这里是一个频率还要有频率宽度。

与式(5-4-1)对应的频率宽度为

$$\Delta\nu_{\frac{1}{2}}=\frac{c}{2\pi\eta L}\frac{1-R}{\sqrt{R}} \tag{9-2-7}$$

这个频率宽度是多光束干涉只有一条亮纹时所对应的频率宽度,也是透过率曲线只有一个峰值时的频率宽度,与空腔频率宽度不是一个概念。

1. 光子在腔内的平均寿命

首先定义平均单程损耗因子 δ 的概念。

定义:如果初始光强为 I_0,在空腔内往返一次后,光强衰减为 I_1,则平均单程损耗因子 δ 满足下式:

$$I_1=I_0\mathrm{e}^{-2\delta} \tag{9-2-8}$$

由上式得到

$$\delta = \frac{1}{2}\ln\frac{I_0}{I_1} \tag{9-2-9}$$

如果损耗是由多种因素引起的,每一种因素引起的损耗以相应的损耗因子 δ_i 表示,则总的平均单程损耗因子为

$$\delta = \delta_1 + \delta_2 + \delta_3 + \cdots$$

初始光强为 I_0 的光束在腔内往返 m 次后光强变为

$$I_m = I_0(e^{-2\delta})^m = I_0 e^{-2\delta m} \tag{9-2-10}$$

如果取 $t=0$ 时的光强为 I_0,则到 t 时刻为止光在腔内往返的次数 m 应为

$$m = \frac{tc}{2L'} \tag{9-2-11}$$

将式(9-2-11)代入式(9-2-10),可得 t 时刻光强为

$$I(t) = I_0 e^{-\frac{t}{\tau_R}} \tag{9-2-12}$$

式中,

$$\tau_R = \frac{L'}{\delta c} \tag{9-2-13}$$

称为腔的时间常数,是描述光学谐振腔的一个重要参数。$L' = \eta L$ 是腔的光学长度。从式(9-2-12)看出,当 $t=\tau_R$ 时,则有

$$I(t) = \frac{I_0}{e} \tag{9-2-14}$$

式(9-2-14)可以看出时间常数的物理意义为:经过 τ_R 时间后,腔内光强衰减为初始值的 $\frac{1}{e}$。

从式(9-2-13)看出,δ 越大,τ_R 越小,说明腔内损耗越大,腔内光强衰减越快。

实际上 τ_R 就是光子在腔内的平均寿命,证明如下。

设 t 时刻腔内的光子数密度为 n,n 与光强 $I(t)$ 的关系为

$$I(t) = nh\nu\upsilon \tag{9-2-15}$$

式中,υ 表示光在谐振腔内的传播速度。将式(9-2-15)代入式(9-2-12),得

$$n = n_0 e^{-\frac{t}{\tau_R}} \tag{9-2-16}$$

式中,n_0 表示 $t=0$ 时刻的光子数密度。式(9-2-16)表明,由于腔损耗的存在,腔内光子数密度将随时间按指数规律衰减,到 $t=\tau_R$ 时刻衰减为 n_0 的 $\frac{1}{e}$。在 $t \sim t+\mathrm{d}t$ 时间内减少的光子数密度为

$$\mathrm{d}n = -\frac{n_0}{\tau_R} e^{-\frac{t}{\tau_R}} \mathrm{d}t$$

这 $\mathrm{d}N$ 个光子寿命均为 t,即在 $0 \sim t$ 这段时间内它们存在于腔内,之后,它们就不在腔内了。因此,所有 N_0 个光子的平均寿命可计算如下:

$$\bar{t} = \frac{1}{n_0}\int t(-\mathrm{d}N) = \frac{1}{n_0}\int_0^\infty t\left(\frac{n_0}{\tau_R}\right) e^{-\frac{t}{\tau_R}} \mathrm{d}t = \tau_R$$

上式证明了腔的时间常数就是腔内光子的平均寿命。腔的损耗越小,腔内光子的平均寿命

越长。

2. 空腔频率宽度

在第 6 章,介绍了光谱线的自然展宽线宽与发光粒子的寿命有关。与此类似,由于腔的损耗使得腔内光子具有有限长的寿命,这必然会引起光子能量的损失,导致光子谱线具有一定的宽度,这也可以用能量与时间的不确定关系进行解释。腔内光子的寿命与模式的频率宽度的关系为

$$\Delta \nu_c = \frac{1}{2\pi \tau_R} \tag{9-2-17}$$

在谐振腔中,由式(9-2-13)可得光子的寿命为

$$\tau_R = \frac{L'}{\delta c} = \frac{L'}{(1-R)c}$$

式中,R 是激光输出腔镜的反射率。因此空腔由于损耗而产生的频率宽度为

$$\Delta \nu_c = \frac{1}{2\pi \tau_R} = \frac{(1-R)c}{2\pi L'} \tag{9-2-18}$$

可以看出,R 越大,空腔的频率宽度越窄。当 $R=0$ 时,高损耗腔很难产生激光振荡;当 $R \to 1$ 时,就是理想情况,每一个谐振频率都是单色的,不存在展宽,但这不是激光器真实的工作条件。实际的情况是 $R<1$(腔内必然有损耗),这时每一个谐振频率都有一定程度的展宽,如图 9-2-1 所示。图中给出了各种反射率下谐振腔的纵模频率谱。如果这时再给出空腔可能存在的激光频率分布,应该如图 9-2-1 所示。如果单纵模输出,在只考虑谐振腔本身对纵模频率谱线展宽的情况下,单纵模的频率宽度为 $\Delta \nu_c$。多纵模输出的情况下,输出的频率宽度可以根据 $\Delta \nu_c$ 和 $\Delta \nu_q$ 计算,参看图 9-2-1。

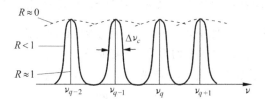

图 9-2-1　谐振腔在不同反射率下的纵模频率谱

总之,对 8.2 节中定义的谐振频率的理解应是,即使在空腔的情况下,每个谐振频率都有一定的展宽,展宽的大小与谐振腔的反射率有关。

9.2.4　形成激光振荡的频率需要满足的三个条件

综合第 6 章、第 7 章和本节的讨论,对形成激光振荡的频率的条件做一归纳。

条件 1:形成激光振荡的频率必须满足谐振条件(式(9-2-3)),因为只有这样的频率才能在谐振腔内稳定存在。

条件 2:形成激光振荡的频率必须在光谱线频率范围内,即增益曲线宽内(见 6.2.4 节 $g(\nu_0, \nu)$)。

条件 3:形成激光振荡的频率必须获得足够的放大(增益)倍数以补偿其在腔内传播中的损耗,即增益大于损耗(见式(7-1-1))。

图 9-2-2、图 9-2-3 和图 9-2-4 示出了上述三个条件对应的频率轴和增益曲线。

图 9-2-2 是空腔的情况。在一个空腔中,有一系列频率满足 $\nu_q = \dfrac{c}{2L'}q$。但是,空腔内(有介质、没增益)没有光放大,没有激光振荡,这些频率在图中仅是一列竖直线。

图 9-2-2　满足谐振条件而又处在荧光谱线宽内的频率

图 9-2-3 是谐振腔内有激活介质、有增益的情况。增益中心频率 ν_0。增益介质对落在其增益曲线 $G(\nu)$ 之内的频率 ν_{q-1}、ν_q、ν_{q+1} 和 ν_{q+2} 起放大作用。注意,这四个频率(竖线)和增益曲线 $G(\nu)$ 的交点高低不同,代表其获得的增益不同。

如图 9-2-4 所示,ν_A 和 ν_B 在综合加宽介质荧光谱线宽内得到放大,ν_A 获得的增益高,达到 C 点,增益大于损耗,形成振荡,并在增益曲线 $G(\nu)$ 上烧了一个孔(对比 6.4.4 节)。而 ν_B 获得的增益仅达到 D 点,没有达到或高于 G_{th},即不满足"增益大于损耗"的条件,不能振荡。

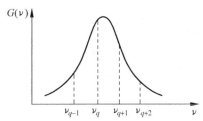

图 9-2-3　不同的频率在增益曲线内得到不同的增益

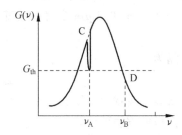

图 9-2-4　落在增益曲线内的谐振频率得到放大

9.2.5　激光纵模

下面引入一个十分重要的概念——激光纵模。由谐振条件 $\nu_q = \dfrac{c}{2L'}q$ 所确定的每一个激光振荡频率称为一个激光纵模,q 称为纵模序数。

这一定义的术语"由谐振条件 $\nu_q = \dfrac{c}{2L'}q$ 所确定的"是指全部由两反射镜之间的距离(腔长)决定的频率,"激光振荡"是指由腔长决定的频率处于光谱线(宽)内且增益大于损耗。

激光纵模也可以描述为:由 $L' = \dfrac{1}{2}\lambda q$ 所决定的,由 q 所代表的激光谐振腔内纵向场分布,称为腔的纵模。

相邻两个振荡频率之间的频率差称为纵模间隔,实际上就是式(9-2-6),重写如下:

$$\Delta\nu_q = \frac{c}{2L'} \tag{9-2-19}$$

根据 9.2.4 节的讨论,对一个激光器,可能有多个纵模。而从干涉的角度看,纵模数越少,频率成分越纯净,单色性越好。那么,激光器在什么情况下可以得到单纵模输出,在什么情况下有多个纵模输出,这是一个重要问题。

例1 一个长 60 cm 的 HeNe 激光器，6328 Å 激光光谱线半高宽内可能出现几个纵模？如果缩短腔长到 10 cm 呢？

解：已知 HeNe 激光器 6328 Å 光谱线（宽）$\Delta\nu_D = 1.5 \times 10^9$ Hz，纵模间隔 $\Delta\nu_q = \dfrac{c}{2L'}$。

(1) 以 $L' = 60$ cm 代入，得

$$\Delta\nu_q = \frac{3 \times 10^{10}}{2 \times 60} = 2.5 \times 10^8 \text{ Hz}$$

$$\text{光谱线半高宽内纵模数} = \frac{\Delta\nu_D}{\Delta\nu} = 6 \text{ 个}$$

(2) 以 $L' = 10$ cm 代入，得

$$\Delta\nu_q = \frac{3 \times 10^{10}}{2 \times 10} = 1.5 \times 10^9 \text{ Hz} = \Delta\nu_D$$

所以光谱线半高宽内纵模数约等于 1 个。

例2 一个 10.6 μm 波长的多普勒展宽 CO_2 激光器，腔长为 1 m，可能有多少个纵模？

解：CO_2 的 10.6 μm 多普勒线宽为

$$\Delta\nu_D = 10^8 \text{ Hz}$$

纵模间隔为

$$\Delta\nu_q = 1.5 \times 10^8 \text{ Hz}$$

所以光谱线半高宽内纵模数 $= \Delta\nu_D / \Delta\nu_q \approx 1$。

用同样的方法可计算：

(1) 氩离子 5145 Å 波长激光器，$\Delta\nu_D = 6 \times 10^8$ Hz。腔长为 $L' = 1$ m 时，有 4 个纵模可能振荡。

(2) 红宝石 6943 Å 波长激光器，$\Delta\nu_H = 3.3 \times 10^{11}$ Hz，腔长为 $L = 10$ cm 时，有 200 个纵模可能振荡。

(3) 钕玻璃 1.06 μm 波长激光器，$\Delta\nu_H = 7.5 \times 10^{12}$ Hz，腔长为 $L = 10$ cm 时，有 5000 个纵模可能振荡。

9.2.6 激光振荡频率宽度

由式(9-2-18)可得空腔的频率宽度。空腔是腔内工作物质增益系数为零的情况。而实际振荡的激光器内工作物质的增益系数恒大于零，因此称作有源腔。对于有源腔，单程净损耗为

$$\delta_s = \delta - G(\nu, I_\nu)l \tag{9-2-20}$$

式中，l 是激光工作物质的长度，$G(\nu, I_\nu)$ 是工作物质的增益系数。

所以有源腔模式的频率宽度为

$$\Delta\nu_s = \frac{c\delta_s}{2\pi L'} = \frac{1}{2\pi\tau'_R} \tag{9-2-21}$$

式中 c 是光速，$\tau'_R = L'/(c\delta_s)$ 是由谐振腔损耗及工作物质增益决定的有源腔中光子的寿命。

图 9-2-5 给出了考虑谐振腔损耗后腔内可能存在的频率分布，每一个频率 ν_{q-2}，ν_{q-1}，ν_q，… 的宽度都由式(9-2-21)决定。

在第 6 章中介绍过,对于激光器稳态工作时,增益 Gl 等于损耗 δ,即

$$\delta = G(\nu, I_\nu)l$$

因此激光器的净损耗 $\delta_s = 0$,所以单纵模的振荡线宽也为零,这相当于激光器输出的是理想的无限长的波列,是绝对的单色光。

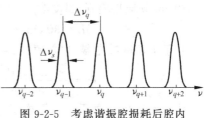

图 9-2-5　考虑谐振腔损耗后腔内可能存在的频率分布

但是,实际的单纵模激光器的线宽也不为零,激光束不是绝对的单色光。原因是我们在研究激光器的稳态工作时,也就是讨论激光器的阈值和输出功率时不能忽略自发辐射的影响。从辐射强度的角度来看,自发辐射与受激辐射相比极其微弱,可以忽略。但是在考虑激光输出线宽问题时却必须考虑自发辐射的影响。

由自发辐射而产生的线宽是无法人为排除的,所以称它为线宽极限。不同激光器的线宽极限是不同的。实际激光器中由于存在各种不稳定因素,所以激光纵模的频率宽度远大于线宽极限。人们采用各种激光技术压窄线宽,使得实际的激光振荡线宽更接近于线宽极限。

9.2.7　激光频率漂移

激光器纵模频率的漂移对一些应用非常有害。频率漂移的原图是一些因素引起的激光腔长的改变。

1. 激光频率漂移和腔长改变

由式(9-2-3)可知:c 不变,q 给定时,如果 L 改变了,ν_q 就要改变,即频率发生了漂移。引起 L 变化的因素有温度的变化和谐振腔变形或振动。

对式(9-2-3)两边微分,得

$$d\nu_q = \frac{c}{2L^2}(-dL)q \quad \text{或} \quad \delta\nu_q = \frac{-c}{2L^2}q\delta L \tag{9-2-22}$$

综合式(9-2-3)和式(9-2-22),并省去脚标 q 得

$$\frac{\delta\nu_q}{\nu_q} = \frac{-\delta L}{L}$$

$$\frac{\delta\nu}{\nu} = -\frac{\delta L}{L} \tag{9-2-23}$$

或

$$\delta\nu = -\frac{\nu}{L}\delta L \tag{9-2-24}$$

式(9-2-24)给出谐振腔长的改变所引起激光频率的改变。

2. 气体激光器的频率漂移

一般气体激光器的谐振腔管壳是由硬质玻璃(线膨胀系数为 $\alpha = 4 \times 10^{-6}/℃$)或石英玻璃制成(线膨胀系数为 $\alpha = 5 \times 10^{-7}/℃$),当外界温度改变时,将引起激光腔长 L 的改变,导致频率漂移。

为了有个量的概念,下面分别计算由硬质玻璃和石英玻璃制成的激光器温度改变 1℃ 时引起的频率漂移。

30 cm 硬质玻璃管,温度改变 1℃时有

$$\delta L = 30 \text{ cm} \times 4 \times 10^{-6}/℃ \times 1℃ = 1.2 \times 10^{-4} \text{ cm}$$

对于 HeNe 激光器,中心频率 $\nu = 4.7 \times 10^{14}$ Hz,代入式(9-2-24)得

$$\delta\nu = \frac{-4.7 \times 10^{14}}{30 \text{ cm}} \times 1.2 \times 10^{-4} \text{ cm} = -1900 \text{ MHz}$$

从频率轴上看,如果一个纵模刚好在荧光谱线的右边缘 A,当激光器的玻璃壳温度改变 1℃时,这个纵模的频率将向左移动 1900 MHz。由于 HeNe 激光器的荧光谱线(宽)是 1500 MHz,即这个纵模移到了 B,到了荧光谱线之外去了,如图 9-2-6 所示。

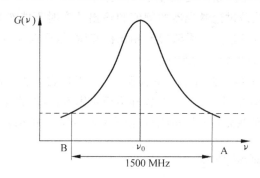

图 9-2-6　HeNe 激光器的频率漂移

30 cm 的石英玻璃壳因为它的热膨胀系数大约是硬质玻璃的 1/10,所以由石英玻璃制成的激光管壳温度改变 1℃时,纵模的频率漂移约 190 MHz,比硬质玻璃小多了。

3. 跳模现象

有一种称为跳模的现象,当单纵模激光器工作时,由于环境温度改变,激光管将伸长或缩短,导致空腔谐振频率的漂移,以至于激光振荡的纵模的序数要改变,如腔长缩短了,模 ν_q 移出增益曲线 $G(\nu)$,而模 ν_{q-1} 进入增益曲线 $G(\nu)$。这种激光器内不同序数的纵模形成振荡的转换现象称为跳模。对于 HeNe 激光器,在两个纵模完全以增益曲线中心为对称时,可以看到其中一个忽然消失,另一个尚存的现象,这是模竞争和烧孔的结果。可参阅第 1 章。

例　一腔长 15 cm 的 HeNe 激光器,谐振腔长改变多少,发生一次跳模?

发生一次跳模即意味着激光频率漂移了一个激光器出光带宽。在不确定出光带宽宽度时,可以用荧光谱线宽作近似估计。

按 HeNe 激光器的荧光谱线宽 1500 MHz 计算,又因为 $dL = \frac{L}{\nu}d\nu$,则有

$$dL = \frac{L}{\nu} \times 1.5 \times 10^9$$

$$\nu = \frac{c}{\lambda} = \frac{10^{14}}{0.6\mu}$$

所以,

$$dL = \frac{15 \text{ cm} \times 10^{14}}{10^{14}} \times 0.6 \times 1.5 \times 10^9$$

$$= 1.35 \ \mu m$$

因此,谐振腔长改变 $1.35\,\mu m$,激光器发生一次跳模。实际上,发生一次跳模的腔长改变比 $1.35\,\mu m$ 小些,因为介质荧光谱线宽比激光出光带宽大,出光带宽总比荧光谱线宽窄。

9.2.8　多纵模激光的谱宽

9.2.6 节讨论了一个频率的线宽。包含所有振荡模式在内的发射谱的总宽度称为激光器的谱宽。图 9-2-7 给出了激光介质光谱宽度、纵模分布与出光带宽的关系。损耗线以上是出光带宽。注意横坐标是波长,即光谱宽度由波长宽度表示。

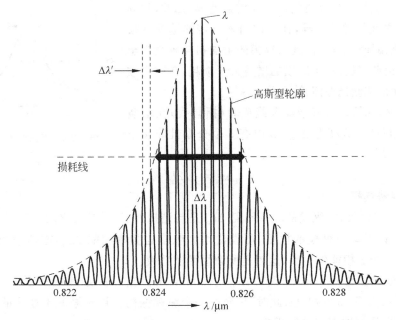

图 9-2-7　多模半导体激光器的光谱,$\Delta\lambda'$是以波长表示的纵模间隔

图 9-2-7 给出了一种半导体激光器的光谱图,图中横轴是波长,纵轴是激光输出强度。在这个谱中,只有增益强度大于损耗强度(在一个固定的激光器中,损耗强度是固定的,所以在图 9-2-7 中可以用一条直线表示)的纵模是可以真正形成振荡,从激光器中出射的,所以激光器发射激光谱的谱宽应为损耗线上所包含的激光纵模的波长宽度 $\Delta\lambda$。从图 9-2-7 也可以看出输出光谱中有多个峰值波长,并标出了中心波长和峰值波长。图 9-2-8 给出了单模半导体激光器的输出谱,图中强度最大值 1/2 处的全宽度波长范围就是激光线宽。

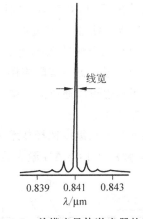

图 9-2-8　单模半导体激光器的线宽

一般情况下半导体激光器光谱特性包络内含 3~5 个纵模,谱宽值为 3~5 nm;较好的单纵模激光器的线宽值约为 0.1 nm,甚至更小。

9.2.9   纵模选择技术

某些重要的应用,如光谱分析、干涉检测、全息摄影等,常要求使用单纵模的激光源,使激光应用系统具有最佳的时间和空间相干性,具有优良的性能。然而,大多数激光器总是输出多纵模。为了满足这些应用需求,需要采用所谓纵模选择技术,以获得单纵模激光输出。

纵模选择的基本思想:激光器中某一个纵模能否起振和维持振荡主要取决于这一纵模的增益与损耗的相对大小。对于同一阶横模的不同纵模而言,其损耗是相同的(如激光腔镜对它们的输出等),但是不同纵模间却存在增益差异,因此,常利用不同纵模之间的增益差异,在腔内引入一定的选择性损耗,使一个纵模损耗最小,而其余纵模的附加损耗较大甚至大于增益。由此,只有一个纵模的增益大于损耗,在腔内被光放大,从而形成激光振荡,输出单一纵模。

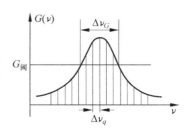

图 9-2-9   谐振腔的纵模分布

如图 9-2-9 所示,阈值增益曲线或者(损耗线)在增益曲线上所截得的总宽度为 $\Delta\nu_G$,其内有 5 个分立且等频率间隔 $\Delta\nu_q$ 的纵模。

$$\Delta\nu_q = c/2L' \tag{9-2-25}$$

1. 短腔法选模

从式(9-2-19)可知,纵模的频率间隔 $\Delta\nu_q$ 是与谐振腔长 L' 成反比的。为了在净增益曲线宽 $\Delta\nu_G$ 内获得单一纵模的振荡,可设法增大纵模的频率间隔 $\Delta\nu_q$,亦即缩短腔长,使得 $\Delta\nu_G$ 内只有一个纵模能够振荡,这就是所谓短腔法选模。

HeNe 激光器的 $\Delta\nu_G$ 较小,设其 $\Delta\nu_G = 1500\,\text{MHz}$。当腔长 L 缩短至 10 cm 时,纵模频率间隔 $\Delta\nu_q$ 增大至 1500 MHz,此时,只允许一个纵模振荡。用于激光干涉仪的单频 HeNe 激光器大都采用短腔实现单纵模输出。

这种方法的优点是比较简单,但只适用于光谱线(宽)较窄的激光器,而对于光谱线(宽)较大的激光器,用短腔法实现单纵模振荡是不现实的,如红宝石激光器光谱线(宽)为 330 GHz,要用短腔法实现单纵模振荡,则要求腔长缩短到 0.3 cm;又比如半导体激光器的谱宽一般在几十纳米,如要用短腔法实现单纵模振荡则要求腔长在微米量级。这实际上不可行。因为激光器在实际应用中往往对功率大小有要求,腔长这么短,输出功率过小,无法应用。当然也可以通过大大降低激光器的泵浦水平来减少 $\Delta\nu_G$,实现单纵模振荡,但也会降低激光器功率。

靠缩短腔长纵模选择技术多用于激光功率不高,但相干性好的激光器,除了 HeNe 激光器,还有微片 Nd∶YAG 激光器、Nd∶YVO₄ 激光器等。

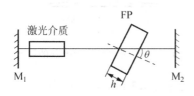

图 9-2-10   FP 标准具法选模

2. FP 标准具选模

上述的缩短激光腔长方法可进一步推广到腔长不能缩短的激光器种类,即所谓 FP 标准具选模的方法。一般有两种形式:一种是腔内放置倾斜标准具,另一种是用两个反射镜构成标准具直接用作谐振腔镜。

图 9-2-10 给出腔内倾斜标准具选模的布置。对于

界面反射率为 R，厚度为 h，标准具介质折射率为 η，以小角度（设 FP 板内入射角为 θ）斜置的标准具，其透过率 $T(\lambda)$ 可根据下式求得

$$T(\lambda) = \frac{1}{1 + F\sin^2(\delta/2)} \tag{9-2-26}$$

式中，$F = 4R/(1-R)^2$，$\delta = \dfrac{4\pi}{\lambda}\eta h\cos\theta$。从 δ 的表达式可知 $T(\lambda)$ 是 λ 的函数。

图 9-2-11 是 FP 标准具的透过率随界面反射率变化的曲线。标准具的自由光谱范围为

$$\Delta\lambda_m = \lambda^2/2\eta h\cos\theta \tag{9-2-27}$$

或以频率间隔表示为

$$\Delta\nu_m = c/2\eta h\cos\theta \tag{9-2-28}$$

FP 标准具选模的原理如下。

(1) FP 标准具对不同频率的光透过率不同，如图 9-2-12 所示。图中，横轴上的竖线是激光器谐振频率，$T(\lambda)$ 是 FP 标准具透过率曲线，$-\delta/l$ 是阈值线，等于图 9-2-4 中的 G_{th}。当激光频率满足式 (9-2-26) 时，有最大透过率（见式 (9-2-26) 下的说明）。

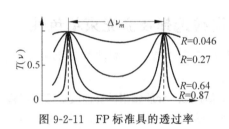

图 9-2-11　FP 标准具的透过率

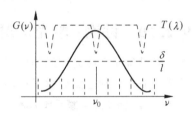

图 9-2-12　FP 标准具选模原理

(2) 如图 9-2-12 所示，普通的激光谐振腔，损耗对所有的激光频率是相等的，为一水平线。图中，理论上中心频率附近的 5 个激光纵模都可以振荡，是多纵模输出。

(3) 当 FP 标准具插入激光谐振腔后，由于它对频率的选择性透过，就会造成腔内的损耗随着频率周期性变化，如图 9-2-12 中的虚线所示。只有满足式 (9-2-26) 的那些波长（频率），才有低的损耗，从而满足增益大于损耗的条件，可以实现激光振荡；其他的频率损耗大于增益，无法实现起振。

(4) 选择合适的标准具光程 ηh，使得在工作介质的整个光谱线（宽）内，只有一个最低损耗峰。只有在此最低损耗峰内的激光频率才满足增益大于损耗。

(5) 选择合适的标准具界面反射率 R，使得在最低损耗峰中只有一个谐振腔频率，其他相邻的谐振频率由于透过率低，损耗太大，而被抑制。

(6) 通过上述步骤，原来的激光谐振腔理论上可以输出 5 个纵模，由于 FP 标准具的选模作用，只有一个纵模频率（图 9-2-12 中最高的实线代表的频率）能满足增益大于损耗，实现激光振荡输出。

使用斜置 FP 标准具选模时，还有一些技术细节需引起重视。首先，应使 FP 标准具的波长——透过峰和增益曲线内的所选纵模重合，以获得最佳的选模效果，如图 9-2-12 中 ν_0 处，以最高竖线代表的激光器频率和下凹 FP 透过峰重合。可通过改变倾角 θ，或采用温度调节 FP 标准具的光程 ηh 的方法，来实现上述目的。为了有稳定的选模效果，还应对 FP 标

准具采用恒温措施,或者采用热膨胀系数小的熔石英、蓝宝石等材料制作 FP 平晶或隔环。其次,为了避免各个相对表面之间的子腔振荡,FP 标准具必须根据增益的大小以及腔的实际情况,仔细调整倾斜角 θ。值得注意的是,倾斜安置在腔内的 FP 标准具,由于光在 FP 板内穿过,会产生横向位移。如果不考虑吸收、散射损耗,仅由 θ 角引入的单程损耗为

$$\delta_\theta = \frac{2R}{(1-R)^2}\left(\frac{2h\theta}{\eta D}\right)^2 \qquad (9\text{-}2\text{-}29)$$

式中,D 是光束的光斑尺寸。式(9-2-29)说明在 TEM_{00} 模运转的谐振腔内斜置高反射率的厚 FP 标准具,将存在相当大的插入损耗。

利用 FP 标准具原理选模的另一种途径是将 FP 标准具直接用作谐振腔的反射镜。此时,FP 标准具起着对波长选择性反射的作用,也称为谐振反射器。其选模功能基本上类似腔内斜置 FP 标准具,前者利用了 FP 标准具对波长的选择性反射,抑制多余纵模振荡;后者利用 FP 标准具对波长的选择性透过,对不需要的纵模引入大的损耗。谐振反射器可以是两界面的(即一块 FP 平晶的两个表面),也有三界面的、四界面的报道。

对于半导体激光,因为其谐振腔镜就是半导体的理解面,可再加一个反射镜与一个理解面构成选模标准具,即可达到选模效果。

9.2.10　讨论：激光器对介质光谱线选择及激光束单色性

激光束对激光介质光谱线的压窄和激光束单色性高于普通光源涉及几个激光过程,有必要对其归纳。特别注意理解下述四点。

1. 镀 1/4 波长($\lambda/4$)膜系作为激光腔的反射镜,除波长 λ,介质辐射的其他波长都不能起振

发光介质本身都是多光谱物质。当需要激光器输出单一波长时,激光器的反射镜可镀为 $\lambda/4$ 膜系,λ 是需要的波长。

图 9-2-13 给出了激光腔反射镜镀 $\lambda/4$ 膜系的示意图。所谓 $\lambda/4$ 膜系是在反射镜基片表面镀上高折射率和低折射率相间的单数层介质材料薄膜而成。

反射镜 1　　激光介质　　反射镜 2

图 9-2-13　激光腔反射镜镀 $\lambda/4$ 膜系

通过膜系可以选择出需要的波长,因为反射镜的 1/4 波长膜系只对需要的波长有强的反射作用,使激光输出单波长,而其他波长因为从反射镜漏出,形不成强的正反馈,从而形不成激光振荡。如 HeNe 激光器,我们需要它什么波长形成激光就镀相应波长的膜反射镜($0.633\ \mu m$、$1.15\ \mu m$ 和 $3.39\ \mu m$),再如半导体激光器输出的各波长中,谐振腔需要镀该波长的 1/4 厚度的膜,形成单波长。于是通过谐振腔镜镀膜可把激光介质多波长的光谱变成单波长。这是激光束的相干性比普通光源好的第一个原因。

当激光介质的两条光谱线间隔较小或共用一个能级时,并不期望的光谱线也会形成一定强度的正反馈,如波长为 $0.633\ \mu m$ 的 HeNe 激光器会受到 $3.39\ \mu m$ 波长的影响。这就要采取一些技术加以抑制 $3.39\ \mu m$ 波长。

2. 谐振腔的出光带宽对振荡频率数的限定

如图 9-2-14 所示，激光腔出光带宽比介质光谱线窄，其内仅有一个纵模 ν_{q-1}。而在增益曲线内的纵模还有 ν_{q+1}，但因获得增益小于损耗线 α_0，不能振荡。

3. 谐振腔腔长对振荡频率数的限定

落入光带宽内的纵模数由激光器的纵模间隔决定，即 $\Delta\nu_G/\Delta\nu_q$。其中，$\Delta\nu_G$ 为出光带宽，$\Delta\nu_q$ 为纵模间隔 $c/2L'$。

如图 9-2-15 所示，如果纵模间隔比激光腔出光带宽大很多，则只有一个纵模可以振荡。在这种情况下，激光腔长度受温度等的影响发生微小的长度变化时，激光器的振荡可能断断续续的。要使激光器功率稳定，需要稳定激光腔长，这就是稳频技术。

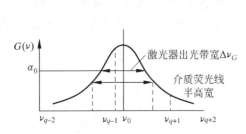

图 9-2-14 激光腔出光带宽内的纵模

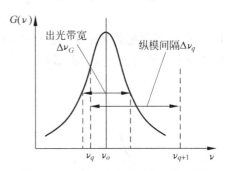

图 9-2-15 激光腔出光带宽内的纵模

4. 强烈的受激辐射压窄单纵模的光谱线宽

在 3.2.4 节中，已就受激辐射做了讨论，受激辐射发出的光子和激发这一辐射的光子同方向，同相位，同偏振。以此，推论到激光器一个振荡纵模的光子必然是同相位的，即具有压窄的线宽。具体内容可参考 9.2.6 节激光振荡频率宽度，这里不再重复。

9.3 激光器的频率牵引

前面曾经讲到，在激光介质没有增益时，由激光谐振条件（式（9-2-3））所确定的谐振腔的振荡频率称为空腔谐振频率。而实际情况是，激光工作时腔内工作物质对光的增益系数总是大于零。本节讨论激活（有增益）的介质的折射率改变及其对激光器实际振荡频率大小的影响。

9.3.1 频率牵引效应的描述

根据式（9-2-3），空腔谐振频率为

$$\nu_q = q\frac{c}{2L'} \tag{9-3-1}$$

上式是在忽略腔内存在已激活介质的一个重要性质情况下得到的，即激活介质的折射率因激活而发生了改变。

在一个有源（有增益）的实际激光器中，其出射激光的频率总是比无源腔（指有介质但没有激活)的纵模频率更靠近荧光谱线的中心频率,这就是所谓的频率牵引。在图9-3-1中,ν_1和ν_2是空腔谐振频率,ν_1'和ν_2'是激光器中实际存在的频率,每个频率都向中心ν_0靠拢了,这就是频率牵引。

9.3.2　频率牵引效应的物理解释

(1) 激光介质增益系数为零时,在荧光谱线范围内,介质的折射率η是一个不随ν改变的常数。

(2) 当介质实现布居数反转从而对入射光有增益后,该介质变成色散介质,在增益曲线中心频率ν_0附近一定范围内折射率η随频率而变,如图9-3-2所示。$\Delta\eta(\nu)$变为

$$\eta(\nu) = \eta^0 + \Delta\eta(\nu) \tag{9-3-2}$$

式中,η^0是不考虑色散时介质的折射率,$\Delta\eta(\nu)$是考虑反常色散后折射率的改变量。$\Delta\eta(\nu)$和G画在同一图内。$\nu < \nu_0$时,$\Delta\eta$是负的,$\nu > \nu_0$时,$\Delta\eta$是正的,介质增益越大,色散越强。

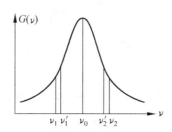

图 9-3-1　频率牵引效应示意图

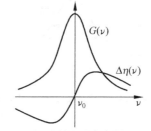

图 9-3-2　增益介质的增益和色散曲线

(3) 折射率η改变,相当于谐振腔的光程长度L'改变了,必然导致纵模频率ν的改变。当纵模频率$\nu < \nu_0$时,由于折射率比原来小了,相当于谐振腔的腔长L'变短了,根据$\nu_q = q\dfrac{c}{2L'}$,对于任一级纵模q,其频率ν要变大,即向ν_0靠近。当纵模频率$\nu > \nu_0$时,由于折射率η变大,相当于谐振腔的腔长L'变长了,对任一纵模q,其频率ν要变小,即向ν_0靠近了。总之,由于激光介质对光有增益,出现了反常色散,实际振荡的激光频率都比空腔频率更靠近荧光谱线的中心频率。

(4) 计算频率牵引量必须用兰姆的半经典理论。兰姆理论计算结果也有较大误差,只能得到定性或半定量关系,需要研究模牵引量大小的多为高精度激光器件和应用,如激光陀螺、塞曼双频激光器等。

对于$0.6328\,\mu m$的HeNe激光器,无源腔频率ν_q^0在有源腔中变成ν_q,频率牵引量$\nu_q - \nu_q^0$可表示为$\nu_q - \nu_q^0 = -\sigma_i(\nu_q^0 - \nu_0)$。其中,$\nu_0$是谱线中心频率,纵模频率的牵引量和这一频率与荧光谱线中心频率的间隔成正比。σ_i一般在10^{-3}量级,和众多因素有关,如增益损耗比、管内气压和HeNe气压比、He^{20}和He^{22}气压比、……,只有半经典理论才能算出具体值,一般书上都只给出大概值。

第 **10** 章
激 光 器 偏 振

本章介绍激光器偏振,包括激光器偏振的概念、激光器偏振的产生方法以及偏振的控制。

光的偏振可见于光学教科书和各种科学刊物中,自然光通过偏振片就成为线偏振光,而线偏振光也可由 1/4 波片变成圆偏振光等。本书是关于激光产生和特性的教科书,本章介绍激光器内部如何产生偏振光(单偏振、共交偏振)及特性。这就是本书相比其他光学教科书增加的内容。

10.1 各向同性腔

在大功率激光器中,关注的是激光功率(或脉冲峰值功率,或平均功率)对激光器的偏振要求不高甚至没有要求,需要时往往是在激光器外放置偏振器。对于小功率激光器,因为其应用往往是作为高稳定、高精度仪器的光源,激光束的偏振性质就变得重要起来。

各向同性亦称为均质性,指物体的物理、化学性质不因方向而变化的特性,即在不同方向所测得的性能数值是相同的。如有的气体、液体以及非晶体显示各向同性称为各向同性介质。如果物理性质和方向密切相关(如 Nd:YVO$_4$)则称为各向异性。

对于激光谐振腔,放置于激光腔内的方向异性光学元件,如偏振片、布儒斯特窗片、调制晶体等都对激光器产生的光束的偏振方向产生影响。先考虑最简单的情形,即激光器只有增益介质和两个反射镜。对于气体激光器,其增益介质为各种气体,由于气体分子或原子之间束缚力小,大量分子或原子作无规则运动,充满整个放电管,所以表现为沿放电管各个方向都是均匀的,即各向同性。对于固体激光器,增益介质为各种掺杂的晶体或玻璃。这时增益介质的各向性质取决于基质材料。不同的基质材料,其光学各向性质不同。例如,同样是掺杂 Nd^{3+} 的钇铝石榴石(YAG)和正钒酸钇(YVO$_4$),理想情况下前者为光学各向同性介质,而后者表现出自然双折射性质。因此,Nd:YAG 激光谐振腔是各向同性腔,而 Nd:YVO$_4$ 激光谐振腔则是各向异性腔。如果谐振腔内有双折射或其他光学各向异性元件器件,如布儒斯特窗片(10.2 节)、偏振片、调制晶体等,这样的谐振腔就成为各向异性的。

如果激光谐振腔是理想的光学各向同性,那么这样一个激光谐振腔产生的应该是随机偏振光。但是,事实上却很难制造出随机偏振光激光器。比如,结构最简单的 HeNe 激光器,谐振腔由两个反射镜和增益放电管组成,腔内没有各向异性的介质和元件。根据作者所在实验室二三十年反复不断地试验证实,该类激光器输出的往往是线偏振激光且偏振方向可长时间稳定,并不是随机任意的。有些文献(件)上称 HeNe 激光器输出为随机偏振或圆偏振光,都是对激光偏振的误解。究其原因,在于完全理想的光学各向同性谐振腔不存在。HeNe 激光谐振腔镜镀膜膜层内的应力足以使激光束的偏振方向固定,与应力主方向相同,从而导致实际激光器输出的相邻纵模总是正交线偏振。但是,应注意随着外界条件的变化如温度引起激光介质内应力方向的改变,各向异性也会发生改变,从而导致输出的激光偏振方向也会发生变化。

10.2   激光腔内的布儒斯特窗形成线偏振激光束

物理光学中,自然光入射到两种不同介质的分界面时,如满足图 10-2-1 中 $\theta_B + \theta_2 = 90°$

时,反射光中没有 p 偏振分量,只有垂直于入射面振动的 s 分量,发生全偏振现象,这时的入射角为起偏振角或布儒斯特角,记作 θ_B,θ_2 为折射角,由折射定律

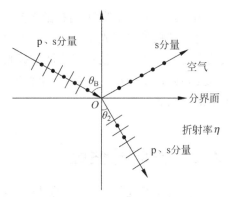

图 10-2-1   布儒斯特定律

$$\tan\theta_B = \eta \qquad (10\text{-}2\text{-}1)$$

式(10-2-1)称为布儒斯特公式。此时折射光中含有全部的 p 分量和部分 s 分量。而反射光中仅有 s 分量。利用这一现象,可以获得完全偏振光。即由多片薄玻璃组成一个玻片堆,当光束以 θ_B 入射到玻片堆时,经过多次的反射和折射,透射光中 s 分量逐渐减少,最后获得偏振度很高的 p 偏振光。

在很多应用中,都需要线偏振光,比如干涉计量、全息等领域。为了获得较高偏振度的激光输出,常把上述布儒斯特窗应用于激光器中,获得高偏振度的线偏振光。

较长的气体激光器往往采用布儒斯特窗结构,把窗片既当做封闭气体放电管的元件,又作为产生偏振光的元件。如图 10-2-2 所示,在 HeNe 激光器的增益管两端,以布儒斯特角斜贴两块光学玻璃片,形成布儒斯特窗。根据折射、反射定律,反射的 s 光偏离光轴方向,溢出激光谐振腔外,损耗非常大,不能形成激光振荡。而透射的 p 光沿光轴传播,在谐振腔内多次往复传播,获得足够大的增益,形成激光振荡。所以,带布儒斯特窗的 HeNe 激光器输出的是平行于入射面振动的 p 光。由于加布儒斯特窗片时安装角度存在误差,使得激光器输出的线偏振度一般达到 99%。

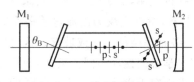

图 10-2-2   带布儒斯特窗的
HeNe 激光器

图 10-2-2 的带布儒斯特窗的激光器是全外腔结构,两端的腔镜经常需要调节,使用不方便。实际上,在激光器总长 300 mm 的情况下一般

采用内腔式结构,即在其增益管的一端贴有布儒斯特窗片,或在腔镜一端固定一个布儒斯特窗片,如图 10-2-3 所示。

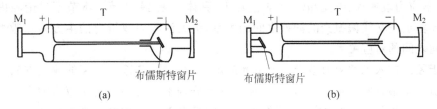

图 10-2-3　带布儒斯特窗的全内腔 HeNe 激光器

(a) 布儒斯特窗片贴于放电毛细管一端；(b) 布儒斯特窗片固定在激光器腔镜上

10.3　激光腔偏振损耗的各向异性形成激光束线偏振

10.2 节讲到激光腔内的布儒斯特窗使激光束线偏振(p 光)。这可以看成增益和损耗的各向异性,形成激光束的线偏振状态。有些激光介质本身就是损耗各向异性,损耗小的方向形成激光束,比如掺钕钒酸钇(Nd：YVO$_4$)激光器,它的 π 方向的增益比 σ 方向的增益要大得多,所以它属于增益损耗各向异性的谐振腔,出射单一的线偏振光束 σ 光。

在固体激光器中,布儒斯特窗也常用于产生偏振光。除了在激光腔内放置与激光束轴向成布儒斯特角的玻璃片外,也常把固体激光棒一个端面磨成与谐振腔轴成布儒斯特角,获得线偏振激光束。

10.4　由塞曼效应产生线偏振光或圆偏振光

另一种产生偏振激光输出的方法是利用塞曼分裂效应,在 HeNe 激光器毛细管上加磁场,该磁场在毛细管上均匀(横向和纵向)分布,造成谱线能级的分裂,从而产生正交线偏振的双频激光或正交圆偏振的光输出。正交圆偏振光即一对左旋和右旋圆偏振光。关于塞曼双频激光器的详细内容,见 14.1 节。

10.5　双折射腔形成正交线偏振模

在前文已经讲到,除了掺钕钒酸钇(Nd：YVO$_4$)激光器外,小功率的掺钕钇铝石榴石(Nd：YAG)也是常用的激光器件。Nd：YAG 晶体激光器本来是随机偏振的,没有特定的偏振方向,但是实际的 Nd：YAG 激光器都是输出正交偏振激光束,无一例外。

Nd：YAG 激光器输出正交偏振光的原因是 Nd：YAG 晶体中存在残余内应力。这种内应力来自 Nd：YAG 晶体的拉制过程,退火不彻底,光学加工中甚至 Nd：YAG 晶体的装卡支撑、夹持中的力接触,因此很难消除。还有就是通光方向截面上 Nd：YAG 晶体内应力分布不均匀,方向不固定,其激光器的偏振方向也不相同。

上述 Nd：YAG 激光器腔内的内应力是稳定的。在某些应用中,要求激光器输出的正交线偏振光之间的频率差可调、可控。需要在激光器腔内引入连续可变的双折射,这样的谐振腔称作可调双折射谐振腔。实现的方法有:在激光谐振腔内插入双折射晶体,包括石英晶体、光学应力玻璃片、电光晶体、1/4 波片等,具体可见 14.2 节。本节不讨论腔内双折射和激光器输出正交线偏振光的频差之间的关系,更关注腔内双折射的主方向和激光器输出偏振方向之间的对应关系。

对于腔内插入光学应力玻璃片或电光晶体的激光器,其输出光束的偏振方向分别沿腔内的折射率主轴方向。对于应力片,其偏振方向分别沿应力和垂直于应力的方向。对于电光晶体,如果是横向电光效应,则偏振方向分别沿垂直于所加电场平面内的两个正交方向(折射率椭球的两个主轴);如果是纵向电光效应,则偏振方向分别沿所加电场方向和垂直于该电场方向,具体讨论请见相关文献。

对于腔内插入石英晶体(晶轴平行于晶面法线)的激光器,其输出正交偏振光的偏振态由石英晶体与腔内光束的夹角(晶轴与光线之间的角度)决定。这是因为,石英晶体除了双折射特性外,还有旋光性。晶轴与光线平行时石英晶体有最强的旋光性造成光偏振面的旋转,随着改变石英晶体与腔内光束的夹角(图 10-5-1(a)),腔内的两个折射率主轴的方向也随之变化,从而导致激光器输出光束的偏振态也随之旋转,如图 10-5-1(b)所示。图中,"θ"线是包含激光束的垂直面绕激光束的转角,偏振方向在面内时设为"0"度。

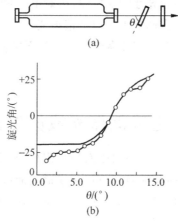

图 10-5-1　激光器输出光束的偏振方向随石英晶体
转角 θ 的变化曲线

θ 是晶体石英面法线与光束与此面法线的夹角,从图 10-5-1 可见,激光束偏振面随 θ 改变而旋转。

对于腔内插入两个 1/4 波片的激光器,为了实现激光器输出频差的连续可调,其中一个 1/4 波片需要以光束中心轴旋转,这就造成这类激光器两端输出光束的偏振态不同。其中,靠近静止波片的一端输出正交偏振光,且其偏振方向固定,分别沿着静止波片的快、慢轴;靠近转动波片的一端也输出正交偏振光,但是其偏振方向随着波片转动而旋转,且与转动波片的快、慢轴一致,如图 10-5-2 所示。

尤其值得注意的是,在两个波片之间激光束两个相向传播的正交圆偏振光。正交圆偏振光往激光器两端传播,分别经过静止波片或转动波片,两圆偏振光转化为两个正交线偏振光,符合自洽条件。因此,这类腔也常称作扭转模腔,增益介质置于两个波片之间,在增益介

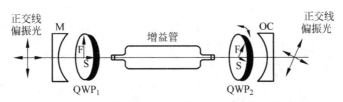

图 10-5-2 腔内含两个 1/4 波片的激光器的输出偏振态

质内部是沿轴向空间均匀分布的两个相向传播的正交圆偏振光,从而有效地消除了空间烧孔效应。

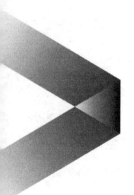

第 **11** 章

激光器的模竞争与激光光强调谐

本章介绍均匀展宽和非均匀展宽以及综合展宽的激光器的模竞争效应,包括激光腔长调谐引入的光强(或功率)改变特性。腔长调谐理解为激光谐振腔长度的改变引起激光谐振频率的改变,频率改变又引起光强度(或光功率)改变。激光器的模竞争效应曾经是很难观察的特性,主要是因为其发生的条件不容易形成。如对于综合展宽介质激光器,激光器纵模的频率间隔变小,模竞争效应才可出现。近年出现了频率分裂的激光器,其频率间隔可以在一个纵模间隔内大幅度改变。两频率间隔越小,相互竞争(干涉)就越激烈。小到一定程度时,还可清楚地观察到两个频率之一熄灭的过程。

11.1 激光器的纵模竞争

第 7 章已经讲过,形成激光器振荡的纵模一定要满足以下条件:①空腔谐振条件;②谐振腔的一系列共振频率中的那些位于介质光谱线(宽)内的频率;③已经在光谱线(宽)内的频率所获增益大于损耗。这三个条件是充分必要的。但是,还必须讨论满足条件①,②和③的激光模式(频率)中,实际上存在的各纵模之间的模竞争,这就是本节要讨论的内容。

激光模竞争在激光器内普遍存在,其导致满足三条件的频率可能熄灭,但在均匀展宽介质、非均匀展宽介质和综合展宽介质中的表现是不同的。

11.1.1 均匀展宽介质激光器的模竞争

1. 模竞争

在观察激光器输出的纵模时发现:对于纯均匀展宽介质的激光器,无论有多少频率满足空腔谐振条件并位于增益曲线宽内,往往只有一个频率(纵模)获得大于损耗的增益而形成激光振荡。

这一现象可从理论上加以解释：对于均匀展宽介质，由于增益饱和效应，在增益曲线宽内的任何频率的光入射都会使增益曲线均匀下降，如图 11-1-1 所示。$G_1^0(\nu)$ 为小信号增益曲线，G_2 为饱和后的增益曲线。每个纵模所获得的增益不同，越靠近中心频率 ν_0 的模式获得的增益越大。激光刚开始振荡时的增益曲线为 G_1，这时因为三个纵模 ν_q、ν_{q+1} 和 ν_{q+2} 的受激辐射都很弱，对增益的影响不大，增益都超过了 G_{th}，三个纵模都能振荡。随着腔内光强的不断增强，出现增益饱和，增益曲线下降为 G_2，此时频率 ν_q 和 ν_{q+2} 的增益都小于 G_{th}，导致这两个频率停止振荡。所以，最终只有增益最大的纵模 ν_{q+1} 能形成稳定振荡，即均匀展宽介质激光器往往是只有一个纵模输出。

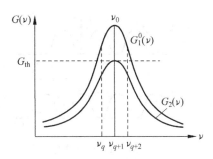

图 11-1-1　均匀展宽介质激光器在不同入射光强下的增益曲线

这里用了"往往"这一词，说明对于这一结论还有保留，后面会讨论。

在均匀展宽介质激光器内，通过增益饱和效应，某一模式逐渐把其他的模式振荡抑制下去，只剩它自己振荡的现象，称为纵模的竞争，竞争胜出的模式总是最靠近增益曲线的中心频率。

2. 空间烧孔和竞争

前面刚讨论过，对于均匀展宽的激光工作物质，往往存在一个优胜模式，其他的模式被抑制掉。但在实际中，还观察到均匀展宽介质激光器有时也输出多纵模，原因是存在空间烧孔效应。从驻波的观点来看，当某一频率的纵模在腔内形成稳定振荡时，腔内形成一个驻波场，波腹处光能密度最大，波节处光能密度最小。由于驻波不存在光能的传播现象，波腹处的受激辐射很强烈，而波节处的受激辐射很微弱，因此，这个纵模"烧"去了波腹处大量反转粒子数，而它的波节处仍然有大量的反转粒子数，这就形成了反转粒子数轴向分布的不均匀（即轴向增益的不均匀），这一现象形象地称作"空间烧孔"。因此，另一频率的驻波纵模完全可以利用上述驻波波节处的反转粒子数获得增益放大，从而实现多模振荡。

不同的纵模使用空间不同区域的反转粒子数而同时形成激光振荡的现象称为纵模的空间竞争，如图 11-1-2 所示。图中画出了介质中的一部分烧孔情况，q' 阶纵模的波腹（光强最大处）恰在 q 阶纵模的波节处，仍然能够获得足够增益而形成振荡。当然，q' 阶纵模和 q 阶纵模获得的增益不一定相等，因此一个光强较强，另一个光强则较弱。

激光器多纵模输出会降低激光的相干性，而许多场合需要高相干的激光光源，因此，需要限制激光的多纵模输出。9.2.9 节已经介绍了激光纵模选择技术。对于由空间烧孔效应造成的多纵模输出，还可以通过破坏空间烧孔效应以获得单纵模输出，可采用的方法如下。

(1) 行波腔（即环形腔）法。在行波激光器中，整个电磁波沿着 z 轴均匀向前传播，如图 11-1-3 所示，不论是曲线上的 A、B 还是 C 都向前传播开去，电场强度的最大和最小值都经过空间每一点，因此，腔内的反转粒子数在空间均匀分布，不存在空间烧孔效应。

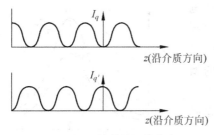

图 11-1-2   纵模的空间竞争

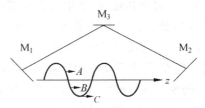

图 11-1-3   消除空间烧孔的行波腔法

（2）增强反转粒子数的空间转移法。这种方法在气体激光器中容易实现，但在固体激光器中是十分困难的。如果激活粒子的空间转移很迅速，空间烧孔便无法形成。在气体工作物质中，由于粒子作无规则的热运动，而且运动速度很快，所以消除了空间烧孔。在固体工作物质中，激活粒子被束缚在晶格附近，借助粒子和晶格的能量交换形成激发态粒子的空间转移，粒子激发态在空间转移半个波长所需的时间远远大于激光形成所需的时间，所以在固体激光器中，这一方法并不起作用。

11.1.2   综合展宽介质激光器的模竞争

综合展宽介质谱线线型具有如下特点：不同运动速度的粒子各自发射以自己频率为中心的均匀展宽谱线；这些均匀展宽谱线按照多普勒展宽线型叠加形成综合展宽线型。这就决定了综合展宽介质激光器的模竞争的特点。

1. 多纵模振荡

在综合展宽介质激光器中，如果谐振腔比较长，则可有多个纵模输出，如图 11-1-4 所示。图中有四个纵模的增益超过阈值，由于综合展宽的线型宽度主要是非均匀展宽，各纵模只引起与各自多普勒频移对应的那部分反转粒子数饱和，各不相关。图 11-1-4 中的 ν_1、ν_2、ν_3 和 ν_4 四个频率的纵模同时振荡。

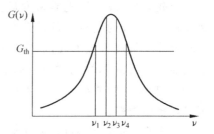

图 11-1-4   综合展宽介质激光器
的多纵模输出

2. 增益烧孔效应

上文提到综合展宽线型的气体激光器，每个增益大于损耗的纵模都形成振荡，同时，每个纵模又都出现各自的烧孔，如图 11-1-5 所示。频率为 ν_1 的模满足驻波条件，落在 G 曲线内，且增益大于 G_{th}，形成振荡，又由于与频率为 ν_1 的光相互作用的粒子具有均匀展宽，将引起所有对发射 ν_1 的光有贡献的反转粒子数的饱和，导致增益曲线在 ν_1 频率处局部下降，形成一个烧孔；而频率为 ν_2 的光则在 G 曲线上烧另一个孔。把这一现象称作增益烧孔效应，烧孔的宽度即产生增益饱和的频率范围。

当激光器的腔长很长时，各个纵模之间的间隔很小。如果选择合适的腔长参数，可以使各纵模在增益曲线 G 上的烧孔连在一起，在图 11-1-6 中 ν_q 和 ν_{q+1} 两个频率在一个烧孔内。这就充分利用了尽量多的反转粒子数，可获得大的激光功率输出。

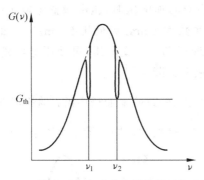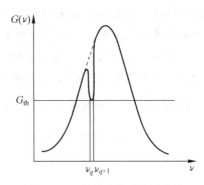

图 11-1-5　综合展宽介质激光器的增益烧孔效应　　　图 11-1-6　纵模在烧孔内的竞争

3. 纵模在增益烧孔内的竞争

11.1.1 节已经说明,如果激光器腔长足够长,各个纵模的烧孔将连在一起甚至重叠,即两个或更多的纵模同在一个烧孔中。这些在同一孔中的纵横可能一起振荡,也可能只有一个振荡,这取决于孔所对应的离子反转数是否足以支撑两个纵横的振荡。以 HeNe 激光器为例,烧孔半高宽约 300 MHz,如果两个纵模间隔小于约 40 MHz,只有一个纵模振荡,其余熄灭。但如果纵模间隔大于 40 MHz,则两个纵模会同时稳定振荡。图 11-1-6 中,两个纵横 ν_q 和 ν_{q+1} 同在一个烧孔中振荡。

在文献中,把两个频率有竞争但对它们的强度影响不明显的叫做弱竞争,如有较大影响的叫做中度竞争,而导致两个之一熄灭的叫做强竞争。HeNe 激光器两频率间隔小于 40MHz 时,一个熄灭,强竞争发生了。

11.2　激光器的光强调谐特性

经常需要观察激光器输出光强或功率 P 随频率 ν 变化的关系。所用的方法一般是改变激光器的谐振腔长的同时测量光强(或功率)的变化,得到光强(或功率)与谐振腔长的关系。在谐振腔长变长激光频率变小的过程中(或相反),得到激光光强(或功率)与激光频率的关系。

实际的测量往往只需要知道光强的相对变化,不是这个光束的光强度数值,往往也不需要激光束的总功率大小,因此,只取光束的很小一部分,用一个光电探测器测量出光强的改变趋势即可。因此本节只讨论光强变化趋势的测量方法。光功率的调谐特性测量只需把本节光强测量使用的探测器改为功率计即可。

11.2.1　观察激光器光强(功率)调谐曲线的装置

观察激光器输出光强随频率 ν 变化关系的实验装置如图 11-2-1 所示。图中,T 为 HeNe 气体放电管。T 也可以是任何别的激光介质,如两面镀增透膜的 Nd∶YAG 片、LD 等。M_1、M_2 为一对腔反射镜;W 为 HeNe 气体放电管的窗片;PZT 为压电陶瓷;Su 为压电陶瓷支架;V 为可变电压源;D 为光电探测器。PZT 是用电致伸缩材料制成的管状结构,其管壁外和内壁各与电压源正负极相连。当对其加电压时,压电陶瓷随电压增大而伸长,随电压减小而缩短。一般使用的 PZT 伸长系数为 1 nm/V 至几十 nm/V。凹面镜 M_1 与 PZT 连在一起,可随压电陶瓷沿激光器作轴向运动。改变电压,可使压电陶瓷推动 M_1 左右移动,从而改变谐振腔长,实现腔调谐也即频率调谐。

因为 $\nu_q = \dfrac{c}{2L'}q$,所以减小腔长 L' 时,ν_q 就增加,在 $G(\nu)$-ν 曲线中沿 ν 轴的正方向移动,扫过整个出光带宽范围的增益曲线 $G(\nu)$,如图 11-2-2 所示。图中箭头是频率移动的方向。

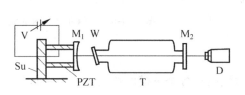

图 11-2-1 观察输出光强与频率 ν 变化
关系的实验装置示意图

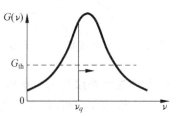

图 11-2-2 频率调谐示意图

光电探测器接收激光束并把光强转化成电流,代表激光器的输出光强,得到光强和 PZT 伸长(或缩短)的关系。也即激光光强与频率之间的关系。这个关系称为激光光强调谐曲线。实际上观察激光器的光强调谐曲线和功率调谐的装置基本相同,差别仅是探测器的种类。如果是功率计,得到的是功率调谐;如果是强度探测器,得到的是光强调谐曲线。图 11-2-2 中 G_{th} 是激光器阈值增益。关于频率调谐所得光强曲线和功率曲线的差别,本书略去。

下面分别给出由实验测得的均匀展宽介质激光器和综合展宽介质激光器的光强调谐曲线。

11.2.2 均匀展宽介质激光器的光强调谐曲线

改变压电陶瓷的电压,如果激光腔长缩短,激光器频率 ν_q 增加,激光器的输出光强 I(或功率 P)也相应增加,并在中心频率 ν_0 处达到最大值,然后随着 ν_q 的增加,输出光强 I 下降。

这一实验结果可以从均匀展宽介质的增益特性得到解释。图 11-2-3(a)是增益曲线,它以中心频率 ν_0 对称,ν_0 左边为单调上升,ν_0 右边为单调下降。当 ν 扫过这一曲线时,激光器输出光强随增益的增大而增大,又随增益的减小而减小,得到图 11-2-3(b)的光强调谐曲线。光强调谐曲线的全宽度是出光带宽 $\Delta\nu_G$,比增益曲线全宽度小,这是因为只有增益大于损耗时才有激光振荡。

特别值得注意的是,图 11-2-3 上、下两条曲线的宽度不同。上面一条是增益曲线,下面一条

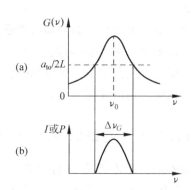

图 11-2-3 均匀展宽介质的增益曲线和均匀展宽介质激光器的光强调谐曲线,曲线无量纲

是光强调谐曲线。后者的宽度是前者损耗线之上的部分。我们定义后者为出光带宽,是频率振荡的全宽度。出光带宽随激光器的损耗增大而减小,即 $G_{th}(\alpha_{t0}/2L)$ 线抬高,出光带宽 $\Delta\nu_G$ 变窄。

11.2.3　综合展宽介质激光器输出光强度的调谐特性

综合展宽介质激光器输出光强度的调谐特性如图 11-2-4 所示,图中纵坐标为无量纲光强。光强调谐曲线在中心频率 ν_0 处会出现一个以 ν_0 为中心对称的凹陷,这一凹陷称为兰姆凹陷。

这个现象可以从多普勒展宽为主的综合展宽的线型来源加以解释。

(1)我们知道,对于多普勒效应引起的综合展宽线型,增益曲线中心频率为 ν_0 的光的增益是由运动速率为零的粒子提供的;而 $\nu>\nu_0$ 频率的入射光的增益则由沿 $+z$ 方向运动的粒子提供;$\nu<\nu_0$ 频率的入射光的增益是由沿 $-z$ 方向运动粒子提供的,如图 11-2-5 所示。

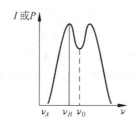

图 11-2-4　以多普勒展宽为主的综合展宽
激光器光强调谐曲线

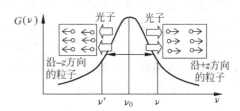

图 11-2-5　综合展宽激光器的增益与
粒子的运动速度关系

(2)在激光器的谐振腔中,由于谐振腔反射镜的反射作用,频率为 ν 的激光既要沿 $+z$ 方向传播,又要沿 $-z$ 方向传播。当它沿 $+z$ 方向传播时,运动速度为 $+v_z$ 的粒子为它提供增益;而当它沿 $-z$ 方向传播时,运动速度为 $-v_z$ 的粒子为它提供增益。

(3)对于不动的接收器来说,运动速度为 $+v_z$ 的粒子发出频率为 ν 时(假设 ν 大于 ν_0),$+v_z$ 粒子发出的频率 ν 在增益曲线中心频率 ν_0 右侧,而 $-v_z$ 粒子发出的频率 ν' 在 ν_0 左侧,以中心频率 ν_0 对称,所以 $\nu-\nu_0=\nu_0-\nu'$,即 $\nu'=2\nu_0-\nu$,如图 11-2-6 所示。

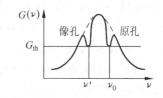

图 11-2-6　综合展宽激光器的
烧孔的原孔和像孔

(4)所以,激光谐振腔内的频率为 ν 的光子在增益曲线上频率为 ν 和 ν' 处都引起增益饱和,烧两个孔,孔底的增益等于激光器损耗,即阈值增益 G_{th},如图 11-2-6 所示。ν 处的孔称为原孔,ν' 处的孔称为像孔。

根据以上讨论,参考图 11-2-6,当频率 ν 从增益曲线的左(或右)边沿向中心频率 ν_0 靠近时,可得以下几点。

(1)频率 ν 的原孔和像孔(中心频率 ν')都向中心频率 ν_0 靠近。越靠近 ν_0,小信号增益 G^0 就越大,烧孔就越深(从 G^0 到损耗线 G_{th} 的高度差),即受激辐射越强烈,谐振腔内的光强功率就越大,激光器输出的光强就越大,这是图 11-2-4 中曲线的上升段($\nu_A\sim\nu_B$)。

(2)随着 ν 越靠近 ν_0,ν 在增益曲线 ν_0 两侧所烧的两个孔就越靠近,以至于连在一起,两个孔重合后,它们的面积之和反而减小了,因此受激辐射的总粒子数比两孔分离时下降了,所以激光器光强反而下降了。这是图 11-2-4 中曲线孔的下降段($\nu_B \sim \nu_0$)。

(3) 当入射光频率 ν 正好等于增益曲线中心频率 ν_0 时,沿 $+z$ 方向传播的光和沿 $-z$ 方向传播的光的烧孔完全重合,受激辐射粒子数和激光光强 P 下降到谷底,随着 ν 的再增加,两孔又拉开了,激光器输出光强又上升……由此,形成一个以 ν_0 为中心的兰姆凹陷,这是图 11-2-4 中曲线孔中的凹陷底 ν_0。

有时需要兰姆凹陷(如单纵模激光器稳频,把频率稳定在凹陷的底处),有时则必须消除兰姆凹陷(如稳频双频激光器、环形激光陀螺等)。

11.3   双折射双频激光器的模竞争和光强调谐特性

双折射双频激光器输出为两正交线偏振模式,其频差可以连续地从 40 MHz 变化到一个纵模间隔。正交线偏振的模式输出使我们可以方便地用偏振分光镜把模式分开单独探测,另外,输出频差可调谐为研究不同频差的激光模式之间的光强调谐、模的竞争等特性提供了方便可行的实验条件,这是其他方法所不具备的。在此之前,虽然一些激光方面的经典专著和教科书较大篇幅地讲述了模竞争现象,但更多是在理论上提及,很少有文献对此现象进行精确地实验描述。双折射双频激光器的这两个特性使得通过实验定量地获得模竞争中两个频率的强弱改变成为可能。

11.3.1   激光纵模(频率)的竞争:纵模间隔小于出光带宽

式(9-2-4)给出了激光器频率漂移和腔长的关系。

$$\delta\nu - (\nu/L')\delta L' \qquad\qquad (11\text{-}3\text{-}1)$$

式中,$\delta L'$ 是激光器谐振腔长的改变,或是一个反射镜的位移,或是两个反射位移之和。

更进一步,如果在激光器内置入一双折射材料,$\delta L'$ 可认为是双折射材料(元件)使激光器谐振腔长变成了两个,两谐振腔长之差。$\delta\nu$ 则可理解成由双折射把一个激光频率分成了两个,两个频率之差。称这种在激光谐振腔内置入双折射元件,把一个激光纵模(频率)分裂成两个频率的现象叫做激光器频率分裂。

造成和观察激光频率分裂的装置如图 11-3-1 所示。可以以 θ 角旋转改变石英晶体在光路中的双折射。SI 是扫描干涉仪,OS 是示波器,用于观察激光器的模式(频率),W 是激光放电管的窗口片,M_1 和 M_2 是激光器反射镜。图 11-3-1 中的晶体石英 Q 可用一片在一条直径两端加力的光学玻璃圆片,改变加力 F 的大小即可得到激光频率分裂。这种沿玻璃圆片一条直径加力的方式,在工程力学中称为对称加力。观察模竞争的两频率分裂约为100 MHz。

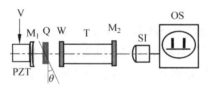

图 11-3-1   观察腔内石英晶体产生的激光频率分裂和模竞争的实验装置
T 是 HeNe 激光放电管,Q 是石英晶体片

M₁ 可被 PZT 驱动左右位移。PZT 由加于其上的直流电压 V 大小改变调节其长度。改变 Q 即可观察激光频率分裂,改变电压 V 即可观察模频率之间的竞争。

11.3.2　纵模间隔大于出光带宽

如果双折射双频激光器的腔长足够短,腔调谐的全过程都可以是单纵模(ν_q)振荡。频率分裂技术把 ν_q 分裂成两频率(ν_q' 和 ν_q'')。这样的双折射双频激光器称为“单纵模两频率”激光器。分裂成的两频率间隔不大(一般为 100 MHz 左右甚至更小)。单纵模两频率激光器的模竞争易于探测观察。分为两种情况,模竞争会有所不同:一种情况是激光纵模间隔小于激光出光带宽;另一种情况是纵模间隔大于出光带宽。对于激光纵模间隔小于出光带宽的情况,调节 PZT 直流电压驱动反射镜往复左右移动,使腔长往复伸长、缩短。扫描中,若两频率左边一个频率从“无”生长出来,则右边频率的强度随之减小,至两正交偏振模等光强(高)。然后左边频率强度渐增,右边频率强度相应渐减,至消失,即进入熄灭状态,左边频率强度达到最大。反之亦然。反复左右移动两个频率,将反复看到两个频率的此长彼消,能量相互转移过程。

图 11-3-2 是观察装置,与图 11-3-1 相比,SI、OS 换成了屏,图 11-3-3 是可人眼观察到的现象。图 11-3-2 上的屏上 A、B 点的光强变化展现在图 11-3-3 中。外力加在增益管窗片 W 上使单纵模分裂成两个频率。压电陶瓷上所加电压改变时,压电陶瓷随之伸缩,凹面反射镜 M₁ 随之左右移动。反射镜 M₂ 和 HeNe 激光放电管已封接成一个整体。沃拉斯顿棱镜 PBS 把激光器输出的两种偏振光分开。

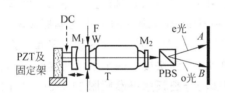

图 11-3-2　一个反射镜位移时,观察屏上的
光强变化的实验装置

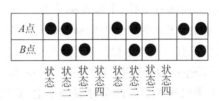

图 11-3-3　一个反射镜位移时,观察
屏上的暗变化

图 11-3-3 中标出了方格内即眼睛在纸屏上 A 点和 B 点看到的激光束偏振态变化的情况。纸屏上 A 点“亮”即显示 e 光存在,B 点“亮”即显示 o 光存在。可观察到四种状态:A 点被照亮,A、B 两点同时被照亮,B 点被照亮,两个点都不被照亮(暗),如此反复。亮暗改变一次,说明激光器输出的偏振状态改变了一次。还可以证明:反射镜每移动 1/8 波长,亮暗改变一次。

图 11-3-4 是把图 11-3-3 看到的亮暗光强变化做光电转化后屏幕上看到的曲线。曲线精确地给出了 o 光和 e 光的光强变化过程和各自在频率轴上存在的区间。实验中,图 11-3-2 的 A、B 两点各放置一个光电探测器,计算机控制 PZT 自动扫描腔长,光电探测器自动同步探测记录 o 光和 e 光光强。可以从曲线上看出,一个纵模间隔(从 A 点到 E 点)被分成了四个不同偏振状态的区间。A→B:o 光单独振荡区间;B→C:o 光和 e 光共同振荡区间;C→D:e 光单独振荡区间;D→E:无光区间。此实验中的激光参数是:HeNe 激光增益管长 120 mm;半外腔激光器腔长 140 mm(纵模间隔 1070 MHz);M₂(输出镜)透过率 0.8%;激光

频率分裂量 50 MHz。微调反射镜 M_1 的失谐量（即微调激光腔的损耗）可使出光带宽为 800 MHz，出光带宽内包含三个区，每个区频率宽度为 270 MHz。

图 11-3-4 曲线清楚地证实了强烈模竞争的存在：当其中一个频率进入出光带宽且开始振荡时，已经在出光带宽中振荡的另一个频率的光强立即下降，且两个频率的光强变化趋势总是相反的；此外，当其中一个频率先进入出光带宽形成振荡后，后进入出光带宽的频率就受到它的强烈抑制，后来者因得不到足够的增益不能立刻形成振荡，而是在

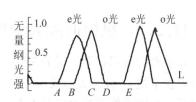

图 11-3-4　一个反射镜位移时的功率曲线
（同光电探测器实测）

频率轴上推进一定距离后才开始振荡，即后进入出光带宽的频率被"推迟振荡"。这种推迟不是因为两频率有一定频差，它们顺次进入出光带宽时必然一前一后；o 光 e 光频率之差仅为 50 MHz，虽然腔调谐中它们必然一前一后地进入出光带宽，但若无模竞争，e 光进入出光带宽 50 MHz 后 o 光就进入了出光带宽并起振，即一个频率振荡另一个频率熄灭的区域也就只有 50 MHz；而实际上，o 光在 B 处才开始振荡，B 已经距出光带宽左边沿有 270 MHz。说明它虽进入了出光带宽，只是"抢"不到增益而不能形成振荡，是一个潜在频率而已。这应当就是兰姆所定义的激光器中的强烈模竞争现象。

11.3.3　腔内晶体石英片旋转产生频率分裂时的模竞争

同时观察频率分裂过程中及强模竞争的结果，如图 11-3-5(a) 所示。实验结果表明：当旋转腔内晶体石英片，出现频率分裂的过程中，θ 在 $0°\sim 2.8°$、$10°$ 附近、$15°$ 附近、$20°$ 附近等一系列频差变化曲线和坐标横轴相交的"区域"，一个纵模分裂的两个正交偏振频率中的一个熄灭，只有一个频率振荡；当频差逐渐变大，超过约 40 MHz 时，熄灭的频率又重新振荡，两正交线偏振的分裂频率同时振荡；频差 $\Delta\nu$ 越来越大，大到快接近一个纵模间隔时，模竞争发生在不同级次的相邻两个分裂频率上，这两个相邻的分裂频率可参照图 11-3-5(b) 中的 ν'_q 和 ν''_q，它们之间的频率差即频率分裂。图中 $\Delta\nu' = \nu''_q - \nu'_{q+1}$。$\Delta\nu'$ 小于 40 MHz 时也发生强模竞争，其中一个熄灭。即频率差的变化曲线和纵模间隔（这里的纵模间隔是 417 MHz）水平线相交的区域也都只有一个频率振荡。只有当频率分裂继续变大，超过一个纵模间隔并多出 40 MHz 左右时，两个模式才又同时振荡。所有这些区域内出现模式竞争导致一个频率熄灭的现象都是因为相邻的两个分裂频率的频差在 40 MHz 以下，因此 40 MHz 为强模竞争和弱竞争的临（分）界值。实际上，因为每支激光器充气压不同，光强输出不同，此临界值也略有不同，在 $30\sim 60$ MHz，只是为了方便，经常提及它为 40 MHz。

我们称两分裂频率光在腔调谐过程中依次开始振荡，对应的频率间隔减去两分裂频率的频率差得到的频率宽度为抑制宽度。实验研究了上述抑制宽度和频率分裂量（即频差）之间大小的关系。实验结论是：频差小时抑制宽度大，频差大时抑制宽度小。这表明两个光的频率间隔越大，相互之间的竞争强度就越小。

此外，还研究了 o 光和 e 光共同存在区域的宽度和频率分裂量（即频差）的关系。频差较小时，由于抑制宽度大，两光共存区宽度相对较小；随着频差变大，抑制宽度变小，共存区宽度变大；但当频差超过 200 MHz 时，虽然抑制宽度很小，但频差变大了，所以共存区宽度呈现变小趋势。

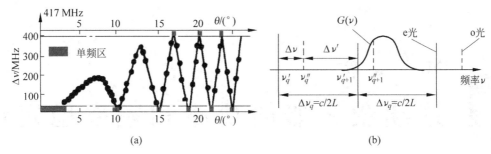

图 11-3-5　腔内石英晶体片旋转造成的激光频率分裂现象
(a)、(b) $\Delta\nu$、$\Delta\nu'$ 和 $\Delta\nu_q$ 的关系示意图

11.4　固体 Nd：YAG 激光器的模竞争

关于固体激光器模竞争的文献很少,仅有片状 Nd：YAG 晶体激光器有确凿的数据。片状 Nd：YAG 晶体(仅 1 mm 厚度)的两个端面直接镀高反射膜,构成光学谐振腔;0.808 μm 波长的半导体激光器 LD 作为泵浦。沿圆 Nd：YAG 晶体片的直径方向上加一个力,使片状激光器因为双折射而一个频率变成两个,力大小的改变使激光片输出两个频率并连续改变它们的间隔。

反复试验证明,腔长约为 1 mm 的片状 Nd：YAG 晶体激光器的两个频率的间隔可以小到几百千赫兹。Nd：YAG 晶体本是均匀展宽介质,仅考虑均匀展宽,片状 Nd：YAG 晶体激光器应仅有一个纵模振荡,而实际由于薄片内有残余内应力,出现两模同时振荡。如果薄片变厚或 LD 泵浦光强增大,可以看到 4 个频率同时振荡。这里空间烧孔起了很大作用。

第 12 章
连续激光器的功率和频率稳定性

在环境温度改变时,激光器的输出功率也会发生变化。引起激光器输出功率变化(不稳定)的原因主要有谐振腔长随温度的改变,机械结构的热变形不稳定(腔损耗的波动)。泵浦源功率波动、激光器注入电流的变化、激光晶体对光的吸收的改变等也会引起激光器功率的波动。

激光器输出功率的稳定性主要用激光功率的稳定度和复现性评价。

激光器功率的稳定度定义为:在整个观测时间内功率的变化量与平均功率的比值,用相对量 $(P_{max}-P_{min})/\overline{P}=\Delta P/\overline{P}$ 表示,其中 P_{max} 是观测时间内功率的最大值,P_{min} 是观测时间内功率的最小值,ΔP 是功率的变化量,$\overline{P}$ 是激光器输出的平均功率(多次采样平均)。

激光功率的复现性是指在改变激光环境前后,同一台激光器功率的一致性,称为激光器功率的复现性,又称为再现性或重现性。

激光频率的稳定度一般指:激光器一次开机工作,在整个观测时间内频率的漂移量和激光器中心频率的比值,用相对量 $\Delta \nu/\nu_0$ 表示,其中 $\Delta \nu$ 为频率的变化量,ν_0 为激光中心频率,$\Delta \nu/\nu_0$ 称为频率稳定度(性),是一个在测量行业常用的概念。

激光频率的复现性是指:激光器多次开关机,其频率的最大变化范围和中心频率的比值。它反映了激光频率的逐次(逐日)一致性,称为频率的复现性,又称为复现性或重现性。

环境温度改变引起激光器的腔的变形和长度变化,是影响频率稳定性的主要因素,见式(9-2-24)。

激光器的频率稳定十分重要,如作为时间“秒”的标准中,要求 10^{-15},甚至 10^{-18} 的稳定度。激光器的频率稳定度为 10^{-18} 时,其制成的光钟精度在 10^{18} s 的时间内不差 1 s。又如长度精密测量,要求频率稳定性达到约 10^{-8},甚至更高,如光刻线条尺寸保障、机床检定等。仅就激光干涉仪本身,测量 1 m 的长度,10^{-8} 的频率稳定度可实现 10 nm 的精度。而天体物理研究、光谱学等都要求激光频率有很高的稳定度。

激光器功率(光强)稳定性和频率稳定性是密切相关的,对于单纵模激光器,其中一个稳定,另一个也会稳定。有几种激光频率的稳定技术是靠其他稳定光强来实现的。还有一些光频率稳定技术,如原子囚禁、原子冷冻等可参考相关文献。

12.1 激光器的功率稳定性

激光器的种类不同,输出功率的稳定性差异较大,这与激光器的结构和工作机理有关。

气体激光器采用高压放电激励,一般用硬质玻璃做管壳。而环形激光陀螺是用"零膨胀"玻璃(又称微晶玻璃)内孔做放电通道。激光器腔长随着温度变化而发生热胀冷缩,导致激光纵模在增益曲线的位置发生改变。增益改变,激光输出功率也发生改变。在气体激光器刚启动(点燃)的阶段,其输出功率变化幅度最大,甚至可以达百分之几十。启动一段时间后,进入功率稳定阶段,激光功率起伏变小。激光器输出功率的稳定性一般在 $10\%\sim1\%$。

激光器腔长越长,功率稳定性越好。因为激光器腔长长,激光纵模间隔小,激光频率数增加(式(9-2-6))。增益增大,激光介质出光带宽增加(激光带宽定义见图7-1-1)。这两种现象导致激光器的纵模个数增多。而激光功率是所有纵模功率叠加的结果。于是,激光器腔长热胀冷缩导致纵模在增益曲线上的移动,但因总的纵模个数多,在纵模功率变强的同时,会有纵模功率下降,所以对激光输出总纵模数和总功率的影响不大,功率波动的幅值较小。

采用稳频等措施,激光器输出功率的稳定性可以大幅提高,达到千分之几甚至更高。

此外,外界振动导致谐振腔两个反射镜之间平行性变差、激光电源的不稳定、腔内气体成分和压强的变化等因素都会影响气体激光器输出功率的周期不稳定。

半导体激光器的工作波长与工作温度、注入电流之间有着强烈的依赖关系,温度或电流的微小变化将导致光功率输出的很大变化,所以,半导体激光器往往有自己的闭环控制。当需要半导体激光器的功率高稳定时,要进行高精度温度控制和供电电流的控制。

实际的半导体激光器多采用控制电路,由单片机同时控制温度和电流的稳定性。如图 12-1-1 所示,在激光器内集成一个光电二极管,激光器的输出光用光电探测器探测,光电探测器把光信号转换成电信号,电信号经过电放大器放大后,输入到单片机的模拟/数字(A/D)模块后,模拟电信号被转化成数字信号,然后经CPU 处理后,再通过数字/模拟(D/A)端口输出控制恒流源。温度采用体积很小的热敏电阻采样,通过比例放大电路将信号放大后,输入到单片机的 A/D 模块中,通过比例-积分-微分控制器(PID)计算控制量。最后由半导体制冷器(TEC)控制温度。

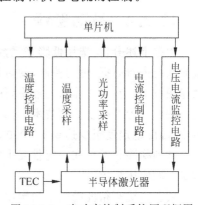

图 12-1-1 光功率控制系统原理框图

固体激光器的输出功率不仅与谐振腔结构的稳定性有关,还与泵浦源的输出功率稳定性有关。现在常用的半导体泵浦固体激光器的功率稳定性,受半导体激光器的功率稳定性、固体激光器自己的谐振腔结构、外界振动,以及腔内各元件的热透镜效应等诸多因素的影响。因此,为了提高固体激光器的输出功率稳定性,往往需要同时对半导体激光器和产生光增益的固体增益介质进行精确地温度控制(大功率固体激光器还需要对增益介质进行冷却,以减小热透镜效应),同时对固体谐振腔结构进行防振、恒温等处理。经过这些措施后,固体激光器输出功率的稳定性可提高到 1%。

光纤激光器输出功率的噪声受作为其泵浦的半导体激光器输出功率噪声和激光器腔内部弛豫振荡噪声的影响。弛豫振荡是由光纤激光器和固体激光器强烈的泵浦,激光上能级粒子数屡次超过阈值粒子数而发生的。因此,光纤激光器往往需要从控制泵浦的稳定性以及抑制激光器弛豫振荡效应两方面入手,这已成为常用的方法。

12.2   激光器的频率稳定性

激光器的频率稳定是一项难度很大的技术。

激光器的频率稳定性和功率稳定性密切相关。

12.2.1   导致激光频率不稳定的因素

在 9.2.7 节中讨论了激光频率漂移和跳模。引起频率漂移的原因是环境温度的变化(激光谐振腔的热胀冷缩),以及外界的机械振动引起谐振腔几何长度的改变。温度、气压以及湿度的变化还会导致激光工作介质及谐振腔所包含的空气部分的折射率改变。温度对半导体激光器输出频率的影响尤其明显,这是因为随着温度的变化,半导体介质的禁带宽度变小,导致发射光的频率改变。

因此,稳定激光频率的本质是保持谐振腔光程的稳定。用得最多的办法是用一个稳定的频率作为参考频率,从而对谐振腔采取闭环伺服反馈控制,把激光的频率锁定在参考频率上,这称为主动稳频。在难以找到参考频率的情况下,则使用被动稳频技术,如对激光器腔长进行温度控制。

12.2.2   被动稳频

根据上述分析,选用低膨胀系数材料,如零膨胀玻璃、石英等做谐振腔的腔体,并对整个激光系统进行防振、恒温控制,便可得到一定频率稳定度的激光输出。这种方法一般称作被动稳频技术。在半导体激光器中,往往也采用光栅外腔反馈结构来对激光器进行选频,这也是一种广义上的被动稳频技术。固体微片激光器也是采用被动稳频技术,把微片置于恒温室中,温度稳定度至少达到 $1/1000℃$,实现 $10^{-6} \sim 10^{-7}$ 的稳频精度。

被动稳频技术可在一定程度上实现激光频率的稳定,其长期频率稳定度达到 10^{-7},可满足一般应用需求。

要获得更高精度的频率稳定度,仅仅依靠被动稳频技术是无法实现的,必须采取主动稳频措施,但激光介质的光谱必须有可主动稳频的频率参考点,固体激光器没有这样的参考点。

12.2.3   主动稳频

现在常用的主动稳频技术有两种,一种是参考频率法,包括兰姆凹陷法、饱和吸收法(碘吸收法)、光谱锁定法。当外界扰动使激光频率偏离此标准频率时,检测出这一偏离量,然后通过伺服系统调节激光谐振腔长,将激光频率调整到参考标准频率上,从而实现稳频的目的。另一种方法是等光强稳频。采用等光强稳频技术稳定的激光器一定输出两个偏振相互垂直(正交)的模式(频率),比较两者的光强,光强相等则频率被稳定。这里,包含一个事实,模式的频率沿频率调谐时,它的光强应按标准的"倒钟形"规律变化,如图 6-7-1 等。不同激光介质,"钟"的形状不同,但其以 ν_0 的对称性必须保证。

1. 兰姆凹陷稳频

这种稳频方法,通常适合于综合展宽类型的激光器,如 HeNe 激光器。

根据 11.2.3 节和图 11-2-4 的介绍,综合展宽增益介质的激光器,如 HeNe 激光器,其光强 I 对频率 ν 的变化曲线在中心频率 ν_0 处存在一个凹陷,即兰姆凹陷,它是用来稳定激光频率的基础。利用兰姆凹陷稳频的光学和电路布局如图 12-2-1 所示。HeNe 激光器或半外腔或全外腔。图 12-2-1 所示为全外腔。激光放电管两端各有一窗口片 W_1 和 W_2,M_1 和 M_2 为谐振腔镜。在由陶瓷 A 面和反射镜 M_2 的 B 面以及激光器安装在钢架或石英管内(图中未画出)。压电陶瓷环的内外表面上是两个电极,当外表面加正压内表面加负压时,压电陶瓷伸长;电压反向时,压电陶瓷缩短。利用压电陶瓷的伸缩来调节谐振腔的腔长 M_1 和 M_2 的间距。加在压电陶瓷上两个电压:一是直流电压,根据频率失谐大小,驱动压电陶瓷伸长或缩短;二是来自振荡器的电压,正弦调制激光谐腔长。

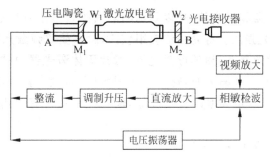

图 12-2-1 兰姆凹陷稳频框图

兰姆凹陷稳频的基本原理如图 12-2-2 所示。在压电陶瓷上加一个频率为 1 kHz 的正弦电压(电压大小和压电陶瓷种类有关,约为几伏到十几伏),压电陶瓷以这一频率周期伸缩,激光腔长(M_1 和 M_2 的间隔)也以这个频率变长或变短,激光频率 ν 也正弦式的变化。如果初始激光频率 $\nu = \nu_0$,则压电陶瓷调制电压使激光频率在以 ν_0 为中心的一个区间 $\delta\nu$ 内周期地左右"摆动"变化,激光强度则先上升后下降,再上升又下降,如此反复。把这种激光强度周期升降变化画出来,可看出对应强度曲线恰以 $2f$ 频率按"升→降→升→降"周期变化。这就是常说的倍频,见图 12-2-2 中标以 $\nu = \nu_0$ 的曲线。除了 $\nu = \nu_0$ 的倍频曲线,图 12-2-2 内还有标为 $\nu < \nu_0$ 和 $\nu > \nu_0$ 的两条曲线,都是频率 ν 偏离了 ν_0 的"失谐"曲线,一在 $\nu_{左}$,一在 $\nu_{右}$ 处。如果激光频率 $\nu > \nu_0$,则激光输出强度被调制,频率为 f,相位与压电陶瓷的调制电压相位相同。这种频率 f 的光强信号经选频放大后送入相敏检波器,相敏检波器输出一个负的直流电压,经放大后加载在压电陶瓷上,使其缩短,腔长增加,于是激光频率被拉回到 ν_0。若激光频率 $\nu < \nu_0$,则输出功率的调制频率也为 f,但相位与调制电压相差 π,相敏整流后输出一个正的直流电压并加载在压电陶瓷上,压电陶瓷伸长,腔长减小,于是激光频率被拉回到 ν_0 处。

要达到高的稳频精度就要求凹陷中心两侧的曲线斜率大,即要求凹陷窄而深,且以中心频率 ν_0 两侧对称(图 12-2-2),这样即使很小的频率漂移就能产生足以将频率拉回到 ν_0 的误差信号。用兰姆凹陷稳频,其频率稳定度可达 10^{-9} 量级,但复现性只能达到 $10^{-8} \sim 10^{-7}$,这主要是由于凹陷中心频率 ν_0 的漂移以及电路参数的漂移造成的。

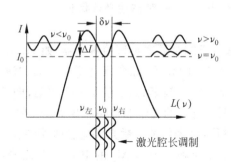

图 12-2-2   利用兰姆凹陷稳频的原理

ΔI—兰姆凹陷深度;$\delta \nu$—压电陶瓷伸长导致的频率变化范围。激光频率工作在 ν_0 处,调制的激光光强曲线标以 $\nu = \nu_0$;失谐频率 $\nu_{左}$ 和 $\nu_{右}$ 的光强曲线分别标以 $\nu < \nu_0$ 和 $\nu > \nu_0$

2. 等光强稳频

上文介绍了兰姆凹陷稳频方法,是以兰姆凹陷底的频率作为参考频率的。还有一种激光器稳频技术,称为等光强法。等光强法应用较广,除塞曼双频激光器外,也在双纵模激光器、双折射-塞曼双频激光器、四频环形激光器、微片固体激光器中被采用。全内腔的激光器以光强差的大小作为频率偏离的判据,以热伺服(即对激光器升温和降温)作为调节频率的手段。等光强的优点是频率的复现性好,输出光中不带有兰姆凹陷稳频时对频率的调制。

(1) 双纵模 HeNe 激光器的稳频

在 4.2 节和 14.2 节中已知,HeNe 激光器输出的激光束中,相邻纵模的偏振是垂直正交的,相间纵模的偏振是同方向的,如图 12-2-3(a)所示。当腔长变化时,激光器输出两模的频率将沿着增益曲线漂移,由于对应增益的改变,两个模的光强也将改变,光强差 $\Delta I = I_{q+1} - I_q$ 将随之改变。由于两频率是正交偏振光,偏振分光镜把它们分开并分别探测,并由电子线路和计算机控制激光器的温度(即控制腔长),保持 $\Delta I = 0$,激光频率就稳定在 ν_0 附近的一个小区间内,这就是等光强稳频的原理。频率稳定后,两模是以荧光谱线的中心频率对称的,它们的光强相等。为了某一目的,若两模的光强差维持某一恒定值,则激光两频率也能稳定,但与中心频率 ν_0 不对称。

应用激光器时根据需要可以使用偏振片滤除掉一个频率,也可用偏振分光镜分开它们各自应用。这就是除兰姆凹陷稳频外,另一种单频激光干涉仪稳频的方法。

(2) 塞曼激光器等光强法稳频

在塞曼双频激光器的稳频中,采用等光强法。

在 HeNe 激光器毛细管内的氦氖气在磁场作用下,激光器输出双频激光束,称为塞曼激光器或塞曼双频激光器。如果磁场垂直于毛细管内的激光束方向,称为横向塞曼激光器。如果磁场平行于毛细管内光束的方向则称为纵向塞曼激光器。图 12-2-3(b)是纵向塞曼激光器光强-频率曲线。如图 12-2-3(b)所示,激光器输出的两个频率分别是左旋和右旋圆偏振光:$\nu_q^{左}$ 和 $\nu_q^{右}$。当这两个频率以谱线中心频率 ν_0 对称时,这两个频率的输出光强相等,反之,出现光强差。空间上可分离这两个频率光束,分别探测其光强。若 $\nu_q^{右} > \nu_0$,则左旋光光强大于右旋光光强。若 $\nu_q^{左} < \nu_0$,则左旋光光强小于右旋光光强。以它们的差值作为鉴频的误差信号,再通过闭环反馈系统控制激光器的腔长,从而实现激光器输出频率的稳定。

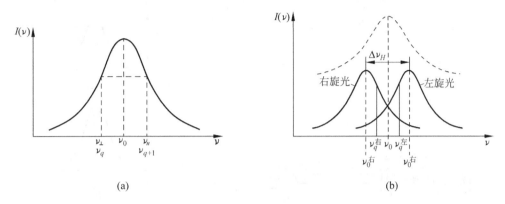

图 12-2-3　等光强法稳频原理

(a) 双纵模 HeNe 激光器的频率稳定; (b) 纵向塞曼激光器的频率稳定

上文的讨论是以双纵模和塞曼激光器的等光强法稳频的频率,稳定度可达 10^{-9},复现性可优于 10^{-8}。

3. 腔内饱和吸收稳频

由于荧光谱线中心频率 ν_0 随激光管参数放电条件变化(如外部大气的渗入、放电流的不稳定等)而漂移,因此兰姆凹陷稳频、等光强稳频的精度和复现性不是很高。为了进一步提高稳频的精度和复现性,需要选择一个比荧光谱线中心频率 ν_0 更稳定的频率基准,这就是用重粒子的饱和吸收光谱的中心频率做基准。方法之一是在激光腔内放置一个光的可饱和吸收池,把激光频率稳定在光吸收介质的一个饱和吸收凹陷底上。吸收池内充低压气体,如甲烷、碘分子等,气压通常只有 $10^{-2} \sim 10^{-1}$ Torr(1 Torr=133.3 Pa)。此低压气体在激光振荡中心频率处有一个尖锐的(非常窄的)吸收凹陷,且其中心频率稳定度高,它做参考频率的稳频精度比兰姆凹陷稳频等光强稳频高得多。

碘饱和吸收稳频激光器 $0.6328~\mu m$ 输出光频率是国际上通用的激光频率的基准,用以检定激光器的频率稳定性。

饱和吸收稳频装置如图 12-2-4 所示。置于腔内的吸收池中的气体吸收曲线如图 12-2-5 所示。激光腔镜(贴于压电陶瓷上)、激光增益管、吸收池、M_2 一起置于稳定、热膨胀系数小的底座上。激光放电管同于图 4-2-2 中全外腔式 HeNe 激光器的放电管,是增益区。吸收池是不放电的纯吸收介质。放电管和吸收池的光谱线相对应,后者吸收前者的光谱。光电接收器、选频放大器、相敏检波、直流放大等用于闭环伺服稳定饱和吸收激光器的频率。

图 12-2-5(a) 给出在腔内光强一定时,吸收物质的吸收系数 γ 与频率之间的关系;图 12-2-5(b) 中以 ν_0 为中心,吸收系数有一下降的区间,即吸收凹陷。如果把吸收系数看成是负增益,这类似于增益饱和现象。激光放电管的增益没有变化,但在放电管的增益曲线中心 ν_0 处的损耗减小到图 12-2-5(b) 的凹陷最低处,于是就发生了如图 12-2-5(c) 所示的光强 I 的峰值。突起方向和兰姆凹陷相反,所以称为反兰姆凹陷,如图 12-2-5(c) 所示。由于吸收管内气压较低,碰撞展宽线宽窄,碘分子量大,多普勒展宽小,使反兰姆凹陷宽度更窄,而

且峰的位置很稳定。用这个峰作为稳频基准,能获得较高的频率稳定度和复现性。反兰姆凹陷稳频利用的是置入激光谐振腔内吸收池的吸收饱和导致的光强在 ν_0 处的尖峰,而兰姆凹陷稳频利用的是激光放大介质增益在 ν_0 处的增益及光强凹陷。

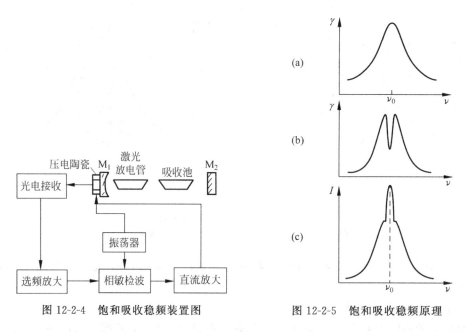

图 12-2-4　饱和吸收稳频装置图　　　　图 12-2-5　饱和吸收稳频原理

利用甲烷气体的吸收峰稳定 HeNe 激光器的 $3.39~\mu m$ 激光频率,可以得到 10^{-13} 的稳定度和 10^{-12} 的复现性;利用 I_2^{127} 的吸收线稳定 HeNe 激光器的 $0.6328~\mu m$ 的激光频率,可达 $10^{-11} \sim 10^{-9}$ 的复现性。

饱和吸收稳频适用于激光波长正好处于饱和吸收介质的吸收谱线范围内的激光器。比如 HeNe 激光器的 $0.6328~\mu m$ 谱线正好对应于碘分子跃迁的吸收谱线,HeNe 激光器的 $3.39~\mu m$ 谱线正好对应于甲烷气体的吸收谱线。因此,HeNe 激光器适用于饱和吸收引起的反兰姆凹陷稳频。而对于 $1.06~\mu m$ 的固体激光器,由于饱和吸收介质的吸收峰不能覆盖 $1.06~\mu m$,所以只能倍频后利用 $0.532~\mu m$ 正好位于碘分子跃迁的吸收区来实现饱和吸收稳频。

腔内饱和吸收稳频激光器系统较复杂,要求的工作条件比较严格,并且由于饱和吸收池位于腔内,导致激光器输出功率很低。所以这样的激光器多用作频率的标准器,用以检测其他仪器稳频精度。

4. 腔外饱和吸收稳频

腔内饱和吸收稳频中,吸收介质放置于腔内,吸收很大,由此导致激光器的输出功率很低。如果能把饱和吸收介质置于激光谐振腔外部,则激光器能获得较高的输出功率,从而可直接用于各种应用场合。这就产生了腔外饱和吸收稳频。

典型的腔外饱和吸收稳频方案如图 12-2-4 所示。在这一方案中,激光器的输出分成两束,分别是较强的抽运光束和较弱的探测光束。两束光反向同时入射充有气体的吸收室。调谐激光频率 ν,当 $\nu \neq \nu_0$(原子吸收中心频率)时,由于多普勒效应,两束光分别被运动速度方向相反的两群原子所吸收;当 $\nu = \nu_0$ 时,两束光同时和运动速度为零的同一群原子相互作用,原子被强抽运光束激励达到饱和状态,此时吸收原子几乎全部处在高能态,探测光束几乎无吸收地通过气体吸收室,因此探测光的饱和吸收信号在 ν_0 处出现了尖峰效应。尖峰的宽度由吸收介质的均匀展宽宽度决定。由于消除了多普勒展宽的影响,因此尖峰的宽度窄,保证了激光频率的稳定性。

饱和吸收法的优点是频率稳定度和复现性高,这种方法频率稳定性不仅取决于吸收谱线的频率稳定性,也和谱线的宽度和信噪比有关,频率稳定度可以达到 $10^{-13} \sim 10^{-12}$。

不管是腔外饱和吸收稳频还是腔内饱和吸收稳频,受限于可选用的吸收介质的种类,能够吸收与激光器波光对应吸收光谱的介质种类有限,有的激光波长没有对应的吸收介质。

原子/分子的吸收谱线越窄,越稳定,信噪比越高,则激光器的稳频精度越高。围绕如何获得超精细的吸收光谱用于激光器频率锁定,研究人员先后提出了消多普勒双色饱和吸收稳频技术、导数谱稳频技术和调制转移稳频技术等。限于篇幅,本书不再一一介绍。

5. FP 标准具稳频

FP 标准具稳频方案结构如图 12-2-6 所示,其特点是使用高稳定的 FP 腔作为稳频的参考基准。原理如下:用电光调制器(EOM)对激光束进行电光相位调制,产生分布在原频率两侧的两个等幅反相的边带。当激光频率偏离标准具(FP)的共振频率时,这两个边带经 FP 腔反射后,其振幅和相位发生不等的变化,则各自与参考信号形成的拍频不能完全抵消,在探测器(D)上输出一个以调制频率为基频的信号。此信号与调制频率信号进行混频解调后,得到色散型鉴频曲线,通过伺服系统(PID),控制与激光器其中一个腔镜固连的 PZT,调节激光器腔长,使激光频率锁定在参考 FP 腔的共振频率上以实现稳频。

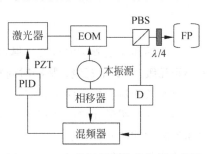

图 12-2-6 相位调制光外差稳频示意图

12.3 从介质宽光谱到高稳定、窄线宽的激光束

本书写到这里,可以对激光器输出光束优良的单色性,或者说无与伦比的相干性作一小结。正是这种无与伦比的相干性提供了实现纳米、皮米"长度"测量以及引力波探测亿年不差 1 s 光钟的基础。

(1)发光介质总是同时辐射多条光谱线,由于激光谐振腔的两个反射镜镀 $\lambda/4$ 介质膜系,仅波长 λ 的光可在激光谐振腔中谐振,其他波长被滤除。

(2)发光介质"一条"光谱线仍然有相当宽度,即包含一定宽度的频率范围,激光谐振腔只允许这一宽度内少数分立的频率谐振,其他频率被抑制。

(3)把激光器谐振腔长缩短,(1)中所说的少数频率可以少到仅存一个;或在激光器内置 λ 饱和吸收介质(如碘),仅允许吸收介质中心频率处极窄的频率宽度振荡。

(4)采用激光频率稳定技术,把激光频率稳定在一个"不变"的参考频率上。

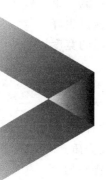

第**13**章
激 光 的 脉 冲 特 性

工业界和科技领域大量使用脉冲激光器,包括单脉冲和多脉冲。脉冲激光器的平均功率小到瓦级,大到千瓦级;脉冲时间宽度从毫秒、微秒,再到纳秒、皮秒、阿秒。

脉冲激光器应用于测距、加工、生命现象研究、化学反应的瞬时抓拍等。

本章将介绍激光的脉冲特性和表征参数。首先介绍激光脉冲的定义,然后介绍产生脉冲和超短脉冲的几种方法。

脉冲激光器发射的光束往往不是标准的基横模,光束横截面上的光强分布不均匀性评价的方法是 M^2 因子,见 8.1.3 节。

13.1 激光脉冲器

13.1.1 激光弛豫振荡

弛豫振荡发生在固体激光器、半导体激光器以及半导体激光器泵浦的固体激光器中。

固体激光器和半导体激光器的弛豫振荡表现为其连续稳定的输出光强伴随一个稳定的调制,调制幅度和频率取决于激光器的泵浦参数和激光器阈值等。LD 泵浦的连续输出小功率(几十毫瓦)Nd：YAG 激光器和 Nd：YVO$_4$ 激光器的弛豫振荡频率为 1～3 MHz。图 13-1-1(a)是频率轴,给出了实测到的毫米级腔长的微片固体 Nd：YAG 弛豫振荡频率 ν_R。这称为连续激光器的弛豫振荡。连续激光器的弛豫振荡也可用示波器测量,得到连续周期波形。

脉冲固体激光器输出的脉冲往往不是单脉冲,而是一连串振幅、宽度和间隔不等的尖峰,如图 13-1-1(b)所示,这种现象称为脉冲激光的弛豫振荡。每个尖峰脉冲的宽度在 0.1～1 μs 量级,间隔为数微秒,而且泵浦激励越强,脉冲之间的时间间隔越小。脉冲序列的总长度略小于闪光灯泵浦的持续时间。基本上脉冲激光器的弛豫振荡频率被忽略,因为意义不大。

　　连续或脉冲激光器弛豫振荡的产生机理可定性地解释为：当粒子反转布居数达到阈值时开始产生激光,激光引起的受激辐射使粒子反转布居数下降。当粒子反转布居数下降到阈值时,激光脉冲达到峰值,这时粒子反转布居数继续下降到小于阈值时,增益小于损耗,所以光子数迅速减少,激光强度迅速衰减。但泵浦激励还在进行,粒子反转布居数又获得增加,并再次达到阈值,再次产生第二个尖峰脉冲。上述过程不断重复发生,直至泵浦停止才结束,于是形成了尖峰脉冲序列。尖峰脉冲在激光器阈值线上下振荡,因此脉冲的峰值功率水平较低。即使增大泵浦能量也无助于脉冲峰值功率的提高,而只会使尖峰脉冲的个数增加,尖峰脉冲之间的时间间隔变小。激光弛豫振荡的总宽度约为毫秒量级,如果在示波器上观察激光脉冲波形,看到的是如图 13-1-1(b)所示的在阈值线附近的一系列高度和宽度不等的激光脉冲。

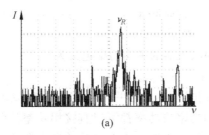 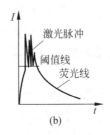

图 13-1-1　弛豫振荡

(a) 连续输出的 Nd：YAG 激光器弛豫振荡的频率(横坐标为频率轴)；(b) 固体脉冲激光器弛豫振荡示意图(横坐标为时间轴)

　　弛豫振荡作为一种激光现象,有时要消除它,使多脉冲变成单脉冲。有时要把带有弛豫振荡的连续激光器输出直流化。这些技术已经成熟。但一切都有两面性,弛豫振荡有害,但固体微片激光器的弛豫能提高激光回馈仪器系统的传感灵敏度,在激光回馈干涉(又称激光自混合)中起重要作用。

13.1.2　脉冲激光器的时间特性

　　从弛豫振荡产生的原因可知,如果增加泵浦光的强度,只能增加尖峰脉冲的数量,并不能有效地提高脉冲的峰值功率。为了得到窄脉宽、高峰值功率的单个脉冲,可采用调 Q 等技术和锁模技术,来改善激光器的脉冲输出特性。目前已获得飞秒(10^{-18} s)宽度的激光脉冲。

　　图 13-1-2 是一般工业激光器输出的脉冲时序示意图。描述激光脉冲特性的主要参数有两个,脉宽和重复频率。

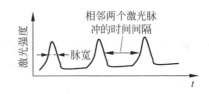

图 13-1-2　高斯型激光脉冲示意图

　　激光的脉宽是一个激光脉冲的持续时间。在图 13-1-2 中是指一个激光脉冲最大强度一半处所对应的时间全宽度。

　　脉冲激光器的重复频率是指每秒钟激光器发射的脉冲数量。如单位时间内发射 1 个脉冲或者 10 个脉冲,就说脉冲的重复频率前者为 1 Hz,后者为 10 Hz。重复频率等于相邻两个激光脉冲时间间隔的倒数。如重复频率为 10 Hz 就是指 1 s 内发射 10 个激光脉冲。

　　激光器输出的激光脉冲的脉宽有毫秒级、微秒级、纳秒级、皮秒级、飞秒级和阿秒级等。

13.1.3 脉冲激光器的峰值功率和能量

13.1.2 节讲到脉冲激光器的脉宽和重复频率,这一节介绍与光强有关的参数:激光输出的能量和功率。能量、脉冲峰值功率和平均功率是用来描述脉冲激光器的主要性能指标。对于单脉冲激光器激光输出的总能量,用 E 表示,可以用能量计直接测得单个脉冲的能量。

若激光脉冲宽度为 τ,则脉冲峰值功率为

$$P_m = \frac{E}{\tau} \tag{13-1-1}$$

脉冲的峰值功率不能用功率计直接测得。一般是用光电探测器把测得的光信号转变为电信号,然后接上示波器就会显示激光脉冲的时间波形,在示波器上通过波形可以直接得到脉冲宽度,然后通过式(13-1-1)算出脉冲的峰值功率。

若激光器的重复频率为 f,则该脉冲激光器的平均功率定义为

$$P = E \cdot f \tag{13-1-2}$$

对于连续激光器,一般用输出功率来描述,不使用平均功率和峰值功率的概念。不管是脉冲激光器还是连续激光器,它们的平均功率或功率都可以直接用功率计测得。连续激光器中半导体激光器功率能达到百瓦量级,而对于钛宝石飞秒脉冲激光器的峰值功率可达到太瓦(10^{12} W)量级。

13.1.4 脉冲激光器的空间能量分布:M^2

对于脉冲激光器和连续激光器输出激光的空间分布的描述是没有差别的,一般仍是高斯光束描述,关于其光场分布特性可参考第 8 章。

13.2 Q 调制脉冲激光器

标题所说的 Q 是描述谐振腔性能的重要物理量,全称为"Quality factor",即谐振腔的品质因数。

品质因数 Q 一般定义为

$$Q = 2\pi\nu \frac{W_c}{P_{t0}} \tag{13-2-1}$$

式中,W_c 是储存在谐振腔内的总能量,P_{t0} 是谐振腔内单位时间损耗的能量。

$$W_c = nh\nu V \tag{13-2-2}$$

$$P_{t0} = -\frac{dW_c}{dt} = -h\nu V \frac{dn}{dt} \tag{13-2-3}$$

式中,n 是谐振腔内的光子数密度。在只考虑腔损耗的条件下,$n = n_0 e^{-\frac{t}{\tau_R}}$,$\varphi_0$ 是初始时刻的光子数密度,并由式(13-2-2)和式(13-2-3)可得

$$Q = 2\pi\nu\tau_R = 2\pi\nu \frac{L'}{\delta c} \tag{13-2-4}$$

式中,L'是光学腔长,δ是腔的单程损耗。由式(13-2-4)可知,$Q \propto \tau_R \propto \dfrac{1}{\delta}$。即谐振腔的品质因数 Q 与谐振腔的损耗成反比,谐振腔的损耗越小,Q 值越高。

在 13.1.2 节中已阐述了固体激光器弛豫振荡的机理。产生弛豫振荡的原因是激光振荡阈值可视为固定不变,强烈使增益一次次超过阈值,而每超过阈值一次,就会增加一个新脉冲。提高泵浦速率和能量增加的仅是激光脉冲的个数,但峰值并未得到显著增加。要获得巨脉冲,必须采用相应技术,这就是 Q 调制技术。Q 调制技术把激光谐振腔的 Q 值发生突变,使腔内的损耗从高到低或从低到高,控制激光振荡的产生和熄灭。

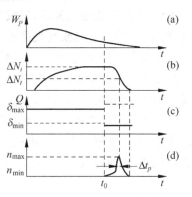

图 13-2-1 调 Q 激光脉冲的建立

调 Q 激光脉冲的建立过程如图 13-2-1 所示,其中 W_P 表示泵浦速率(图 13-2-1(a)),ΔN 是粒子反转布居数(图 13-2-1(b)),δ_{max} 是谐振腔的单程损耗因子,n 是腔内光子数密度(图 13-2-1(d))。在激光脉冲的建立过程中,使 Q 值是时间的阶跃函数,即图 13-2-1(c)中的虚线。

Q 调制的原理:泵浦开始时,在一段较长的时间里使谐振腔具有高损耗 δ_{max}(图 13-2-1(c)中实线),即谐振腔处于低 Q 值状态(图 13-2-1(c)中虚线)。激光器由于阈值太高而不能形成受激振荡,使得激光上能级的粒子数不断积累,直到 t_0 时刻,粒子布居数反转达到最大值 ΔN_i。在这一时刻,使腔内损耗突然急剧下降至低损耗 δ_{min}(即 Q 值突然升高),振荡阈值随之降低,激光振荡开始建立。由于此时粒子反转布居数 $\Delta N_i > \Delta N_t$(阈值粒子反转布居数),因此受激辐射迅速增强,激光上能级存储的粒子的能量在极短的时间内转变为受激辐射能量,结果产生了一个极窄的高峰值功率的脉冲,脉冲宽度是 Δt_P,通常称这种激光脉冲为巨脉冲,如图 13-2-1(d)所示。

总之,Q 开关技术特点是把激光上能级能量"长"时间存贮,在很短的时间内($10^{-9} \sim 10^{-7}$ s)内发射(释放),从而大大提高了激光脉冲的亮度和峰值功率。Q 调制激光脉冲测距可测量几十千米远处的目标距离。

用于调 Q 激光器的 Q 开关有电光 Q 开关、声光 Q 开关、可饱和吸收晶体 Q 开关等。

13.2.1 电光 Q 开关激光器

电光 Q 开关是利用晶体的电光效应来实现激光器调 Q 的方法。

某些晶体在外加电场作用下,沿某一晶轴方向折射率会发生变化,导致晶体内不同偏振方向的光之间产生相位差,从而使通过光的偏振方向发生改变,这种现象称为电光效应。其中,折射率的变化与电场成正比的效应称为普克尔效应。

电光 Q 调制是利用晶体的普克尔效应实现激光谐振腔 Q 突变的方法。常用的电光晶体有磷酸二氢钾(KDP)、磷酸二氘钾(KD*P)和铌酸锂(LiNbO$_3$)等。

图 13-2-2 是采用普克尔效应的电光 Q 开关的两种典型配置。在一般激光器结构中,图 13-2-2(a)运转过程如下:泵浦闪光灯点燃期间,在电光晶体上施加 1/4 波电压 $U_{\pi/2}$,使线偏振光通过电光晶体后变成圆偏振光;光经全反镜反射重返电光晶体后,其两个偏振分

量又经受$\frac{\pi}{2}$相位延迟差,使得出射晶体的合成光波又变成线偏振光,但与原入射线偏振光相比,偏振面已旋转$90°$,从而被偏振器拦截,谐振腔内的光反馈回路关闭,腔内损耗很高,Q值很低,无法形成激光振荡,但激光上能级在不断积累粒子(这一状态相当于光开关处于"关闭"状态)。当闪光灯泵浦光接近终了粒子布居反转数最大时,迅速退去电光晶体上的电压,使谐振腔中的光反馈回路开启,腔内损耗迅速降低,Q值很高,形成强受激辐射,产生巨脉冲激光输出。如果偏振器由以布儒斯特角放置的玻片代替,效果相同,有时激光棒一端磨制成布儒斯特角,也起到同样作用。

上述系统退去晶体上的电压开关开启,称为退压式电光Q开关。而图 13-2-2(b)所示的系统中,电光晶体上施加的电压为U_π,且增加了一块与起偏器偏振方向正交的检偏器;显然,该系统是加电压U_π时开关开启,称为加压式电光Q开关。

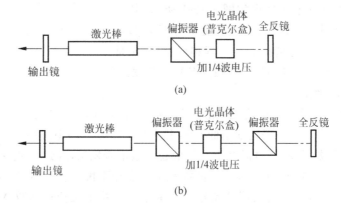

图 13-2-2 电光 Q 开关的两种典型装置

在锁模激光器发明之前,电光Q开关是典型的"快"开关,开关时间可达到10^{-9} s。调制输出的脉冲窄,脉宽可达几纳秒至几十纳秒,峰值功率可高达几十兆赫兹。且同步精度高。

使用电光Q开关时,需要注意以下几点。

(1) 消光比要高。消光比是指光开关"开启"和"关闭"时输出光强之比。KDP 和 KD*P 类晶体的消光比一般可达10^4以上,$LiNbO_3$晶体可达10^3。

(2) 尽量减小插入损耗,提高光透过率。KDP 类晶体的透光范围为$0.2\sim2.0\ \mu m$,从可见光到$1.4\ \mu m$范围透过率大于85%,光开关的插入损耗为$10\%\sim20\%$;$LiNbO_3$晶体的透光范围为$0.4\sim5.0\ \mu m$,最高透过率可达95%。

(3) 半波电压要低。半波电压定义为晶体产生与 1/2 光程差对应的相位差所加在晶体上的电压。KD*P 晶体的半波电压为 6000 V,远低于 KDP 晶体;$LiNbO_3$晶体的半波电压一般在 2000~3000 V。

(4) 晶体的损伤阈值要高。KDP 类晶体的损伤阈值为$500\ MW/cm^2$,所以大多数 KDP 晶体的普克尔盒 Q 开关的安全工作的功率密度最大值约为$200\ MW/cm^2$;而 $LiNbO_3$ 晶体的损伤阈值较低,其峰值光功率密度的极限值在$10\sim50\ MW/cm^2$之间,一般使用时在$5\sim10\ MW/cm^2$。

除此之外,还要注意晶体的防潮。KDP 类晶体都是潮解的,通光面不能遇水汽,所以要密封于盒中,不能打开,不能有漏气。有时要在普克尔盒中注入折射率匹配液体,以防与空气接触。

13.2.2 声光 Q 开关激光器

声光 Q 开关的物理基础是声光效应。声光效应是指光波在介质中传播时被超声波场衍射或散射的现象。声光效应可描述如下：在超声波的作用下，介质的折射率会周期性变化，形成折射率光栅，这时在介质中传播光波就会被折射为光栅衍射。衍射光的强度、频率和方向等将随着超声波场的变化而改变。

在激光谐振腔内插入声光 Q 开关，就构成一个声光调 Q 激光器，如图 13-2-3 所示。

典型的声光 Q 开关主要由三部分组成：声光介质、电声换能器和吸声材料。声光介质主要采用熔融石英、玻璃、钼酸铅等材料制成。电声换能器常采用石英、铌酸锂等晶体制成。吸声材料常用铅橡胶或玻璃棉等。当高频振荡信号加载在电声换能器上时将产生超声波。当声波在声光介质中传播时，该介质会产生与声波信号相应的、随时间和

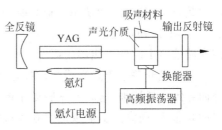

图 13-2-3 声光调 Q 开关的结构和声光调 Q 激光器

空间周期变化的弹性形变，从而导致介质折射率发生周期性变化，相对声波方向以某一角度传播的光波来说，相当于一个"相位光栅"。其光栅常数等于声波波长 λ_S。因在超声场中光波将发生衍射，并改变它的传播方向，声光 Q 开关被称为超声光栅。按照超声波频率的高低以及声光相互作用长度的不同，声光效应可分为拉曼-奈斯衍射和布拉格衍射两种类型。前者发生的条件为超声波频率较低且声光互作用长度较短，后者则在超声波频率较高且声光互作用长度较长时发生。衍射光的分布与入射光的角度有关，当激光束垂直入射时，一系列衍射光对称分布在入射方向的两侧。当满足拉曼-奈斯衍射条件时，驻波状态的超声光栅可看成一个动态的平面相位光栅。如图 13-2-4 所示的是拉曼-奈斯衍射。

如果超声波频率较高，且声光作用长度较大时，被超声扰动的介质也不再等效于平面相位光栅，而是形成了立体相位光栅。当光波相对声波以 θ_B 斜入射时，介质内的各级衍射光将相互干涉，在一定条件下，即满足布拉格公式 $2\lambda_S\eta\sin\theta_B=\lambda_0$ 时，各高级衍射光将相互抵消，只出现 1 级衍射光，如图 13-2-5 所示，这种衍射称为布拉格衍射。布拉格公式中，θ_B 是布拉格衍射角，λ_S 是超声波波长，λ_0 是入射光波长，η 是介质的折射率。

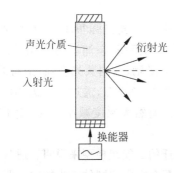

图 13-2-4 拉曼-奈斯衍射示意图

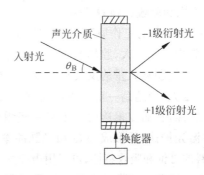

图 13-2-5 布拉格衍射示意图

1 级(−1 级)衍射光强与入射光强之比为

$$R = \frac{I_1}{I_i} = \sin^2\left(\frac{\Delta\varphi}{2}\right) \tag{13-2-5}$$

式中,$\Delta\varphi$ 是光波经长度为 d 的相位光栅后所产生的附加相位延迟,R 被称为衍射效率。

$$\Delta\varphi = \frac{2\pi}{\lambda}\Delta\eta d = \frac{\pi}{\lambda}\left(2\frac{d}{H}MP\right)^{1/2} \tag{13-2-6}$$

式中,$\Delta\eta$ 是介质折射率的变化量,d 和 H 分别为换能器的长度与宽度,M 是声光介质的品质因数,P 是超声驱动功率。提高驱动功率可以得到较高的衍射效率。例如当超声频率在 $20\sim50\ \text{MHz}$ 范围时,石英对 $1.06\ \mu\text{m}$ 光波的一级衍射角为 $0.3°\sim0.5°$,这一角度完全可以使光波偏离出腔外不能形成振荡。

把声光开关置于激光器中,在超声场的作用下发生衍射,由于一级衍射光偏离出谐振腔外而导致损耗增加,这时谐振腔处于低 Q 值状态,或者说 Q 开关将激光"关断",从而难以形成激光振荡,而激光上能级仍然在大量积累粒子。若这时突然撤去超声场,则衍射效应立刻消失,谐振腔损耗下降,于是谐振腔又突变为高 Q 值状态,相当于 Q 开关"打开",激光巨脉冲随即形成。Q 值交替变化一次,就使激光器输出一个调 Q 脉冲。

声光 Q 开关的断开时间主要由声波通过的时间,而不是电子开关时间决定。以熔融石英为例,声波通过 $1\ \text{mm}$ 的时间约为 $200\ \text{ns}$,这一时间对高增益脉冲激光器来说显得过长。因此,声光 Q 开关一般用于增益较低的脉冲激光器。声光驱动的电压不高(小于 $200\ \text{V}$),容易实现高重频 $1\sim20\ \text{kHz}$ 调制,开关时间小于脉冲建立时间,属于快开关。但声光 Q 开关对高能量激光器的开关能力较差,不适于高增益调 Q 激光器。声光 Q 开关可获得峰值功率几百千瓦、脉宽约为几十纳秒的高重复频率巨脉冲。这是一种广泛使用的 Q 开关方式,主要优点是重复频率高,性能稳定可靠。

13.2.3 可饱和吸收材料 Q 开关激光器

可以利用材料的可饱和吸收体特性制成 Q 开关,它是一种无源 Q 开关,也称为被动 Q 开关。最初常用的可饱和吸收体材料是某些有机染料。将装有染料液的激光器吸收池,或涂有染料的薄膜置于谐振腔内激活物质与全反射腔镜之间,就可以实现调 Q 激光器运转。目前,实际使用较多的是可饱和吸收晶体。无论使用有机染料还是可饱和吸收晶体做 Q 开关,其原理相同,都是所谓的"漂白"作用。

1. 可饱和吸收染料 Q 开关

染料 Q 开关的工作原理如下:染料在泵浦初期,由于荧光光强很小,染料的吸收率很大,导致腔内损耗太大,腔的 Q 值很低,从而不能形成激光振荡,泵浦源的作用导致激光上能级源源不断积累大量的反转粒子数。随着泵浦的持续激励,腔内荧光变强,染料的透过率随之逐渐增大,当达到一定光子密度时,染料的吸收达到饱和状态,透过率接近 100%,即染料突然被"漂白"而变得透明。染料一经漂白,腔内损耗突然大幅度减小,腔的 Q 值突然增大,产生激光振荡,并形成调 Q 激光脉冲输出。

染料的可饱和吸收特性,可以用表征其共振吸收跃迁的二能级模型来说明。通常,染料激发态能级有较宽的能带,对具有较宽频率范围的入射光都有大致相同的吸收能力。假设基态、激发态能级上粒子数密度分别为 N_1 和 N_2,初始时大部分粒子都分布在整态上,随着腔内入

射光强 I 的增加,染料分子吸收光子能量由基态跃迁到高能态的数目增多,N_1 能级的粒子数下降,染料的吸收率随之下降。而此时染料分子受激跃迁,若达到 $N_1 = N_2$,则说明此刻的受激吸收跃迁和受激辐射跃迁达到动态平衡,使染料呈饱和吸收状态而变得完全透明,这就是所谓的"漂白"现象。随着时间进一步延迟至高能级的平均寿命 τ_s 时,染料又恢复至弱光强时的吸收率,使染料从"漂白"过渡到"消漂白"状态。染料的漂白和消漂白完成染料 Q 开关的开启和关闭过程。由于染料 Q 开关的漂白不受人为控制,而是根据腔内光子数密度的多少(它反映了反转粒子数密度的大小)确定的,而被称为"被动 Q 开关"。图 13-2-6(a)表示染料 Q 开关激光器,图 13-2-6(b)表示染料透过率随光强度变化的曲线。可饱和吸收体的吸收系数 γ 与入射光强 I 的关系式可写为

$$\gamma = \frac{\gamma_0}{1 + (I/I_s)} \tag{13-2-7}$$

式中,γ_0 是光强接近于零时的吸收系数,I_s 称为饱和光强,在该光强时,吸收率下降至 $\frac{1}{2}\gamma_0$。

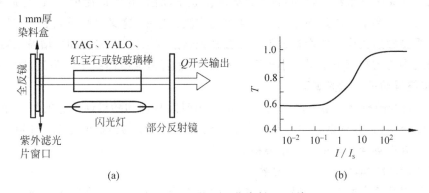

图 13-2-6　可饱和吸收染料 Q 开关

(a)用可饱和吸收体做 Q 开关的激光系统；(b)可饱和吸收体的非线性透过率与光强的函数关系

染料调 Q 技术应注意以下几点。

(1)染料的选择。染料必须有合适的弛豫时间(即从漂白至消漂白的时间间隔)。否则,Q 调制技术失效。染料的漂白过程都较快,染料 Q 开关往往属"快"开关类型。在选择染料时,应注意染料的吸收峰是否与激光辐射波长吻合。适用 $1.06\ \mu m$ 波长辐射的染料主要有 BDN、五甲川,以及伊士曼柯达公司生产的 9860、9740 等染料。选择染料溶剂时应注意吸收小、低毒、低腐蚀,以及染料溶解度高。在配制染料溶液时,应使染料液有适当的响应速度和弛豫时间。常用的溶剂有甲醇、丙酮、氯苯等。

(2)染料池应有适当的饱和光强 I_s。在染料池厚度一定的条件下,可通过改变染料的浓度来调节 I_s。I_s 太小,较弱的光强就使染料漂白,使得反转粒子数积累不充分的状况下形成受激辐射,则脉冲的峰值功率不够高。若 I_s 过大,染料不易漂白,不仅影响漂白的响应时间,而且使激光器不易起振。

(3)染料液寿命。有机染料均由长链分子组成,它们易分解,在光辐照下,长链分子易击碎,造成调 Q 性能退化。保存期短、使用寿命低,成为染料 Q 开关推广应用的主要障碍,配置好的染料液应避光冷藏,以延长保存期。值得指出的是,适用于 Nd：YAG 激光器调 Q 用的 BDN 染料,有相对高的稳定性,一般有几万次的使用寿命。

（4）单峰域。对一定饱和光强 I_s 的染料池，当泵浦开始后，要经过一定的延迟时间才能使反转粒子数积累到漂白所需要的水平。增加泵浦速率，会使延迟时间缩短，但由于初始反转粒子布居数密度被 I_s 固定在某一值上，故输出的激光脉冲峰值功率基本不变。因此闪光灯的充电压在某一范围内变更时，激光器均能输出峰值功率大致相同的单脉冲，只不过延迟时间随之发生变化。上述充电压范围称为单峰域，当充电电压进一步提高超出单峰域时，有可能染料漂白一次后，由于光泵的继续激励造成第二次漂白，产生能量与第一个光脉冲大致相同的第二个光脉冲辐射。若光泵速率再次提高，还可能产生多个光脉冲输出，这是需要避免出现的情况。

（5）染料 Q 开关的选模作用。当泵浦过程开始时，由于饱和吸收体的吸收系数大，谐振腔的损耗很大，激光器不能起振。随着激光工作物质中反转粒子数的增加，放大的自发辐射逐渐增加，当光强与饱和吸收体的 I_s 可比拟时，吸收系数显著减小。由于增益曲线宽中心频率附近的振荡模增益最高，而首先满足阈值条件，优先振荡，随着激光强度的增加，饱和吸收体的吸收系数又继续下降，染料被该振荡模完全漂白，腔内损耗很小，这时远离增益曲线中心的其他频率由于满足增益大于损耗也形成激光振荡，这又促使激光更迅速地增加，于是产生了受激辐射雪崩式的增长过程。当激光光强达到增益饱和光强时，增益系数下降，远离增益曲线中心的频率由于增益小于损耗先熄灭，然后是增益曲线中心附近的频率逐个熄灭，直至最终导致整个激光熄灭。

（6）抖动和随机性。染料调 Q 激光器的输出时间抖动和随机性是它的另一个缺陷，从闪光灯点燃至漂白，其延迟时间不能人为地精确控制。典型的抖动值为 $10\sim100\,\mu s$，因而要求同步精度高的场合不能单纯使用染料 Q 开关。

2. 可饱和吸收晶体 Q 开关激光器

有机染料热稳定性差、易退化，导致输出的调 Q 脉冲不稳定。多年来，人们一直努力寻找适合于被动调 Q 技术的新晶体，尤其是可以在低成本激光器中产生短脉冲周期和高峰值功率激光脉冲的调 Q 晶体。最主要的原因是可饱和吸收晶体具有稳定、可靠、耐用、热导性好、无毒及无退化等特点。同时应用可饱和吸收晶体可以做成全固态被动调 Q 激光器。应用可饱和吸收晶体调 Q 的激光器与图 13-2-6(a) 具有类似的结构，只需要把染料池换成可饱和吸收晶体即可。掺 Cr^{4+} 的晶体材料具有良好的可饱和吸收特性，而且饱和光强小，损伤阈值高，是 Q 开关应用较多的材料。其中应用最多的是 Cr^{4+}：YAG 晶体。除此之外，还有 Cr^{4+}：GSAG、Cr^{4+}：Mg_2SiO_4、Cr^{4+}：GSGG 等多种晶体。掺 Nd^{3+} 晶体也可作为可饱和吸收晶体，其中 Nd^{3+}：YAG 晶体和 Nd^{3+}：YVO_4 晶体用得较多。

13.3　锁模与超短脉冲激光器

上面讨论了用 Q 开关技术压缩激光脉冲宽度，提高激光脉冲峰值功率的方法。调 Q 脉冲宽度的下限约为 L/c 量级，对一般调 Q 激光器而言，约为 10^{-9} s，锁模技术为进一步压缩脉冲提供了可能。例如钕玻璃锁模激光器的脉宽可压缩至 10^{-13} s 量级。本节将介绍锁模的原理、锁模实现的方法和几种典型的锁模激光器。

为了便于理解锁模的基本原理，用图 13-3-1 表示三个光波的相干叠加现象，其相干叠加的条件是：三个光波的频率间满足：$\Delta\nu = \nu_2 - \nu_1 = \nu_3 - \nu_2$（为了便于作图，设 $\Delta\nu = \nu_1$），以及它们的相位在 $t=0$ 时有固定的关系；又令它们的振幅相等，都为 E_0。图 13-3-1 表示了具有确定相位关系的三个光波合成时，强度将出现周期性脉冲序列的现象。主脉冲的峰值强度为 $3^2 E_0^2$，主脉冲的半功率宽度近似为 $\dfrac{1}{3\nu_1} = \dfrac{1}{3}\dfrac{1}{\Delta\nu}$。将三个光波推广至 N 个光波，若它们仍满足确定的相位关系时，它们的相干叠加结果将产生主峰强度为 $N^2 E_0^2$，脉宽为 $\dfrac{1}{N}\dfrac{1}{\Delta\nu}$ 的脉冲序列。

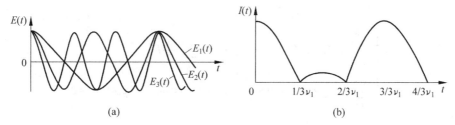

图 13-3-1　相位锁定时三个光波叠加的情况

　　普通激光器的纵模之间，相位并无一定关系。如果对这种激光器发出的激光束进行一定地调制，使激光中不同振荡纵模之间有固定的相位关系和相同的频率间隔，则它们叠加后会加强干涉，压缩脉宽，从而得到超短脉冲。

13.3.1　激光器纵模的相位

　　9.2 节中已详细讨论了激光腔的纵模，物理光学腔长为 L' 的激光器，其纵模间隔为

$$\Delta\nu_q = \nu_{q+1} - \nu_q = \frac{c}{2L'} \tag{13-3-1}$$

　　激光器的输出中一般包含若干个纵模。这些模的振幅会因温度而变化，相位都相互无关，激光强度随时间的变化是它们无规则叠加的结果，是一种时间平均的统计值。

　　假设在激光工作物质的净增益曲线宽内包含 $2N+1$ 个纵模，那么激光器输出的光波电场是 $2N+1$ 个纵模电场的叠加：

$$E(t) = \sum_{q=-N}^{N} E_q \cos(\omega_q t + \varphi_q) \tag{13-3-2}$$

式中：$q = -N, \cdots, -2, -1, 0, 1, 2, \cdots, N$，是激光器内纵模的序数；$\omega_q$ 和 φ_q 是 q 级纵模的角频率及相位；E_q 是 q 级纵模的场强幅值。对不同的纵模而言，如果不加控制，它们的相位 φ_q 是随机的，彼此无关，完全独立。因此，自由振荡多纵模激光器的输出光在频率域内的频谱由间隔均为 $c/2L'$ 的分离谱线组成（实际上，由于模牵引效应，各相邻纵模间的频率间隔并不严格相等）；它的相位 φ_q 在 $-\pi$ 到 π 之间随机分布；在时域内，输出光由于各纵模之间的非相干叠加而呈现随机的无规则起伏。

　　由于光强与光波电场的振幅的平方成正比，即 $I(t) \propto E^2(t)$，根据式（13-3-2），瞬时光强 $I(t)$ 可表示为

$$I(t) \propto E^2(t) = \sum_{q=-N}^{N} E_q^2 \cos^2(\omega_q t + \varphi_q) + 2\sum_{q \neq q'} E_q E_{q'} \cos(\omega_q t + \varphi_q) \cdot \cos(\omega_{q'} t + \varphi_{q'})$$

(13-3-3)

当用探测器来测量这个光强时,由于测量的时间 t 远比纵模振荡周期 $T = 2\pi/\omega_q$ 长很多,因此,实际测得的是每个纵模在时间 t 内的平均值 $\overline{I(t)}$,对第 q 个纵模而言,其平均光强为

$$\overline{I(t)} \propto \overline{E^2(t)} = \frac{1}{t} \sum_{q=-N}^{N} \int_0^t E^2(t) \mathrm{d}t$$

(13-3-4)

因为

$$\frac{1}{t} \sum_{q=-N}^{N} \int_0^t E_q^2 \cos^2(\omega_q t + \varphi_q) \mathrm{d}t = \sum_q \frac{1}{2} E_q^2$$

$$\frac{1}{t} \sum_{q \neq q'} \int_0^t E_q \cdot E_{q'} \cos(\omega_q t + \varphi_q) \cdot \cos(\omega_{q'} t + \varphi_{q'}) \mathrm{d}t = 0$$

所以有

$$\overline{I(t)} = \sum_{q=-N}^{N} \frac{1}{2} E_q^2$$

(13-3-5)

式(13-3-5)说明平均光强是各个纵模光强之和的一半。如果 $(2N+1)$ 个纵模的振幅都相等并设为 E_0,则式(13-3-5)得

$$I(t) = \frac{1}{2}(2N+1) \cdot E_0^2$$

(13-3-6)

13.3.2   锁模的基本原理

由前面的讨论可知,一般情况下激光器的各纵模的初相位是完全独立、彼此无关的。如果设法控制谐振腔的参数,使各振荡模具有确定的相位关系,也就是使相邻两纵模间的初始相位差保持为某一常数,即

$$\varphi_{q+1} - \varphi_q = \alpha$$

(13-3-7)

则激光器将输出一系列时间间隔一定的超短脉冲。通常称此技术为激光器的相位锁定或锁模。

下面分析激光器的输出与相位锁定之间的关系。为了运算简便,设多模激光器的所有振荡模均具有相等的振幅 E_0,超过阈值的纵模共有 $2N+1$ 个,处在工作介质增益曲线中心的纵模,其模序数 $q=0$,角频率为 ω_0,初相位为 0。以中心模式 ω_0 作为参考,各相邻模的相位差为 α,纵模角频率间隔为 $\Delta\omega$,则第 q 个振荡纵模电场为

$$E_q(t) = E_0 \cos(\omega_q t + \varphi_q) = E_0 \cos[(\omega_0 + q\Delta\omega)t + q\alpha]$$

(13-3-8)

激光器输出的总光强为

$$E(t) = \sum_{q=-N}^{N} E_q(t) \sum_{q=-N}^{N} E_0 \cos[(\omega_0 + q\Delta\omega)t + q\alpha]$$

$$= E_0 \cos\omega_0 t \{1 + 2\cos(\Delta\omega t + \alpha) + 2\cos[2(\Delta\omega t + \alpha)] + 2\cos[N(\Delta\omega t + \alpha)]\}$$

利用三角关系

$$\cos\beta + \cos2\beta + \cos N\beta = \frac{\sin\left(\frac{1}{2}N\beta\right)\cos\left[\frac{1}{2}(N+1)\beta\right]}{\sin\frac{1}{2}\beta}$$

可得

$$E(t) = E_0 \frac{\sin\left[\frac{1}{2}(2N+1)(\Delta\omega t + \alpha)\right]}{\sin\left[\frac{1}{2}(\Delta\omega t + \alpha)\right]}\cos(\omega_0 t) = A(t)\cos(\omega_0 t) \qquad (13\text{-}3\text{-}9)$$

所以有

$$A(t) = E_0 \frac{\sin\left[\frac{1}{2}(2N+1)(\Delta\omega t + \alpha)\right]}{\sin\left[\frac{1}{2}(\Delta\omega t + \alpha)\right]} \qquad (13\text{-}3\text{-}10)$$

在锁模中,一般有 $\alpha = 0$,此时式(13-3-10)可化简为

$$A(t) = E_0 \frac{\sin\frac{1}{2}(2N+1)\Delta\omega t}{\sin\frac{1}{2}\Delta\omega t} \qquad (13\text{-}3\text{-}11)$$

由式(13-3-9)可得激光器谐振腔中的各纵模相位锁定时的几个结论。

（1）激光器多纵模锁相的结果相当于一个振荡频率为 ω_0 的单色余弦波的振幅受到了调制。相位锁定后各个纵模彼此之间不再独立。

（2）激光器锁相后输出的是时间间隔为 $\Delta t = 2L'/c$ 的规则脉冲序列,序列中每一个脉冲的宽度 Δt 近似等于激光器出光带宽的倒数。

求 $A(t)$ 对时间 t 的导数并使其等于零,于是得到

$$(2N+1)\tan\frac{1}{2}\Delta\omega t = \tan(2N+1)\frac{1}{2}\Delta\omega t \qquad (13\text{-}3\text{-}12)$$

其中

$$\frac{1}{2}\Delta\omega t = 0, \pi, 2\pi, \cdots, N\pi$$

因此,$A(t)$ 出现极值的时刻应为 $t_0 = 0, t_1 = 2\pi/\Delta\omega = 2L'/c, t_2 = 4L'/c, \cdots$。可见出现极值的时间间隔为 $\Delta t = 2L'/c$。由于 $2L'/c$ 恰好是一个光脉冲在腔内往返一次所需的时间,所以锁相的结果可以理解为只有一个光脉冲在腔内往返传播,每当此脉冲传播到激光腔输出反射镜可以输出时,便有一个锁模脉冲输出。

脉冲的宽度可由式(13-3-11)求得。当 $t = t_0 = 0$ 时,有 $A(t) = A(t)_{max}$。而当 $t = t_1$,并且有 $(2N+1)\times\frac{1}{2}\Delta\omega t_1 = \pi$ 时,$A(t) = 0$。如果令 $t_1 - t_0 = \Delta t$ 并近似取 Δt 作为激光脉冲的脉宽,则有

$$\Delta t = \frac{1}{2N+1}\frac{2L'}{c} = \frac{1}{2N+1}\frac{1}{\Delta\nu_q} = \frac{1}{\Delta\nu} \qquad (13\text{-}3\text{-}13)$$

式中,$\Delta\nu_q$ 为激光纵模间隔,$\Delta\nu$ 为激光器的出光带宽。

因此,要获得超短脉冲,就要求激光器的光谱线(宽)越宽越好。染料激光器和固体激光

器的荧光谱线较宽,通过锁模可获得几飞秒脉宽的激光输出。通常气体激光器的增益曲线宽很窄,锁模脉冲的脉宽约几百皮秒。

(3) 当 $\Delta\omega t = 2m\lambda$ 时($m = 0,1,2,\cdots$),光强最大,最大光强(脉冲峰值光强)为

$$\mathrm{Im}E_0^2 \lim_{\Delta\omega t \to 2m\lambda} \frac{\sin^2\left[\frac{1}{2}(2N+1)\Delta\omega t\right]}{\sin^2 \frac{1}{2}\Delta\omega t} = (2N+1)^2 E_0^2 \tag{13-3-14}$$

比较式(13-3-6)和式(13-3-14)可以看出,锁模输出光脉冲的峰值功率与 $E_0^2(2N+1)^2$ 成正比,而自由运转激光器的平均功率为 $\frac{1}{2}E_0^2(2N+1)$。因此,由于锁模,峰值功率增大了 $2(2N+1)$ 倍。固体激光器的纵模个数一般有 $10^3 \sim 10^4$ 个,有的染料激光器则有更多的纵模个数,锁模的结果可以使激光器的峰值功率提高几个数量级以上。

13.3.3   锁模的方法

锁模方法可以分为两类:主动锁模和被动锁模。主动锁模中,用于锁模的光学元件是由外部信号控制的。在被动锁模中,锁模元件不被外部信号控制,而是利用一些非线性光学效应,如可饱和吸收体的饱和吸收、材料的非线性折射率变化等。

1. 主动模式锁定

有三种主要的主动模式锁定方法:振幅调制(AM)锁模、相位调制(PM)锁模和同步泵浦锁模。下面将详细讨论 AM 锁模,因为这是普遍使用的一种锁模方法,简要地讨论 PM 锁模。

(1) AM 锁模的原理。利用电光和声光调制器均可实现振幅调制锁模。如果调制损耗的频率为 $c/2L'$,那么调制的周期正好是光脉冲在腔内往返一周所需的时间。因此,谐振腔中往返运行的激光束在其通过调制器的过程中总是处在相同的调制周期部分内。如将调制器放在腔的一端,设在某时刻 t_1 通过调制器的光信号受到的损耗为 $\alpha(t_1)$,则在脉冲往返一周 $\left(t_1 + \frac{2L'}{c}\right)$ 时,这个光信号将受到同样的损耗,即 $\alpha\left(t_1 + \frac{2L'}{c}\right) = \alpha(t_1)$。选择合适的参数,使得该光波在腔内的损耗最低,且增益大于损耗,则该光波在腔内往返通过工作物质时会不断得到放大,使振幅越来越大。如果腔内的损耗及增益控制得适当,那么将形成脉宽很窄、周期为 $(2L'/c)$ 的脉冲序列输出。

现以最简单的正弦调制情况为例,从频率特性来讨论振幅调制锁模的原理。设调制信号为

$$a(t) = A_m \sin\left(\frac{1}{2}\omega_m t\right) \tag{13-3-15}$$

式中,A_m 和 ω_m 分别为调制信号的振幅和角频率。在调制信号为零时腔内损耗最小,而调制信号等于正负最大值时,腔内损耗均为最大值,所以损耗变化的频率为调制信号频率的两倍,损耗率为

$$\alpha(t) = \alpha_0 - \Delta\alpha_0 \cos(\omega_m t) \tag{13-3-16}$$

式中,α_0 为调制器的平均损耗,$\Delta\alpha_0$ 为损耗变化的幅度,ω_m 为腔内损耗变化的角频率,其频

率等于纵模间隔 $\Delta\nu_q$。调制器的透过率为

$$T(t) = T_0 + \Delta T_0 \cos(\omega_m t) \tag{13-3-17}$$

式中，T_0 为平均透过率，ΔT_0 为透过率变化的幅度。调制器放入腔内，未加调制信号时，调制器的损耗为

$$\alpha = \alpha_0 - \Delta\alpha_0 \tag{13-3-18}$$

α 为常数，表示调制器的吸收、散射和反射等损耗。透过率为

$$T = T_0 + \Delta T_0 \tag{13-3-19}$$

并且

$$\alpha + T = 1 \tag{13-3-20}$$

假定调制前腔内的光场为

$$E(t) = E_c \sin(\omega_c t + \varphi_c) \tag{13-3-21}$$

受到调制以后，腔内的光场则变为

$$\begin{aligned} E(t) &= E_c T(t) \sin(\omega_c t + \varphi_c) = E_c [T_0 + \Delta T_0 \cos(\omega_m t)] \sin(\omega_c t + \varphi_c) \\ &= A_c [1 + m \cos(\omega_m t)] \sin(\omega_c t + \varphi_c) \end{aligned} \tag{13-3-22}$$

式中：$A_c = E_c T_0$，为光波长的振幅；$m = \dfrac{E_c \Delta T_0}{A_c}$，为调制器的调制系数。为保证无失真调制，应取 $m < 1$。图 13-3-2 为时域内损耗调制锁模原理波形图：图(a)为调制信号的波形；图(b)为腔内损耗的波形，其频率为调制信号的两倍；图(c)为调制器透过率的波形；图(d)为腔内调制前的光波电场；图(e)为腔内经过调制后的光波电场；图(f)为锁模激光器输出的光脉冲。

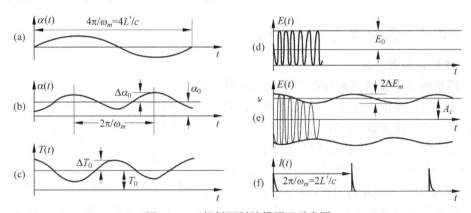

图 13-3-2 损耗调制锁模原理示意图

从频域的角度来看，调幅的结果是：在原来的频率 ν_0 两侧增加对称的边带频率 $\nu_0 \pm \nu_q$，这些边带频率在腔内往返再次经过调制器，又产生新的边带频率，如此不断循环，直至新产生的边带频率充满整个增益曲线宽，从而生成多个纵模频率，且这些纵模之间具有相同的频率间隔和初始相位，其频率间隔为 $\Delta\nu_q = c/2L'$，是由调制信号周期决定的。这些纵模相干叠加，形成锁模的超短激光脉冲序列。

（2）相位调制。相位调制是在激光腔内插入一个电光调制器。当调制器的介质折射率按外加调制信号而周期性改变时，光波在不同时刻通过介质，便有不同的相位延迟，使光波的频率向大（或小）的方向移动。脉冲每经过调制器一次，就发生一次频移，最后移

到增益曲线之外。类似于损耗调制器,这部分光波就从腔内消失。只有那些与相位变化的极值点(极大或极小)相对应的时刻通过调制器的光信号,其频率不发生移动,才能在腔内保存下来,不断得到放大,从而形成周期为 $2L'/c$ 的脉冲序列。这就是相位调制的原理。

从频域的角度来看,调幅和调相的实际效果是一样的,都是不断产生新的边频,这些边频都等间隔,且相互之间具有固定的相位差,直至充满整个光谱线(宽)。所有这些频率(纵模)相干叠加形成锁模的超短激光脉冲序列。

同步泵浦锁模是通过周期性地调制谐振腔的增益来实现锁模,可用一台主动锁模激光器的脉冲列泵浦另一台激光器来获得。同步泵浦锁模在这里不再讨论,因为这种方法还没有广泛使用,事实上,这种方法只应用在具有纳秒弛豫时间的激光介质和染料介质中,并且要获得超短脉冲,需要泵浦光的调制速率精确地等于激光谐振腔的基础频率。因此,用同步泵浦染料激光器获得短于 1 ps 的超短脉冲是很困难的。

2. 被动模式锁定

被动模式锁定有四种主要的类型:①快饱和吸收,利用具有很短上能级寿命的饱和体的饱和特性;②克尔透镜模式锁定,利用透明非线性介质的自聚焦性质;③慢饱和吸收,利用增益介质的动态饱和性;④附加脉冲,把一个非线性光学元件插到一个与主谐振腔等长的附加腔中,并把它产生的脉冲耦合到主谐振腔,诱导自相位调制来实现。在这种类型的模式锁定中,超短脉冲来源于激光谐振腔中主脉冲与附加腔中已经被非线性光学介质相位调制的耦合脉冲的干涉。附加脉冲的模式锁定需要两个谐振腔的光学长度相等。由于这个原因,与其他类型的模式锁定相比,这种类型的模式锁定没有被广泛使用,所以这里也就不再讨论了。

13.3.4   锁模激光器的结构

1. 主动锁模激光器

最简单的主动锁模激光器是在自由运转激光器中插入一个调制器构成的,如图 13-3-3 所示。调制器可以是声光损耗调制器,也可以是电光相位或损耗调制器。设计主动锁模激光器时,应考虑以下几点:

(1)谐振腔。首先,锁模激光器谐振腔的几何腔长 L 必须保持恒定,这是因为纵模间隔 $\Delta\nu_q = c/2\eta L$,

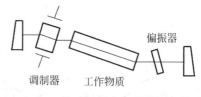

图 13-3-3   主动锁模激光器结构示意图

L 的变化必然导致纵模间隔的频率漂移,从而与已确定的调制频率失谐。考虑到谐振腔的光学腔长主要是由热效应所引起的,因此连续运转的锁模激光器应该采取一些有力措施来减小热效应。这些措施有:

(a)提高泵浦电源的稳定性(如要求电流的稳定度优于 5%);

(b)加强对泵浦灯及工作物质的冷却,保持冷却水的流量均匀、稳定;

(c)采用热稳定性好的腔,尽量采用线性膨胀系数小的殷钢或石英来做支撑反射镜的底座,并采用恒温措施;

(d)减少外界振动及冲击的影响,采用隔振设备;

(e)采用电子反馈线路,以随时补偿调制频率的失谐。

其次,对主动锁模激光器谐振腔内所有光学元件的要求必须十分严格,端面的反射率必须控制在最小,否则由于标准具效应会减少纵模个数,破坏锁模的效果。为此,各光学元件的反射面应切成布儒斯特角,并镀增透膜,反射镜做成楔形。

(2) 调制器。调制器应该置于腔中尽量靠近反射镜的地方,以便获得最大的纵模之间的耦合效果。如果调制器远离反射镜,则锁模的效果就会变差。假定调制器放在腔中间,则光束两次通过调制器的时间间隔是 $\frac{L'}{c}$,如果腔内损耗变化的频率是 $\frac{c}{2L'}$,当光束第一次通过调制器时假定损耗最小,第二次通过调制器时损耗最大,那么通过调制器后各相邻纵模间的相位差便不能保证具有 0 或 π 的条件,则得不到锁模脉冲输出。

另外,调制器在通光方向的尺寸应尽量小,这时锁模效果最好,此时,光波通过调制器时损耗更小。

(3) 锁模调制器的频率必须严格调谐到 $\frac{c}{2L'}$,否则会使激光器工作越出锁模区,而进入猝灭区或调频区,从而破坏锁模。

2. 被动锁模激光器

被动锁模激光器主要包括被动锁模固体激光器和被动锁模染料激光器。

典型的被动锁模固体激光器的结构如图 13-3-4 所示。这种激光器主要包括光学谐振腔、激光棒、染料盒以及小孔光阑。为了得到高重复频率、高质量的锁模脉冲序列,对染料浓度、泵浦强度和谐振腔的设计及调整等都有严格的要求,否则,激光输出将极不稳定。设计被动锁模固体激光器时应注意以下几点:

(1) 为了消除标准具效应,应将光学元件表面切成布儒斯特角(或 2°～3°倾角),镀以增透膜及倾斜放置

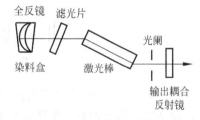

图 13-3-4　被动锁模固体激光器谐振腔的结构示意图

等,以利于消除非工作表面的反射。为了防止末端元件的反射光进入腔内,全反镜的后表面应磨成楔形。

(2) 用于锁模的可饱和染料的吸收谱线与激光波长相匹配,其吸收线的线宽大于或等于激光线宽,其弛豫时间短于脉冲在腔内往返一次的时间。

染料盒应尽量靠近反射镜放置,一般为 1～2 mm,有时可将染料盒和反射镜合为一体,有利于脉冲反射前沿和入射后沿在染料中重叠,以利于吸收体在光强大时达到饱和。

(3) 泵浦功率以略高于激光阈值功率为宜。较高的泵浦光功率会引起双脉冲的产生。

锁模染料激光器的一般结构主要包括光学谐振腔、染料激光介质、可饱和吸收体和泵浦源等。一般采用氩离子激光器或闪光灯作为泵浦源,通过石英耦合、棱镜耦合进入谐振腔,并通过球面反射镜聚焦在自由喷射的燃料上,可饱和吸收盒紧靠全反射镜,盒厚 200～500 μm,倾斜放置,激光辐射通过透镜聚焦在吸收体上。如采用若丹明 6 G 作为激光介质,DODCI 作为可饱和吸收体,吸收池长 0.5 mm,输出镜透过率为 1%～6%,输出的脉冲宽度可达 1 ps。

13.3.5　几种典型的锁模激光器

1. 主动锁模半导体激光器

对于主动锁模半导体激光器而言,其本身的激光振荡往往有几个纵模,因此常常要求反

射镜或选模器件(如光栅、标准具等)做外腔,选出单一子腔模,如增益带宽能被有效利用,则可产生亚皮秒量级的光脉冲。

　　1.3 μm FP 干涉仪外腔半导体激光器的示意图如图 13-3-5 所示。采用 FP 干涉仪作外腔,其干涉仪的两块平面反射镜在 1.3 μm 波段的反射率均为 75%,并且后反射镜固定在 PZT 上,使之通过驱动电源控制压电陶瓷以微调 FP 干涉仪间距,激光输出由另一端用显微物镜耦合输出。半导体激光器的端面不镀增透膜,其环境温度由温控仪控制,外腔光路由准直透镜调节。

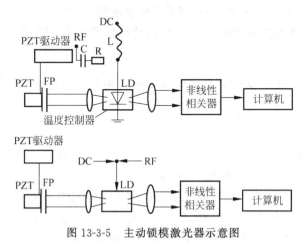

图 13-3-5　主动锁模激光器示意图

　　图 13-3-5 中,DC 电流源直接驱动 LD 使其正常出射激光。为了实现主动锁模,同时在 LD 驱动电流源上加载一个高频交流调制信号 RF,它的调制频率 f 等于激光在外腔往返时间的倒数,即 $f = 2L'/c$,其中 L' 是外腔长,c 是真空中的光速。锁模脉冲的重复频率由调制信号的频率(或外腔长)决定。

2. 掺铒光纤主动锁模环形激光器

　　掺铒光纤主动锁模环形激光器的基本结构如图 13-3-6 所示,由掺铒光纤、电光或声光调制器、光隔离器、偏振器、泵浦波分复用器及输出耦合器组成。其中 0.980 μm 泵浦光由波分复用器耦合进掺铒光纤,通过光纤耦合器输出激光。偏振器 PC 控制腔内光波的偏振特性,由光隔离器(ISO)确保单向环形激光的运转。这种激光器的关键技术是掺铒光纤和调制器。当调制器的频率等于环形腔的本征频率的整数倍时就会发生锁模,产生重复频率与调制频率相等的短脉冲序列。各光学元件在腔内插入损耗要小,由于主动锁模调制能力有限,限制了锁模激光脉冲的宽度,通常脉宽为皮秒量级。

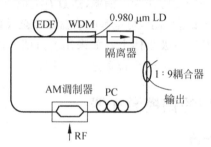

图 13-3-6　掺铒光纤主动锁模激光器示意图

13.3.6 飞秒激光器

飞秒激光器是一种脉冲激光器,脉冲持续时间(或者说脉宽)是飞秒(10^{-15} s)量级。飞秒激光器具有持续时间短、峰值功率高、波长可调节等优点。所以飞秒激光在微精细加工、时间分辨光谱学、光物理研究等领域有着非常好的应用前景。

可以产生飞秒的激光器经历了几代革新,目前商业应用前景比较好的是采用自锁模技术的掺钛蓝宝石飞秒激光器。

掺钛蓝宝石激光器的核心元件是蓝宝石棒。蓝宝石棒是掺三价钛离子(Ti^{3+})的 Al_2O_3 单轴晶体棒,棒中的 Ti^{3+} 是激光工作物质粒子。掺钛蓝宝石的吸收光谱很宽(0.400～0.600 μm),属于蓝绿光波段,因此染料激光器、氩离子激光器、倍频 Nd:YAG 激光器及半导体泵浦的倍频 Nd:YVO_4 激光器都可以作为其泵浦源。

激光工作物质 Ti^{3+} 的电子组态为 $1s^2 2s^2 2p^6 3s^2 3p^6 3d^1$,从中可以看出,除了 $3d$ 电子都是满壳层的,它仅有一个未配对的 $3d$ 电子,所以 $3d$ 轨道的唯一价电子行为决定了离子的吸收和发射光谱的特性。掺钛蓝宝石晶体中 Ti^{3+} 的能级图如图 13-3-7 所示。^2D 能级分裂为 $^2T_{2g}$(基态)和 ^2E_g(激发态)两个能级,激光跃迁就发生在这两个能级之间。Ti^{3+} 的电子能级与周围蓝宝石晶格的振动能级间的耦合使激发态能级分裂成 $E_{1/2}$ 和 $E_{3/2}$,基态能级分裂成 $_2E_{1/2}$、$_1E_{1/2}$ 及 $E_{3/2}$。

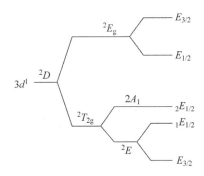

图 13-3-7 钛离子的能级图

掺 Ti^{3+} 的 Al_2O_3 晶体属于六角晶系。由于晶体中 Ti^{3+} 取代了 Al^{3+} 对周围晶格的反冲,使得电子与声子的耦合作用非常强烈,导致离子的能级具有多重简并。同时,这些振动能级间的能量间隔很小,因此,大量的振动能级构成了准连续的能带,使得基态与激发态能级分布范围很宽,如图 13-3-8 所示。从图中可以看出钛宝石的荧光光谱的范围很宽,覆盖620～1100 nm,使得钛宝石激光器可以具有很宽的波长调谐范围。

获得飞秒量级的超短脉冲的方法主要是锁模技术,本节前几小节已做了介绍。有文献介绍,飞秒激光器可采用自锁模方法实现超短脉冲激光输出。自锁模是指某些含有强克尔效应介质的振荡器,在特定的腔型结构下,无需采用任何外加的调制或饱和吸收体,即可实现稳定的锁模运转。

除了钛宝石飞秒激光器外,技术上比较成熟的飞秒激光器还有掺铒光纤飞秒激光器,中心波长在 1550 nm 附近。

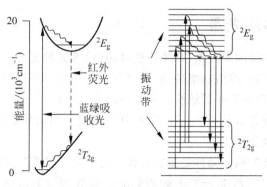

图 13-3-8　钛宝石晶体中的钛离子能级结构图

第五篇
功能激光器和激光器仪器

前面四篇介绍了激光概况、典型激光器、构成激光器的基本元件（谐振腔和激光介质），以及激光束特性，本篇作者希望把读者带到一个新的高度，强化对激光原理和器件的理解，即利用上述所学去构建新的激光器和仪器，包括功能激光器（第14章）和基于激光振荡的仪器（第15章）。本篇依然讲的是激光原理，但把激光原理内容推到一个新高度：或激光器有了新功能，或激光器变成传感测量仪器。这类传感测量仪器的特征是激光器就是传感器，传感器也是激光器。

说到底，构成光学系统和激光器的元件主要有几个类型：反射镜、透镜、棱镜、光栅、光阑、光相位延迟器（波片）等，如此而已，这些元件在前面几章中都出现过了。我们说三个光学元件构成激光器（两反射镜和它们之间的一种激光介质），本篇则是在激光器内加入1~2个光学元件，激光器的特性和能力就发生了重大变化。

第14章包括塞曼激光器、双折射-塞曼双频激光器、倍频激光器、光回馈激光器，第15章包括二频和四频环形激光器（陀螺）和弱磁场测量激光器，双折射和光学材料内应力测量激光器，激光内干涉微片测量长度激光器。

第 14 章

功 能 激 光 器

第 4 章讨论了多种激光器,都是发明多年且至今应用最广泛的激光器。本章将介绍塞曼双频激光器、双折射双频激光器、倍频激光器和带回馈镜的激光器(内干涉激光器)。因为这些激光器的应用目标很明确,我们称其为功能激光器。

14.1 塞曼双频激光器

双频激光器指输出两个频率的激光器。塞曼双频激光器又称作塞曼 HeNe 双频激光器。这是一种基于塞曼效应和激光器模牵引效应双重作用输出两个频率的激光器。塞曼效应是在发光介质上加磁场发生粒子能级分裂的现象。根据所加磁场方向与激光器光束方向同向或垂直,塞曼双频激光器又分为纵向和横向塞曼激光器。前者是在 HeNe 激光器上加一沿轴向激光束方向的纵向磁场,输出一对左旋和右旋圆偏振光。而后者是加一垂直于激光束轴向的横向磁场,输出平行和垂直于磁场方向的两种偏振正交线偏振光。

14.1.1 塞曼效应

1896 年,塞曼(Pieter Zeeman)发现把光源放在磁场中光源发出的光谱线将发生分裂,这种现象称为塞曼效应。

对于塞曼 HeNe 双频激光器,外加磁场将导致 Ne 原子的上下两个能级都发生分裂,如图 14-1-1 所示。其中,上能级分裂为 3 个子能级,下能级分裂为 5 个子能级。但是并不是所有的子能级之间都能实现能级跃迁,有些是违禁的,需要满足辐射跃迁的选择定则。

原子能级之间的辐射跃迁选择定则为 $\Delta m = 0, \pm 1$。电矢量垂直于磁场方向振动的光波记作 σ 光,沿磁场方向振动的光波记作 π 光。$\Delta m = 0$,辐射跃迁对应 π 光,$\Delta m = \pm 1$,辐射跃迁分别对应 σ^- 光和 σ^+ 光(图 14-1-1)。π 光的三条谱线,彼此之间的频率差非常小,通常可以看作一个频率,记为 ν_0。与此类似,σ^+、σ^- 光的频率分别记作 ν_+、ν_-,二者关于中心频

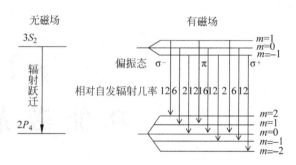

图 14-1-1   Ne 原子上下能级和对应的谱线图(对应 0.6328 μm)

率 ν_0 对称分布,与 ν_0 的差值 $\Delta\nu_z$ 可表示为

$$\Delta\nu_z = 1.30 \frac{\mu_B}{h} H \tag{14-1-1}$$

式中: h 为普朗克常数,其值为 6.6256×10^{-34} J·s; μ_B 为玻尔磁子,其值为 9.274×10^{-24} A·m^2 ; H 为外加磁场的强度。

图 14-1-1 中还标出了各种跃迁的相对自发辐射几率,从 $m=1,0,-1$ 三个上能级自发辐射为 π 光的相对几率最大,分别为 12、16、12,自发辐射为 σ^+ 光的相对几率为 2、6、12,自发辐射为 σ^- 光的相对几率为 12、6、2。由此可知对应 π 光的增益曲线的幅值最大,而 σ^+ 光和 σ^- 光对应的增益曲线幅值相等。塞曼分裂后的增益曲线如图 14-1-2 所示。

顺着磁场的方向看, σ^- 和 σ^+ 光分别为左、右旋的圆偏振光,二者的频差为 $2\Delta\nu_z$,而由于光为横波,所以平行于磁场的 π 光是看不到的。垂直于磁场的方向看, σ^- 和 σ^+ 光为垂直于磁场的线偏振光, π 光为平行于磁场的线偏振光,如图 14-1-3 所示。

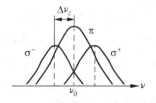

图 14-1-2   加磁场后 Ne 原子分裂的增益
曲线(对应 0.6328 μm)

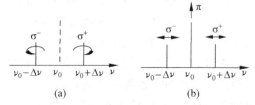

图 14-1-3   沿平行和垂直于磁场看时对应的偏振光
(a) 平行于磁场看;(b) 垂直于磁场看

因此 HeNe 激光器上加纵向磁场时输出的是左、右旋圆偏振光,而加横向磁场时输出的是两个偏振态分别平行和垂直于磁场方向的线偏振光。

14.1.2   模牵引效应

在 9.3 节,我们已经介绍过激光器中的模牵引(频率牵引)效应。模牵引的最终结果导致出射激光的频率总是比无源腔的纵模频率更靠近荧光谱线的中心频率,两者之差即模牵引量。前文曾给出了模牵引的概念,本节将给出定量的公式。

模牵引的实质是激活的增益介质具有色散性,其折射率 η 在增益曲线中心频率附近随着激光频率而变化,如图 14-1-4 所示。而折射率的变化将导致腔内光程的变化,从而影响激光器输出纵模频率的改变。因此要计算频率牵引量,必须先获得激活介质的折射率变化规律。

先考虑均匀展宽线型介质,由经典理论,激活介质的折射率 η 满足如下公式:

$$\eta = 1 - \frac{G(\nu) \cdot (\nu_0 - \nu)c}{2\pi \Delta \nu_N \nu} \tag{14-1-2}$$

图 14-1-4　激光跃迁的增益曲线和反常色散曲线

式中,$G(\nu)$ 为激活介质中的增益系数,ν_0 为中心频率,$\Delta \nu_N$ 为均匀展宽谱线宽度。

假定腔长与增益介质长度相等,当激光器稳态工作时,有

$$G(\nu) = \frac{\delta}{L} \tag{14-1-3}$$

将式(14-1-3)代入式(14-1-2),得

$$\eta = 1 - \frac{\delta c}{2\pi L} \frac{1}{\Delta \nu_N} \left(\frac{\nu_0 - \nu}{\nu} \right) = 1 - \frac{\Delta \nu_c}{\Delta \nu_N} \left(\frac{\nu_0 - \nu}{\nu} \right) \tag{14-1-4}$$

式中,$\Delta \nu_c$ 为无源腔的线宽。

将式(14-1-4)代入有源腔和无源腔谐振频率公式,可得

$$\nu_s = \frac{\nu_c \Delta \nu_N + \nu_0 \Delta \nu_c}{\Delta \nu_N + \Delta \nu_c} \tag{14-1-5}$$

式中,ν_s 是有源腔的谐振频率,ν_c 是无源腔的谐振频率。

由于 $\Delta \nu_c \ll \Delta \nu_N$,式(14-1-5)可简化为

$$\nu_s = \nu_c + (\nu_0 - \nu_c) \left(\frac{\Delta \nu_c}{\Delta \nu_N} \right) \tag{14-1-6}$$

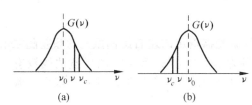

(a)　　　　(b)

图 14-1-5　模牵引效应示意图

由式(14-1-6)可知,当无源腔频率 $\nu_c > \nu_0$ 时,$\nu_0 - \nu_c < 0$(图 14-1-5(a));当 $\nu_c < \nu_0$ 时,$\nu_0 - \nu_c > 0$(图 14-1-5(b))。因此,当存在激活介质时,谐振腔的纵模频率比无源腔的频率向谱线中心频率靠拢,也就是说,纵模频率被激活介质牵引向谱线中心频率,这就是 9.3 节介绍的激光器中的频率牵引或模牵引效应。

对非均匀展宽线型介质,由于 $\Delta \nu_c \ll \Delta \nu_D$($\Delta \nu_D$ 为多普勒展宽介质的谱线宽度),有源腔内的纵模频率可表示为

$$\nu_s = \nu_c + (\nu_0 - \nu_c) \left(0.94 \frac{\Delta \nu_c}{\Delta \nu_D} \right) \tag{14-1-7}$$

至此,得到了均匀展宽和非均匀展宽介质有源腔内的纵模频率的模牵引量计算公式(14-1-6)和式(14-1-7),可用于 14.1.3 节计算由于模牵引导致的塞曼双频激光器的频率差。

14.1.3　纵向塞曼双频激光器

在 HeNe 激光器上加轴向磁场就得到纵向塞曼双频激光器,如图 14-1-6 所示。

由于塞曼效应,未加磁场时,激光器的单一增益曲线分裂为 σ^- 和 σ^+ 两条增益曲线(对

于 π 光,由于其传播方向垂直于激光轴线,将从谐振腔侧面逸出,不能在腔内稳定地振荡)。当腔模出现在两增益曲线的交点处(正好是未加磁场时增益曲线的中心频率 ν_0 处)时,由于模牵引效应,一个纵模将分别被 σ^- 和 σ^+ 增益曲线的中心频率牵引向其原来位置的左右两边,最终一个激光频率变成两个,一个为左旋圆偏振光 ν_{σ^-},另一个为右旋圆偏振光 ν_{σ^+},如图 14-1-7 所示。

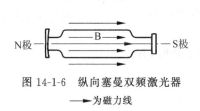

图 14-1-6   纵向塞曼双频激光器

———→为磁力线

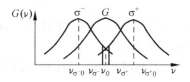

图 14-1-7   纵向塞曼双频激光器

中的模牵引效应

图 14-1-7 中左、右旋光的增益曲线的交点恰好就是未加磁场时增益曲线的中心频率 ν_0 处,则 $\nu_0 - \nu_{\sigma^-0} = \Delta\nu_z = 1.30 \dfrac{\mu_B}{h} H$。若设双频频差为 $\Delta\nu_{DF}$,则由式(14-1-7)有

$$\Delta\nu_{DF} = \nu_{\sigma^+} - \nu_{\sigma^-} = 2 \times (\nu_0 - \nu_{\sigma^-}) \times \left(0.94 \frac{\Delta\nu_c}{\Delta\nu_D}\right)$$

$$= 2\Delta\nu_z \left(0.94 \frac{\Delta\nu_c}{\Delta\nu_D}\right) = 2 \times 1.30 \times 0.94 \frac{\Delta\nu_c}{\Delta\nu_D} \cdot \frac{\mu_B}{h} \cdot H \quad (14\text{-}1\text{-}8)$$

无源腔线宽 $\Delta\nu_c = \dfrac{\delta \times c}{2\pi \times l}$,$\delta$ 为损耗。当 $\delta = 0.01$,$l = 15$ cm 时,$\Delta\nu_c = 3.2$ MHz。又 $\dfrac{\mu_B}{h} = \dfrac{e}{4\pi \times mc} = 14.0 \times 10^9/(\text{s} \cdot \text{T})$,而 $\Delta\nu_D$ 为 1500 MHz,所以,当 $H = 0.03$ T 时,$\Delta\nu_{DF}$ 约为 2.2 MHz。

随着所加磁场强度 H 的增强,纵向塞曼双频激光器输出的左右旋偏振光的频差随之增加,但增加量有限。因为,当磁场的强度增大到使左、右旋光(σ^- 和 σ^+)的增益曲线没有重合部分,不再能对它们之间的频率 ν_0 同时向左、向右牵引,双频将消失。频差上限由实验给出,一般约为 3 MHz。

14.1.4   横向塞曼双频激光器

横向塞曼双频激光器由在激光器上加横向磁场得到,如图 14-1-8 所示。由于塞曼效应,原来的增益谱线分裂为三条增益谱线:一条 π 增益曲线,两条 σ^- 和 σ^+ 谱线,又由于模牵引效应,一个模式分裂为线偏振的 π 光和线偏振的 σ^- 或 σ^+ 光,如图 14-1-9 所示。

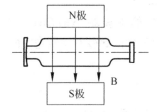

图 14-1-8   横向塞曼双频激光器

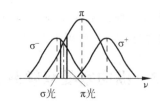

图 14-1-9   横向塞曼双频激光器中的模牵引

对于横向塞曼激光器，被牵引的纵模往往是在 π 和其中一个 σ 光的交点附近，如图 14-1-9 所示。这样，激光器就输出两个线偏振频率。由于比较靠近 σ 光的中心，牵引效应相对较弱，所以输出频差比纵向塞曼效应小得多，随磁场强度的改变从几十千赫兹到几百千赫兹变化。

在激光干涉仪测量运动目标位移时（如机床拖板、光刻机机台行进），由多普勒效应（6.1.4 节），干涉仪光束的频率就要"移频"。移频接近激光器输出的频率时，干涉仪就不能工作了，3 MHz 频率差的干涉仪测量目标的运动速度不能大于 1 m/s。14.2 节将介绍产生大频率差的技术。

14.2　双折射双频激光器

14.1 节已经提到塞曼双频激光器，由于双频间隔（大小）来自模牵引，由 σ 光和 π 光的增益中心对同一个激光的模的牵引决定，这样两个频率之差限制于 3 MHz 上下。本节所讲双折射双频激光器的频率差由置于激光器内的双折射决定。

具有双折射效应的光学元件，如一片石英晶体、波片、加了电压的 KD*P 晶体或加了力的应力双折射元件，对两正交偏振光（通常称作 o 光和 e 光）有不同的折射率，这就造成两种光在晶体内部的光程不同。当把这样的元件置于激光器的谐振腔内，会导致原来单一的几何腔长变成不同的两个物理腔长，即 o 光腔长和 e 光腔长，两种物理（光程）。根据激光谐振的驻波条件，这样的两个腔长会产生两个不同的谐振频率，即激光器同时输出两个频率。

14.2.1　石英晶体双折射双频激光器

在 HeNe 激光器的谐振腔内放置一片石英晶体，激光纵模会产生分裂现象，一个纵模分裂成两个模式，即 o 光和 e 光，纵模分裂量（即 o 光和 e 光之间的频差）$\Delta\nu_{DF}$ 由下式确定：

$$\Delta\nu_s = \frac{\nu}{L'}\Delta L' \tag{14-2-1}$$

式中，

$$\Delta L' = (\eta_2 - \eta_1)d$$

$\Delta L'$ 是石英晶体内 o 光和 e 光的光程差，ν 是激光频率，L' 是谐振腔的光学长度，d 是石英晶片的几何厚度，η_1 和 η_2 分别是石英晶体中 o 光和 e 光的折射率。由晶体光学可知

$$\eta_1 = \eta_o \tag{14-2-2}$$

$$\eta_2 = \left(\frac{\sin^2\theta}{\eta_e^2} + \frac{\cos^2\theta}{\eta_o^2}\right)^{-1/2} \tag{14-2-3}$$

式中，η_o 和 η_e 分别是石英晶体中 o 光和 e 光的两个主折射率，θ 是晶体光轴与光线间的夹角。由式(14-2-1)、式(14-2-2)和式(14-2-3)可以看出，在晶片厚度 d 确定的情况下，改变角度 θ 即可获得不同大小的纵模分裂量。

如果考虑石英晶体的旋光性，一个纵模分裂成两个的间隔和不考虑旋光性时有所不同。同时考虑旋光性和双折射一起作用使频率差计算公式变得相当复杂，但可以严格计算出来，这里从略。

图 14-2-1 是一种半内腔式频率差可调谐
双频 HeNe 激光器。1 是增益管；2、3 是腔镜；
4 是窗片；5 是石英晶片；6 是压电陶瓷。

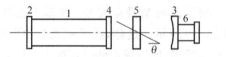

图 14-2-1   半内腔式频率差可调谐
双频 HeNe 激光器

图 14-2-2 是一种半内腔式定常频差双频
HeNe 激光器结构简图，Q 是石英晶片；C 是石
英晶片光轴。腔长 $L'=180$ mm，石英晶片垂直切割，厚度 $d=2.5$ mm，两面镀 0.6328 μm
增透膜，角度 θ 依次取 $3.8°$、$5°$和 $7.5°$，石英晶片直接封接在增益管一端，由此制成双频激光
器，其频差依次为 37 MHz、162 MHz 和 378 MHz。这里 θ 角误差和石英晶片厚度误差会引
起较大的频率差改变。

图 14-2-3 是全内腔式双频 HeNe 激光器示意图，M_1 是反射镜；M_2 是石英晶片；A 是
增透膜；B 是反射膜，其外观与普通全内腔式 HeNe 激光管完全一样，不同的是腔镜 M_2 由
石英晶体制作而成，它的内、外表面分别镀有 0.6328 μm 波长的增透膜和反射膜，不同的切
割角度 θ 和厚度 d，将对应不同的频差大小。例如，采用如下参数 $\theta=1°50'$、$d=3$ mm、$L'=$
180 mm 制作的双频激光器，输出两正交线偏振光，其频差约为 66 MHz。

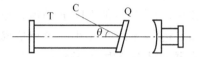

图 14-2-2   半内腔式定常频差双频 HeNe 激光器

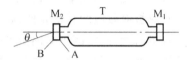

图 14-2-3   全内腔式双频 HeNe 激光器

灵活运用双折射元件，可以构成不同结构、不同波长的双频激光器。

在 0.6328 μm HeNe 激光谐振腔内放置两片镀有 1/4 波片的增透膜，如图 14-2-4 所示，
可以获得正交线偏振双频激光输出。两波片之一静止，另一个波片绕激光器轴线旋转实现
频差的连续调节，频差 $\Delta\nu_{DF}$ 和转角 θ 关系如下：

$$\Delta\nu_{DF}=\frac{c}{2L'}\cdot\frac{\Delta\varphi}{2\pi}=\frac{c}{2L'}\cdot\frac{2\theta}{\pi} \tag{14-2-4}$$

式中，$\Delta\varphi$ 是两线偏振光通过双波片之后的相位差，θ 为可动波片的转角。由式（14-2-4）知，
$\Delta\nu_{DF}$ 可在一个纵模间隔上调谐。

图 14-2-4 是 3.39 μm 波长 HeNe 双频激光器，因 3.39 μm 波长穿过一般玻璃材料时被
强烈吸收，不论是输出镜还是折射材料都不能使用 K_4 玻璃、K_9 玻璃和石英材料。1/4 波片
只能用金红石制成。

图 14-2-5 是固体微片双折射双频激光器。图中，Nd：YAG 微片（原 1 mm）左表面为一
个腔镜 M_1，右表面镀增透膜；双折射元件两通光面镀增透膜，θ 角可连续改变；反射镜 M_2
镀在最右边元件的左表面。

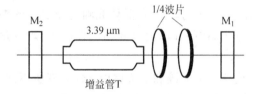

图 14-2-4 3.39 μm 双频 HeNe 激光器

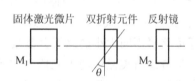

图 14-2-5 1.06 μm Nd：YAG 双频激光器

14.2.2 应力双折射双频激光器

以上介绍了激光腔内放置石英晶体、波片或金红石引起频率分裂。这类激光器输出频差的稳定性取决于石英晶体片和激光轴线之间的角度或者波片之间的相对转角的稳定性。为了获得希望的精确频率差,清华大学精密仪器系研制出了基于光弹效应的应力双折射双频激光器。通过在激光谐振腔内引入应力双折射元件,由施加在该元件上的力来精确控制频差的大小。

在激光腔内放置高增透的圆形光学元件,如 K_4 玻璃、K_9 玻璃、熔融石英片等。当对该光学元件一条直径(对径)加力时,即在圆片内产生应力双折射效应。o 光和 e 光通过这样的元件后同样会产生光程差,光程差的大小为

$$\Delta L' = \frac{8\lambda}{\pi D f_0} F \qquad (14\text{-}2\text{-}5)$$

式中,D 为圆形光学元件的直径,f_0 为光学材料的条纹值,F 为加力的大小,λ 为激光波长,$\Delta L'$ 为光程差的大小。这样的元件被称为光学元件。

由应力双折射元件造成的 o 光和 e 光之间的频差大小为

$$\Delta\nu_{\mathrm{DF}} = \frac{\nu}{L'} \frac{8\lambda}{\pi D f_0} F \qquad (14\text{-}2\text{-}6)$$

通过控制力 F 的大小就可以方便地控制频差 $\Delta\nu_{\mathrm{DF}}$ 的大小。

图 14-2-6 是应力双折射双频激光器的结构示意图。它的结构与普通的 HeNe 激光器相似,输出镜 M_2 由 K_4 玻璃或 K_9 玻璃制成,不同点是 M_2 的一面镀增透膜,另一面镀反射膜,且镀增透膜的一侧面向激光毛细管,通过机械装置 H 对 M_2 加力,所用材料的膨胀系数要与 M_2 的材料匹配。由于反射镜 M_2 在外表面,其玻璃材料置于激光腔内了,通过调整加力螺钉(S)来改变 F 的大小就可以获得不同的频差。

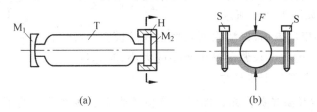

(a)   (b)

图 14-2-6 全内腔的光弹效应双折射双频激光器的结构示意图

一组典型的参数为:腔长 180 mm,毛细管内径 1.2 mm;凹面镜 M,曲率 1 m;M_2 平面镜内表面镀增透膜,外表面镀反射膜,输出功率 1.3 mW。

图 14-2-7 是半外腔结构应力双折射双频激光器的结构示意图。激光增益管的一端封接平面反射镜 M_2,另一端封接双面镀增透膜的窗片 W,外部力 F 通过机械结构加载在 W 上。

应力双折射双频激光器的频率差的范围是 40 MHz 至几百兆赫兹,用作多普勒测速仪、测振动仪等仪器的光源。

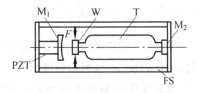

图 14-2-7 半外腔结构应力双折射双频激光器的结构示意图

14.3 双折射-塞曼双频激光器

在现代制造加工业中,制造半导体芯片的光刻机和数控机床精度由双频激光干涉仪保障或检定其加工精度。14.2 节提到的双频激光器可以输出几十甚至几百兆赫兹频差,而一些双频激光干涉仪需要的是 5～20 MHz 的双频频差。

本节介绍的双折射-塞曼双频 HeNe 激光器能够输出正交的两个线偏振光,其频差可以在 1～20 MHz 之间方便地调节。这样,既能满足双频激光干涉仪提高测量速度,也能满足后续信号处理方便的要求。

普通的双折射 HeNe 双频激光器输出偏振方向正交的两个线偏振光,即 o 光和 e 光。由于 o 光和 e 光共用同一群增益粒子,因此当 o 光和 e 光的频差较小(小于 40 MHz)时,二者的增益烧孔重叠从而存在强烈的模式竞争,导致一个频率熄灭。

由塞曼双频激光器的原理可知,加横向磁场使得 HeNe 激光器的 π 光和 σ 光的增益曲线分离,即两种光分别由不同的反转粒子布居数提供增益,因而二者的模式竞争减小了,这两种光都能稳定振荡。

在双折射 HeNe 双频激光器上加横向磁场,并调整 o 光和 e 光的偏振方向使二者分别平行和垂直于磁场方向,o 光和 e 光将分别使用 π、σ^+ 或 σ^- 增益曲线。因此二者之间的模竞争急剧减小,当其频差小至几兆赫兹甚至几百千赫兹时,o 光和 e 光仍能同时振荡。

清华大学精密仪器系研制的双折射-塞曼双频激光器通过在腔内加应力双折射元件产生频率分裂,o 光和 e 光的偏振方向分别与横向磁场的方向平行和垂直。它可以方便地通过调节力的大小来调谐频差的大小,并且能保持偏振方向不变。

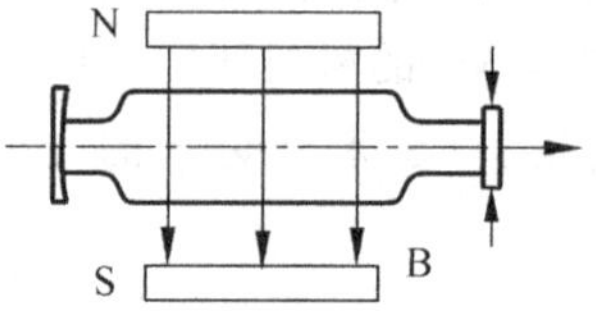

双折射-塞曼双频激光器采用了全内腔激光器结构,基本与图 14-2-7 相同,如图 14-3-1 所示。

在激光器上加横向磁场,以清除两频率之间的模竞争(增益竞争)。调节外力的大小来调谐输出频差的大小,频差可从几百千赫兹连续调谐至几十兆赫兹。

图 14-3-1 全内腔双折射-塞曼双频激光器

双折射-塞曼双频激光器作光源的干涉仪免于光学非线性误差的干扰,因为双折射-塞曼双频激光器输出的是偏振互相垂直的两个频率,直接进入干涉仪双臂,而塞曼激光器的圆偏振光需要用波片转化成线偏振光,波片的加工误差产生几个微米的测量非线性。

14.4 倍频激光器

光是一种电磁波,当光在介质中传播时,介质会相应地产生极化。当入射光的光强很低时,极化强度 P 与电场强度 E 的一次方成正比,即 $P = \varepsilon_0 \chi_{(1)} E$。这种现象表现在光学领域中,就是通常所遇到的线性光学现象。当入射光的光强非常高时,极化会随电场非线性地变化,在各向同性介质情形下,可以用标量的形式把极化强度 P 与电场强度 E 按泰勒级数展开,即

$$P = \varepsilon_0(\chi_{(1)} + \chi_{(2)}E + \chi_{(3)}E \cdot E + \cdots)E \tag{14-4-1}$$

式中，ε_0 是真空介电常数，$\chi_{(1)}$ 是线性极化率，$\chi_{(2)}$、$\chi_{(3)}$ 分别表示二阶和三阶非线性极化率。极化的非线性响应导致了若干不同频率电磁场之间的相互作用和转换，从而产生了非线性光学现象。非线性光学已成为一个非常活跃的且具有重大应用价值的领域。

14.4.1　倍频效应

由二阶非线性极化率 $\chi_{(2)}$ 导致的二阶非线性光学效应又称为光学二次谐波产生（second harmonic generation，SHG），即通常所称的光倍频效应。

首先分析由 $\chi_{(2)}$ 导致的非线性极化现象，从式(14-4-1)得到单项分解式：

$$P_{NL} = \varepsilon_0 \chi_{(2)} E_1 E_2 \tag{14-4-2}$$

当两列不同频率的平面光波，即 $E_1 = E_1(0)\cos\omega_1 t$、$E_2 = E_2(0)\cos\omega_2 t$ 在非线性晶体中传播时，由式(14-4-2)得到极化扰动中出现 $\omega_3 = \omega_1 + \omega_2$ 的频率成分。当 $\omega_1 = \omega_2 = \omega$，有 $\omega_3 = 2\omega$，因此强的基频光波通过非线性介质后，存在着转换成倍频光波的可能性。

在文献中，常用非线性光学系数 d 表征上述倍频关系为

$$P^{\omega_2} = dE^{\omega_1}E^{\omega_1} \tag{14-4-3}$$

式中，$\omega_2 = 2\omega_1$，在各向异性介质中，还必须考虑极化矢量、电场矢量以及晶体方位之间的相对关系，因此非线性极化系数 d 不再是一个简单的比例常数。在最复杂的情况下它有 18 个独立分量。设晶体的主轴系为 $\chi_{(1)}$、$\chi_{(2)}$ 和 $\chi_{(3)}$，则式(14-4-3)的普遍表达式为

$$\begin{bmatrix} P_1 \\ P_2 \\ P_3 \end{bmatrix} = \begin{bmatrix} d_{11} & d_{12} & d_{13} & d_{14} & d_{15} & d_{16} \\ d_{21} & d_{22} & d_{23} & d_{24} & d_{25} & d_{26} \\ d_{31} & d_{32} & d_{33} & d_{34} & d_{35} & d_{36} \end{bmatrix} \begin{bmatrix} E_1^2 \\ E_2^2 \\ E_3^2 \\ 2E_2 E_3 \\ 2E_3 E_1 \\ 2E_1 E_2 \end{bmatrix} \tag{14-4-4}$$

实际上由于晶体的对称性影响，使得某些晶类（如具有对称中心的晶类）所有的二级非线性光学系数分量均为零。另外，随着晶类的对称性不同，各种晶类都有自己特有的不为零的 d_{in} 分量，且属同一晶类的各种晶体的 d_{in} 大小也各不相同。

14.4.2　相位匹配

光倍频过程中，激光与非线性晶体相互作用，产生线性极化波的同时产生二次谐频极化波。二次谐频极化波所辐射的光就是倍频光。但是，极化波是在外场激励下产生的，它是一种束缚波或称为强迫波。形象地说，基频光传播到哪里，极化波会同时在哪里产生，由于介质存在固有的色散现象，使得二次谐频极化波的传播速度，亦即基频光波传播的速度与二次谐频极化波所辐射的倍频光波的传播速度不同，在正常色散区存在着 $v^{(2\omega)} < v^{(\omega)}$ 的规律。这种速度上的差异，造成相位失配，$\Delta\varphi \neq 0$，使得晶体不同部位辐射的倍频光波之间产生相位差，$\Delta\varphi$ 会引起相消干涉，造成倍频效率急剧下降。严重失配时，将无倍频光输出。可以证明，倍频效率

$$\eta_{SHG} \propto d^2 l^2 \left[\frac{\sin(\Delta\varphi l/2)}{\Delta\varphi l/2} \right]^2 \qquad (14\text{-}4\text{-}5)$$

式中,l 为基波光通过非线性晶体的长度,d 为非线性极化系数,而

$$\Delta\varphi = k^{(2\omega)} - \left[k^{(\omega)'} + k^{(\omega)''} \right] \qquad (14\text{-}4\text{-}6)$$

式中,$k^{(\omega)'}$ 和 $k^{(\omega)''}$ 分别是基频光在晶体中可能存在的两个偏振态的波矢量模。显然,$\Delta\varphi = 0$ 的条件是应使

$$k^{(2\omega)} = k^{(\omega)'} + k^{(\omega)''} \qquad (14\text{-}4\text{-}7)$$

考虑波矢量模的定义,分别将 $k^{(\omega)'} = \eta^{(\omega)'}\omega/c$、$k^{(\omega)''} = \eta^{(\omega)''}\omega/c$ 以及 $k^{(2\omega)} = \eta^{(2\omega)}\omega/c$ 代入式(14-4-7),得到相位匹配的条件为

$$\eta^{(2\omega)} = \frac{1}{2} \left[\eta^{(2\omega)'} + \eta^{(2\omega)''} \right] \qquad (14\text{-}4\text{-}8)$$

式中,$\eta^{(2\omega)}$、$\eta^{(\omega)'}$ 和 $\eta^{(\omega)''}$ 分别为倍频光波及两个基频偏振光波相应的折射率。

如果基波在晶体中仅存在一个偏振态,其相应的折射率为 η^ω,相位匹配条件式(14-4-8) 可改写为

$$\eta^{(2\omega)} = \eta^\omega \qquad (14\text{-}4\text{-}9)$$

称满足式(14-4-9)的相位匹配方法为 Ⅰ 类相位匹配。设基波在单轴晶体中存在两个偏振态,其寻常光折射率为 $\eta_o^{(\omega)}$,非常光折射率为 $\eta_e^{(\omega)}(\theta)$,(其中 θ 表示基波矢与光轴间的夹角),则实现相位匹配的条件是

$$\eta^{(2\omega)} = \frac{1}{2} \left[\eta_o^{(\omega)} + \eta_e^{(\omega)}(\theta) \right] \qquad (14\text{-}4\text{-}10)$$

称满足式(14-4-10)的相位匹配方法为 Ⅱ 类相位匹配。利用晶体的双折射特性来弥补正常色散的影响是一种最常用的实现相位匹配的方法。目前,除了某些双轴晶体外,能实现相位匹配的单轴晶体只发现于无对称中心的某些负单轴晶中。下面以负单轴晶(即 η_o 大于 η_e 的单轴晶)为例,阐述相位匹配的条件。

若某一非线性负单轴晶存在 $\eta_o^{(\omega)} \geqslant \eta_e^{2\omega}$ 的关系,则它就可能具备实现相位匹配的条件:

$$\eta_o^{(\omega)} = \eta_e^{2\omega}(\theta_m) \quad \text{——Ⅰ 类匹配条件} \qquad (14\text{-}4\text{-}11)$$

$$\eta_e^{2\omega}(\theta_m) = \frac{1}{2} \left[\eta_o^{(\omega)} + \eta_e^{(\omega)}(\theta_m) \right] \quad \text{——Ⅱ 类匹配条件} \qquad (14\text{-}4\text{-}12)$$

式中,θ_m 为光波传播方向和单轴晶光轴间的夹角,在此夹角下能实现相位匹配条件,称 θ_m 为匹配角。

当倍频晶体和匹配方式确定后,诸非线性光学系数 d_{in} 对倍频率有一个综合的影响效果。常用有效非线性光学系数 d_{eff} 表示它们的综合影响,显然 d_{eff} 是非线性光学系数 d_{in}、匹配角 θ_m 以及方位角 θ 的函数,即

$$d_{eff} = F(\theta_m, \theta, d_{in}) \qquad (14\text{-}4\text{-}13)$$

例如铌酸锂晶体(3 m),碘酸锂晶体(6),分别在 Ⅰ 类和 Ⅱ 类相位匹配时的有效非线性系数 d_{eff} 的表达式,我们可以从 d_{eff} 表达式中求得 d_{eff} 最大时的方位角 θ,从而以确定的 θ_m 及 θ 来切割晶体,并以此来布置光路。如 KDP 晶体 Ⅰ 类相位匹配,其 d_{eff} 为

$$d_{eff} = -d_{14}\sin\theta_m \cdot \sin2\theta \qquad (14\text{-}4\text{-}14)$$

故当 θ 为 45°时,d_{eff} 达到最佳值。其相位匹配角可根据晶体光学的基本公式

$$\eta_{e}(\theta_{m}) = -\frac{\eta_{o} \cdot \eta_{e}}{(\eta_{o}^2 \sin^2\theta_m + \eta_{e}^2 \cos^2\theta_m)^{\frac{1}{2}}} \tag{14-4-15}$$

倍频光为非常光时的折射率为

$$\eta_{e}^{(2\omega)}(\theta_{m}) = -\frac{\eta_{o}^{(2\omega)} \cdot \eta_{e}^{(2\omega)}}{\{[\eta_{o}^{(2\omega)}]^2 \sin^2\theta_m + [\eta_{e}^{(2\omega)}]^2 \cos^2\theta_m\}^{\frac{1}{2}}} \tag{14-4-16}$$

考虑到匹配条件：

$$\eta_{o}^{\omega} = \eta_{e}^{(2\omega)}(\theta_{m}) \tag{14-4-17}$$

便可求得 KDP 晶体 I 类匹配的匹配角 θ_m：

$$\theta_{m} = \arcsin\left\{\left[\frac{\eta_{e}^{(2\omega)}}{\eta_{o}^{(\omega)}}\right]^2 \frac{[\eta_{o}^{(2\omega)}]^2 - [\eta_{o}^{(\omega)}]^2}{[\eta_{o}^{(\omega)}]^2 - [\eta_{e}^{(2\omega)}]^2}\right\}^{\frac{1}{2}} \tag{14-4-18}$$

用类似的方法也能求得负单轴晶体的 II 类匹配角。有关倍频效应的详细内容可见非线性光学相关教材。

综合上述讨论，对光倍频技术可归纳如下。

(1) 选择有效非线性系数 d_{eff} 大的材料作为倍频晶体是首先要考虑的因素，同时倍频晶体还必须具备对基波、倍频波都透明，且吸收小、光学均匀性优良、抗光损伤阈值高等特性。

(2) 因为非线性光学现象只有在强光下才能得以充分显示，因此提高基波功率密度是提高 η_{SHG} 的重要先决条件之一。

(3) 倍频时必须要满足相位匹配条件，并且在选择倍频晶体切型时，应取 d_{eff} 最大的方位角 φ。

(4) 由于 η_{SHG} 对相位因子很敏感，因此在调整时，对 θ_{m} 角的调节应非常仔细，调节灵敏度要高。从另一方面看，入射光束必须有很好的方向性，方向性差将会导致整个光束内不能同时实现相位匹配，从而严重影响倍频效率。温度通常成为引起相位失匹配的另一个重要因素，因为晶体的折射率是温度的函数。温度的变化必然会导致匹配角的重新修正，所以良好的倍频器件应使晶体安置在恒温槽内。

(5) 倍频晶体应有适当的非线性相互作用区域，即应有适当的通光长度 l。l 大会增加倍频效率，但 l 实际上受到两方面的限制。首先，倍频光和基频光由于双折射率效应导致能流方向的离散。当倍频光在基频光的全通光口径内由于离散角 ρ 而在某一 l 值下脱离基频光时，即使再增加 l 对倍频光强也不再有实质的提高，此 l 值记为 l_{SHG}。其次，如果倍频效率已经足够高而达到饱和状态时，再增加 l，反而由于吸收损耗，以及微小失配的影响，会使 η_{SHG} 下降。

(6) 为了提高连续激光器的倍频效率，可以采用腔内倍频的形式，因为腔内的光强将是腔外光强的 $(1-R)^{-1}$ 倍，其中 R 为输出反射镜的反射率。此时输出反射镜应对倍频光完全透明，而对基频光是全反射的。

(7) 随着非线性材料的发展，已出现许多优异的新倍频晶体，如 KTP 晶体、偏硼酸钡晶体以及一些有机晶体等。发展趋势主要有两个方向：其一是向短波长方向上发展，产生紫外和远紫外波段的谐波转换；其二是找到非线性系数更大、抗光性更好的非线性晶体。非线性双轴晶的发展已引起了人们的重视。目前中小功率脉冲激光器倍频效率可达 20% ～

60％；大功率脉冲激光器(如大型钕玻璃激光器)已可容易地实现大于 80％的倍频效率。

14.4.3　倍频激光器的基本结构

一般情况下,倍频激光器有两种基本结构,即腔内倍频和腔外倍频,如图 14-4-1 和图 14-4-2 所示。以 Nd：YAG 固体激光器为例。Nd：YAG 固体激光器的基频光的输出波长为 1.064 μm,而倍频后输出光的波长为 0.532 μm。

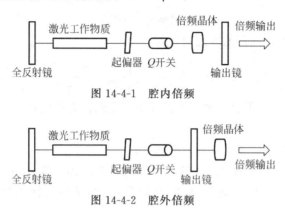

图 14-4-1　腔内倍频

图 14-4-2　腔外倍频

14.5　带外回馈镜的激光器

14.5.1　激光器的光回馈效应

带有回馈镜的激光器的原理装置如图 14-5-1 所示。M_1 和 M_2 是 HeNe 激光器的两个腔镜,两腔镜之间是增益介质(半导体、HeNe 气体或固体激光增益介质),M_3 把激光器的输出光回馈到激光腔内,称为激光回馈镜。

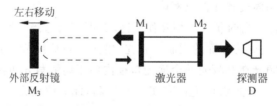

图 14-5-1　激光回馈的实验装置

图 14-5-2 是典型的光回馈激光器的输出光强曲线。横坐标代表 M_3 的位移,纵坐标代表光的强度。光强度曲线具有周期性,与 M_3 位移的周期性同步。但是,干涉条纹是严格的正弦(或余弦),但带回馈镜的激光器输出光强(又称为条纹)曲线不是正弦(或余弦)。

激光回馈的基本原理是当激光器外部的反射面将激光器输出的光束再反射回激光器内部时,会与激光器内部的光束发生干涉并被放大,从而引起激光光强的改变。M_2 和 M_3 组成的谐振腔称为外腔,M_1 和 M_2 组成的谐振腔称为内腔。当 M_3 位移时,外腔长度改变,即反馈光的相位改变,激光器的输出光强呈周期性改变。这种外腔长度的改变或是反射镜的

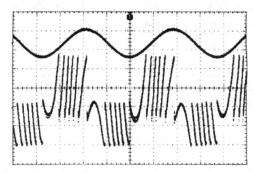

图 14-5-2　半导体激光器中等回馈水平下的光强。上部的正弦曲线是 M_3 的左、右位移，
下部是 M_3 位移时，激光器的输出光强

M_3 的位移引起，或是 M_2 和 M_3 之间的光程改变引起（如折射率的改变）。

与光学干涉类似的是，外腔长度改变半个波长激光器输出光强改变一个周期。仿照传统的双光束干涉的定义，也把这种因为光回馈周期性的光强改变称作光学条纹。但值得注意的是，双光束干涉条纹是正弦的，而一般情况下光回馈引起的光学条纹是非正弦的。像图 14-5-2 的回馈曲线形状就和"正弦"毫不相关了。激光回馈效应也常称为激光器的内干涉，也有文献称这种带外回馈镜的激光器为三镜激光器。在回馈镜有位移时，激光器输出的光强"条纹"的形状取决于回馈镜的反射率，反射率很低时（又称弱回馈），条纹具有正弦（余弦）形状，反射率越高条纹的形状越偏离正弦，甚至出现所谓混沌。根据实验，大体上回馈镜反射率为百分之几（不高于 10%）激光器输出正弦或类正弦条纹。不同种类的激光器，同一种类不同参数的激光器都应进行实际测试判定正弦性。图 14-5-3 是回馈镜反射率很低时（$\sim5\%$）激光激出的类正弦光强条纹。

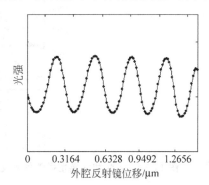

图 14-5-3　外腔反射镜位移

鉴于激光对外反射镜（或表面）位移的敏感性，激光回馈效应用于测量物体的位移、速度、振动等参数，能达到纳米分辨率。在生物医学上，当激光束聚焦面上的细胞厚度变化或被测物体的表面形貌起伏时，都会引起回馈光路光程的改变，因此这一现象又被应用于表面形貌测量和显微测量。

14.5.2　正交偏振激光器的光回馈效应

观察正交偏振激光器的光回馈现象（内干涉）的实验装置如图 14-5-4 所示。图中的元件说明如下。M_1 和 M_2 是一对激光反射镜，构成激光谐振腔；腔内有 HeNe 激光增益管 T；W 是 T 的窗片（两面镀增透膜）；M_3 是回馈镜，把激光束反射回激光器谐振腔内。PBS 是一个沃拉斯顿棱镜，将激光器右端输出的两种正交偏振光分开。图中，两种正交光成分或标为 o 光和 e 光，或标为垂直光和平行光（$\perp$光和$/\!/$光）。o 光和 e 光的形成是基于腔内晶体石英片的频率分裂，频差可以由调谐角 θ 改变（见式（14-2-1）、式（14-2-2）、式（14-2-3））。$\perp$光和$/\!/$光可视为与纸面垂直和平行。o 光和 e 光（或$\perp$光和$/\!/$光）的光强被两个光电探测器 D_1

和 D_2 分别探测,并转化成电信号。一交流电压使压电陶瓷伸长(或缩短),推动回馈镜 M_3 的左右移动。M_3 移动引起激光器输出光强周期性改变。

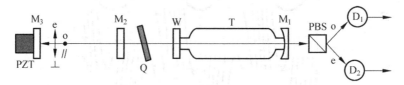

图 14-5-4　两种偏振态一起回馈入激光谐振腔中

注意图 14-5-4 的谐振腔内放入了晶体石英元件 Q,Q 也可以是一片施加了外力的光学玻璃片。

图 14-5-5 给出了一组实验曲线。M_3 的反射率为 50%。实心点线是 o 光的光强随 M_3 位移的曲线,空心点线是 o 光的光强随 M_3 位移的曲线,叉点线是 o 光和 e 光的总光强,方形总线是推动 M_3 位移的压电陶瓷伸长(缩短)的电压(先上升后下降)。由图可见两垂直偏振光光强变化曲线趋势相反。如减小 M_3 的反射率低于 10%,o 光和 e 光的曲线都变成图 14-5-6 的正弦型。

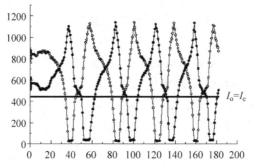

图 14-5-5　o 光和 e 光光强随外腔反射镜位移变化曲线。HeNe 激光器,回馈镜反射率为 50%

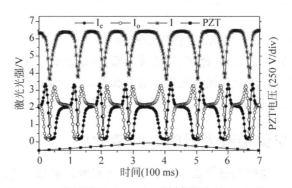

图 14-5-6　中等回馈水平区强度调制曲线(回馈反射率 50%)

第 **15** 章
基于激光振荡的传感和测量仪器

激光器的工作频率对谐振腔的长度改变非常敏感。无论是 FP 腔还是环形腔,当腔与其长度有关的参数发生改变时,都会引起频率光强、偏振态等参数的相应变化,据此原理可以制成各种传感仪器。依据 FP 腔腔长与频率的关系可以实现位移传感;依据环形腔惯性空间转动对顺逆时针旋转的光的相位差可以实现角度或角速度传感,即激光陀螺等。这样一类传感仪器的特征是激光器本身就是传感器,传感器就是激光器自身。这类基于激光振荡的测量仪器已成为一个系列,因为这类传感(测量)方式大多比较新颖,在现有教科书中较少介绍。

15.1 基于激光腔调谐的位移测量技术

由式(9-2-24)可推得,当组成激光器谐振腔两个反射镜中的一个腔镜移动半个波长的位移,则激光频率变化一个纵模间隔,这一规律是恒成立的。即式中 $\delta L = \lambda/2$,$\delta \nu$ 就等于一个纵模间隔 $c/2L$。换言之,通过探测激光频率的变化,就可以测量激光腔镜的位移。而激光器的纵模间隔在几百兆赫兹和百十吉赫兹之间,微小的位移会产生巨大的频率变化。因此,把这一现象用作传感位移具有非常高的灵敏度和分辨率。正因为如此,历史上有很多科学家先后进行了尝试,寄希望于"通过测量激光频率的变化得到激光腔镜的位移",从而将一个激光器直接演变成位移传感器。不过到目前为止,还没有任何光电探测器能够直接探测激光频率及其变化,需要新的思路才能利用这一现象。

近年,把激光器正交偏振、模竞争和谐振腔调谐结合在一起,实现了"把激光器直接演变成位移传感器"这一科学界一直以来的心愿。把这一新型的位移测量仪器称为位移传感 HeNe 激光器,它的结构如图 15-1-1 所示。图中,T 为激光放电管,M_1 为激光腔镜,M_2 为另一个激光腔镜,可沿激光腔轴方向移动。M_1 和 M_2 之间的初始距离(激光腔长)是 140 mm。W 为激光窗片(两表面镀增透膜),F 为沿激光增透窗片直径施加的一个外力。PBS 为沃拉斯顿镜,D_1 和 D_2 为光电探测器,A_1 和 A_2 为放大器,DD 为位移显示器。

对于如图 15-1-1 所示的激光器,由于应力双折射效应,该激光器输出正交偏振的两个频率,即 o 光和 e 光。当频率分裂量合适时(一典型值约为 200 MHz),通过移动腔镜 M_2 来

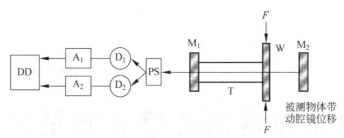

图 15-1-1　位移传感 HeNe 激光器原理结构图

调节腔长,就可得到双频激光器 o 光与 e 光功率调谐曲线,如图 15-1-2 所示。由于激光模竞争效应,如果 o 光比 e 光先进入出光带宽,o 光将抑制后进入出光带宽的 e 光,形成一个远比此双折射双频激光频差大得多的 o 光工作区域。反之,如果 e 光比 o 光先进入出光带宽,则形成一个远比频差大得多的 e 光工作区域。如果在光电转换和处理电路中加一门槛电压,可以使曲线的形状变为如图 15-1-3 所示的形状。这样在一个纵模间隔的周期内(对应腔镜移动半个光波长的位移),将看到光强调谐曲线被分成了四个区域,即 o 光区、e 光与 o 光共存区、e 光区和无光区。如果可以使四个区的宽度大致相等,当腔镜每移动 1/8 波长的位移,光强调谐曲线将出现上述四个区中的一个,通过计数四个区域出现的次数就可以知道腔镜的位移。这一现象为实现位移自传感 HeNe 激光器带来了可能。最终,通过下述步骤可实现位移自传感 HeNe 激光器。

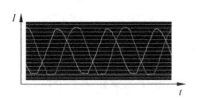

图 15-1-2　位移传感 HeNe 激光器
　　　　　 的光强调谐曲线

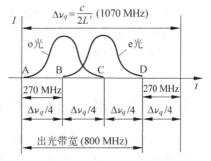

图 15-1-3　通过门槛电压处理后的双频激光器
　　　　　 o 光与 e 光功率调谐曲线

　　(1) 在单频 HeNe 激光器加入双折射元件,使频率分裂,单频激光变成双频激光。图 15-1-1 和图 15-1-4 中使用的是应力双折射双频激光器。在激光放电管的窗片上套一个压紧圈,压紧圈沿窗片直径施加一个力 F。此力使窗片内部产生双折射,应力双折射的出现把几何长度唯一的激光谐振腔变成两个物理长度的谐振腔。于是引起激光频率分裂,即一个频率变成两个(一个 o 光频率和一个 e 光频率),两频率之差为

$$\Delta \nu_{DF} = \frac{8c}{\pi LD f_0} F$$

式中,c 为光速,L 为激光腔长,D 为窗片直径,f_0 为窗片材料的条纹系数,不同材料 f_0 不同,可查材料手册。

　　这种方法可以使两个频率之差在 40 兆赫兹至几百兆赫兹之间变化,这里,以 150 MHz 为宜。

　　(2) 选择激光增益管长度(控制增益)和激光腔长(控制激光纵模间隔)使纵模间隔和出光带宽之比为 4∶3。

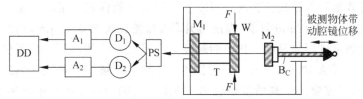

图 15-1-4　一种实际应用的位移自传感 HeNe 激光器结构

由 $\Delta\nu_q = \dfrac{c}{2L}$ 可知，减小腔长 L 可使激光纵模间隔 $\Delta\nu_q$ 增加，达到激光纵模间隔 $\Delta\nu_q$ 与激光出光带宽比为 4∶3。减小腔长和适当增加腔损耗两种措施配合达到上述 4∶3 的比例。或者说在一个激光纵模间隔中，有 1/4 区域没有激光输出。

（3）调整并选定频率分裂大小，即上文提到的 150 MHz，使出光带宽分为三个宽度相等的区域：o 光振荡区、o 光和 e 光共同振荡区、e 光振荡区。

在调谐激光腔长时，两频率之间出现强烈纵模竞争，由于两频率之间的间隔仅几十兆赫兹，所以两频率出现在激光放大介质增益曲线的同一烧孔之内，争夺烧孔内的粒子反转数。在激光腔调谐中，如果 o 光频率先进入出光带宽内，它占有全部粒子反转布居数供自己振荡。e 光进入出光带宽后，由于全部粒子反转布居数被 o 光占据，e 光不能振荡。只有当两频率较为靠近增益中心，它们获得的总增益增大到足够维持共同振荡时，e 光才开始振荡。由于 e 光夺去了相当多的粒子反转数，o 光的增益被减少，功率下降。由于 o 光对进入出光带宽的 e 光的这种抑制作用，形成一个远比频差 $\Delta\nu_{DF}$ 宽得多的 o 光工作区域。反之，如果 e 光比 o 光先进入出光带宽，则形成一个远比频差 $\Delta\nu_{DF}$ 宽得多的 e 光工作区域。当加于窗片上的力 F 大小合适时（即频率分裂量 $\Delta\nu_{DF}$ 大小合适时），移动激光腔镜 M_2，则发现出光带宽被分成三等份：o 光振荡区、o 光和 e 光共同振荡区、e 光振荡区。对于图 15-1-1 或图 15-1-4 中的装置，在移动 M_2 时，可顺序看到：D_1 被照亮，D_2 暗→D_1，D_2 同时被照亮→D_1 暗，D_2 被照亮→D_1，D_2 都暗→D_1 被照亮，D_2 暗，……如此反复循环。每循环一次，反射镜移动 $\lambda/2$，每走过一个区，反射镜移动 $\lambda/8$。对于波长为 0.6328 μm 的激光，$\lambda/8$ 是 0.079 μm。

（4）当一个激光反射镜由被测物推动位移时，得到四个宽度相等的区域：o 光振荡区、o 光和 e 光共同振荡区、e 光振荡区、无光区域。分别用 o、e、oe 和 z 表示上述四种状态。每个区域对应反射镜的 1/8 波长位移，即 0.079 μm。

（5）最后，可根据四个区的光偏振的不同性质由电路来实现对位移方向的识别。

设激光反射镜正向移动时，o 光超前 e 光，即出现 o→oe→e→z→o 的状态循环，则激光反射镜反向移动时，e 光超前 o 光，即出现 e→oe→o→z→e 的状态循环。利用这一特性，通过逻辑电路可实现判向和可逆计数。每个脉冲当量是 $\lambda/8$。

在实际应用时，位移自传感 HeNe 激光器的可运动反射镜可通过两种方式和被测物体相接。第一种结构中，反射镜 M_2 被置于被测工件上（如微动台），被测工件位移时，激光器测出工件位移量。第二种结构中，反射镜 M_2 固定在滑动导轨（测杆 B_C）上，如图 15-1-4 所示。测杆右端是一个小玛瑙球。弹簧（图中未画出）把测杆顶压在被测工件上。被测工件带动 M_2 位移，激光器测出工件位移。

第一种结构要求激光放电管的轴线和被测工件的运动轴之间有良好的同轴度，工件移动过程中不能造成光强明显的变化（起伏）。第二种结构使用热膨胀系数小的熔融石英管做激光腔体,可有效地降低激光腔长的热胀冷缩导致的计数误差。熔融石英的热膨胀系数是 5×10^{-7},激光腔长以 140 mm 计算,温度每升高 1℃腔长改变 0.07 μm,约等于一个脉冲当量。所以,一次测量过程的温度变化不能超过 1℃,这是一个要求不高的条件。第一种结构的测量范围较大,可达 10~20 mm。反射镜 M_2 必须放在被测工件上。第二种结构属于便携式,使用方便,但需要一个高精度导轨 B_c,精度不高的导轨在运动中有晃动,会导致反射镜失谐,激光停止振荡。这一结构有很高的精度和重复性,反复测量不差 79 nm(一个脉冲)。

15.2 环形激光原理

当一个环形谐振腔相对于惯性空间转动时,腔内光路顺时针传播的光波和逆时针传播的光波之间就会产生相位差,这就是所谓的萨奈克(Sagnac)效应。它是 1913 年萨奈克(G. Sagnac)在证明干涉仪用于测量转动的可能性时首次提出的,因此而得名。随着激光技术的发展,人们注意到,可把萨奈克效应的相位差转化为频率差,按此研制出激光陀螺,激光陀螺是一种双频的环形激光器系统。激光陀螺在应用中表现出良好的特性,具有大的动态范围,精度高,可靠性好。激光陀螺有两种,一种是二频陀螺,由三个反射镜组成;另一种是四频陀螺,由四个反射镜组成。人们发现四频激光陀螺对外磁场非常敏感,所以用环形激光测量弱磁场的设想也应运而生。

15.2.1 环形激光器的谐振腔和谐振条件

图 15-2-1 是二频环形激光陀螺的示意图。由三个反射镜组成一个三角形,三角形光路即一节光线闭合的环形谐振腔。

图 15-2-1 中 T 为 HeNe 激光增益管,它是激光工作介质,气体成分和充气压,放电参数大体和一般 HeNe 激光一样,但常需要 Ne^{20} 和 Ne^{22} 需要特殊配比如 1:1;M_1 和 M_2 是高反射的平面镜;M_3 是高反射的球面镜;M_a 和 M_b 是高透射的 HeNe 放电管的增透窗片(镀增透膜)或布儒斯特窗片。在通以适当的电流后,HeNe 放电管的光子绕一圈后仍回到原处。按照行波理论,只有在环形腔内绕一周回到原处后的相位差是 2π 的整数倍时,才会形成行波振荡,产生激光。

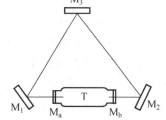

图 15-2-1   二频环形激光陀螺的示意图

以 L' 表示环路每周的总光程,则满足上述相位差关系的环形腔的谐振条件可写成

$$L' = q\lambda \quad \text{或} \quad \frac{2\pi L'}{\lambda} = 2q\pi \qquad (15\text{-}2\text{-}1)$$

式中,q 为整数,且比驻波激光谐振条件多一个因子 1/2。在满足谐振条件后,腔内的损耗都来自环路内的元件。环形激光器每圈的总损耗包括 M_1、M_2 和 M_3 各片的吸收、散射和透射,M_a 和 M_b 的吸收、散射和反射残余损耗,还包括毛细管的衍射损耗。只要在增益管中光的放大大于光在传播中的损失,就可以沿 HeNe 增益管轴线形成稳定的激光振荡。这就是 7.1 节介绍的激光振荡阈值条件:增益必须大于损耗。

15.2.2　二频环形激光陀螺

为了便于数学推导,考虑激光环路为正三角形,光学腔长为 L'。当环路相对惯性空间没有转动时,腔内逆时针和顺时针传播的两束光光程是相等的。当有转动角速度 Ω 时(设逆时针为正),两束光的光程不再相等。设光从 A 点出发,A 是正三角形一边的中点,离中心 O 的距离为 r_0。由于 A 相对于惯性空间以速度 $r_0\Omega$ 作切线运动,从 A 点出发的逆时针光束绕到惯性空间原位置时,A 点已左移,光束再往前传播一段距离才能追上 A 点而回到环路坐标的原处。设逆时针光束绕一圈的光程为 L_+,则得到

$$L_+ = L' + \frac{r_0\Omega}{c}L_+ \tag{15-2-2}$$

整理后得

$$L_+ = \frac{L'}{1 - \dfrac{r_0\Omega}{c}} \tag{15-2-3}$$

同理,对顺时针光束,它绕环路一圈所走的实际光程 L_- 可推导为

$$L_- = \frac{L'}{1 + \dfrac{r_0\Omega}{c}} \tag{15-2-4}$$

光程差为

$$\Delta L' = L_+ - L_- = \frac{2r_0\Omega/c}{1 - \left(\dfrac{r_0\Omega}{c}\right)^2}L' \cong \frac{2r_0\Omega}{c}L' \tag{15-2-5}$$

r_0 与面积 S_A 及腔长 L' 的关系为

$$S_A = \frac{1}{2}L'r_0 \tag{15-2-6}$$

把式(15-2-6)代入式(15-2-5),并消去 r_0 得

$$\Delta L' = L_+ - L_- = \frac{4S_AL'}{L'c}\Omega = \frac{4S_A}{c}\Omega \tag{15-2-7}$$

由式(15-2-7),环形腔由于存在垂直于腔平面的转动角速度,导致腔内顺时针、逆时针的光程不再相等,其差值与转动角速度和腔环路围成面积 S_A 的乘积成正比。虽然式(15-2-7)从正三角形的环路推导而得,但可证明对任何环路都是正确的。式(15-2-7)就是萨奈克效应的表达式。

为了方便测出 $\Delta L'$,对式(15-2-1)两边求微分,并写成谐振频率的表达式,则有

$$\Delta\nu = \frac{\nu}{L'}\Delta L' \tag{15-2-8}$$

上式和式(9-2-24)具有相同的形式,但有不同的理解和意义,式(9-2-24)可理解为:不同时刻的腔长对应不同的激光频率,这反映了激光频率的漂移,这是激光稳频要解决的问题。同时,式(15-2-8)和式(14-2-1)也有相同的形式,只是式(14-2-1)讨论的是激光频率分裂,对于同一时刻,如果激光谐振腔有两个物理腔长(存在光程差),则激光器同时输出两个不同的频率,这两个频率之差由式(15-2-8)决定,与二者的光程差成正比。这也是15.2节

中介绍的激光频率分裂形成双折射双频激光的内容。而这里式(15-2-8)是从环形腔中顺、逆时针行进的光具有不同光程推导得到的。

　　具体说来,对于15.2节中的频率分裂双频激光器,由于腔内插入双折射元件,导致腔内的o光和e光具有不同的光程,由此产生两个激光频率,二者的频率差与光程差成正比。对于本节的环形激光器,由于环形光路的转动,导致顺时针、逆时针传播光具有不同的光程。因此,按照激光谐振条件,环形腔输出两个不同的激光频率。

　　对于环形腔,当它以垂直环路平面的法线为转轴,角速度为Ω旋转时,腔内的顺时针、逆时针传播光的光程差由式(15-2-7)给出,代入式(15-2-8),则顺时针、逆时针传播光的频率差为

$$\Delta\nu_{\text{gyro}} = \frac{v}{L'}\frac{4S_A}{c}\Omega = \frac{4S_A}{L'\lambda}\Omega \tag{15-2-9}$$

此外还可以证明式(15-2-9)适用于所有形状的环路,并不仅限于三角形环路。这里,也就证明了式(2-13-2)。

　　从产生双频的效果来看,驻波激光腔内置入的双折射元件和环形激光器腔的转动是等效的。在15.2节,根据激光器输出频差测量双折射元件的光程差(相位延迟或应力)。同样地,对于环形激光器,由式(15-2-9),当环形腔有转动角速度时,逆时针光束与顺时针光束的谐振频率不同,其差频与转速成正比,探测此差频即可知道转动的角速度。这一现象的典型应用即激光陀螺。

　　尽管激光陀螺仍存在着很多误差因素,如闭锁效应、比例因子和零点漂移等,但经过几十年的研究,环形激光的理论和技术已相当成熟,已广泛用于飞机、舰艇和导弹的导航及姿态控制中。

15.2.3　四频环形激光陀螺

　　四频环形激光器如图15-2-2所示。它是一个由四个反射镜构成的8字形谐振腔,光的闭环通路是:M_1、M_2、$M_4$$M_3$、再$M_1$,或逆时针:$M_1$、$M_3$、$M_4$、$M_2$再$M_1$。T是HeNe激光增益管,该增益管的两端是增透窗片。它比图15-2-1的环形激光器在腔内多了两个元件:Q是一片平行切割的石英旋光器,晶体与通光轴平行,两端面镀有增透膜;该石英晶体可产生所需的频率间隔的左旋和右旋圆偏振光(一般为半个纵模间隔)。F是一片火石玻璃(或其他的系数较大的磁光材料),外套一个磁环组成一个法拉第室。当光经过法拉第室时,在环路中行进的左旋光或右旋光都分裂成正旋光或负旋光,左右旋光频率之差与外加磁场的大小成正比。另外,它有四个反射镜。这是因为圆偏振光经反射镜反射后,左旋圆偏振光变成右旋圆偏振光,右

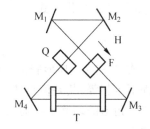

图15-2-2　四频环形激光器的示意图

旋圆偏振光变成左旋圆偏振光,只有经过偶数次反射才能再现其自身的偏振状态,从而满足激光自洽条件,所以必须用偶数个反射镜。由于上述的环形激光器中有四个频率的光运行,所以又称为四频环形激光器。

　　无论是左旋光还是右旋光,它们都被法拉第室分裂为正旋光或负旋光(以磁场方向作参考),左、右旋光的频率差正比于磁场。陀螺体旋转造成频差叠加在这一频差之上,因此不存在闭锁效应。这就是四频环形激光陀螺的优点。有关四频环形激光陀螺的详细讨论见

15.2.4 节。

四频环形激光陀螺的技术难点是镀膜,特别是增透膜,每个窗片的两个表面都镀残余反射几乎为零的增透膜。

15.2.4　用四频环形激光陀螺测量弱磁场

下面讨论用四频环形激光陀螺及其测量弱磁场的基本原理。图 15-2-2 中,由于石英晶体的存在产生了左旋和右旋圆偏振光。这是石英片晶体的旋光性在四频环形激光器中的具体表现,在物理光学中,旋光性(即光偏振面旋转)也是用"线偏振光是由左、右圆偏振光的合成"来解释的。

激光束沿石英晶体光轴方向传播时,石英晶体只有旋光性,没有双折射(可参考其他物理光学书)。左旋圆偏振(LCP)光和右旋圆偏振(RCP)光(一为顺时针,一为逆时针行进)的折射率分别为 η_L 和 η_R。当工作波长为 $0.6328\ \mu m$ 时,二者的折射率差为

$$\Delta\eta = \eta_L - \eta_R = 6.57 \times 10^{-5} \tag{15-2-10}$$

左、右旋光的折射率差导致这两种光的频率分裂。石英晶体越厚,频率分裂越大。一般情况下,HeNe 环形激光器出光带宽大体上是一个纵模间隔,为了方便对环形激光稳频,左、右旋频率间隔选为约半个纵模间隔。

石英晶体平行切割,即光线与晶体光轴平行,当其厚度为 $d=4.817\ mm$ 时,光程差为 $\Delta\eta d = \dfrac{\lambda}{2}$,对应的左、右旋光的频率差为

$$\Delta\nu_{RL} = \nu_R - \nu_L = \frac{\Delta\eta d}{\langle L'\rangle}\nu = \frac{c}{2\langle L'\rangle} \tag{15-2-11}$$

式中,ν 和 $\langle L'\rangle$ 分别是光波的平均频率和谐振腔的平均光程。

因为根据谐振条件 $\langle L'\rangle = q\lambda$ 可得谐振频率为

$$\nu_q = q\,\frac{c}{\langle L'\rangle} \tag{15-2-12}$$

q 为很大的整数,表示第 q 个纵模。由式(15-2-12)可知相邻两个纵模的间隔为

$$\Delta\nu_q = \frac{c}{\langle L'\rangle} \tag{15-2-13}$$

它正好是式(15-2-11)表示的频率差的 2 倍,即 $\Delta\nu_{RL}$ 刚好等于半个纵模间隔。

在没有法拉第室的情况下,腔内顺时针光波(clockwise wave,CW)和逆时针光波(counter clockwise wave,CCW)的频率是不分裂的,即两种光频率相同。当法拉第元件上有轴向磁场的作用时,由于法拉第效应,顺时针和逆时针光波就要产生频率分裂,这是由法拉第元件的旋光性造成的。这种旋光性对线偏振光表现为偏振面的旋转,旋转角度为

$$\theta = VlB \tag{15-2-14}$$

式中,V 为法拉第室的费尔德常数,l 为法拉第元件的长度,B 为法拉第元件轴向的磁感应强度。线偏振光可分解为两个相互正交的圆偏振光,线偏振光偏振面的旋转等效于两圆偏振光的相位差。如果定义与 B 成右手螺旋关系的圆偏振光为正旋光,反之为负旋光,法拉第元件对它们的折射率将分别为 η_+ 和 η_-,可以证明式(15-2-14)中的 θ 满足

$$\theta = \frac{\pi l}{\lambda}(\eta_- - \eta_+) \tag{15-2-15}$$

因此,法拉第磁光效应导致的正旋光和负旋光之间的折射率差可表示为

$$\Delta\eta = \eta_- - \eta_+ = \frac{\lambda}{\pi}VB \tag{15-2-16}$$

图 15-2-2 中加轴向磁场的情况下,穿过法拉第室的光波中,CCWRCP 和 CWLCP 光波为正旋光,CCWLCP 和 CWRCP 光波为负旋光。根据式(15-2-1)和式(15-2-16)可以得到正负旋光的频差 $\Delta\nu_F$ 为

$$\Delta\nu_F = \frac{cVl}{\pi\langle L'\rangle}B \tag{15-2-17}$$

式中,c 为光速,$c/\langle L'\rangle$ 是纵模间隔。式(15-2-17)反映了环形理想空腔中的法拉第效应。

总之,在四频环形激光中存在一对左旋光和右旋光,它们之间的频率间隔由石英晶体厚度决定。显然,左旋光和右旋光都有沿环路顺时针和逆时针行进的光。因为法拉第室的存在,顺时针和逆时针的光可由它们的旋转性与磁场的手性定义为正旋光和负旋光。于是,在环形激光中存在四个频率:左旋正旋光、左旋负旋光、右旋正旋光和右旋负旋光。这四个频率在频率轴上的位置由图 15-2-3 给出。RCP 和 LCP 光波的频率分别高于和低于原子中心频率。频率由低到高的顺序是:左旋顺时针

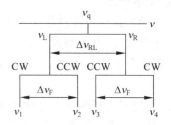

图 15-2-3   四频环形激光器中的四个频率的相对位置分布

(正旋光)、左旋逆时针(负旋光)、右旋逆时针(正旋光)、右旋顺时针(负旋光)。它们在频率图上的分布特点是:按旋性,是正负相间,一正一负。按传播方向它们是:四个频率中中间的两个传播方向相同,即频率最大和最小的传播方向相同。腔内的四个频率分别为:ν_1——CWLCP,ν_2——CCWLCP,ν_3——CCWRCP,ν_4——CWRCP。四个频率 ν_1、ν_2、ν_3、ν_4 的表达式如下:

$$\begin{cases} \nu_1 = \nu_q - \dfrac{1}{2}\Delta\nu_{RL} - \dfrac{1}{2}\Delta\nu_F - \dfrac{1}{2}\Delta\nu_{gyro} \\[2mm] \nu_2 = \nu_q - \dfrac{1}{2}\Delta\nu_{RL} + \dfrac{1}{2}\Delta\nu_F + \dfrac{1}{2}\Delta\nu_{gyro} \\[2mm] \nu_3 = \nu_q + \dfrac{1}{2}\Delta\nu_{RL} - \dfrac{1}{2}\Delta\nu_F + \dfrac{1}{2}\Delta\nu_{gyro} \\[2mm] \nu_4 = \nu_q + \dfrac{1}{2}\Delta\nu_{RL} + \dfrac{1}{2}\Delta\nu_F - \dfrac{1}{2}\Delta\nu_{gyro} \end{cases} \tag{15-2-18}$$

据上式四个方程,有

$$\begin{cases} \nu_1 - \nu_2 = \Delta\nu_F - \Delta\nu_{gyro} \\[2mm] \nu_3 - \nu_4 = \Delta\nu_F + \Delta\nu_{gyro} \end{cases} \tag{15-2-19}$$

根据式(15-2-19)可得到,法拉第效应导致的正、负旋光的频率差 $\Delta\nu_F$ 为

$$\Delta\nu_F = \frac{1}{2}\left[(\nu_2 - \nu_1) + (\nu_4 - \nu_3)\right]$$

因此,在四频环形激光器中,只要测出左、右旋光各自的顺、逆时针光的频差 $(\nu_2 - \nu_1)$ 和 $(\nu_4 - \nu_3)$,代入式(15-2-19)求出 $\Delta\nu_F$,再把 $\Delta\nu_F$ 代入式(15-2-17),即可得到待测磁感应强度 B 的大小。

再根据式(15-2-19),解出 $\Delta\nu_{gyro}$,即

$$\Delta\nu_{gyro} = \frac{1}{2}\big[(\nu_1 - \nu_2) - (\nu_3 - \nu_4)\big]$$

这就是四频环形激光陀螺测量转角的实际使用的公式。

对于弱磁场测量,还需做一些必要的说明。注意式(15-2-17)和式(15-2-19),测量磁场 B 的灵敏度由 Vl/L' 决定,即要有大的费尔德常数和足够长的磁光材料,如 100 mm 长的 ZF_2 玻璃,50 mm 长的铽玻璃。

15.3　双折射和光学材料内应力测量

光学元件的双折射效应,最典型的应用是波片作为相位延迟器件,广泛用于偏振光学系统中,如外差激光干涉仪、偏振光干涉系统、偏光显微镜、光隔离器和光盘驱动器的读取头等。波片的双折射大小一般用光程差或相位延迟量表示。如果光学元件的相位延迟与要求值的误差太大,将严重影响光学仪器的性能。

另一方面,光学材料如玻璃等在退火不均匀或安装不当时都会在其内部产生应力,导致光学零件变形,使折射率分布不均匀,严重影响光学元件的成像质量。所以应力的大小是衡量光学元件性能的重要指标之一。

光学元件的内应力在物理上也表现为双折射性质,即光束经过光学元件后分解成振动方向不同的两束光成分 o 光和 e 光,且两光成分之间的光程差(相位延迟)与内应力的大小成正比。因为内应力都不是很大,e 光和 o 光并不表现为几何路径上的分离。因此,通过测量光学元件的双折射,即光程差(相位延迟量),就可以定量地测得光学元件内部应力的大小。

为了叙述的方便,本节把双折射和光学材料内应力统称为相位延迟。

传统的光学元件相位延迟测量方法主要有旋转消光法、电光调制法、磁光调制法、旋转检偏器法和光学外差干涉法。这些方法大都需要精密测量方位角(使用精密测角仪),有的还需要标准 1/4 波片。这就导致系统复杂,而使用的标准波片本身偏差未知,直接影响测量精度。此外,测量中需要绕被测件的光轴旋转,并记下转角,使测量耗时。

清华大学精密仪器系提出了激光频率分裂法和激光回馈法测量光学元件的相位延迟。两种方法相互配合,互为补充,测量精度比传统方法提高了 2～3 个数量级,具有可在线式测量,可溯源到光波长基准等优点。

15.3.1　频率分裂法测量双折射和内应力

由 15.2 节双折射双频激光器原理可知,在激光腔内放入待测相位延迟元件(如双折射波片,或内部有应力的光学材料等)后,激光腔内的每个偏振光纵模分裂为非寻常光(e 光)和寻常光(o 光),两个频率之差为 $\Delta\nu_{DF} = (\nu/L')\Delta L'$,$\Delta L'$ 是 o 光和 e 光通过腔内双折射元件造成的光程差(相位延迟)。因此,如果将待测相位延迟元件放入激光谐振腔内,测量出激光器输出的两个频率之差,即可得到其光程差,也就是双折射的大小。而对于光学材料的内应力,再根据双折射和内应力的对应关系,即可计算得到内应力的大小。

频率分裂法测量光学元件双折射和内应力的原理如图 15-3-1 所示。T 是激光增益管；M_1 和 M_2 是高反镜；BE 是待测双折射元件；PZT 是压电陶瓷；BS 是分光镜；P_1 和 P_2 是偏振片；D_1 是高频光电探测器；FC 是频率计。将待测元件双面镀增透膜后，放入 HeNe 激光谐振腔中，并使元件表面法线和激光腔轴线一致。此时，激光的一个纵模（频率）分裂成两个正交偏振频率，频差与待测元件光程差成正比。

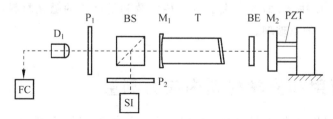

图 15-3-1   频率分裂法测量光学元件双折射和内应力原理图

由式(15-2-1)可得

$$\Delta L' = \frac{\Delta \nu_{DF}}{\Delta \nu_q} \times \frac{\lambda}{2} \quad 或 \quad \Delta L' = K \times \frac{\lambda}{2} \tag{15-3-1}$$

式中，$\Delta L'$ 是待测元件的光程差，K 称为相对频率分裂量，上式中 $\Delta L'$ 仅与频率分裂量和纵模间隔有关，激光器的腔长不直接出现。如果待测元件的光程差（相位延迟量）用弧度表示，上式可以变为

$$\Delta \varphi = \frac{2\pi}{\lambda} \Delta L' = \frac{\Delta \nu}{\Delta \nu_q} \pi = K\pi \tag{15-3-2}$$

如果待测元件的光程差（相位延迟量）为 $\lambda/4\,(\pi/2)$，代入上述两式，得到 $\Delta \nu_{DF} = \Delta \nu_q/2$，即此时激光器的一个频率被待测双折射元件分裂成两个频率，两个频率之差为纵模间隔的 1/2。此时的待测双折射元件等效于一个 1/4 波片。

另外，根据式(15-3-1)和式(15-3-2)，待测元件的光程差 δ（相位延迟量 $\Delta \varphi$）只和相对频率分裂量 K 和波长 λ 有关。而 K 的大小只取决于 $\Delta \nu_{DF}$ 和 $\Delta \nu_q$，与激光器谐振腔腔长无关。对于确定的激光器，其波长 λ 是定值。因此，用频率分裂法测双折射元件光程差 $\Delta L'$，只需测量频率差 $\Delta \nu_{DF}$ 与纵模间隔 $\Delta \nu_q$ 这两个频率量，而无需测量激光谐振腔腔长。这是一个非常显著的优势。

由式(15-3-1)和式(15-3-2)可知，要得到 $\Delta L'$ 或 $\Delta \varphi$，只要先测出 $\Delta \nu_{DF}$ 和 $\Delta \nu_q$ 即可。

对于光学元件的内应力测量，其方法如下。

由式(11-3-22)可得

$$\Delta \nu_{DF} = 8\frac{\nu}{L'}\frac{\lambda}{\pi D f_0}F \tag{15-3-3}$$

式中，$f_0 = \dfrac{\lambda}{c_1 - c_2}$ 是材料条纹值，单位为 N/m；D 是待测元件沿应力方向的直径（假设待测元件为圆片）；F 是待测元件的内应力。其余各符号的含义和前文同。

式(15-3-3)可改写成

$$\Delta \nu_{DF} = 8\frac{c}{L'}\frac{1}{\pi D f_0}F = \frac{c}{2L'}\frac{16F}{\pi D f_0} \tag{15-3-4}$$

由此得到

$$F = \frac{\pi D f_0}{16} \times \frac{\Delta \nu'_{DF}}{\Delta \nu_{DF} + \Delta \nu'_{DF}} \qquad (15\text{-}3\text{-}5)$$

根据式(15-3-5)，待测元件的内应力 F 只与前后两次测量相邻频率之差 $\Delta \nu_{DF}$ 和 $\Delta \nu'_{DF}$ 有关，而与腔长参数无关。对于确定的待测材料，D 和 f_0 都是定值。只需要测出两个频率差的大小，即可方便地计算出光学材料的内应力大小。

需要说明的是，和测量双折射类似，频率分裂法测量材料内应力同样只能测量由内应力导致的频率分裂量的小数部分。比如，$F = q \times \frac{\pi D f_0}{16} + \Delta F$。由此导致的总频率分裂量 $\Delta \nu_{DF} = q \times \Delta \nu_q + \frac{\Delta F}{\pi D f_0 / 16} \cdot \Delta \nu_q$。而频率分裂法测得的 $\Delta \nu_{DF}$ 仅仅是小数部分 $\frac{\Delta F}{\pi D f_0 / 16} \cdot \Delta \nu_q$，通过公式计算得到的是应力 F 的小数部分 ΔF。不过，对于光学材料而言，一般内应力都比较小，由此导致的频率分裂 $\Delta \nu_q$ 一般也不会超过一个纵模间隔 $\Delta \nu_q$。所以，用频率分裂法测得的小数部分 ΔF 即光学材料内部的真正应力 F，而无需考虑其整数部分。如果光学材料内应力非常大，由此导致的频率分裂超过一个纵模间隔，需要采用其他辅助方法确定其整数部分应力，然后加上频率分裂测出的小数部分应力，两者之和为真正的应力 F。

频率分裂法测量双折射和光学材料内应力的过程完全一样，都是从激光频率分裂之后产生的连续三个频率中选出两组相邻的两个频率，测量其频差 $\Delta \nu_{DF}$ 和 $\Delta \nu'_{DF}$，然后分别代入式(15-3-4)和式(15-3-7)计算双折射和材料内应力。

图15-3-2是清华大学精密仪器系发明的频率分裂法测量双折射和光学材料微小内应力的仪器，也称作激光频率分裂相位延迟仪。

激光频率分裂相位延迟/内应力测量仪器精度非常高，相位延迟的测量分辨率为 $0.12'(\lambda/100000)$，重复性为 $3'$，比传统仪器高 $2\sim3$ 个数量级。另外，该仪器还可自测仪器本身残存的相位延迟，即自找零点，这是其他仪器不具备的。

图15-3-2 激光频率分裂相位延迟仪

15.3.2 激光内干涉测量双折射和内应力

激光频率分裂法测量双折射和内应力，精度很高，可以溯源，但是它需要对被测样品两面镀增透膜，适合作为标准，适合科学研究和元件质量的测定的高精度仪器，但不适合工业车间在线、原位测量。

为了解决工业在线检测的难题，出现了基于激光回馈效应对偏振态变化测量双折射和光学材料内应力的方法，如图15-3-3所示。M_1、M_2、M_E 是反射镜；WP 是待测相位延迟元件；W 是双面增透窗片；PZT_1、PZT_2 是压电陶瓷；DR_1、DR_2 是高压驱动电路；BS 是分光镜；P 是偏振片；D_1、D_2 是光电探测器；AMP_1、AMP_2 是放大电路；PC 是计算机；T 是 HeNe 激光增益管。

测量时，先将被测元件(如波片 WP)的一个主方向调整到与激光器的初始偏振方向平行，如都沿 X 轴方向。再使激光的工作频率调整至位于增益曲线的中心位置附近。在计算机的控制下，DR_1 输出三角波电压控制 PZT_1，驱动回馈镜 M_E 沿激光轴线方向左右运动。由于波片的双折射效应，激光的偏振态将在两个正交的方向(图15-3-3中的 X 向和 Y 向)

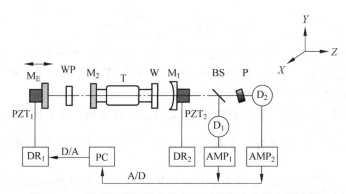

图 15-3-3 激光回馈法测光学元件双折射和内应力原理图

跳变即瞬间由 X 方向转到 Y 方向,并且它们在一个 PZT 激光强度调制周期中各自的占比与波片的双折射相位差具有如下线性关系:

$$D_X = \frac{\pi - \Delta\varphi}{\pi} \qquad (15\text{-}3\text{-}6)$$

$$D_Y = \frac{\Delta\varphi}{\pi} \qquad (15\text{-}3\text{-}7)$$

式中,D_X 和 D_Y 分别是激光 X 向和 Y 向偏振态在一个激光回馈,调制周期中所占的宽度,$\Delta\varphi$ 是待测元件的相位延迟量。D_X 和 D_Y 之和等于 1,表示 PZT$_1$ 对 M$_E$ 调制时,X 向偏振态和 Y 向偏振态持续振荡时间之和为一个完整的光回馈调制周期。

图 15-3-4 是用激光回馈法测量不同相位延迟量 $\Delta\varphi$ 的待测元件得到的激光回馈强度调制曲线。曲线 1(实黑点)是加载在 PZT$_1$ 上的扫描电压,用来连续调谐激光器回馈外腔长度;曲线 2~曲线 5 是外腔元件 WP 不同相位延迟量下的激光回馈强度信号,相位延迟量分别为 $\Delta\varphi = 0°$、$20°$、$40°$ 和 $80°$,直线 A 和 C 之间为一个光回馈调制周期,在 B 点处激光偏振态发生了跳变,从 X 方向跳变到 Y 方向,激光回馈信号出现了凹陷(B 点)。B 是一个偏振方向突变点。AB 之间,激光器输出偏振态沿 X 方向;BC 之间,激光器输出偏振态沿 Y 方向。由于 PZT$_1$ 的电压、回馈镜的位移和外腔扫描时间 t 之间的关系是很接近线性的,因此通过测量跳变后的激光偏振态在一个光回馈调制周期内的持续时间,即可得到该偏振态的占空比,从而计算出被测波片的相位差。对照图 15-3-4,X 方向激光偏振态占一个光回馈调制周期的占空比 D_X 为

$$D_X = \frac{t_{AB}}{t_{AC}} \qquad (15\text{-}3\text{-}8)$$

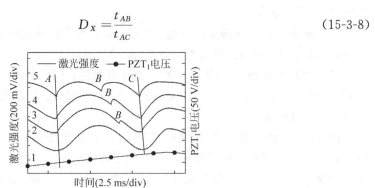

图 15-3-4 激光回馈法测外腔不同相位延迟量元件的激光回馈强度调制波形

把式(15-3-10)代入式(15-3-8)得

$$\Delta\varphi = \pi - \frac{t_{AB}}{t_{AC}} \times \pi \tag{15-3-9}$$

测量过程如下：将待测相位延迟元件放入激光回馈外腔，即图 15-3-3 中 M_E 和 M_2 之间，调整待测元件的光轴和激光初始偏振方向一致，计算机控制 PZT_1 调谐激光回馈外腔长度，由光电探测器探测激光回馈强度信号并被采集至计算机中，由计算机自动判断偏振跳变点 B 的位置，计算得到占空比 $\frac{t_{AB}}{t_{AC}}$，代入式(15-3-9)可得待测元件的相位延迟量 $\Delta\varphi$。

在测量过程中，实际跳变位置 B 与理论跳变位置之间存在滞后效应，计算公式与式(15-3-9)略有不同，如果 PZT 的非线性过大，也需要标定这种非线性，这里不再赘述。

把式(15-3-12)代入式(15-3-11)，得到待测元件内应力

$$F = \left(1 - \frac{t_{AB}}{t_{AC}}\right)\frac{\pi D f_0}{16} \tag{15-3-10}$$

式中，D 是光学元件径向尺寸(直径)，$f_0 = \frac{\lambda}{c_1 - c_2}$，是材料条纹值，单位为 N/m。

和前面类似，激光回馈法测双折射和内应力同样只能测量由此导致的小数部分。整数部分大小的确定，需要采用其他辅助方法。

图 15-3-5 是清华大学发明的激光回馈法测量双折射和光学材料微小内应力的仪器，也称作激光回馈波片相位延迟测量仪。

该仪器测量相位延迟不确定度优于 $0.5°$。由于待测元件放在外腔，无需镀膜，该仪器具有实时在线测量的优点。

在测量双折射和内应力方面，频率分裂法和激光回馈法具有互补性。频率分裂法的测量分辨率和精度很高，但是，由于被测元件放在激光

图 15-3-5 激光回馈波片相位延迟测量仪

谐振腔内，故需要两面镀增透膜。它适合作为测量相位延迟的标准，去鉴定、检测其他类型仪器的精度，以及评价高质量的元件，如只有这一仪器就可测出光学元件抛光过程造成的微小应力。激光回馈法的测量分辨率和精度稍低，由于待测元件放在激光回馈外腔，故无需镀增透膜，适合于工业在线检测。两种仪器相互配合，相得益彰，既满足作为测量基准的高精度要求，又满足工业在线的要求。

15.4 微片激光内干涉长度测量技术

前文已经简单提及激光干涉仪，它是一种通用的测量长度和位移的高精度仪器。但是它们一般只能测量能够对光反射足够高的或有配合目标表面的位移。对于那些粗糙的、表面透明的，或者非常小的目标就显得力不从心。

采用共路激光内干涉技术，使微片激光内干涉仪具有高光回馈灵敏度的同时，也可消除内干涉仪包括激光器在内的光路及死程带来的误差因素，从而实现实用的高分辨

率、高灵敏度的非接触式的位移测量内干涉仪。它可以进行非配合目标的非接触式精密位移测量。

基于微片激光器的激光内干涉仪具有很高的光灵敏度,这非常有利于测量非配合目标的位移和变形。用相位外差的测量方法可以使位移测量的分辨率达到 1 nm,线性度优于 3×10^{-5},量程可达几米。在 10 m 测程上,数小时零点漂移优于 200 nm。这或许是以光谱灯为光源的干涉仪和以激光器为光源的干涉仪之后的又一次重大进步。

1. 微片激光内干涉仪原理

微片激光内干涉仪(又称为激光回馈干涉仪)长度测量原理如下:在普通的内干涉仪系统中增加一路参考回馈光,让参考回馈光和测量回馈光的光学路径重合(或平行分开很小的距离)。它们的相位变化差即能准确反映目标的位移大小。微片激光器内干涉仪有很高的光强回馈灵敏度、高分辨率,同时通过频率复用技术可消除内干涉仪的空误差,有很强的抗环境干扰(温度、气流)能力。图 15-4-1 是准共路微片激光器内干涉仪原理图。

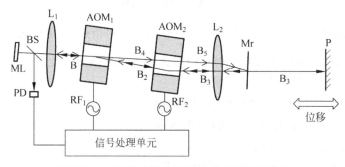

图 15-4-1　准共路微片激光器内干涉仪原理图

图 15-4-1 中,ML 是微片激光器;BS 是分光镜;PD 是光电探测器;L_1、L_2 是聚焦透镜;AOM 是声光移频器;RF 是声光移频器驱动电源;Mr 是参考镜;P 是被测件。由半导体激光器泵浦的 Nd:YAG 微片激光器发出 1.064 μm 单模的红外激光。AOM_1 由信号发生器 RF_1 驱动,AOM_2 则由信号发生器 RF_2 驱动,驱动频率分别为 f_{RM_2} 和 f_{RM_1}。f_{RM_2} 和 f_{RM_1} 之差为 Ω。早期 Ω 取 40 kHz,现在已经取到数兆赫兹。Ω 越大,内干涉仪的测量速度越高。

当激光束 B_1(频率为 ω)以布拉格角入射在 AOM_1 上时,可得到－1 级的衍射光 B_2,B_2 通过声光移频器 AOM_2 后又得到其＋1 级的衍射光 B_3 的频率为 $\omega + \Omega$。B_1 通过 AOM_1 后的 0 级光 B_4 又通过 AOM_2,B_4 过 AOM_2 的 0 级光 B_5 被参考镜 Mr 反射,再次穿过 AOM_2,AOM_1 回激光器 ML,回程中被移频 Ω。除了 B_5 和 B_3,其他的光束都被挡掉(光栏未画出)。

参考镜 Mr 是一块低反射率的玻璃平板,它被放置在尽量靠近被测目标 P 的位置。为了使仪器小巧,Mr 也不能离 AOM 太远。B_3 通过 Mr 称为测量光,被 Mr 反射的光称为参考光,它们分别在图中用粗箭头和细箭头和 B 表示。测量光和参考光基本上为同一路径传播,所以称为"准"共路。

测量光 B_3 通过透镜 L_2 的光轴被聚焦在被测件 P 上。B_3 一部分被反射或散射的光沿 B_3 原路返回激光谐振腔,形成由于来回一周经过两个声光移频器两次而最终移频 2Ω 的测量回馈光。回馈光引起频率为 2Ω 的激光光强调制,即有

$$\Delta I_m = G(2\Omega)K_m\cos(2\Omega + \varphi_m + \Phi_m) \tag{15-4-1}$$

式中，K_m 表示测量回馈光的光强，φ_m 表示其相位，Φ_m 是一个固定的相移，$G(x)$ 是与频率无关的幅值系数，当 $x = \omega_R$ 时，$G(x)$ 达到最大值，从而使激光内干涉仪有极高的灵敏度。

对于参考光，光束 B_1 被透镜 L_2 聚焦到参考镜 Mr 上并被反射向左经 B_5、B_4、B、L_1 进入 ML。仔细地调整 Mr 使其反射光 B_5 和 B_3 平行。这样，参考回馈光的光强调制

$$\Delta I_r = G(2\Omega)K_r\cos(2\Omega + \varphi_r + \Phi_r) \tag{15-4-2}$$

式中，K_r、φ_r、Φ_r 和方程(15-4-1)中的定义相同。

ΔI_m 和 ΔI_r 同时被光电探测器 D 探测，滤波器把调制频率 Ω 和 2Ω 的光波信号分开并分别测出它们的相位变化 $\Delta\varphi_m$ 和 $\Delta\varphi_r$，可以用锁相放大器，也可以用相位计(卡)精确测量 $\Delta\varphi_m$ 和 $\Delta\varphi_r$。

目标的位移 ΔL 与回馈光的相位改变 $\Delta\varphi$ 关系是

$$\Delta L_m = (c/2\eta\omega)\Delta\varphi_m \quad \text{和} \quad \Delta L_r = (c/2\eta\omega)\Delta\varphi_r \tag{15-4-3}$$

$\Delta\varphi$ 可以是 $\Delta\varphi_m$ 或 ΔL_m。其中 η 是空气折射率，c 为真空中的光速。在环境和激光器中(激光器是内干涉光路的一部分)，η 既有快变，也有慢变，造成误差。消除这一误差的方法就是式(15-4-3)两式的电信号相减。因为第二式仅是激光器 ML 内和到参考镜 Mr 之间的相位改变，这一相位改变仅是温度改变和空气扰动引起的，两式相减即从测量光相位改变中剔除了环境扰动的干扰。大大提高了对目标 P 位移的测量精度。

准共路微片激光内干涉仪的突出优点是被测目标 P 的被测面可以是普通的金属加工面，发黑的表面，汽油、水的表面，甚至是圆柱的柱面，即具有非常高的光灵敏度。高光灵敏是由于微片激光器对回馈光束有 10^6 的放大，能实现对微弱反光面位移的探测。

2. 双微片激光器内干涉仪

图 15-4-1 是单微片激光器内干涉仪。它的参考镜靠近声光移频器 AOM 时，整个仪器的尺寸可以缩小。但对参考镜的调整要求较高，较难做到测量光和参考光的大距离共路。图 15-4-2 是双微片激光器内干涉仪，可以做到测量光和参考光长距离共路。

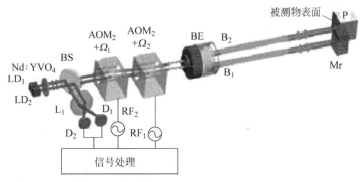

图 15-4-2 双微片激光器内干涉仪原理图

采用两个半导体激光器 LD_1 和 LD_2 泵浦同一片 Nd：YVO_4 晶体，输出两路平行光 B_1 和 B_2。经过分光镜 BS 后，B_1 和 B_2 各自被分成两束，反射光用于光强探测，透射光用于后续的移频回馈光路。其中，两路反射光被透镜 L_1 会聚后分别照射在光电探测器 D_1 和 D_2 上。两路透射光以相同路径穿过声光移频器组 AOM_1 和 AOM_2 后，移频量都为 Ω。凸透镜 L_2 和凹透镜 L_3 用来减小光束有效截面半径和光束发散角。可调衰减片 ATT 用于调节

光的回馈水平(回馈光的强度)。BE 是扩束准直镜组,用于进一步减小光束发散角,并使两光传播方向平行。

从 BE 出射的光束 B_2 作为测量光,照射在远方的待测目标 P 上;B_1 作为参考光,照射在 P 附近的参考面 P_r 上。P 和 P_r 的部分散射光分别沿原路返回激光器。由于两束回馈光沿原路返回时都再一次经过 AOM_2 和 AOM_1,因此回馈光的总移频量都为 2Ω。

B_1 和 B_2 的光强分别受到参考回馈光和测量回馈光相位改变的调制,经 D_1 和 D_2 光电转换、滤波放大及相位计后,提取出各自回馈外腔的相位变化 $\Delta\varphi_r$ 和 $\Delta\varphi_m$。在测量过程中,参考物体保持静止,因此参考回馈光的相位变化 $\Delta\varphi_r$ 仅来源于整个回馈光路中的空气扰动、元器件热效应及激光器自身不稳定因素,而测量回馈光的相位变化 $\Delta\varphi_m$ 除了来源于此,主要还来源于被测物体的运动。通过做差便排除了外界因素的影响,消除了空程(P 位移不至的光路)误差。物体的真实位移量为

$$\Delta L = \Delta\varphi_m\lambda_2/4\pi\eta_0 - \Delta\varphi_r\lambda_1/4\pi\eta_0 \tag{15-4-4}$$

式中,λ_1 和 λ_2 分别为参考光和测量光的波长,η_0 为空气折射率。

与单激光微片激光内干涉仪相比,该系统由于参考光和测量光穿过声光移频器的路径相同、移频量相同,因此热效应所致的相位漂移量也相同,通过相减可被更大幅度消除。此外,两路激光由同一块激光晶体发出,因此具有相近的输出光强度和波长漂移。其次,在光路设计上,参考光和参考面垂直设置,即使测量远距离物体,通过调节参考光的角度也可轻易找到回馈信号。

第六篇
激光原理及激光束的
基本实验

本篇主要介绍激光原理的综合性实验。

第 **16** 章
实验系统和实验内容

前文已经全面介绍了激光的很多物理效应,特别是激光横模、激光腔纵模和激光频率、激光器腔的调谐、激光模的竞争、激光的偏振、激光回馈等。使读者对这些基本的物理效应的清楚、准确地理解,是本书努力的方向,掌握这些知识也是学生毕业后从事激光相关产品设计开发的技术基础,因此它们是激光技术学习的重要内容。

本章是根据作者团队在多年研究和教学中对激光原理有所感悟而专门设计的激光实验课程,全面、清晰地展示了激光器和激光束最主要的物理现象。特别要提及的是,激光横模、激光纵模(激光频率)、激光器腔的调谐、激光模的竞争、激光的偏振、激光回馈等激光效应可以在一个实验系统上完成。通过动手操作,进行理论和实验结果的比对、计算,掌握理论技术。作者还认为,这些实验对任课教师来说,不仅是对激光的再认识,也是对基本光学的较多原理,特别是物理光学的综合性实践的再认识。了解这些现象,对提出或者创造出与激光、光学原理相关的应用会有很大帮助。

如上文所说,上述提到的实验可以在一整套系统上完成激光多阶次横模及演变、激光腔纵模、激光频率、激光器腔的调谐,激光模的竞争,激光的偏振,激光回馈等激光效应的实验,如北京师范大学等高校就是这样做的。但也可以把这些效应分为几个分套的系统进行实验,如北京交通大学等就是这样做的,还自己构成了新的实验。也可以设计成三个系统,各实现若干实验,加在一起完成全部实验。

为了构成实验系统和实验观察,使用了光学"猫眼"和石英片晶体构成激光系统,采用激光扫描干涉仪观察激光模式。

为了便于读者理解,先分开介绍四个分套系统,最后介绍四合一的综合系统。

四个分套系统分别是:

(1)横模演示系统。用来实验并观察激光的基横模和多个高阶横向模式。横模的变换通过调节"猫眼逆向器"实现,横模图样的观察可直接用眼睛,也可以用 CCD 采集,在示波器或电脑显示屏上显示。

(2)频率分裂与模竞争系统。用来实验并观察激光的纵模(频率)、纵模(频率)间隔、纵模(频率)分裂、模式的偏振,以及测量激光出光带宽的大小等。激光器输出的光通过扫描干涉仪后由光电探测器接收,在示波器或计算机屏上观察纵模模式与模间隔等相关宽度。光束也可以通过光电转换、采集卡采集和 LabVIEW 编程实现。

(3) 模式竞争实验系统。用来观察激光纵模的强烈竞争。

(4) 激光回馈系统。用来实验并观察腔长周期变化或回馈镜周期运动时,激光器输出光强的变化规律。光强的变化用光电探测器采集,经放大电路后,用 LabVIEW 编程实现光强条纹的显示和处理。

本章先逐一介绍各个实验。为了与相关章节衔接,每节有一个短序,简单提及实验涉及的激光物理效应,然后介绍教学仪器的原理图和光学、机械结构。最后介绍实验步骤和观察到的激光物理效应。本章最后一节介绍将三套仪器合成为一套仪器,一套仪器可完成全部实验。

16.1　横模实验系统

16.1.1　导语

横模实验系统可用来观察高阶横模的产生和横模变换的过程。

在 8.1.1 节已经讨论了激光横模的概念,并图示了激光横模的光斑花样。激光的横模分布主要分为两种:一种是轴对称型横模,表示为 TEM_{mn},m 和 n 分别表示横模图样在 x 和 y 方向上的节线数;另一种是旋转对称型横模,表示为 TEM_{pl},角标 p 是在半径方向上(不包括中心点)出现的暗环的次数,l 则是沿圆周出现的暗直径的次数。这个实验使用专门设计的激光器和猫眼谐振腔,可以观察到如下基本横模及若干混合型横模,还能判断出横模以及叠加横模的偏振状态。

激光器输出何种样式的横模主要是由腔内的损耗所决定的,腔损耗与其菲涅耳数有关,表示为

$$N_f = \frac{a^2}{L\lambda} \tag{16-1-1}$$

式中,L 为腔长,λ 为光波长,a 为腔的横向尺寸。式(16-1-1)在图 8-1-5 中已讨论过。现有文献中 a 常指圆形反射镜片的半径,但实际上,很少有激光束充满反射镜面。对于气体激光器(如 HeNe 激光器),由于衍射孔径主要由毛细管内径而不是腔镜边界决定,因此可粗略地认为 a 是毛细管的内壁半径。菲涅耳数越大,衍射损耗越小。因此减小衍射损耗的方法是增大毛细管内径,缩短腔长,提高增益。但是,在技术上同时增加毛细管直径,缩短腔长会使激光强度(和功率)下降。而且横模的序数越高,衍射损耗越大,要想产生高阶横模,所需要的增益也就越大。通常的实验都是只能观察基横模或 1~2 个高阶模,如 TEM_{01},高阶横模较难获得,也难以满足横模的实验要求。

16.1.2　猫眼逆向器

既然依靠增大衍射损耗,提高增益难以实现高阶横模振荡,需要另辟蹊径,设计出新的

实验系统。本节采用一种不必改变激光管结构(放电管的增益),而使用附加的光学元件大幅调节激光腔的损耗实现多个高阶模的产生。这个元(部)件就是光学里的猫眼逆向器。

猫的眼睛在夜间看上去会发亮,是因为光线经过猫眼的瞳孔会聚到眼底,通过眼底反射使光束经瞳孔后沿原路返回。我们所用的猫眼逆向器如图 16-1-1 所示,它由一个两面镀有632.8 nm 增透膜的凸透镜和镀有全反膜的凹面镜构成,且满足凸透镜焦距 f、凹面镜曲率半径 R 以及两镜间距 L 三者相等。由几何光学可知,焦面上一点发出的光经透镜后会以平行光出射,因此入射光与猫眼逆向器输出的光平行反向。也就是说,在一定的角度范围内,猫眼逆向器可以使倾斜方向入射的光沿原路返回。

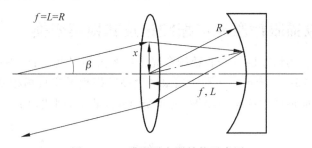

图 16-1-1 猫眼逆向器结构示意图

可利用几何光学中近轴光线的 $ABCD$ 定律来理论分析猫眼逆向器的逆向反射作用。设入射光线的矢量矩阵为 $(x,\beta)^{\mathrm{T}}$,其中 x 为光线上某点与光轴之间的距离,β 为光线与光轴的夹角。光线经过焦距为 f 的透镜后的变换矩阵为

$$\boldsymbol{M}_{f'}=\boldsymbol{M}_f=\begin{pmatrix} 1 & 0 \\ -\dfrac{1}{f} & 0 \end{pmatrix} \tag{16-1-2}$$

光线在空气中传播距离 L 的变换矩阵为

$$\boldsymbol{M}_{L'}=\boldsymbol{M}_L=\begin{pmatrix} 1 & L \\ 0 & 1 \end{pmatrix} \tag{16-1-3}$$

光线经曲率半径为 R 的反射镜反射后的变换矩阵为

$$\boldsymbol{M}_R=\begin{pmatrix} 1 & 0 \\ -\dfrac{2}{R} & 1 \end{pmatrix} \tag{16-1-4}$$

因此,光线经过猫眼后的矢量矩阵 $(x',\beta')^{\mathrm{T}}$ 为

$$
\begin{pmatrix} x' \\ \beta' \end{pmatrix}=\boldsymbol{M}_{f'}\cdot\boldsymbol{M}_{L'}\cdot\boldsymbol{M}_R\cdot\boldsymbol{M}_L\cdot\boldsymbol{M}_f\cdot\begin{pmatrix} x \\ \beta \end{pmatrix}
$$

$$
=\begin{pmatrix} 1 & 0 \\ -\dfrac{1}{f} & 1 \end{pmatrix}\begin{pmatrix} 1 & L \\ 0 & 1 \end{pmatrix}\begin{pmatrix} 1 & 0 \\ -\dfrac{2}{R} & 1 \end{pmatrix}\begin{pmatrix} 1 & L \\ 0 & 1 \end{pmatrix}\begin{pmatrix} 1 & 0 \\ -\dfrac{1}{f} & 1 \end{pmatrix}\begin{pmatrix} x \\ \beta \end{pmatrix}
$$

$$
=\begin{pmatrix} 1-\dfrac{2L}{R}-\dfrac{2L}{f}+\dfrac{2L^2}{Rf} & 2L-\dfrac{2L^2}{R} \\[2mm] -\dfrac{2}{f}-\dfrac{2}{R}+\dfrac{4L}{Rf}+\dfrac{2L}{f^2}-\dfrac{2L^2}{Rf^2} & 1-\dfrac{2L}{R}-\dfrac{2L}{f}+\dfrac{2L^2}{Rf} \end{pmatrix} \tag{16-1-5}
$$

当 $f=L=R$ 时,上式简化为

$$\begin{pmatrix} x' \\ \beta' \end{pmatrix} = \begin{pmatrix} -1 & 0 \\ 0 & -1 \end{pmatrix} \begin{pmatrix} x \\ \beta \end{pmatrix} \tag{16-1-6}$$

可见,经猫眼逆向器后的反射光线与入射光线平行,且在凸透镜上的出射点与入射点相对光轴对称。

当把猫眼逆向器作为半外腔 HeNe 激光器的外腔镜时,与传统的凹面腔镜相比,大大提高了系统的稳定性。其将光束逆向平行返回的特性使得猫眼腔在一定的失谐条件下都能保持激光器稳定振荡。

16.1.3 以猫眼作激光谐振腔镜及其横模变换

称猫眼逆向器作为谐振腔一个腔镜的激光谐振腔为猫眼谐振腔。将猫眼逆向器作为谐振腔的示意图如图 16-1-2 所示。在利用猫眼产生高阶横模及实现横模变换的过程中,保证凸透镜的焦距与凹面镜的曲率半径相等,仅改变两镜间距 L,则式(16-1-6)中相应的 $ABCD$ 矩阵变为

$$\begin{pmatrix} A & B \\ C & D \end{pmatrix} = \begin{pmatrix} 1 - \dfrac{4L}{f} + \dfrac{2L^2}{f^2} & 2L - \dfrac{2L^2}{f} \\ -\dfrac{4}{f} + \dfrac{6L}{f^2} - \dfrac{2L^2}{f^3} & 1 - \dfrac{4L}{f} + \dfrac{2L^2}{f^2} \end{pmatrix} \tag{16-1-7}$$

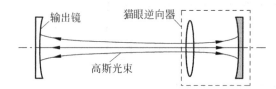

图 16-1-2 猫眼谐振腔

假设猫眼可等效为一个单独的曲率半径为 R_{eq} 的腔镜,该腔镜与原猫眼凸透镜的距离为 L_{eq},则等效腔镜的 $ABCD$ 矩阵为

$$\begin{pmatrix} A' & B' \\ C' & D' \end{pmatrix} = \begin{pmatrix} 1 & L_{eq} \\ 0 & 1 \end{pmatrix} \begin{pmatrix} 1 & 0 \\ -\dfrac{2}{R_{eq}} & 1 \end{pmatrix} \begin{pmatrix} 1 & L_{eq} \\ 0 & 1 \end{pmatrix} = \begin{pmatrix} 1 - \dfrac{2L_{eq}}{R_{eq}} & 2L_{eq} - \dfrac{2L_{eq}^2}{R_{eq}} \\ -\dfrac{2}{R_{eq}} & 1 - \dfrac{2L_{eq}}{R_{eq}} \end{pmatrix} \tag{16-1-8}$$

由高斯光束的 $ABCD$ 定律,猫眼逆向器及其等效凹面镜的输出光束分别为

$$q' = \frac{Aq + B}{Cq + D}, \quad q'_{eq} = \frac{A'q + B'}{C'q + D'} \tag{16-1-9}$$

又由于猫眼与等效凹面镜的等效关系为 $q'_{eq} = q'$,则

$$\frac{Aq + B}{Cq + D} = \frac{A'q + B'}{C'q + D'} \tag{16-1-10}$$

考虑到 $A=D$, $A'=D'$,并且式(16-1-10)的展开项中 q 的对应系数相等,可以得到

$$\frac{A}{A'} = \frac{B}{B'} = \frac{C}{C'} \tag{16-1-11}$$

由式(16-1-8)和式(16-1-11),得

$$\frac{A}{C} = \frac{1 - \dfrac{2L_{eq}}{R_{eq}}}{-\dfrac{2}{R_{eq}}} \Rightarrow L_{eq} = \frac{R_{eq}}{2} + \frac{A}{C} \tag{16-1-12}$$

$$\frac{B}{C} = \frac{2L_{eq} - \dfrac{2L_{eq}^2}{R_{eq}}}{-\dfrac{2}{R_{eq}}} = L_{eq}^2 - L_{eq}R_{eq} \tag{16-1-13}$$

将式(16-1-12)代入式(16-1-13),得

$$R_{eq}^2 = \frac{4(A^2 - BC)}{C^2} \tag{16-1-14}$$

因为当入射面和出射面在同一介质中时 $ABCD$ 矩阵的秩为 1,即 $AD - BC = 1$,且本系统中 $A = D$,因此由式(16-1-14)得

$$R_{eq} = \pm \frac{2}{C} \tag{16-1-15}$$

取 $R_{eq} = 2/C$,代入式(16-1-7)和式(16-1-12)得

$$R_{eq} = \frac{2}{-\dfrac{4}{f} + \dfrac{6L}{f^2} - \dfrac{2L^2}{f^3}} = \frac{f}{\left(\dfrac{L}{f} - 1\right)\left(2 - \dfrac{L}{f}\right)} \tag{16-1-16}$$

$$L_{eq} = \frac{f(L - f)}{2f - L} \tag{16-1-17}$$

因此,当 $L = f$ 时,$R_{eq} = \infty$,$L_{eq} = 0$;当 $0 < L < f$ 时,$R_{eq} < 0$,$L_{eq} < 0$;当 $2f > L > f$ 时,$R_{eq} > 0$,$L_{eq} > 0$。

当猫眼内凸透镜和凹面镜间距相对理想位置有微小增量 ΔL,即 $\Delta L = L - f$ 且 $\Delta L \ll f$ 时,则由式(16-1-16)和式(16-1-17)得

$$R_{eq} = \frac{f^3}{\Delta L(f - \Delta L)} \approx \frac{f^2}{\Delta L} \tag{16-1-18}$$

$$L_{eq} = \frac{f\Delta L}{f - \Delta L} \approx \Delta L \tag{16-1-19}$$

可见,R_{eq} 与 ΔL 成反比,L_{eq} 约等于 ΔL。按照式(16-1-18)和式(16-1-19),用 MATLAB 绘出 R_{eq} 和 L_{eq} 随 L 的变化曲线,示于图 16-1-3 中,其中横坐标是 L 与 f 的比值,纵坐标是 R_{eq} 或 L_{eq} 与 f 的比值。可见其特性与式(16-1-18)和式(16-1-19)所得结论相同。

由以上分析可知,当 $f = R = L$,即猫眼的凸透镜焦距、凹面镜曲率半径、凸透镜与凹面镜间距三者相等时,可将它们等效为一个平面镜 $R_{eq} = \infty$,等效平面镜位于原凸透镜的位置 $L_{eq} = 0$。当 $L < f = R$,即猫眼内两镜间距小于凸透镜焦距或凹面镜曲率半径时,猫眼等效为一个凸面镜 $R_{eq} < 0$,且等效凸面镜位于原凸透镜之前,即 $L_{eq} < 0$。当 $L > f = R$,即猫眼内两镜间距大于凸透镜焦距或凹面镜曲率半径时,猫眼等效为一个凹面镜 $R_{eq} > 0$,且等效凹面镜位于原凸透镜之后,即 $L_{eq} > 0$。此外,等效反射镜的曲率半径与间距变化量成反比 $R_{eq} \approx f^2/\Delta L$,等效反射镜相对原凸透镜的位置约等于间距变化量,即 $L_{eq} \approx \Delta L$。

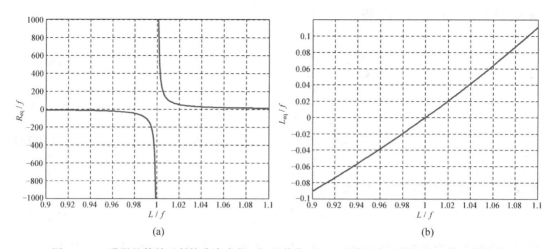

图 16-1-3　猫眼的等效反射镜曲率半径 R_{eq} 及其位置 L_{eq} 随猫眼内两镜间距 L 的变化曲线

(a) R_{eq} 随 L 的变化曲线；(b) L_{eq} 随 L 的变化曲线

因此，通过机械结构将凸透镜与凹面镜固定在一个套筒内，保证同轴。仅改变两镜间距 L，就可以改变其等效腔镜的曲率半径和位置。谐振腔的腔长和其中一个腔镜的曲率半径变了，其等效共焦腔参数也变了，腔内损耗就会变化，因此会输出不同的横模图样。

16.1.4　猫眼谐振腔横模实验系统

猫眼谐振腔横模实验系统框图如图 16-1-4 所示，图中的虚线部分与图 16-1-5 的光学机械结构图相对应，是实验系统的激光器部分。CER 是猫眼逆向器。T 是 HeNe 激光增益管，为了观察从基横模（TEM$_{00}$）到更高阶的横模，它的放电毛细管的内径约是一般放电毛细管的 1.5 倍到 2 倍。W 为激光放电管 T 的窗片，其两表面都镀高增透膜，忽略其玻璃-空气界面，对光没有反射，只有透射。W 的作用是把 HeNe 混合气体封闭在放电管 T 内。M$_1$ 为凹面部分反射镜，激光束通过其输出到激光器腔外。猫眼逆向器 CER 起激光器全反射镜的作用，但不论纵向还是横向微小移动 CER 的凹面镜，都会改变激光器对横模的损耗，某一横模损耗增加而熄灭，另一些模式损耗减小而光强增大。在激光器的输出端，激光先经过扩束镜 BE 扩束后变为发散的光斑，在远处的白屏上即可看到横模图样。也可以用 CCD 接收，由图像采集卡将图像采集到计算机中观察。

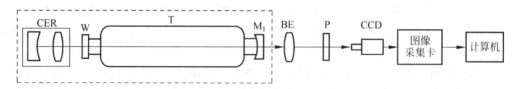

图 16-1-4　猫眼谐振腔横模实验系统框图

整体调节猫眼相对激光器轴线的上下、左右位置，即改变猫眼的光轴与激光器光轴的相对位置，也可以改变激光器的横模输出。改变凸透镜与凹面镜间距，还可观察到旋转对称横模花样。

横模演示系统的机械结构示意图如图 16-1-5 所示。系统所有零部件都由四根平行长杆支撑,各机械结构通过螺丝与长杆固定,使所有光学元器件互相配合成一个整体。整个仪器又被底板和支架稳定支撑。底板上打有螺孔,如激光强度有起伏,可用螺丝将仪器与光学防震台固定,保证其牢固稳定。图 16-1-5 的机械结构可有另外的形式,但共同点是需要稳定,而且与系统的台面不能有悬空。该系统由半外腔 HeNe 激光管和猫眼逆向器构成。激光管长 250 mm,激光器毛细管直径较大。

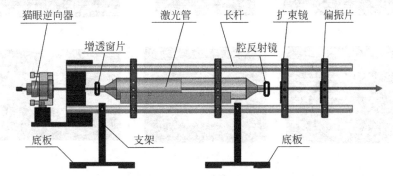

图 16-1-5 横模演示系统光学机械结构示意图

猫眼逆向器整体作为腔镜,与激光管上相连的腔反射镜构成谐振腔。凸透镜和凹面镜置于同一个机械套筒中,以保证两镜同轴。凸透镜被压圈固定在套筒上,凹面镜可相对套筒轴向滑动。由 16.1.3 节的理论分析已知,猫眼逆向器的等效腔镜的位置及曲率半径与其凸透镜和凹面镜的间距有关。因此通过旋转精密螺纹副可实现两镜间距的调节,从而改变激光腔内损耗并导致不同阶次的横模输出。

观察激光器的输出端光路上放置一个扩束镜,将激光斑发散,发散光照射在远处的白屏上,可看到较大、较为清晰的激光横模图样;也可以把光束照射到 CCD 上,由 CCD 接收,用图像采集卡采集并送到计算机处理,由示波器或计算机屏幕显示。

整体调节猫眼相对激光器轴线的上下、左右位置,即改变猫眼的光轴与激光器光轴的相对位置,也可以改变激光器的横模输出,发生横向模式的转变。改变凸透镜与凹面镜间距,还可观察到旋转对称横模花样,如图 16-1-6 所示。

16.1.5 不同阶横模图样的观察

旋转猫眼装置的精密螺纹副,改变凹面镜和凸透镜的间距,观察到的横模图样如图 16-1-6 所示。如旋转猫眼装置的精密螺纹,造成猫眼逆向器整体微小离轴,也可以得到同样的结果。

实验可从调节猫眼的凸透镜与凹面镜的间距开始,让它们的间距尽量小,调到激光器不出光到开始出光的临界状态,此时猫眼等效为一个平面镜,高斯光束的束腰在猫眼凸透镜的位置,因此看到的横模图样为基横模,如图 16-1-6(a)所示。随后,继续旋转精密螺纹副以增大两镜间距,猫眼等效腔镜的曲率半径逐渐减小,根据菲涅耳数表达式可知,腔内损耗也逐渐减小,因此输出越来越高阶的横模图样,照片如图 16-1-6(b)~(f)所示,它们的序号在图的标题下给出。图 16-1-7 为旋转对称型横模光强分布图样的照片,包括了 TEM_{02}、TEM_{03}、TEM_{13} 和 TEM_{04}。

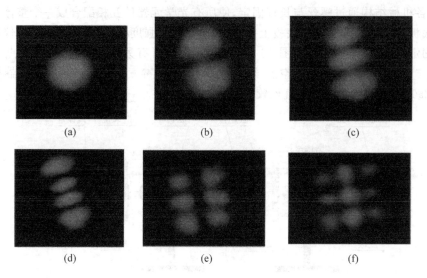

图 16-1-6   轴对称型横模光强分布

(a) TEM_{00}；(b) TEM_{01}；(c) TEM_{02}；(d) TEM_{03}；(e) TEM_{12}；(f) TEM_{22}

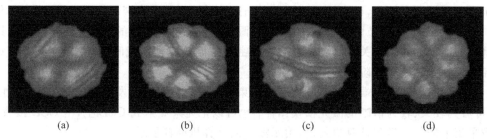

图 16-1-7   旋转对称型横模光强分布

(a) TEM_{02}；(b) TEM_{03}；(c) TEM_{13}；(d) TEM_{04}

16.1.6   横模的偏振态

不论是 TEM_{mnq}（还是 TEM_{plq}），TEM 的每一组角标所代表的模式都具有自己的偏振态。对 HeNe 激光器的两个模式，一个是 mnq，一个是 $mn(q+1)$，即两个为相邻的纵模，它们会有相互垂直的偏振。

为了清楚确定光束偏振态，需要滤除一个偏振方向的横模。于是，在图 16-1-4 中，在扩束镜 BE 和 CCD 之间插入一偏振片 P。旋转偏振片 P，CCD 接收显示屏上显示的横模花样变得清晰，并能确定其偏振方向。如图 16-1-8 所示。图 16-1-8 的四个图每个都有两种横模，都是叠加横模在旋转偏振片滤掉一个留下一个的结果。

如图 16-1-8(a) 和(b)所示，偏振片旋转 90°，使不置入偏振片且本来重叠的基横模 TEM_{00} 模和 TEM_{01} 模分别显现出来。偏振片旋转 360°，TEM_{00} 和 TEM_{01} 模各出现两次。这说明光路中没有偏振片时我们观察到的是基横模 TEM_{00} 和 TEM_{01} 模的混叠模，偏振片令它们分别通过，成像到 CCD 上。两个模式都是线偏振光，且偏振态互相垂直。

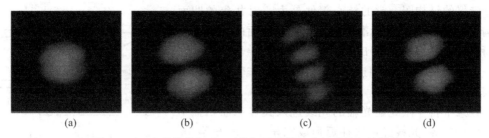

图 16-1-8 由旋转偏振片 90°分解混叠横模获得单偏振的横模

(a) TEM_{00} 模与 TEM_{01} 模；(b) TEM_{03} 模与 TEM_{01} 模；(c) 圆形 TEM_{12} 模与矩形 TEM_{02} 模；

(d) 混叠横模与 TEM_{01} 模

旋转推动猫眼凹面镜微位移的螺钉旋钮,激光器输出一种横模图样。再旋转偏振片,可观察到 TEM_{03} 模和 TEM_{01} 模相互转变,且偏振态也是差 90°,如图 16-1-8(b)和(c)所示。

如激光本身输出的单一横模模式,没有其他横模叠加,无论怎样旋转偏振片也只是一个横模图样输出。这实际上可以成为检测 TEM_{00} 的方法,无论怎样旋转偏振片,待检查的激光模式没有形状和亮度的变化,可断定激光器输出的是纯 TEM_{00} 模。

如激光器输出单一的 TEM_{01} 模时旋转偏振片,可观察到 TEM_{01} 模的两个瓣的光强一起变亮或一起变暗。因此也可以肯定,对于同一个横模模式,它的不同"瓣"的偏振态是一样的。

我们可以这样认识不同横模的叠加。叠加在一起的两横模是属于两个或多个偏振方向垂直的纵模。而相邻纵模偏振方向总是垂直的。而对于图 16-1-8 实验中激光器输出两个横模模式的叠加,两横模的偏振态互相垂直是因为激光器输出双纵模,第 q 级纵模和第 $q+1$ 级纵模对应不同的横模模式。

16.2 激光纵模频率观察

16.2.1 导语

上文已经介绍了激光器的横模实验。本节描述激光器的纵模及其特性的实验。就深度而论,激光纵模更有物理内涵。

本节包括以下内容:①观察激光器纵模的必备的设备——激光扫描干涉仪介绍;②激光纵模模式实验和观察;③用扫描干涉仪测量纵模间隔;④激光纵模偏振态的实验观察;⑤出光带宽的测量。这些与激光纵模模式相关的观察和测量可通过采集卡采集数据并在 LabVIEW 上编程实现。

16.2.2 激光扫描干涉仪和激光纵模观察

激光扫描干涉仪(图 16-2-2 中的 SI)可用来观察频率分裂和模竞争的过程,还可用于间接测量频差的大小,具有观测直观方便、对过程展示细致的优点。图 16-2-1 给出了激光扫描干涉仪的结构图。它的核心部件是由一对共焦的凹面镜构成的法布里-珀罗标准具(FP 腔),两球面的曲率半径 R_1 和 R_2 以及两镜间距 L 三者相等,即 $R_1 = R_2 = L$。其中一个凹面镜与 PZT 相连,并由 PZT 驱动作轴向移动从而实现 FP 腔长调谐。

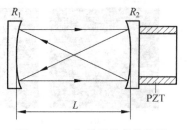

图 16-2-1   扫描干涉仪结构图

任意平行于激光器光轴的光线进入共焦球面扫描干涉仪的谐振腔,光线经两次往返形成完全闭合的光路,光程差为 $4L$。只有当入射光波长满足扫描干涉仪光腔谐振条件时有极大光出射,谐振条件为

$$4L = m\lambda \tag{16-2-1}$$

即光程差为波长的整数倍。则出射光的频率为

$$\nu = m \cdot \frac{c}{4L} \tag{16-2-2}$$

若入射到 FP 腔的激光包含多个模式,则通过 PZT 扫描调谐 FP 腔长可使各个模式逐次满足极大出射条件。置于 FP 腔出射端的光电探测器将各极大出射频率光的光强转变成电压信号,通过采集卡采集和 A/D 转换在计算机上显示出来。激光器有几个频率(模式)输出,计算机就显示几个峰值电压。峰值间隔代表频率间隔(频差),峰值高度代表光强大小。对于本章,压电陶瓷的压-电非线性可以忽略,认为 PZT 的伸长量与加在其上的电压成线性关系。在示波屏上或电脑屏上都是以时间为横坐标,这样各频率之间的差就转换成了时间间隔。

读者请记住以下关系:PZT 加(减)电压 ∝ PZT 伸长(缩短)∝ 显示屏横向扫描时间。从本质上来说,扫描干涉仪的作用就相当于把几个同时存在的频率,按频率大小作时间排序,逐一通过并被观察。

激光扫描干涉仪有一个重要的指标:自由光谱区。由式(16-2-2)可知,PZT 伸长(或缩短)$\lambda/4$,被观测频率重复出现一次,只是干涉级次增加了一级。用公式表示为

$$4\left(L + \frac{\lambda}{4}\right) = (m+1)\lambda \tag{16-2-3}$$

定义相邻两个干涉级之间的频差为扫描干涉仪的自由光谱区。设腔长为 L_1 时满足下列条件:

$$4L_1 = m\lambda_1 \tag{16-2-4}$$

若腔长为 L_2 时的光也满足 λ_1 的第 $(m+1)$ 级的极大出射条件,即

$$4L_2 = m\lambda_2 = (m+1)\lambda_1 \tag{16-2-5}$$

则自由光谱区为

$$F_{sr} = \nu_1 - \nu_2 = \frac{c}{\lambda_1} - \frac{c}{\lambda_2} = c\frac{m+1}{4L_2} - c\frac{m}{4L_2} = \frac{c}{4L_2} \approx \frac{c}{4L} \tag{16-2-6}$$

如果要观察的光谱频率范围超过 $c/4L$ 即自由光谱范围时,扫描干涉仪不能区分超出自由光谱区的频率。

激光扫描干涉仪另一个重要的指标是频率间隔的分辨率。FP 腔的分辨率是与自由光谱范围相对的,它决定能探测到的频差的最小值。若 FP 腔的反射率为 R,出射光波长为 λ,级次为 m,则可分辨的最小波长差为

$$(\Delta\lambda)_m = \frac{\lambda(1-R)}{m\pi\sqrt{R}} \tag{16-2-7}$$

分辨率为

$$\frac{\lambda}{(\Delta\lambda)_m} = \frac{m\pi\sqrt{R}}{1-R} \tag{16-2-8}$$

由于干涉级次 m 与 FP 腔间隔 L 成正比,故分辨率也与 L 成正比。而由式(16-2-8)又知 L 与自由光谱范围成反比,因此分辨率与自由光谱范围是相反的,大的自由光谱范围意味着低分辨率,反之亦然。国内较多使用的扫描干涉仪的自由光谱区为 1.8 G,分辨率为 10 MHz。有时也使用 FP 腔长更短、自由光谱区更大的扫描干涉仪,多用于观测半导体激光器或固体微片激光器的纵模。为了观察到出光带宽,其分辨率就要降低。

在实验中,除了用扫描干涉仪观察激光器的纵模间隔外,还观察激光纵模(频率)的分裂和激光的模竞争。

16.2.3　用扫描干涉仪观察纵模和测量纵模间隔

图 16-2-2 为用扫描干涉仪观察纵模和测量纵模间隔的示意图。

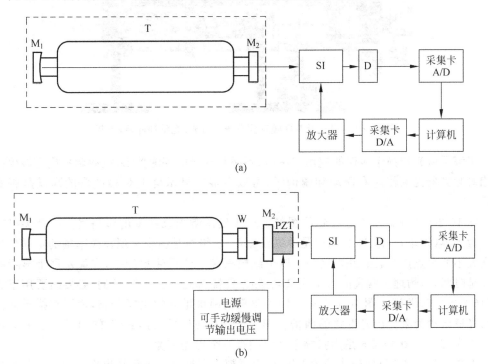

(a)

(b)

图 16-2-2　用扫描干涉仪观察激光纵模和测量纵模间隔的示意图

(a) 全内腔 HeNe 激光器;(b) 半外腔 HeNe 激光器(W 是增益管窗片)

在图 16-2-2 中,M_1 和 M_2 为激光腔镜,T 为激光增益管,M_1、M_2 和 T 构成激光器。如激光器是半外腔(或外腔)的,系统的全部零件组装好后,先调节激光器出光,将光强调到最大。SI 为激光扫描干涉仪,D 为扫描激光干涉仪出射光的光电探测器。计算机控制采集卡 D/A 输出连续周期变化的三角波电压,经放大后驱动 SI 的腔伸长或缩短。光电探测器 D

接收到的光强信号经电路转换为电压信号后再用采集卡 A/D 转换采集到计算机中显示出来,从而可以观察到各个激光模式,并显示模式峰值大小(高低)和频率间隔(差)。

激光扫描干涉仪和激光器的准直很重要(图 16-2-3)。左右上下调节激光扫描干涉仪的位置以让激光束射入扫描干涉仪入光小孔,令激光器输出的光束射入扫描干涉仪入光小孔观察扫描干涉仪的反射光,反射光点尽量靠近激光器的输出光点(可在 M_2 镜面上看到),但不能重合,以避免扫描干涉仪的反射光回馈入激光光束。如反射光点与激光器的输出光点重合会引起激光器光强的不稳定,忽强忽弱,这还需调整。激光扫描干涉仪和激光器的准直好时,拿开探测器 D,眼睛可沿扫描干涉仪的输出方向看扫描干涉仪时出光强时,能看到一个闪烁星点,从一点散开变亮,又"收缩"不见,周而复始。准直的过程,实际上是微调扫描干涉仪的光轴相对激光器光束作左右摆动,俯仰,直至见到光电的散开变亮又"收缩"。

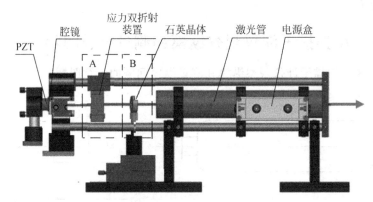

图 16-2-3　纵模及其间隔观测系统的激光/光学和底板(支架)

了解了激光扫描干涉仪的使用方法后,不必移开光电探测器 D,在微调扫描干涉仪的光轴相对激光器光束作左右摆动和俯仰时,可以直接在显示屏上观察波形的高低是否稳定即可。

图 16-2-4 为在显示屏上看到的图像。虚线仅是激光束强度的包络线。一个尖峰就是一个激光模(频率)。图 16-2-4(a)是单纵模振荡,包络线是纵模出现在频率轴的不同位置时光强大小的顶点连线,图 16-2-4(b)是四个纵模振荡。值得注意的是,在显示屏上显示的横坐标是时间,而物理上常说的自由光谱区、频率间隔都是以频率定义的,必要时要用下文的式(16-2-9)加以验证。图 16-2-4(a),(b)中出现的两次重复的尖峰分布,说明扫描干涉仪的自由光谱区约为激光出光带宽的两倍。扫描干涉仪 FP 标准具 PZT 的伸长大于激光器的两个出光带宽。图 16-2-5 是用扫描干涉仪扫过三个出光带宽。

上文提到,PZT 每伸长或缩短 $\lambda/4$,被观测频率在显示屏上重复出现一次。因此在显示界面中,一个被观测频率的两次重复出现之间的时间间隔 $t_{F_{sr}}$ 即扫描干涉仪的一个自由光谱区对应的扫描时间,如图 16-2-5 所示。而自由光谱范围 F_{sr} 在仪器的说明书上标出,是一个固定值。设待测频差的两个分裂频率的时间间隔为 $t_{\Delta\nu}$,则被观察的两频差为

$$\Delta\nu = \frac{t_{\Delta\nu}}{t_{F_{sr}}}F_{sr} \tag{16-2-9}$$

式中:$t_{F_{sr}}$ 是扫描干涉仪的自由光谱区;$t_{\Delta\nu}$ 是频率分裂的间隔。

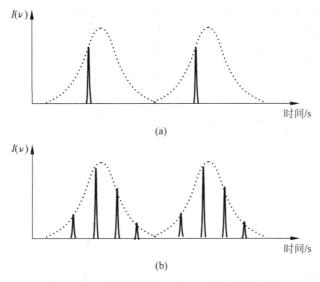

图 16-2-4 腔长调谐时 o 光和 e 光的光强变化

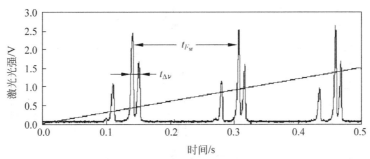

图 16-2-5 用扫描干涉仪测量频差示意图

16.2.4 激光模式偏振态的观察

激光器输出双纵模,实测纵模间隔 $\Delta\nu_q = 425.5\,\mathrm{MHz}$。在 M_2 和 SI 之间插入偏振片,并旋转偏振片使两个纵模光强相等,作为初始状态,如图 16-2-6(a)所示记下此时的偏振刻度是 $60°$。

随后,缓慢旋转偏振片,右边纵模的光强逐渐增大,左边纵模的光强逐渐减小,直到最小,而右边纵模光强达到最大值。读出偏振片的角刻度为 $15°$。如图 16-2-6(b)所示。再继续旋转偏振片,左边的纵模光强逐渐增强到最大,同时右边纵模光强减小到0,如图 16-2-6(c)所示,记下此时偏振刻度为 $105°$。两个纵模分别消失时对应的偏振片正好转过 $90°$,因此可以得出结论,激光的纵模模式为线偏振光,且相邻纵模偏振态互相垂直。

这里指出,所有 HeNe 激光器的相邻纵模偏振态都是互相垂直的。一些文献说 HeNe 激光器的激光束是圆偏振或随机偏振,是不正确的。这一点,在 4.2 节作了原理性讨论。下文将提到,激光器频率分裂后形成的两个频率也是正交偏振的。

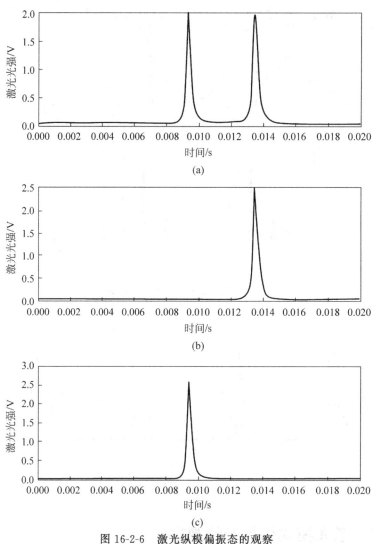

图 16-2-6　激光纵模偏振态的观察

(a) 偏振刻度 60°；(b) 偏振刻度 15°；(c) 偏振刻度 105°

16.2.5　激光器腔长调谐和激光纵模(频率)强度的改变

在 11.2 节中讨论了激光器的腔长调谐特性。调谐激光器腔长往往是为了观察光强 I 随激光器腔长 L 的变化规律，有时也称为激光器光强调谐特性。实验中，显示器上显示的是时间 t。时间 t、激光器腔长 L、激光器频率 ν 这三个参数有线性关系。

激光器的光强调谐指激光器设计为外腔或半外腔，两个腔镜中的一个被一个能微小位移的元件(常为 PZT)推动沿激光器的光轴移动，改变激光器的谐振腔长，同时测量光强的变化，得到光强和谐振腔长的关系。因谐振腔长和激光频率成反比，也就得到了激光光强和激光频率的关系。压电陶瓷推动激光器反射镜沿激光器元件作微小位移，位移量为数微米量级，分辨率为纳米量级(或小于 1 nm)。

当调谐 HeNe 激光器的腔长时，由式(9-2-24)可知，激光的谐振频率会发生变化。并且

腔镜每移动 $\lambda/2$,频率变化量为

$$\Delta\nu=\frac{\nu}{L}\Delta L=\frac{\nu}{L}\cdot\frac{\lambda}{2}=\Delta\nu_q \tag{16-2-10}$$

$\Delta\nu_q=\nu_{q+1}-\nu_q=\dfrac{c}{2L}$ 为一个纵模间隔。

　　因此当用压电陶瓷的伸缩改变激光器谐振腔长时,激光器输出的各模式将在频率轴上移动,扫过出光带宽。在出光带宽的不同位置,模式获得的反转布居数的大小不同,增益不同,输出光强也就不一样。在增益曲线的中心位置增益最大,该模式的光强也最大;在出光带宽的两边,由于增益最小,光强也最小;当该模式移到出光带宽之外时,光强为零。如图 16-2-7 所示,随着减小加在压电陶瓷上的电压,显示器上显示出的(频率)尖峰会从左向右移动,尖峰高度也随之改变,如图中虚线所示。图中只给出了 4 个频率光强度的尖峰,实验中,因激光腔调整精度不同,可能看到的尖锋数也不同。

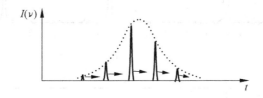

图 16-2-7　腔长调谐时的光强变化

16.2.6　在谐振腔长改变的过程中出光带宽的计算

　　激光器的出光带宽可以计算,使用图 16-2-4 和图 16-2-7 所示的实验结果就可实现。为了使内容更广泛丰富,本小节使用图 16-2-2(a)的全内腔激光器做实验,以此激光器外壳自然升温和降温过程中的腔长改变取代。图 16-2-2(b)中以半外腔激光器,腔长改变由 PZT 伸长或缩短实现,计算方法和图 16-2-2(a)相同。

　　完成 HeNe 激光束和扫描干涉仪准直后,激光器关机。待激光器外壳自然降温后,再次打开激光器电源,机壳会升温,会在显示屏上看到激光纵模(频率)的单向移动,腔长增加,所有频率增加,单方向移动。激光外壳升温速度会逐渐变慢,纵模(频率)的移动速度也变慢。如激光器长约 200 mm,某时刻激光器输出模式为三纵模,如图 16-2-8(a)所示。关注箭头所指的模式,此时它刚刚出现,即刚进入出光带宽,记下它在时间轴(频率轴)上对应的位置是 0.0225 s,在减小腔长的过程中,该模式从左向右移动逐渐扫过出光带宽。由于在出光带宽的中心处增益最大,因此它的光强也先增大,光强最大时如图 16-2-8(b)所示,对应时间轴的位置是 0.0267 s。继续减小腔长,该模式光强也逐渐减小,到 0.031 s 时即将移出出光带宽,如图 16-2-8(c)所示。从刚进入出光带宽到即将移出对应的时间差为 0.031 s−0.0025 s＝0.0285 s。同时,图中扫描干涉仪一个自由光谱区对应的时间差为 0.0182 s。

　　由于扫描干涉仪的作用相当于使激光模式(频率)在时间轴上线性排列输出,因此出光带宽的大小为

$$\Delta\nu_F=1.8\,\mathrm{G}\times\frac{0.0285}{0.0182}\,\mathrm{Hz}=840.67\,\mathrm{MHz}$$

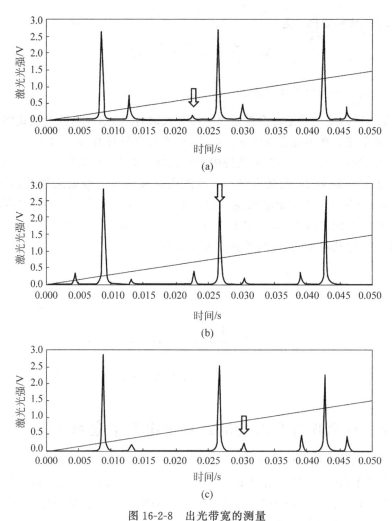

图 16-2-8   出光带宽的测量

(a) 刚进入出光带宽；(b) 移到出光带宽中心；(c) 即将移出出光带宽

还可注意到,该纵模光强(增益)最大时对应的位置为 0.0267 s,几乎为出光带宽的中心位置,因此可以判断增益曲线是关于谱线中心对称的。

16.3   激光器的纵模(频率)分裂观察系统

16.3.1   导语

纵模(频率)分裂现象的产生是因为在激光器内引入双折射,双折射可以是激光腔镜膜层内的微弱应力,可以是在腔内置入有内应力或人为在腔内一个光学元件上施加外力,也可能是在腔内置入石英晶体、方解石等自然双折射元件,如图 16-3-1 所示。激光腔内双折射把一个几何腔长变成两个物理腔长,于是形成频率分裂。通过实验,频率分裂的过程可看得很清楚,一个频率分成两个,两个的间隔因双折射的变大而增大。而且,两个频率的偏振方向互相垂直。

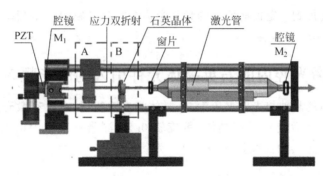

图 16-3-1　HeNe 激光腔内的双折射元件引入的激光频率分裂实验系统

16.3.2　激光腔内的应力双折射元件引入的激光频率分裂实验

审视图 16-3-1,有 A、B 两个虚线框,先关注应力装置(虚线框 A)。观察测量由应力双折射效应引起的频率一个变成两个(分裂)。石英晶体及其旋转装置(虚线框 B)将在 16.3.3 节讨论。

通过应力加载装置 A 给应力片(圆形光学玻璃)沿径向加力。加力引起激光纵模分裂,一个分裂成两个,如图 16-3-2(a)所示。用压力传感器(图中未画出)测量加力的数值。测得的模分裂后的频率差与加力的曲线如图 16-3-2(b)所示。图中,典型数据最大加力 20 kg (196 N),压力传感器输出电压 18 mV,即压力传感器的受力大小与输出电压的比例关系为 10.89 N/mV。实验中加很小的力即可。测量输出电压的大小,同时在计算机屏上观察模的分裂,并测量出频差的大小。

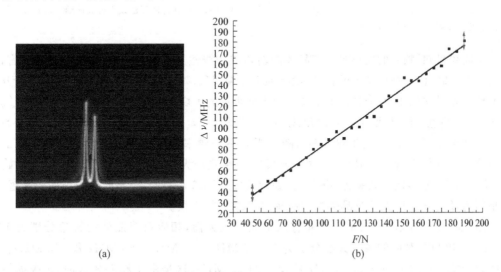

图 16-3-2　应力双折射元件引起的频率(纵模)分裂和频差-加力曲线

图 16-3-2(a)是施加应力时单频率分裂成的两个频率的照片,而由图 16-3-2(b)可知,应力双折射元件产生的频差大小与径向所受压力成线性关系。拟合成的直线斜率为 $K = 1\,\mathrm{MHz/N}$。还可注意到,当应力值小于 43.56 N(压力传感器输出电压小于 4 mV)时观察不到频率分裂现象,这是由于频差小,强烈的模竞争抑制了频率分裂或说两个频率之一处于熄

灭状态。当加力增加到一定值时原来的频率旁边会"突然"跳出一个频率来,意味着强模竞争状态结束。

16.3.3　激光腔内的石英晶体元件引入的激光频率分裂实验

先令石英晶体的晶轴与光轴夹角为 0°,晶体没有双折射,也没有激光频率分裂,记此时石英的位置为 0°。随后旋转石英晶体,每旋转 0.5°,测量一次频差的大小。从 0°旋转到 28°,实际测得的频差-转角曲线如图 16-3-3 所示。

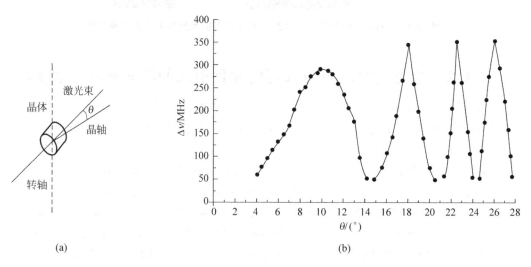

　　　　　(a)　　　　　　　　　　　　　　　　(b)

图 16-3-3　激光腔内石英晶体引入的频率分裂实验

(a) 图 16-3-1 中 B 区的放大,石英晶体片厚度 2.4 mm,零度切割(石英晶体片的面法线平行其晶轴),垂直轴旋转;
(b) 石英晶体频差-转角曲线(实测)

由曲线可知,频差的大小与石英晶体的转角成非线性关系,且具有周期性。具体而言,当转角小于 4°时,由于强模竞争的存在,没有频率分裂现象,频差处于闭锁区。频差为 4°时,开始产生频率分裂,原本的一个纵模上出现两个距离很近的尖峰,测得频差为 59.5 MHz。继续增大转角,频差也逐渐增大,$\theta=10°$时出现第一个尖峰,频差为 292.9 MHz。接着,频差开始减小。在 $\theta=14°$ 的位置减小到 53 MHz,随后观察不到频率分裂现象了。当转角增大到 15°,频率分裂又开始出现。在 $\theta=18°$时出现第二个频差极大值,为 342 MHz。随后又开始减小,从 20.5°开始再次进入频差闭锁区。如此反复。随着 θ 增大,频差变化的周期越来越小,这是因为随着 θ 的增大石英晶体的双折射效应增大得更快。

图 16-3-3 给出在 0°~28°之间共有四个频差极大值,相应石英晶体的转角分别为 10°、18°、22.5°和 26°,对应的频差大小分别为 292.9 MHz、342 MHz、350 MHz 和 352 MHz。最大频差与实测纵间隔 425.5 MHz 还差大约 70 MHz,这是由于频差较大时,q 级纵模的 o 光与 $q+1$ 级纵模的 e 光竞争所致。此外,还有四个区域处于频差闭锁区,分别是 0°~4°、14°~15°、20.5°~21.5°和 24°~24.5°。曲线的所有谷底都不在横轴上,相距 40 MHz 左右。这是由于强模竞争,一个频率熄灭了,拍频也就不再出现。

图 16-3-3 的曲线可以理论计算得出。严格计算时不仅要考虑石英晶体双折射,还要考虑石英晶体的旋光性。计算过程可参阅参考文献[17]和参考文献[29]。

16.3.4　频率分裂模式偏振态的观察

对于频率分裂产生的 o 光和 e 光,可实验验证它们偏振态。旋转石英晶体使激光纵模发生频率分裂,如图 16-3-4(a)所示。在旋转偏振片的过程中,频率分裂产生的 o 光和 e 光依次消失,且 o 光消失和 e 光消失时相应的偏振片读数也差 90°,如图 16-3-4(b)和(c)所示。说明频率分裂产生的两个模式偏振态互相垂直。

频率分裂模式偏振态是正交的,可以进行严格的理论证明。

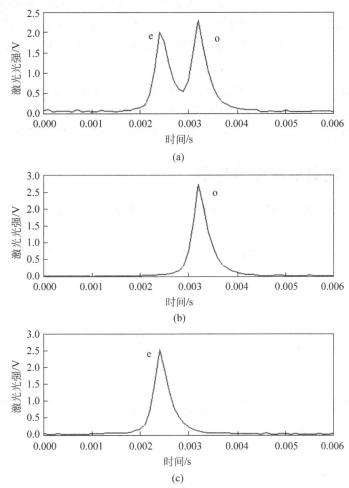

图 16-3-4　频率分裂模式偏振态的观察

(a) 偏振片 60°；(b) 偏振片 15°；(c) 偏振片 105°

16.4　激光器的纵模(频率)竞争

16.4.1　导语

模竞争也是激光原理中的重要概念之一。对于 HeNe 激光器,其谱线宽度以非均匀展宽为主,当多个频率同时振荡时,每个频率在增益曲线相应处的反转粒子布居数减小,增益减小,因此在增益曲线上出现"烧孔"。当相邻的频率较近,即各自对应的烧孔有重叠部分时,这两个频率之间将产生模竞争现象。模竞争的本质是两个频率的光对反转粒子布居数的争夺,且两烧孔重叠部分越大,两个模的竞争就越激烈。

16.4.2 模竞争实验系统

实验系统仍然如图 16-3-1 所示,激光腔内的双折射元件引入的激光频率分裂实验系统。激光器谐振腔内插入应力双折射元件(A 区)或石英晶体(B 区),造成激光频率分裂。

模竞争的强度和两个频率之差(频率间隔)直接相关。对于如图 16-3-1 所示的系统,激光器的频率差为 40~100 MHz 比较合适。

在调谐腔长的过程中,激光的输出模式会沿着频率轴移动。在出光带宽的不同位置,两分裂频率争夺增益粒子的能力各有不同,强烈竞争的结果会导致两频率之一熄灭。频率在出光带宽上位置的改变由缓慢调谐腔长实现,腔长改变中即可观察模竞争现象。

16.4.3 模竞争现象的观察

模竞争现象的观察通过调谐腔长来发生。如频率分裂元件为石英晶体(图 16-3-1 中的 B),初始时两模式的光强状态如图 16-4-1(a)所示,由于石英晶体是正晶体,$n_o < n_e$,则 o 光的物理腔长小于 e 光,$L_o < L_e$,因此 o 光的谐振频率大于 e 光。图中右边的模式表示 o 光,左边是 e 光。

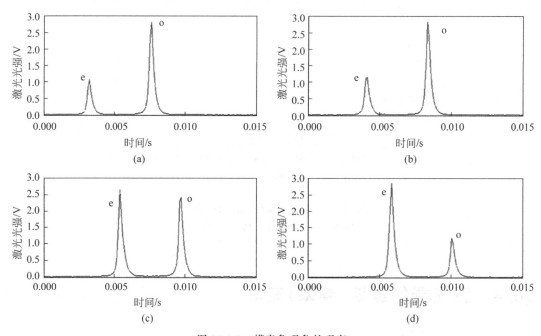

图 16-4-1 模竞争现象的观察

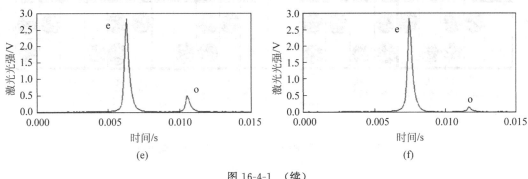

图 16-4-1 （续）

把直流电压(500 V)加在控制腔镜 M_2 的压电陶瓷上,手动旋转电源上的调节旋钮,使 PZT 缓慢伸长,则腔长缓慢减小。可以观察到两模式都沿频率轴右移,且在移动的过程中, o 光光强逐渐减小,同时 e 光光强逐渐增大,直到图 16-4-1(f)中 o 光完全消失,两分裂模式 呈现了此消彼长的过程。两光光强互相抑制的原因,是由于它们争夺同一部分增益粒子(反 转粒子布居数)的增益,这就是激光的模式竞争。

16.4.4 频率分裂激光器模竞争引入的偏振交替改变

调谐激光腔长使其反复增长和缩短(调节直流电压驱动 PZT 推动一个反射镜移动)。 扫描中,若左边一个频率从"无"生长出来,则右边频率的强度随之减小,至两正交偏振模等 光强(高)。然后左边频率强度渐增,右边频率强度相应渐减,至消失,即进入熄灭状态,左边 频率强度达到最大。反之亦然。反复左右移动两个频率,反复看到两个频率的此长彼消,能 量相互转移过程。

图 16-4-2 中标出了 e 光和 o 光各自的方向和各自照射到纸屏上的点 A 和点 B。 图 16-4-3 方格内即眼睛在纸屏上看到的激光束偏振态变化的情况。纸屏上 A 点"亮"即显 示 e 光的存在,B 点"亮"即显示 o 光的存在。可观察到三种状态:A 点被照亮,A、B 两点 同时被照亮,B 点被照亮,如此反复。亮暗改变一次,说明激光器输出的偏振状态改变了一 次(图 16-4-3(a))。

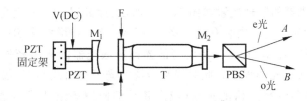

图 16-4-2 一个反射镜位移时,观察屏上光强变化的实验装置

如缩短腔长,当腔长较短使得纵模间隔大于出光带宽时,会出现只有 e 光振荡(AB 区)、两光同时振荡(BC 区)、只有 o 光振荡(CD 区)和两光都不振荡(DE 区)这四种偏振状 态(图 16-4-3(b))。在图 16-4-4 中的 A、B 两点放一个光电探测器,把光强转化成电压并 用计算机显示,即得到图 16-4-4 给出的这四种状态的光强曲线。可以利用该现象进行位移 的测量和细分,实验室研制的激光纳米测尺就是基于这个原理。

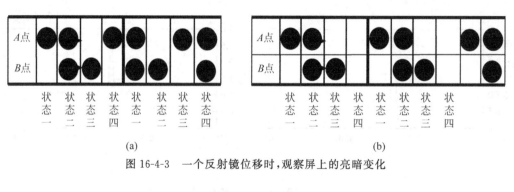

图 16-4-3　一个反射镜位移时,观察屏上的亮暗变化

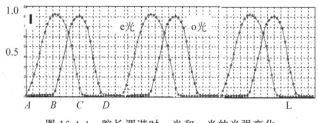

图 16-4-4　腔长调谐时 o 光和 e 光的光强变化

16.5　激光回馈实验

激光回馈系统用来观察激光回馈现象,即回馈镜位移周期调谐时,输出的激光强度的变化规律。光强的变化用光电池采集,经光电转换和放大电路后,用 LabVIEW 编程实现光强条纹的显示和处理。

16.5.1　激光回馈

激光回馈(见 14.5 节)的本质是外部物体表面或一个反射面将激光器输出的光部分反射回激光器从而与内部光场发生干涉;同时,回馈光又被激光介质放大。激光回馈现象即激光强度随外部物体(面)位移的周期变化。

带有回馈的激光器的原理装置如图 16-5-1 所示,此处以 HeNe 激光器为例。图 16-5-2 是系统的结构图,激光管套筒内装有激光器(包括 M_1、M_2 和增益管 T),回馈镜把激光器的输出光回馈到激光腔内。图 16-5-3 是典型的光回馈激光器的输出光强曲线。横坐标代表 M_3 的位移,纵坐标代表光的强度。此曲线和传统的光干涉曲线类似,都是以半个波长为周期。不同的是,干涉条纹是严格的正弦(或余弦),但回馈条纹曲线不是严格的正弦(或余弦)。激光回馈的基本原理是当激光器外部的反射面将激光器输出的光束再反射回激光器内部时,会与激光器内部的光束发生干涉,从而引起激光光强的改变。特别是当反馈光的相位改变时(往往是外部反射面沿光束方向位移引起反馈光路光程的改变),激光器的输出呈周期性改变,如图 16-5-3 所示。因与传统的双光束干涉类似,这也是同一个光源发出的光的两部分叠加,出现周期性的光强改变,常称为回馈光学条纹。为了获得正弦的回馈光强输出,需要采取一些附加的技术。

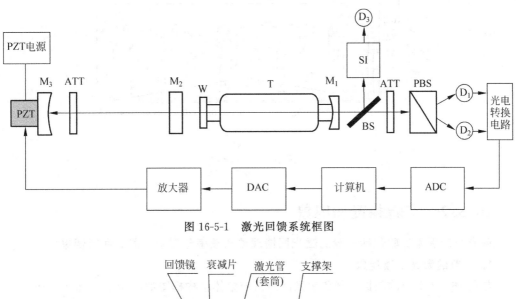

图 16-5-1　激光回馈系统框图

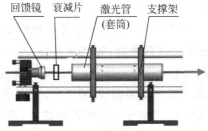

图 16-5-2　腔长调谐和激光回馈系统框图(激光器上的两个腔镜在套筒内)

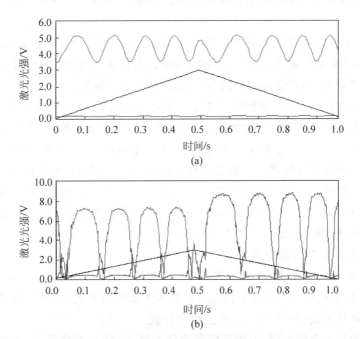

图 16-5-3　光强度激光回馈的偏振跳变现象。三角波为加在 PZT 上的电压

(a) 回馈光衰减 91.0%；(b) 回馈光衰减 66.0%；(c) 回馈光衰减 26.0%

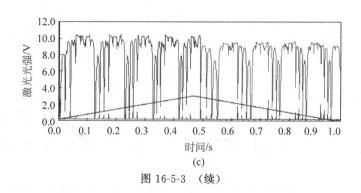

图 16-5-3 （续）

16.5.2 实验装置和现象

激光回馈现象实验包括一般的激光回馈现象和频率分裂激光器的回馈现象。

1. 一般的激光回馈现象

与图 16-5-1 对应的腔长调谐和激光回馈系统整体结构框图如图 16-5-2 所示。图 16-5-1 中腔镜 M_1 和 M_2 构成半外腔 HeNe 激光器,W 为增透窗片。M_3 与 PZT 连接成一个整体,程序控制采集卡 D/A 转换输出连续的三角波时,可驱动回馈镜左右周期运动,从而观察外腔长(M_2 和 M_3 构成激光器之外的一个谐振腔)调谐时,激光器光强变化规律。

在激光腔镜 M_2 和回馈镜 M_3 之间有一个圆形衰减片,用以调节回馈到激光器内的光强度,回馈镜的反射率为 99.5%。圆形衰减片可从 0°到 360°旋转,对光的衰减倍率从 0 到 1。通过旋转衰减片,可以观察和测量不同回馈强度下激光器的输出光强变化,即激光回馈条纹。

当 PZT 长度改变时,激光回馈现象即发生,PZT 每伸长或缩短半个波长,激光强度改变一个周期。先从很弱的回馈光强度开始,逐渐增强。当衰减片使回馈光衰减 91.0%(9.0%反射回馈到激光腔镜 M_2),观察到的回馈条纹如图 16-5-3(a)所示。

随后,调整衰减片减少衰减使回馈增强,回馈光衰减到 66.0%,如图 16-5-3(b)所示。只有一个偏振态的光振荡,但有趣的是:这个偏振态可发生偏振跳变,即当回馈镜的驱动电压增加时振荡的是 o 光,驱动电压一旦减小,变为 e 光振荡,这就是激光回馈的偏振跳变现象。振荡的光的偏振态与回馈镜移动方向相关,据此可作为 PZT 伸缩方向的判据。

继续增大回馈强度使回馈光衰减 26.0%,如图 16-5-3(c)所示。仍然存在与方向相关的偏振跳变现象,但由于光的多重回馈影响,使每个周期的条纹受到了更多的调制而叠加有小条纹。再增加回馈强度,会出现激光混沌现象。

2. 激光频率分裂时的回馈现象

还可观察激光频率分裂时的回馈现象,实验系统的原理和机械、光学结构分别如图 16-5-1 和图 16-5-4 所示。在激光谐振腔中置入可加外力的光学玻璃片(或石英晶体并使石英晶体的光轴与光线有一夹角 θ),产生频率分裂。

在激光器的另一个输出端,先用消偏振的分光镜 BS 将光束分开,一束用 SI 测量频差,另一束用沃拉斯顿棱镜 PBS 将 o 光、e 光分开并被光电探测,从而分别探测两光频率差不同时对光回馈的作用。根据前文,可以设计出若干引人入胜的现象,读者可自行发挥。

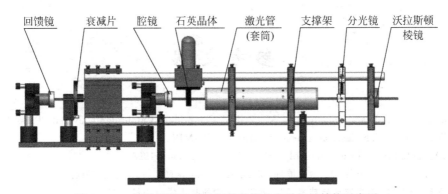

图 16-5-4 腔长调谐和激光回馈系统的光学机械结构示意图

16.6 实施多项激光原理实验的综合系统

激光原理综合实验系统可同时进行横模图样观察和横模频率观测,可实现激光纵模、模竞争、激光偏振等相关概念的直观演示。该系统可拆分,成为 16.2 节、16.3 节、16.4 节、16.5 节各节的单一实验装置进行单一的实验。

激光原理的综合实验系统设计兼顾各单一实验的要求,如激光器增益管长度较大,激光放电毛细管的内径较大,激光功率较大。扫描干涉仪、分光镜、CCD 等都做了统一的选择和配套。

参 考 文 献

[1] WILLIAM T S. Laser fundamentals[M]. 2nd ed. Cambridge：Cambridge University Press,2004.

[2] BERTHOLD L. The laser as a tool[M]. Berlin：TRUMPF.

[3] ORAZIO S. Principles of lasers[M]. 4th ed. Berlin：Springer,1998.

[4] 周炳昆,高以智,陈家骅,等.激光原理[M].4版.北京：国防工业出版社,2014.

[5] 施亚齐,戴梦楠.激光原理与技术[M].武汉：华中科技大学出版社,2012.

[6] 阎吉祥.激光原理与技术[M].2版.北京：高等教育出版社,2004.

[7] 刘顺洪.激光制造技术[M].武汉：华中科技大学出版社,2011.

[8] 陈海燕,罗江华,黄春雄.激光原理与技术[M].武汉：华中科技大学出版社 2011.

[9] 余宽新.激光原理与激光技术[M].北京：北京工业大学出版社,2008.

[10] 励强华,张梅恒,赵玉田.激光原理及应用[M].哈尔滨：东北林业大学出版社,2007.

[11] 魏彪,盛新志.激光原理及应用[M].重庆：重庆大学出版社,2008.

[12] 阎吉祥,崔小虹,王茜蓓.激光原理技术及应用[M].北京：北京理工大学出版社,2006.

[13] 王臻.激光基础[M].北京：科学出版社,2005.

[14] 王雨三,张中华.激光物理基础[M].哈尔滨：哈尔滨工业大学出版社,2004.

[15] 李相银,姚敏玉,李卓,等.激光原理技术及应用[M].哈尔滨：哈尔滨工业大学出版社,2004.

[16] ZHANG S L,HOLZAPFEL W. Orthogonal polarization in laser：phenomena and engineering applications[M].北京：清华大学出版社,2013.

[17] 张书练.正交偏振激光器原理[M].北京：清华大学出版社,2005.

[18] 李士杰,张书练.应用激光基础[M].杭州：浙江大学出版社,1994.

[19] 张书练,徐亭,李岩,等.正交线偏振激光原理与应用研究（Ⅰ）：原理和器件[J].自然科学进展,2004,14(2)：145-154.

[20] 张书练,刘刚,朱钧,等.正交线偏振激光原理与应用研究（Ⅱ）：现象[J].自然科学进展,2004,14(3)：273-281.

[21] 张书练,杜文华,李岩,等.正交线偏振激光原理与应用研究（Ⅲ）：应用[J].自然科学进展,2004,14(4)：380-389.

[22] ZHANG S L,TANG M. Principle for measurement of micrometer and manometer displacement and air refractivity based on laser mode split technology and lasing action[J]. Optical Engineering,1994,30(10)：3381-3386.

[23] ZHANG S L,HAN Y M. Tuning curve of 70 MHz mode split by tuning cavity[J]. Chinese Physics Letters,1993,10(12)：728-730.

[24] ZHANG S L,LI K L,WU M X,et al. The pattern of mode competition between two frequencies produced by mode split technology with tuning of the cavity length[J]. Optics Communications,1992,90(4)：279-282.

[25] ZHANG S L,LI J,HAN Y M,et al. Study of displacement sensing based on laser mode splitting by intercavity quarts crystal wedges of HeNe lasers[J]. Optical Engineering,1998,37(6)：1801-1803.

[26] ZHANG S L,LI K L,REN M. Birefringence cavity dual frequency lasers and relative mode splitting [J]. Optical Engineering,1994,33(7)：2430-2433.

[27] ZHANG S L,LI D S. Using beat frequency lasers to measure micro-displacement and gravity[J]. Applied Optics,1988,27(1)：20-21.

[28] ZHANG S L. Measurement of magnetic field by a ring laser[J]. Applied Optics,1992,31(30):6459-6462.

[29] 郭继华,神帅,蒋建华,等. 双折射双频激光器频差特性分析[J].光学学报,1996,6(6):716-720.

[30] 李岩,李璐,张书练.用电磁力获得应力双折射及双频激光[J].激光技术,1999,23,(4):216-219.

[31] 许志广,张书练.猫眼激光谐振腔横模选择特性研究[J].光学学报,2006,26(2):86-90.

[32] 崔柳,张书练.双频氦氖激光回馈位移测量系统的实验与应用研究[J].应用光学,2007,28(3):328-331.

[33] 毛威,张书练,张连清,等.双频激光回馈位移测量研究[J].物理学报,2006,55(9):4704-4708.

[34] 张书练,邹大挺,冯铁苏.环形激光弱磁传感器误差分析[J].光学学报,1987,8(12):1112-1117.

[35] 张书练,冯铁苏,田芊.环形激光弱磁传感器原理研究[J].地球物理学报,1986,29(4):363-368.

[36] ZHANG S L,LI K L,REN M,et al. Investigation of high-resolution angel sensing with laser mode split technology[J]. Applied Optics,1995,34 (12):1967-1970.

[37] LIU G,ZHANG S L. Dual frequency lasers with optical feedback[J]. Optical Communications,2003,231:349-369.

[38] LIU G,ZHANG S L,ZHU J,et al. Signal frequency doubling of optical feedback by a birefringence external cavity with a quartz crystal plate[J]. Applied Optics,2004,42(33):6636-6639.

[39] FU J,ZHANG S L,HAN Y M,et al. Mode suppression phenomenon in a mode splitting HeNe laser [J]. Chinese Journal of lasers,2000,B9(6):499-594.

[40] HAN Y M,ZHANG S L,LI K L. Power tuning for 632.8 nm wavelength HeNe lasers with various frequency spacing mode-splitting[J]. Laser Technology,1997,21(2):111-114.

[41] LI Y, ZHANG S L, HAN Y M. Displacement sensing HeNe laser with $\lambda/8$ accuracy and self-calibration[J]. Optical Engineering,2000,39(11):3039-3043.

[42] XIAO Y,ZHANG S L,LI Y,et al. Tuning characteristics of frequency difference tuning of Zeeman-Birefringence HeNe dual frequency lasers[J]. Chinese Physics Letters,2003,20(2):230-233.

[43] LU L,ZHANG S L,LI S Q,et al. The new phenomenon of orthogonally polarized lights in laser feedback[J]. Optics Commun. ,2001,200:303-307.

[44] FEI L G,ZHANG S L,ZONG X B. Polarization flipping and intensity transfer in laser with optical feedback from an external birefringence cavity[J]. Opt. Commu. ,2005,246:505-510.

[45] ZHANG Y,ZHANG S L,HAN Y M,et al. Method for the measurement of retardation of wave plates based on laser frequency-splitting technology [J]. Optical Engineering, 2001, 40 (6):1071-1075.

[46] DING Y C,ZHANG S L,LI Y,et al. Displacement sensors by combining the laser feedback effect with the frequency splitting technology[J]. Optical Engineering,2003,42(8):2225-2228.

[47] DU W H,ZHANG S L,LI Yan. Principles and realization of a novel instrument for high performance displacement measurement-nanometer laser ruler[J]. Optics & Lasers In Engineering,2005,43:1214-1225.

[48] ZHANG Y,DENG Z B,LI Y,et al. Approach for vibration measurement based on laser frequency splitting technology,measurement science and technology[J]. 2000,11:1552-1556.

[49] XU Z G,ZHANG S L,DU W H,et al. Folded resonator-dual polarization competition laser displacement sensor[J]. Opt. Commun. ,2006,267(1):170-176.

[50] REN Z, TAN Y D, WAN X J, et al. Steady state response of optical feedback in orthogonally polarized microchip Nd:YAG laser based on optical feedback rate equation[J]. Applied Physics B:Lasers and Optics,2010,99(3):69.

[51] ZHAO Z Q,ZHANG S L,LI Y. Height gauge based on dual polarization competition laser[J]. Optics and Lasers in Engineering,2011,49(3):445-450.

[52] LIU G,ZHANG S L,ZHU J,et al. Optical feedback of orthogonally polarized mode HeNe laser with strong & weak output[J]. Optical Communications,2003,221(4-6):387-393.

[53] ZONG X B,ZHANG S L. Measurement of retardations of arbitrary wave plates by laser frequency splitting technology[J]. Optical Engineering,2006,45 (3):033602.1-033602.5.

[54] TAN Y D,ZHANG S L. Alignment-free HeNe laser with folded cavity[J]. Optics and lasers in engineering,2008,46(8):578-581.

[55] LIU X Y,ZHANG S L,LIU W X,et al. Principle of a novel displacement-sensing HeNe laser with self-calibration and high resolution[J]. Optical Engineering,2006,45(10):1-6.

[56] HAN Y M,ZHANG S L,LI K L. Preventing output power rise and fall in an extra-shortened laser by equal-spacing mode splitting technology[J]. Optical Engineering,1996, 35(7):1957-1959.

[57] WAN X,LI D,ZHANG S L. Quasi-common-path laser feedback interferometry based on frequency shifting and multiplexing[J]. Optics Letters,2007,32(4):367-369.

[58] XU L,TAN Y D,ZHANG S L. Full path compensation laser feedback interferometry for remote sensing with recovered nanometer resolutions [J]. Review of Scientific Instruments，2018，89:033108.

习题和答案

本部分内容提供了对部分激光理论和技术复习、自我检查的材料,也可供任课教师参考。但是,习题集不可能把教材中重要的内容都包括进来,万不可认为背诵习题的答案就能掌握激光技术。首要的,研读本教材的正文,掌握基本概念。鉴于传统的激光书籍对一些问题理解有差异,本教材作者也有自己的理解,可能对同一问题会有稍许不同的答案,敬请注意。

第1章

[1] 激光具有哪些特性? 这些特性和激光的产生过程有什么联系?

答案:

激光具有高相干性(高单色性)、高方向性、高亮度、高偏振性和高频率。

其一,激光的产生依赖于原子的受激辐射,即处于激发态的原子在外来光子的作用下向低能态或基态跃迁,同时辐射出光子。受激辐射出的光子的频率、位相、传播方向以及偏振状态与激发光子完全相同,因此,一激光束内的光子可以是同频率、同相位、同传播方向以及同偏振的。其二,激光谐振腔使激光束沿激光器轴线方向高度集中。综上两点,激光束具有高方向性、高亮度、高相干性(高单色性)和高偏振特性。激光的产生依赖原子的受激辐射,频率可达 10^{14} 量级,无线电波频率仅在 10^{11} 量级,即高频率。

[2] 中心频率为 5×10^8 MHz 的某光源,相干长度为 1 km,求此光源的频率宽度 $\Delta \nu$,以及单色性 $\Delta \lambda / \lambda$。

答案:

相干长度为

$$L_c = \frac{c}{\Delta \nu}$$

所以,频率宽度为

$$\Delta \nu = \frac{c}{L_c} = 3 \times 10^5 \text{ Hz}$$

单色性

$$\frac{\Delta \lambda}{\lambda} = \frac{\Delta \nu}{\nu} = 6 \times 10^{-10}$$

[3] 为了使工作波长为 0.85 μm 的激光器相干时间达到 10^{-5} s,求该光源的单色性。

答案:

频率宽度为

$$\Delta \nu = \frac{1}{\Delta t} = 10^5 \text{ Hz}$$

单色性

$$\frac{\Delta\lambda}{\lambda}=\frac{\Delta\nu}{\nu}=\frac{\Delta\nu\times\lambda}{c}=2.83\times10^{-10}$$

[4] 按激光介质分类,有哪几类激光器?各有什么特征?

答案:

按激光介质分类,激光器可以分为气体激光器、固体激光器、半导体激光器、染料激光器和自由电子激光器等五类。

(1)气体激光器是以气体或蒸气作为激光介质的激光器。由于气态激光介质的光学均匀性远比固体好,所以气体激光器易于获得衍射极限的高斯光束,方向性好。气体激光介质的谱线宽度远比固体小,因而激光的单色性好。但由于气体的激活粒子密度比固体小得多,需要较大体积的激光介质才能获得足够高的功率输出。由于气体激光介质吸收谱线宽度小,不宜采用光源泵浦,通常采用气体放电泵浦方式。在放电过程中,受电场加速而获得了足够动能的电子与粒子碰撞时,将粒子激发到高能态,因而在某一对能级间形成粒子布居反转数分布。除了气体放电泵浦外,气体激光器还可采用化学泵浦、热泵浦等方式。

(2)固体激光器通常是指以绝缘晶体或玻璃作为激光介质的激光器。少量的过渡金属离子或稀土离子掺入晶体或玻璃,经光泵激励后产生受激辐射作用。参与受激辐射作用的离子密度一般为 $10^{25}\sim10^{26}$ m^{-3},较气体激光介质高 3 个数量级以上,激光上能级的寿命也比较长($10^{-4}\sim10^{-3}$ s),因此易于获得大能量输出,适于进行调 Q 以获得大功率脉冲输出。

(3)半导体激光器以半导体材料作为激光介质,以半导体晶体两个平行的解理面作为反射镜面构成谐振腔,在半导体物质的能带(导带与价带)之间实现粒子布居反转数进而实现跃迁发射光子。半导体激光器一般使用光激励和电激励,其结构简单、运转可靠、使用寿命长、能量转换效率高,便于实现超小型化。

(4)染料激光器采用溶于适当溶剂中的有机染料作为激光介质,适用作激光介质的染料是包含共轭双键的有机化合物。相较于固体激光器,染料激光器激光介质有较好的均匀性,带宽较宽,波长在大范围内可以调谐,而且可以输出极窄的激光脉冲。由于激光介质为有机染料,染料激光器的热稳定性和光化学稳定性一般较差。

(5)自由电子激光器由电子加速器、摆动器和光学系统等部分构成,以高能自由电子作为激光介质。电子束由加速器加速,在摆动器内与周期性摆动磁场作用,产生横向摆动,同时以光子的形式损失一部分能量,形成激光辐射。自由电子激光器作为一种新型激光器,具有高功率、高效率、波长可大范围调谐、可产生超短脉冲等特性。

[5] 用实验说明激光的时间相干性和空间相干性,并说明其测量原理。

答案:

(1)证明激光的时间相干性的实验装置为迈克耳孙干涉仪,结构示意图如图 1-1 所示。

实验原理:一束入射光经分光镜分为两束,分别被对应的平面镜反射。通过分振幅法获得两束来自同一激光光源,频率相同、振动方向相同且相位差恒定(即满足干涉条件)的相干光,所以能够发生干涉。通过调节干涉臂长度或者改变介质的折射率可以改变发生干涉的两束光的光程差,从而形成不同的干涉图样。由于参考臂和测量臂长度不同,发生干涉的两束光存在一定的时间差,从而可证明时间相干性。

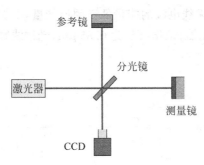

图 1-1　迈克耳孙干涉仪示意图

（2）证明激光的空间相干性的实验装置为杨氏双缝干涉,结构示意图如图 1-2 所示。

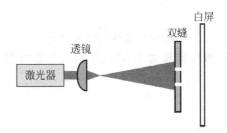

图 1-2　杨氏双缝干涉示意图

实验原理:从激光光源发出的光,通过与光源相距一定距离且与传播方向垂直的面上对称分布的两条狭缝后,通过分波阵面法获得两束相干光。两束相干光在空间相遇,可以在相遇区域的白屏上观察到明暗相间的干涉条纹。发生干涉的两束光经过的双缝在垂直传播方向上具有不同的位置,从而可证明空间相干性。

[6]　炼钢工人凭观察炼钢炉内的颜色就可估计炉内的温度,这是根据什么原理?

答案:

热辐射的光谱是连续光谱,辐射光谱的性质与温度有关。在室温下,大多数物体辐射不可见的红外光。但当物体被加热到 500℃ 左右时,开始发出暗红色的可见光。随着温度不断上升,辉光逐渐明亮起来,而且波长较短的辐射越来越多。大约在 1500℃ 时就会变成明亮的白炽光,这说明同一物体在一定温度下所辐射的能量,在不同光谱区域的分布是不均匀的,而且物体温度越高,光谱中与能量最大的辐射相对应的频率也越高。因此,炼钢工人是根据热辐射的强度与温度的关系来估计炉内的温度。

[7]　感光底片中 AgBr 分子分解所需的能量为 1eV。试计算能使 AgBr 分解的光子的阈值波长,并解释为什么无线电波不能使底片感光?

答案:

根据公式可知

$$\varepsilon = h\nu = h\,\frac{c}{\lambda} = 1\ \text{eV}$$

$$\lambda = \frac{hc}{\varepsilon} = 1.242 \times 10^{-6}\ \text{m}$$

光子能量与波长成反比,波长越长,光子能量越低。无线电波的波长范围为 30000 m～

$10\ \mu m$,大于阈值波长,因此无线电波的能量低于阈值能量,不能使底片感光。

[8]   一台 GaAs 半导体激光器,工作波长为 $0.85\ \mu m$,光谱线宽度为 $2\ nm$,试用频率表示这一光谱线宽。

答案:

由公式可得

$$\Delta\lambda = \lambda_2 - \lambda_1 = \frac{c}{\nu_2} - \frac{c}{\nu_1} = \frac{c\Delta\nu}{\left(\nu + \dfrac{\Delta\nu}{2}\right)\left(\nu - \dfrac{\Delta\nu}{2}\right)}$$

工作频率

$$\nu = \frac{c}{\lambda} = 3.5294 \times 10^{14}\ Hz$$

代入公式,解得

$$\Delta\nu = 8.3241 \times 10^{11}\ Hz$$

[9]   一个处于基态的原子,吸收能量为 $h\nu$ 的光子跃迁到激发态,基态能量比激发态能量低 ΔE,试求光子的频率 ν。

答案:

光子的频率表达式如下:

$$h\nu = E_2 - E_1 = \Delta E$$

$$\nu = \frac{\Delta E}{h}$$

[10]   杨氏双缝实验中,当双缝被下列光源照明时,为了得到清晰的干涉花样,计算双缝的最大距离,并计算在此距离时光源的相干面积。(1)由直径为 $1\ mm$、离开双缝的距离为 $1\ m$,$\lambda = 0.5\ \mu m$ 的非相干光照明;(2)被一距离为 4 光年,直径为 $10^6\ km$ 的星所照亮,$\lambda = 0.5\ \mu m$。

答案:

(1)由已知条件,光源宽度 $b = 1 \times 10^{-3}\ m$。能够清晰地看到条纹,即干涉条纹可见度 $K \geqslant 0.9$,取 $K = 0.9$ 时光源的允许宽度为

$$b_p = b = 1 \times 10^{-3}\ m$$

由公式得

$$b_p = \frac{1}{4}b_c = \frac{\lambda}{4\beta}$$

式中,b_c 为光源的临界宽度,即干涉条纹对比度为零时的光源宽度。β 为干涉孔径角,且

$$\beta = \frac{d}{l}$$

d 为双缝间的距离,l 为光源到双缝的距离。

则双缝间最大距离为

$$d_{max} = \frac{\lambda l}{4b_p} = 1.25 \times 10^{-4}\ m$$

此时,相干面积为

$$A_c = \left(\frac{\lambda}{\beta}\right)^2 = 1.6 \times 10^{-5}\ m^2$$

（2）重复（1）中计算过程。

光源允许宽度为

$$b_p = b = 1 \times 10^9 \text{ m}$$

光源到双缝距离为

$$l = 4 \times 9.4607 \times 10^{15} \text{ m} = 3.7843 \times 10^{16} \text{ m}$$

双缝间最大距离为

$$d_{max} = \frac{\lambda l}{4 b_p} = 4.7304 \text{ m}$$

此时，相干面积为

$$A_c = \left(\frac{\lambda}{\beta} \right)^2 = 1.6 \times 10^{19} \text{ m}^2$$

第 2 章

[1]　光纤通信和自由空间光通信各有哪些优缺点？

答案：

光纤通信：

优点：带宽大；对信号损耗极低，传输距离远；保密性好；抗电磁干扰。

缺点：光纤质地脆，机械强度差；灵活性差，移动性差。

自由空间光通信：

优点：不需要频率许可证、频率宽、成本低廉、保密性好、低误码率、安装快速、抗电磁干扰，组网方便灵活等。

缺点：传输距离与信号质量的矛盾；对天气状况敏感；会受到物理障碍的影响。

[2]　激光光盘存储的基本原理是什么？

答案：

激光光盘存储是利用激光读写的存储技术，基本原理是利用受调制的细束激光改变盘面介质不同位置处的光学特性，记录存储的数据（如用激光束在记录层上烧出小孔），当用激光束照射到介质表面时，依靠各信息点的光学特性不同提取出被存信息（如烧孔对应的光反射率区别）。

[3]　在光盘尺寸一定的情况下，光盘存储密度由哪些因素决定？

答案：

存储密度主要依赖于写入信息的激光波长，波长越短，存储密度越高。

[4]　如果一台激光脉冲测距机的测距精度为 0.5 m，问测距机可测出的最小时间间隔和计数器计数频率。

答案：

激光脉冲测距机是利用飞行时间法测距，精度 0.5 m 对应最小时间间隔为

$$t = \frac{2D}{c} = 3.3 \times 10^{-9} \text{ s}$$

对应的计数频率为

$$\nu = \frac{1}{t} = 3 \times 10^8 \text{ Hz}$$

[5]   多普勒测速依据以下公式：$\nu = \nu_0\left(1 + \dfrac{v_z}{c}\right)$。如果用 1064 nm 的光测量目标的移动速度，假设我们可探测出光频率的分辨率是 1 Hz，问可以分辨的最小速度是多少？

答案：

多普勒测速原理如图 2-1 所示。设 ν_0 为测速仪的光源发出的光频率，待测目标的移动速度为 v_z。在 Ⅰ 路光中（测速仪发出的射向移动目标的光）将移动目标看作光接收器，由于它以速度 v_z 运动，故它感受到的光的频率为

$$\nu = \nu_0\left(1 + \frac{v_z}{c}\right)$$

因移动目标把光反射回测速仪（Ⅱ 路光），所以这时它又相当于光发射器，其运动速度为 v_z 时，测速仪测得的频率为

$$\nu' = \nu\left(1 + \frac{v_z}{c}\right) = \nu_0\left(1 + \frac{v_z}{c}\right)^2 \approx \nu_0\left(1 + 2\frac{v_z}{c}\right)$$

解得

$$\nu' - \nu_0 = \nu_0\frac{2v_z}{c}$$

由上式可推得

$$v_z = \frac{c}{2\nu_0}(\nu' - \nu_0) = \frac{1}{2}\lambda\,\Delta\nu$$

分辨的最小速度为 532 nm/s。

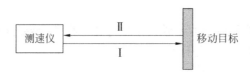

图 2-1   多普勒测速原理示意图

[6]   设计一个可探测一面镜子运动速度的光路。

答案：

设计一多普勒测速装置即可实现，移动目标为镜子。原理可参考[5]题答案。光路结构图如图 2-2 所示。

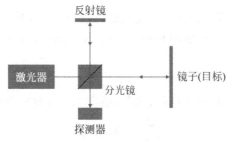

图 2-2   探测镜子移动速度的光路图

[7]   激光对生物体的作用有哪几个方面？其用于生物医学上有什么优点？

答案:

激光对生物体的作用主要有光热效应、光化效应、机械效应、电磁场效应和刺激效应五方面。优点有无侵害性、非接触、可实现高空间分辨率测量等。

[8]　激光治疗利用了激光的哪些特性?

答案:

激光治疗大体分为:①激光手术治疗,利用了激光的高能量特性;②激光非手术治疗,利用了弱激光来做理疗照射治疗;③激光光敏治疗,利用了某些光敏感性材料对肿瘤的亲和性,选择性破坏癌细胞。

[9]　简述激光冷却和操控原子的原理。激光冷却的科学意义是什么?

答案:

激光冷却的基本原理是利用激光和原子的相互作用,即光场对原子的机械作用力来减速原子运动以获得超低温原子,涉及光的多普勒效应、原子能级量子化、光的动量特性等。激光冷却的科学意义在于实现了原子捕获,开辟了新的原子、分子物理和光物理领域,同时激光冷却使原子钟的精度提高了几个数量级。

[10]　简述光钟的组成,有哪些应用?

答案:

光钟主要由三部分组成:①能产生稳定周期信号的振荡器,即稳频激光器(相当于原子频标的本振);②用来锁定稳频激光器的鉴频装置(相当于原子频标的原子跃迁谱线),它是由囚禁在磁光阱中温度为微开量级的单离子(或原子)产生的处于光波段的跃迁(用于量子频标的理想粒子,应该是完全孤立、不受外界干扰的、在自由空间静止的粒子);③能将光学频率和原子频标联系到一起的频率分配器,即光学频率梳状发生器,能使光钟与微波钟联系起来,方便地进行频率比对,以对原子钟进行修正。

[11]　简述产生光学频率梳的原理。

答案:

光学频率梳由锁模激光器产生,是一种超短脉冲激光,相邻脉冲的时间间隔相等。锁模激光器发射的光脉冲的两个特征是产生光学频率梳的关键。①包络相对于载波发生微小位移,导致脉冲发生细微变化。脉冲包络的峰值可以和对应的载波波峰同时出现,也可以有一定偏移,该偏移量称为脉冲位相。②锁模激光器以重复频率发射脉冲序列。这种脉冲序列光的频谱不是以载波频率为中心向两边连续延展,而是形成许多离散的频率。这个频谱分布很像梳齿,这些频率彼此间隔与激光器的重复频率精确相等。

[12]　试比较激光雷达和微波雷达的优缺点。

答案:

与微波雷达相比,激光雷达的分辨率高、隐蔽性好、抗有源干扰能力强、低空探测性能好、体积小、质量轻。

缺点:工作受天气和大气影响大,影响传播距离和测量精度。

[13]　比较增量式和绝对式干涉仪的异同?

答案:

两种干涉仪均是通过光波长作为尺子测量位移。区别在于增量式干涉仪是测量位移相对量,需连续测量;而绝对式干涉仪有固定零点,测量过程无需连续。

[14]　激光加工的特点是什么？可分为哪两大类？各自的原理和应用领域是什么？

答案：

　　激光加工的主要特点：非接触、对材料热影响区小、加工灵活、可微区加工、可透过表面介质对容器内部结构加工；易于与精密机械、精密测量技术和电子计算机相结合，实现加工的高度自动化和达到很高的加工精度等。

　　激光加工大体分为激光热加工和光化学反应加工两类。激光热加工是指利用激光束投射到材料表面产生的热效应来完成加工过程，包括激光焊接、激光雕刻切割、表面改性、激光打标、激光钻孔和微加工等。光化学反应加工是指激光束照射到物体，借助高密度激光的高能光子引发或控制光化学反应的加工过程，包括光化学沉积、立体光刻、激光雕刻刻蚀等。

[15]　激光快速成型有几种方法？各有什么特点？

答案：

　　激光快速成型可分为：①立体光造型技术。尺寸精度较高，在 0.1 mm 以内，表面质量较好，分辨率较高，成型速度快，产品为透明塑料件。②选择性激光烧结技术。可采用多种原料生产很硬的模具，直接生产金属件。③激光熔覆成形技术。组织致密，微观缺陷少，性能更优。④激光近形制造技术。成型金属零件致密，力学性能优良。⑤薄片叠层制造技术。节约材料，生产周期短。

[16]　简述光镊的原理？它利用了激光的什么特性？

答案：

　　光镊是利用强会聚光场形成的光学势阱来俘获(钳住)粒子的一种技术。利用了激光束的动量特性。

[17]　如何提高激光陀螺测量角速度的分辨率？

答案：

　　激光陀螺是利用两束激光在顺时针和逆时针传播时产生的光程差来测量旋转角速度的技术。可以通过增加环路的光程长度或提高相位分辨率提高陀螺分辨率。

第 3 章

[1]　试证明：由于自发辐射，原子在 E_2 能级的平均寿命 $\tau = 1/A_{21}$。

答案：

　　证明如下：

　　上能级单位时间内粒子数减少量等于下能级单位时间内粒子数增加量，所以

$$\frac{dN_2}{dt} = -\left(\frac{dN_{21}}{dt}\right)_{sp}$$

根据自发辐射跃迁公式

$$A_{21} = \left(\frac{dN_{21}}{dt}\right)_{sp} \frac{1}{N_2}$$

得到

$$-A_{21}N_2 = \frac{dN_2}{dt}$$

对时间进行积分得

$$N_2 = N_{20} \exp(-A_{21}t)$$

按照能级寿命的定义,当 $N_2/N_{20} = \mathrm{e}^{-1}$ 时,定义能级光子数减少到这个程度的时间为能级寿命,用字母 τ 表示。因此

$$A_{21}\tau = 1$$

即

$$\tau = 1/A_{21}$$

得证。

[2] 粒子自发辐射具有下列哪些性质?(　　)

　　A. 各向同性　　　　　　B. 传播方向一致　　　　　　C. 相干性好

　　D. 频率范围宽　　　　　E. 各原子辐射的光偏振无关

答案:

　　ADE

[3] "能级寿命只由自发辐射决定"这一说法对吗? 为什么?

答案:

　　不对。能级寿命除了与自发辐射有关,还与其他因素如热弛豫等其他能量衰减过程有关。

[4] 原子受激辐射的光与外来的引起受激辐射的光具有相同的(　　)。

　　A. 频率　B. 发散角　C. 量子状态　D. 偏振　E. 传播方向

答案:

　　ACDE

[5] 介质发光时,受激辐射与受激吸收总是(同时,不同时,一种或两种)存在,自发辐射几率与介质内光功率密度(有关,无关,成正比)。

答案:

　　介质发光时,受激辐射与受激吸收总是同时存在;自发发射几率与介质内光功率密度无关,其完全由原子自身特性决定。

[6] 一对粒子能级 E_2 和 E_1,只有当入射光子的能量严格等于 $E_2 - E_1$ 时才能使粒子发生受激吸收和受激辐射,这个论述对吗? 为什么?

答案:

　　不对。这里涉及多普勒频率和表观中心频率以及光谱线展宽的概念。假设光子能量为 $h\nu$,两个能级分别为 E_2 和 E_1。当发生受激辐射或受激吸收时,由于粒子都在作无规则热运动,粒子感知到的光子频率发生了偏移,不再是 ν 而是 ν'(可由光的多普勒效应计算得到),所以应该是 $h\nu' = E_2 - E_1$。

[7] HeNe 激光器发出波长为 632.8 nm 的激光,求光子的能量、动量和质量。

答案:

　　光子能量

$$E = h\nu = \frac{hc}{\lambda} = 3.14 \times 10^{-19} \text{ J}$$

光子动量

$$p = \frac{h}{\lambda} = 1.05 \times 10^{-27} \text{ kg} \cdot \text{m} \cdot \text{s}^{-1}$$

光子质量

$$m = \frac{E}{c^2} = 3.5 \times 10^{-36} \text{ kg}$$

注：普朗克常数 $h = 6.626 \times 10^{-34}$ J·s。

[8]　热平衡时，一对激光能级 E_2 和 E_1（能级简并度 $f_1 = f_2$）上的粒子数密度分别为 N_2 和 N_1，求：

（1）当原子在上述两个能级之间跃迁，相应频率为 $\nu = 3000$ MHz，$T = 300$ K 时，$N_2/N_1 = ?$

（2）若原子跃迁时发光波长 $\lambda = 1\ \mu m$，$N_2/N_1 = 0.1$ 时，温度 $T = ?$

答案：

（1）当物质处于热平衡时，各能级上的粒子数服从玻尔兹曼统计分布：

$$\frac{N_2}{N_1} = \exp\left(-\frac{E_2 - E_1}{kT}\right) = \exp\left(-\frac{h\nu}{kT}\right) = \exp\left(-\frac{hc}{k\lambda T}\right)$$

当 $\nu = 3000$ MHz，$T = 300$ K 时，

$$\frac{N_2}{N_1} \approx 1$$

（2）当 $\lambda = 1\ \mu m$，$N_2/N_1 = 0.1$ 时，

$$T = \frac{-hc}{k\lambda \ln(N_2/N_1)} = \frac{hc}{k\lambda \ln(N_1/N_2)} = 6.26 \times 10^3 \text{ K}$$

[9]　某一分子从能级 E_4 到三个较低能级 E_1、E_2 和 E_3 的自发辐射跃迁几率分别是 $A_{43} = 5 \times 10^7\ \text{s}^{-1}$、$A_{42} = 1 \times 10^7\ \text{s}^{-1}$ 和 $A_{41} = 3 \times 10^7\ \text{s}^{-1}$，试求该分子能级的自发辐射寿命 τ_4。若 $\tau_1 = 5 \times 10^{-7}\ \text{s}$、$\tau_2 = 6 \times 10^{-9}\ \text{s}$、$\tau_3 = 1 \times 10^{-8}\ \text{s}$ 在对 E_4 连续激发并达到稳态时，试求相应能级上的粒子数比值 N_1/N_4、N_2/N_4 和 N_3/N_4，并回答这时在哪两个能级间实现了粒子布居数反转。

答案：

（1）E_4 能级向低能级自发跃迁几率为

$$A_4 = A_{41} + A_{42} + A_{43} = 9 \times 10^7\ \text{s}^{-1}$$

则该分子 E_4 能级的自发辐射寿命为

$$\tau_4 = \frac{1}{A_4} = 1.1 \times 10^{-8}\ \text{s}$$

（2）

$$\frac{N_1}{N_4} = A_{41}\tau_1 = 15$$

$$\frac{N_2}{N_4} = A_{42}\tau_2 = 0.06$$

$$\frac{N_3}{N_4} = A_{43}\tau_3 = 0.5$$

可知，在 E_2 和 E_4 能级之间，E_3 和 E_4 能级之间实现了粒子布居数反转。

[10]　激光器输出波长 $\lambda = 0.6238\ \mu m$，功率为 1 mW，求每秒从上能级跃迁到下能级的粒子数至少为多少？

答案:

设功率为 P,N 为总跃迁光子数,n 为每秒跃迁光子数,则

$$P = dE/dt, \quad E = Nh\nu$$

$$n = dN/dt, \quad dN = \frac{dE}{h\nu} = \frac{P\,dt}{h\nu}$$

$$n = \frac{P}{h\nu} = \frac{P\lambda}{hc} = 3.14 \times 10^{15}$$

经计算,每秒从上能级跃迁到下能级的粒子数至少为 3.14×10^{15}。

[11] 某粒子基态能量为 -10 eV,第一激发态能量为 -6 eV,求 5000 K 温度时,第一激发态和基态能级上的粒子数之比。

答案:

$$\frac{N_2}{N_1} = e^{-\frac{E_2 - E_1}{kT}} = e^{-\frac{4 \times 1.6 \times 10^{-19}}{1.38 \times 10^{-23} \times 5000}} = e^{-9.28} = 9.33 \times 10^{-5}$$

[12] 某激光器输出波长 $\lambda = 0.5$ μm,上能级寿命 $\tau_2 = 200$ ns。求:

(1) 该跃迁的受激辐射爱因斯坦系数 B_{21};

(2) 为使受激跃迁几率为自发跃迁几率的三倍,腔内的单色能量密度 ρ_ν 应该是多少?

答案:

(1)

$$A_{21} = \frac{1}{\tau_2} = \frac{1}{200 \times 10^{-9}} \text{ s}^{-1} = 5 \times 10^6 \text{ s}^{-1}$$

$$\frac{A_{21}}{B_{21}} = \frac{8\pi h\nu^3}{c^3} = \frac{8\pi h}{\lambda^3}$$

所以

$$B_{21} = \frac{A_{21}\lambda^3}{8\pi h} = \frac{5 \times 10^6 \times (0.5 \times 10^{-6})^3}{8 \times 3.14 \times 6.63 \times 10^{-34}} \text{ m}^3 \cdot \text{J}^{-1} \cdot \text{s}^{-2} = 3.75 \times 10^{19} \text{ m}^3 \cdot \text{J}^{-1} \cdot \text{s}^{-2}$$

(2)

$$A_{21} = B_{21} \frac{8\pi h\nu^3}{c^3} = \frac{1}{3} B_{21}\rho_\nu$$

$$\rho_\nu = \frac{24\pi h}{\lambda^3} \approx 4.0 \times 10^{-13} \text{ J} \cdot \text{s} \cdot \text{m}^{-3}$$

第 4 章

[1] 简述红宝石激光器的结构和各主要元件的功能。

答案:

图 4-1 是红宝石激光器的结构示意图。红宝石激光器的结构一般包括红宝石棒、脉冲氙灯、聚光器和光学谐振腔。各元件的功能如下。①激光介质:红宝石,激光器的核心,实现能级跃迁。红宝石棒的基质是刚玉晶体 Al_2O_3(属六方晶系,是无色透明的负单轴晶体)。红宝石是在 Al_2O_3 中掺入适当的 Cr_2O_3。Cr^{3+} 部分地取代了 Al^{3+} 而成,颜色呈粉红色。Cr^{3+} 是激光介质,参与激光产生的有三个能级。受激辐射跃迁发生在第一激发态与基态之

间。②激励能源：它的作用是给激光介质提供能量，将粒子(本题为 Cr^{3+})由低能级激发到高能级。红宝石激光器通常采用光激励的办法，即用脉冲氙灯发出的光集中地照射在红宝石棒上，可利用聚光器。聚光器是一内壁抛光镀金属的椭圆柱形的腔体，氙灯和红宝石棒并排对称地放在聚光器椭圆柱腔的两个焦点上。③光学共振腔：作用一是提供正反馈，使激光介质的受激辐射连续进行；二是限制激光输出的方向。在红宝石棒的两端(通常在聚光器之外)各置一个镀多层介质膜的反射镜，其一是全反射镜，另一个为部分反射镜(其反射率可取 $40\%\sim70\%$)，这两个反射镜构成激光器的谐振腔。

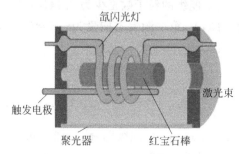

图 4-1　红宝石激光器结构示意图

[2]　一台红宝石激光器，激光输出腔镜透过率是 30%，储能电容 $C=2000\ \mu F$，激光器的电-光转换效率为 0.2%。若想获得 1 J 的激光能量，则：

(1) 储能电容器至少应该加多大电压？

(2) 激光腔内有多少能量？

答案：

电光转换效率为激光器输出激光能量与消耗电能的比值。

(1) 由激光器电-光转换效率为 0.2% 得，当输出激光能量为 1 J 时，所需电能为

$$\frac{1\ \mathrm{J}}{0.2\%}=500\ \mathrm{J}$$

由电容储能公式 $W=\frac{1}{2}CU^2$，得电容器两端电压为

$$U=\sqrt{\frac{2W}{C}}=708\ \mathrm{V}$$

(2) 激光器谐振腔内总能量为

$$\frac{1\ \mathrm{J}}{30\%}=3.33\ \mathrm{J}$$

储能电容需要的电压为 708 V，激光腔内能量为 3.33 J。

[3]　红宝石激光器发射的激光中心波长为 694.3 nm，发射的激光波长范围是 0.4 nm，其频率宽度是多少？

答案：

利用

$$\nu=\frac{c}{\lambda}$$

得

$$\Delta \nu = c\,\frac{\Delta \lambda}{\lambda^2} \approx 2.49 \times 10^{11}\ \mathrm{Hz}$$

[4]　我们说 HeNe 激光器的氖可辐射 $0.54\ \mu m$、$0.63\ \mu m$、$1.15\ \mu m$、$3.39\ \mu m$ 波长的激光。问如何让一台激光器只输出一种波长的光？

答案：

需要哪个波长，激光器的反射腔镜就镀那个波长的 1/4 波长膜系反射膜。

[5]　设一半内腔 HeNe 激光器（$0.6328\ \mu m$）如图 4-2 所示，供电电压为 4500 V，放电电流为 5 mA，激光器输出功率 0.8 mW。求：

（1）激光器电-光转换效率是多少？

（2）如果激光器点燃后，两极间的电压为 1000 V，问调节电流的电阻 R 应为多大？

（3）调节电流的电阻 R 标称功率最小值是多少？

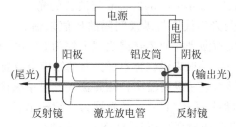

图 4-2　HeNe 激光器结构示意图

答案：

（1）电源提供电能量为

$$4500\ \mathrm{V} \times 0.005\ \mathrm{A} = 22.5\ \mathrm{W}$$

电-光转换效率为激光器输出激光能量与消耗电能的比值，因此电光转换效率为

$$0.8\ \mathrm{mW}/22.5\ \mathrm{W} = 3.56 \times 10^{-3}\ \%$$

（2）由电阻分流公式，得

$$R = \frac{U - U_1}{I} = 700\ \mathrm{k\Omega}$$

（3）标称功率最小值为

$$P = I^2 R = 17.5\ \mathrm{W}$$

[6]　比较红宝石激光器和 HeNe 激光器的下述特性：（1）光谱展宽机制；（2）腔结构；（3）泵浦过程；（4）纵模个数；（5）连续和脉冲输出。

答案：

（1）红宝石在低温时主要是晶格缺陷引起的光谱展宽，与温度无关；而在常温时则是晶格热振动引起的均匀展宽为主，会随温度的升高而加大；HeNe 激光器主要以多普勒展宽为主。

（2）红宝石激光器腔结构：红宝石激光器通常采用光激励的办法，即用聚光器将脉冲氙灯发出的光集中地照射在红宝石棒上，聚光器是一内壁抛光镀金属的椭圆柱形的腔体，氙灯和红宝石棒并排对称地放在聚光器椭圆柱腔的两个焦点上。HeNe 激光器腔结构：内腔式、外腔式、半内腔式。腔镜由一平面镜与一凹面镜组成，玻璃壳由毛细管、储气泡与阴极区组成,内充 7∶1 的氦氖混合气。

(3) 红宝石激光器的泵浦过程:在氙灯照射下,红宝石晶体中原来处于基态 E_1 的粒子,吸收了氙灯发射的光子而被激发到 E_3 能级。粒子在 E_3 能级的平均寿命很短(约 10^{-9} 秒)。大部分粒子通过无辐射跃迁到达激光上能级 E_2。粒子在 E_2 能级的寿命很长,可达 3×10^{-3} 秒。所以光泵使 E_2 能级上积累起大量粒子,形成 E_2 和 E_1 之间的粒子布居数反转。此时红宝石晶体对频率 ν(满足 $h\nu = E_2 - E_1$,其中 h 为普朗克常数)的光子有放大作用。当放大足够,能满足阈值条件时,就在部分反射镜端有波长为 694.3 nm 的激光输出。

HeNe 激光器的泵浦过程:HeNe 激光器的激光放电管内高速电子与气体分子发生碰撞使气体分子激发。电子碰撞具有非选择性,单靠电子与氖原子碰撞很难在 $3S_2$ 与其他能级间实现粒子布居数反转。电子与氦原子进行碰撞将其激发至亚稳态。亚稳态氦原子通过共振激发转移将氖原子激发至激光上能级 $3S_2$,而氦原子回到基态上。在发生受激辐射时,发出 3.39 μm、0.6328 μm、1.15 μm、0.5430 μm 等波长的光。

(4) 纵模个数可以用荧光谱线宽与纵模间隔的比值来估算。其中纵模间隔都是只与等效物理腔长有关。其中红宝石激光器的荧光谱线宽大约为 3×10^5 MHz,HeNe 激光器的荧光谱线宽大约为 1500 MHz,所以一般来说红宝石激光器的纵模个数要远大于 HeNe 激光器的纵模个数。红宝石激光器能够实现多纵模输出,HeNe 激光器可单纵模输出,也可多纵模输出。

(5) 红宝石激光器为脉冲输出;HeNe 激光器为连续输出。

[7] 红宝石激光器的输出镜透射率可以比 HeNe 激光器(大,小)? 红宝石激光介质是(掺钕离子,掺铬离子)?
答案:

大;掺铬离子。

[8] 比较 HeNe 激光器、红宝石激光器和半导体激光器 FP 腔镜曲率半径和反射率的异同,并说明原因。
答案:

HeNe 激光器腔镜包括一个反射率 98%~99.5% 的平面反射镜和一个反射率约为 100% 的凹面反射镜。原因是 HeNe 激光器介质增益较低,平凹腔腔损耗较小,易实现激光振荡,若采用双平面镜腔型可能由于损耗过大而无法产生激光振荡。

红宝石激光器腔镜包括一个反射率 100% 的全反镜,一个反射率 40%~70% 的部分反射镜,均为平面结构。原因是红宝石为固体介质,发光粒子密度大,增益较高,能够在损耗较大的平-平腔内产生激光振荡。棒状晶体上曲面加工困难,装调不方便。因为平-平腔更易于制造加工,故大多数红宝石激光器采用这种结构。

半导体激光器中,pn 结的解理面组成谐振腔,端面均为平面结构。原因是 pn 结具有天然解理面,而且理解面的光反射率满足激光振荡的要求。

[9] 气体激光器的光束质量为什么比固体激光器好?
答案:

气态激光介质的光学均匀性好,没有固体介质里不可避免的气泡或晶格缺陷,所以气体激光器易于获得衍射极限的高斯光束(发散角小),方向性好。

[10] 画出 CO_2 激光器的结构图,并说明它的工作原理。
答案:

CO_2 激光器的结构如图 4-3 所示。CO_2 激光器的激光介质是气体,由 CO_2、N_2、H_2 等组成。CO_2激光器应用最多的波长是 $10.6~\mu m$ 和 $9.6~\mu m$，并具有高功率、可连续性工作的特点。因此，CO_2 在诸如激光加工（焊接、切割、打孔等）、大气或深空通信、激光雷达、化学分析、激光诱发化学反应、外科手术等方面应用广泛。

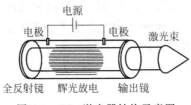

图 4-3　CO_2 激光器结构示意图

　　CO_2激光器主要包括以下结构。

　　(1) 激光管。通常由三部分构成：放电空间（放电管）、水冷套（管）、储气管。放电管通常由硬质玻璃制成，通常选用层套筒式构造。它可以影响激光的输出以及激光输出的功率，放电管长度与输出功率成正比。在一定的长度范围内，每米放电管长度输出的功率随总长度而增加。通常而言，放电管的粗细对输出功率没有影响。水冷套管和放电管相同，都是由硬质玻璃制成。它的效果是冷却作业气体，使输出功率稳定。储气管与放电管的两端相连接，即储气管的一端有一小孔与放电管相通，另一端通过螺旋形回气管与放电管相通。它的效果是使气体可以在放电管中循环活动。

　　(2) 光学谐振腔。CO_2激光器的谐振腔常用平凹腔，凹面反射镜选用由 K_8 光学玻璃、光学石英或金属铜加工成大曲率半径的凹面镜，在镜面上镀高反射率的金属膜，对 $10.6~\mu m$ 波长光反射率几乎达 100%。CO_2 激光器的输出镜基片用锗制造，锗对 $10.6~\mu m$ 波长是透明的。

　　(3) 电源及泵浦。CO_2激光器是气体放电激励（泵浦）的激光器，所以需要电源供电。泵浦源可以供给能量使激光介质中上下能级间的粒子布居数反转。

　　[11]　比较气体激光器和固体激光器的优缺点。

答案：

　　气体激光器的优点：气体激光器是以气体或蒸气作为激光介质的激光器。由于气态激光介质的光学均匀性远比固态好，所以气体激光器易于获得衍射极限的高斯光束，方向性好。气体激光介质的谱线宽度远比固体小，激光的单色性好。气体激光器的缺点：由于气体的激活粒子密度远比固体小，需要较大体积的激光介质才能获得足够的功率输出。

　　固体激光器的优点：在固体激光器中，由于发光粒子的可选择性，可以选择合适的发光粒子的能级结构，因此，激光输出能量大、峰值功率高。和其他类型的激光器相比，固体激光器的结构简单耐用，同时价格相对适宜。固体激光器的激光介质种类非常多，到目前为止至少有一百多种。固体激光器的缺点：热效应非常明显，因此固体激光器需要配置冷却系统，以保证固体激光器的正常连续使用。转换效率相对较低，红宝石激光器效率为 $0.5\%\sim$ 1%，YAG 激光器效率为 $1\%\sim2\%$，最高可接近 3%。

　　二极管泵浦固体激光器在很大程度上解决了这个问题，该类型的激光器利用输出固定波长的半导体激光器代替了传统的氪灯或氙灯来对激光晶体进行泵浦，称为第二代激光器。其具有极低功耗，二极管泵浦固体激光器用 LD 发出的易被激光晶体吸收的 808 nm 波长的激光作为泵浦源,光转换效率可高达 40% 以上。

[12]　在 HeNe 激光器、CO_2 激光器中充 He 气的作用是什么?

答案:

　　在 HeNe 激光器中,Ne 气是激光介质,He 气是辅助气体。HeNe 激光器的激光放电管内的高速电子与气体分子发生碰撞使之激发。电子碰撞具有非选择性,单靠电子与 Ne 原子碰撞很难在 $3S^2$ 与其他能级间实现粒子布居数反转。电子与 He 原子进行碰撞将其激发至亚稳态。亚稳态 He 原子通过共振转移激发将 Ne 原子激发至激光上能级 $3S^2$。辅助气体 He 的作用是提高泵浦效率。

　　在 CO_2 激光器中,CO_2 是激光介质,He 气是辅助气体。在 CO_2 激光器中冲 He 气的作用:在 CO_2 激光器中,下能级 10^00 和 02^00 的辐射寿命很长,不利于形成粒子布居数反转。在 CO_2 激光器中充 He 气能够有效加快激光下能级的热弛豫速率,有利于激光下能级上的粒子数抽空,减小消激发(被激发到激光上能级的 CO_2 分子,除了受激辐射引起衰减外,还存在一些其他因素使其衰减,例如分子之间的碰撞和扩散,这种衰减称为消激发)的影响。可利用 He 气导热系数大的特点,实现有效传热,从而协助改善激光器的工作条件,提高激光器输出功率水平和使用寿命。

[13]　图 4-4 是一台 LD 泵浦的 Nd∶YAG 微片激光器的结构图。通过查资料说明该激光器的工作原理和特点。

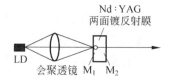

图 4-4　LD 泵浦的 Nd∶YAG 微片激光器结构示意图

答案:

　　微片激光器是指激光谐振腔的长度在毫米量级的微小型固体激光器。LD 泵浦 Nd∶YAG 微片激光器是指用 LD 作为抽运(泵浦)源,增益介质是很薄的片状 Nd∶YAG 晶体,在增益介质两端直接镀膜形成一体化的谐振腔。产生激光的过程与固体 Nd∶YAG 激光器一样。

　　微片激光器最大的特点是因为谐振腔的腔长比较短,所以纵模间隔很大,容易实现单纵模输出。除此之外,还具有结构紧凑简单,运行稳定的特点。

[14]　比较 Nd∶YAG 和红宝石这两种激光介质,说明为什么在室温下 Nd∶YAG 激光器可以连续工作,而红宝石激光器只能脉冲输出?

答案:

　　红宝石激光器为三能级激光系统,需要把半数粒子泵浦到激光上能级,形成粒子布居数反转,所以激光阈值高,泵浦功率大。而且红宝石激光棒中的发光粒子 Cr^{3+} 在从 E_3 跃迁到 E_2 的过程中必须放出能量 $E_3 - E_2$,这部分能量通过碰撞方式传给红宝石晶体(无辐射跃迁),碰撞使晶体变热,温度升高,激光器不能工作。因此,在室温情况下,红宝石激光器不能连续和高重复频率工作。

　　产生波长为 $1.064\,\mu m$ 激光的 Nd∶YAG 激光器是一个四能级激光系统,激光上下能级都是空的,易于形成粒子布居数反转,泵浦阈值低,热效应小。同时,Nd:YAG 具有优良的导热性能,因而能够连续运转。

[15] 图 4-5 是某种激光器的结构示意图,找出图和题注中的文字错误,并给出正确答案。

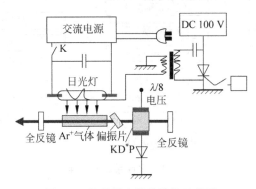

图 4-5　某种激光器的结构示意图

答案:

图:全反镜应为部分反射镜;λ/8 电压应为 λ/4 电流;偏振片应为以布儒斯特角放置的光学玻璃片;日光灯改为脉冲氙灯;Ar$^+$ 气体改为 Nd:YAG 棒;交流电源改为直流电源。

[16] 连线题:(1)把红宝石激光器、HeNe 激光器和 CO$_2$ 激光器的特性用连线的方式表示出来(图 4-6)。

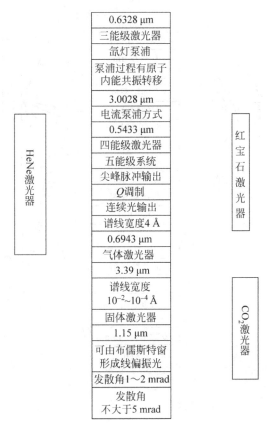

图 4-6　HeNe 激光器、CO$_2$ 激光器和红宝石激光器及其特性图

(2) 按相关性把左列和中列、中列和右列连接起来(图 4-7)。

3.39 mm	HeNe激光器	
10.6 mm	红宝石激光器	气体放电泵浦
0.6328 mm	Nd:YAG激光器	氙灯泵浦
1.15 mm	Nd: glass激光器	固体激光器
1.064 mm	LD激光器	气体激光器
0.6~1.5 mm	氩离子激光器	半导体激光器
3.39 mm	CO₂激光器	
0.694 mm	倍频Nd:YAG激光器	
0.488 mm		
0.53 mm		

图 4-7 多种激光器属性

答案:

(1)

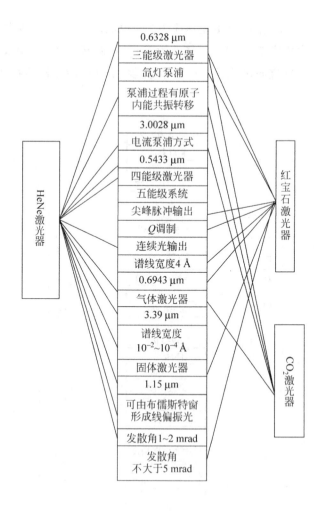

（2）

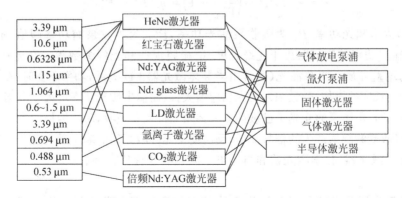

　　[17]　目前多采用双异质结半导体激光器,它与同质结激光器相比,有什么特点?
答案:
　　半导体激光器的发展主要是围绕着降低阈值电流密度、实现室温连续工作以及为适应各种特殊应用需要而进行的。理论和实验都表明,同质结激光器难以得到低阈值电流和实现室温连续工作,而双异质结的激活区厚度很窄,向激活区内注入的非平衡电子和空穴,分别受到两侧异质结势垒的限制,因而载流子浓度急剧增加,光增益提高。而且光波导效应也非常显著,所以阈值电流密度大为降低。

　　[18]　同质结半导体激光器实现粒子布居数反转的条件是什么?
答案:
　　需要重掺杂的半导体材料,使费米能级进入到导带或者价带;还要在 pn 结上加上正向偏置电压,向有源层内注入必要的载流子,建立起载流子的布居数反转分布。定量条件为
$$f_{ec}(E) - f_{ev}(E - h\nu) > 0 \quad \text{和} \quad E_{F_n} - E_{F_p} > h\nu > E_g$$
式中,$f_{ec}(E)$ 表示导带中电子在能级 E 上的占有几率,$f_{ev}(E - h\nu)$ 表示价带中电子在能级 $E - h\nu$ 上的占有几率。E_{F_n} 和 E_{F_p} 分别表示 n 区费米能级和 p 区费米能级的能量。E_g 代表导带底到价带顶的能量,即禁带宽度。

　　[19]　与气体激光器相比,半导体激光器的光束质量较差,为什么?
答案:
　　主要是以下原因:①气体激光器中作为增益介质的粒子受到的束缚较小,可以均匀扩散到整个谐振腔,整体均匀性非常好;而半导体激光器发射激光的双异质结区不可避免地有结构缺陷,均匀性较差。②另外,相对于气体激光器,半导体激光器的腔长短很多,方向选择性差。且半导体激光器采用了多模波导结构,发光横截面的几何尺寸小且为矩形,长 $100\,\mu m$,宽 $1\,\mu m$,衍射角大且两方向差别明显。气体激光器发光截面大,而两方向几尺寸没有差别或较小,衍射效应弱,所以光束质量好。

　　[20]　为了提高光纤激光器的输出功率,增加光纤的长度就行,这一说法对吗?为什么?
答案:
　　不正确。
　　若光纤激光器谐振腔的一面反射镜为全反射镜,输出反射镜的透过率为 T,则输出功率可表示为

$$P = \frac{1}{2} T P_s(\nu) \left(\frac{P_p^a}{P_{pth}^a} - 1 \right) = \eta_s (P_p^a - P_{pth}^a)。$$

式中,$P_s(\nu)$为饱和光功率,P_p^a为吸收泵浦光功率,P_{pth}^a为吸收泵浦功率阈值,η_s为出斜效率。所以,输出功率的阈值取决于光纤长度、谐振腔损耗和光纤参数等。在光纤激光器中,掺杂光纤为增益介质。当泵浦光(通常由半导体激光器 LD 提供)功率不变时,在一定范围内由于增益介质长度的增加,受激辐射功率相应增大,因而输出激光功率增大。但当光纤长度达到一定临界值时,由于泵浦光光子已被前面的掺杂光纤大量吸收,后续增加的光纤长度以受激吸收为主,吸收受激辐射产生的信号光子,反而使得光纤激光器的输出激光功率下降。

[21]　准分子激光器、化学激光器和自由电子激光器各有什么特点?

答案:

准分子激光器是以准分子为激光介质的气体激光器。常用相对论电子束(能量大于 200 keV)或横向快速脉冲放电来实现激励。当受激态准分子的不稳定分子键断裂而离解成基态原子时,受激态的能量以激光辐射的形式发出。

准分子激光器的特点如下:

(1) 准分子以激发态形式存在,寿命很短,仅有 10^{-8} s 量级,基态为 10^{-13} s 量级,跃迁发生在低激发态和排斥的基态(或弱束缚)之间。

(2) 由于其荧光谱为一连续谱,故可以实现激光器的波长可调谐输出。

(3) 由于激光跃迁的下能级(基态)的离子迅速离解,容易实现粒子布居数反转,因此量子效率很高,接近 100%,且可以高重复频率运转。

(4) 输出激光波长主要在紫外光到可见光波段,波长短、频率高、能量大、焦斑小,适合用于高质量的激光加工。

化学激光器是气体激光器,是利用化学反应释放的能量实现工作粒子布居数反转的激光器。

化学激光器的特点如下:

化学反应产生的原子或分子往往处于激发态,在特殊情况下,可能会有足够数量的原子或分子被激发到某个特定的能级,形成粒子布居数反转,以致出现受激辐射并实现光放大。

自由电子激光器是一类不同于传统激光器的新型高功率相干辐射光源。虽然传统的激光器具有极好的单色性和相干性,但相比于自由电子激光器,具有功率低、效率低、频率固定和光束质量差的缺点。

自由电子激光器的特点如下:

(1) 自由电子激光器不需要气体、液体或固体作为激光介质,而是将高能电子束的动能直接转换成相干辐射能。因此,也可以认为自由电子激光器的激光介质就是自由电子。

(2) 自由电子激光器具有波长短、功率大、效率高和波长可调节等特点,为激光学科的研究开辟了一条新途径。它有望用于对凝聚态物理学、材料特征、激光武器、激光反导弹、雷达、激光聚变、等离子体诊断、非线性以及瞬态现象的研究。在通信、激光推进器、光谱学、激光分子化学、光化学、同位素分离、遥感等领域,前景也十分可观。

[22]　X 射线激光器没有谐振腔,它的单色性由什么因素决定?

答案:

X 射线具有很强的穿透能力,普通的反射镜无法实现 X 射线的反馈,达不到谐振的目的,因此 X 射线激光器不能像普通激光器一样用谐振腔建立起激光振荡,所以对于 X 射线激光器,没有谐振腔,类似于激光放大器。

成功获得 X 射线激光主要是以激光等离子体为介质,泵浦机制为电子碰撞激发和复合泵浦。单色性由激射区域等离子体的温度和密度决定。

[23]　阐述自由电子激光器的原理,有什么特点?

答案:

自由电子激光器所产生激光束的光学性质与激光器一样,具有高度相干性、高亮度的特点。自由电子激光器之外的其他激光器,利用气体、液体或固体作为激光介质,其激光产生于束缚态的原子或分子能级之间。而自由电子激光器不需要激光介质,激光产生依靠将在磁场中运动的相对论电子束的动能转换为光子能量。由于电子束可以在磁场中自由移动,故命名为"自由电子激光器"。激光产生过程中没有传统意义上的介质,不需要实现粒子布居数反转。因此,这种激光不依赖于受激辐射。自由电子激光器的核心是电子源(通常是粒子加速器)与相互作用区(把电子动能转换为光子能量)。

[24]　微腔激光器阈值低(甚至没有阈值),本质原因是什么?

答案:

微腔激光器中激光介质的厚度一般在几微米到几百微米量级,这使得它的模体积很小。同时,微(片)腔激光器可以实现很高的品质因数(如掺铒的二氧化硅微腔激光器的品质因数很容易达到 10^6)。小的模体积和超高的品质因数使得微腔腔内具有很高的能量密度,因而微腔激光器的阈值很低,一般在几微瓦。

第 5 章

[1]　根据驻波腔的谐振公式,推导行波腔谐振波长和频率表达式。

答案:

根据驻波腔的相长干涉条件

$$\frac{L'}{\lambda} \cdot 2\pi = q \cdot 2\pi$$

式中,q 为正整数,L' 是驻波腔的光学腔长。

若行波腔的光学腔长也为 L',因驻波腔与行波腔具有相同的谐振条件,所以也应满足上式,有

$$\lambda = \frac{L'}{q}$$

若介质折射率为 η,几何腔长为 L,则其频率为

$$\nu = \frac{c}{\eta\lambda} = q\frac{c}{\eta L}$$

[2]　根据多光束干涉效应,推导平行平面腔内光强对腔反射率 R 的关系式,画出其分布图,并与反射光和透射光对反射率 R 的分布图作一比较。

答案:

平行平面腔的多光束干涉如图 5-1 所示。

设两腔镜的振幅反射系数为 r、r',透射系数为 t、t',两腔间单程传播相位变化为 φ,腔内入射光复振幅为 E,则反射光 1 的复振幅为 $Ere^{i\varphi}$,反射光 2 的复振幅为 $Err'e^{i2\varphi}$,反射光 3 的复振幅为 $Er^2r'e^{i3\varphi}$,…;透射光 1 的复振幅为 $Ete^{i\varphi}$,透射光 1′ 的复振幅为 $Ert'e^{i2\varphi}$,透射光

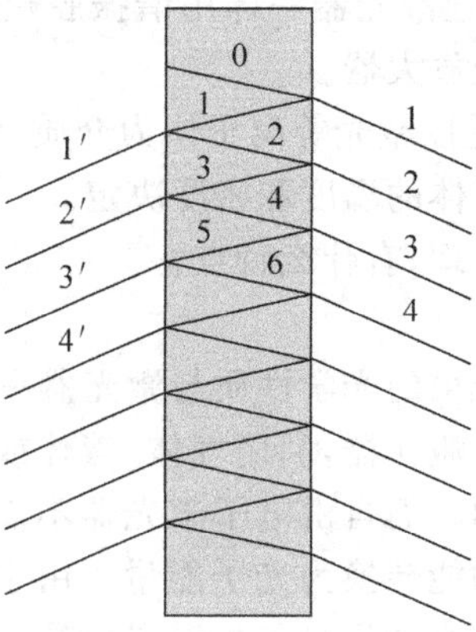

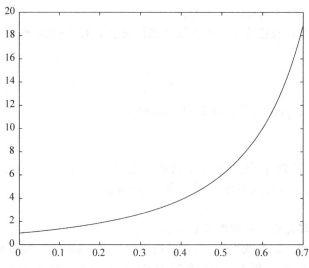

图 5-1　平行平面腔的多光束干涉图

2 的复振幅为 $Err'te^{i3\varphi}$，透射光 2$'$ 的复振幅为 $Er^2r't'e^{i4\varphi}$，透射光 3 的复振幅为 $Er^2r'^2te^{i5\varphi}$，…。其中，$r=r',t^2=t'^2=1-r^2,R=r^2,I=E^2$，腔内光强为反射光的相干叠加，则腔内复振幅为

$$E^{r1}=\frac{E}{1-Re^{i2\varphi}}$$

$$E^{r2}=\frac{Ere^{i\varphi}}{1-Re^{i2\varphi}}$$

则光强为

$$I^r=E^{r1}\cdot E^{r1*}+E^{r2}\cdot E^{r2*}=\frac{I(1+R)}{(1-R)^2+4R\sin^2\varphi}$$

当谐振腔满足出光条件时，有 $2\varphi=2k\pi,k$ 为正整数，此时

$$I^r=E^{r1}\cdot E^{r1*}+E^{r2}\cdot E^{r2*}=\frac{I(1+R)}{(1-R)^2}$$

则腔内反射光光强随反射率分布图如图 5-2 所示。

图 5-2　腔内反射光强随反射率变化的分布图

同理有透射光强随反射率变化的分布曲线如图 5-3 所示,图中下方曲线为左腔透射光,上方曲线为右腔透射光。

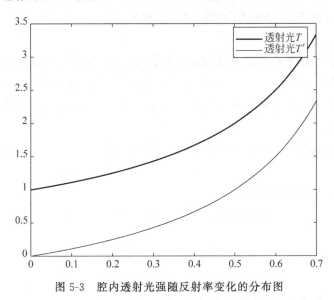

图 5-3　腔内透射光强随反射率变化的分布图

[3]　从谐振腔的角度,说明为什么驻波腔的均匀展宽介质激光器往往容易产生多纵模输出?行波腔呢?

答案:

在均匀展宽介质激光器中,由于增益饱和作用,增益曲线随着光强的增加而不断下降,所有模式间竞争的结果是靠近中心频率处的模式取胜,所以从模竞争的角度看应该是单纵模输出。然而,在驻波腔激光器中存在着空间烧孔效应,在增益较大的条件下,不同纵模可以利用空间不同区域的粒子反转布居数实现增益放大从而产生激光输出,导致了驻波腔的均匀展宽介质激光器往往容易产生多纵模输出。而在行波腔中不存在空间烧孔效应,所以均匀展宽介质激光器可以实现单纵模输出。

[4]　光学谐振腔的作用是什么?

答案:

光学谐振腔的作用:①提供光学正反馈,建立和维持自激振荡;②选择模式,只有满足谐振条件的模式才能振荡。两反射镜组成的谐振腔满足驻波条件,环形谐振腔满足行波条件;③激光介质辐射的光都有多个波长,光学谐振腔反射镜镀的反射膜常为四分之一波长($\lambda/4$)膜系,激光器输出波长为 λ 的激光束。

[5]　若法布里-珀罗平面干涉仪的腔长为 45 mm,它的自由光谱范围是多少?能否分辨波长 $\lambda = 0.6\ \mu m$,$\Delta\lambda = 0.01$ nm 的 HeNe 激光谱线?

答案:

因为

$$\Delta\lambda = \frac{\lambda^2}{2\eta L} = 4 \times 10^{-12}\ \text{m} = 0.004\ \text{nm} < 0.01\ \text{nm}$$

故不能分辨。

[6] 激光工作介质的荧光谱线线宽往往在 GHz 以上,比如 HeNe 激光器荧光谱线宽为 1.5 GHz,而 Nd:YAG 激光器荧光谱线宽高达 150 GHz,但实际上输出的激光谱线宽可以压缩到 MHz,甚至更窄,从谐振腔角度解释这一现象。

答案:

　　荧光谱线线宽是激光介质的自发辐射线宽,而激光是受激辐射光在谐振腔中放大后的输出光,其输出光的频率要满足谐振腔的谐振条件,即谐振腔对光具有选频作用,常只有一个纵模输出。而且纵模频率可以被限定在一个小的范围内波动,这个范围远小于激光工作介质的荧光谱线宽。

[7] 由两平面反射镜组成谐振腔,判断谐振腔是否稳定。

答案:

　　对由两平面组成的谐振腔,有

$$g_1 g_2 = (1 - L/\infty)(1 - L/\infty) = 1$$

则其为介稳腔。

[8] 非稳腔有什么特点?

答案:

　　非稳腔有利于控制横模,获得基横模,得到大的模体积。

[9] 激光谐振腔由曲率半径相等的两凸面镜组成,腔长与凸面镜曲率半径相等,试判断该腔是否稳定。

答案:

$$g_1 = 1 - L/R_1 = 2, \quad g_2 = 1 - L/R_2 = 2$$

则 $g_1 g_2 = 4 > 1$,故为非稳腔。

[10] 给定一个双凹镜共焦腔(腔长为 L,谐振腔反射镜的曲率半径为 $R_1 = R_2 = L/2$)。

　　(1) 试判断该腔的稳定性;

　　(2) 若半径 R_2 从 $L/2$ 连续增大到 ∞,然后由凹变凸,问谐振腔的稳定性在 R_2 多大时发生了何种变化?

答案:

　　(1)

$$g_1 = 1 - L/R_1 = -1, \quad g_2 = 1 - L/R_2 = -1$$

则 $g_1 g_2 = 1$,故为介稳腔。

　　(2)

$$g_1 g_2 = -(1 - L/R_2) = L/R_2 - 1$$

随着 R_2 的增大,$g_1 g_2$ 减小。$0 < g_1 g_2 < 1$ 时,该腔由介稳腔变为稳定腔;增大到 $R_2 = L$ 时,$g_1 g_2 = 0$,该腔又变为介稳腔,但进一步增大进而由凹变凸,$g_1 g_2 < 0$,该腔又变为非稳腔。

[11] 有一个由两凹面镜组成的谐振腔,两腔镜的曲率半径分别为 R_1 和 R_2,并且有 $R_1 = R_2 = R$,在腔中心放置一焦距为 f 的透镜,求腔的稳定性条件。

答案:

　　光由 R_1 出发,经由透镜折射,受 R_2 反射,经透镜折射后回到 R_1,再由 R_1 反射,完成一

次循环。设腔长为 L，则谐振腔的总的变换矩阵为

$$T = \begin{pmatrix} 1 & 0 \\ -\dfrac{2}{R} & 1 \end{pmatrix} \begin{pmatrix} 1 & \dfrac{L}{2} \\ 0 & 1 \end{pmatrix} \begin{pmatrix} 1 & 0 \\ -\dfrac{1}{f} & 1 \end{pmatrix} \begin{pmatrix} 1 & \dfrac{L}{2} \\ 0 & 1 \end{pmatrix} \begin{pmatrix} 1 & 0 \\ -\dfrac{2}{R} & 1 \end{pmatrix} \begin{pmatrix} 1 & \dfrac{L}{2} \\ 0 & 1 \end{pmatrix} \begin{pmatrix} 1 & 0 \\ -\dfrac{1}{f} & 1 \end{pmatrix} \begin{pmatrix} 1 & \dfrac{L}{2} \\ 0 & 1 \end{pmatrix}$$

$$= \begin{pmatrix} 1 & \dfrac{L}{2} \\ -\dfrac{2}{R} & 1-\dfrac{L}{R} \end{pmatrix} \begin{pmatrix} 1 & 0 \\ -\dfrac{1}{f} & 1 \end{pmatrix} \begin{pmatrix} 1 & \dfrac{L}{2} \\ 0 & 1 \end{pmatrix} \begin{pmatrix} 1 & 0 \\ -\dfrac{2}{R} & 1 \end{pmatrix} \begin{pmatrix} 1 & \dfrac{L}{2} \\ 0 & 1 \end{pmatrix} \begin{pmatrix} 1 & 0 \\ -\dfrac{1}{f} & 1 \end{pmatrix} \begin{pmatrix} 1 & \dfrac{L}{2} \\ 0 & 1 \end{pmatrix}$$

$$= \begin{pmatrix} 1-\dfrac{L}{2f} & \dfrac{L}{2} \\ -\dfrac{2}{R}-\dfrac{1}{f}+\dfrac{L}{Rf} & 1-\dfrac{L}{R} \end{pmatrix} \begin{pmatrix} 1 & \dfrac{L}{2} \\ 0 & 1 \end{pmatrix} \begin{pmatrix} 1 & 0 \\ -\dfrac{2}{R} & 1 \end{pmatrix} \begin{pmatrix} 1 & \dfrac{L}{2} \\ 0 & 1 \end{pmatrix} \begin{pmatrix} 1 & 0 \\ -\dfrac{1}{f} & 1 \end{pmatrix} \begin{pmatrix} 1 & \dfrac{L}{2} \\ 0 & 1 \end{pmatrix}$$

$$= \begin{pmatrix} 1-\dfrac{L}{2f} & L-\dfrac{L^2}{4f} \\ -\dfrac{2}{R}-\dfrac{1}{f}+\dfrac{L}{Rf} & -\dfrac{2L}{R}-\dfrac{L}{2f}+\dfrac{L^2}{2Rf}+1 \end{pmatrix} \begin{pmatrix} 1 & 0 \\ -\dfrac{2}{R} & 1 \end{pmatrix} \begin{pmatrix} 1 & \dfrac{L}{2} \\ 0 & 1 \end{pmatrix} \begin{pmatrix} 1 & 0 \\ -\dfrac{1}{f} & 1 \end{pmatrix} \begin{pmatrix} 1 & \dfrac{L}{2} \\ 0 & 1 \end{pmatrix}$$

$$= \begin{pmatrix} 1-\dfrac{L}{2f}-\dfrac{2L}{R}+\dfrac{L^2}{2Rf} & L-\dfrac{L^2}{4f} \\ -\dfrac{4}{R}-\dfrac{1}{f}+\dfrac{2L}{Rf}+\dfrac{4L}{R^2}-\dfrac{L^2}{R^2f} & -\dfrac{2L}{R}-\dfrac{L}{2f}+\dfrac{L^2}{2Rf}+1 \end{pmatrix} \begin{pmatrix} 1 & \dfrac{L}{2} \\ 0 & 1 \end{pmatrix} \begin{pmatrix} 1 & 0 \\ -\dfrac{1}{f} & 1 \end{pmatrix} \begin{pmatrix} 1 & \dfrac{L}{2} \\ 0 & 1 \end{pmatrix}$$

$$= \begin{pmatrix} 1-\dfrac{L}{2f}-\dfrac{2L}{R}+\dfrac{L^2}{2Rf} & \dfrac{3L}{2}-\dfrac{L^2}{2f}-\dfrac{L^2}{R}+\dfrac{L^3}{4Rf} \\ -\dfrac{4}{R}-\dfrac{1}{f}+\dfrac{2L}{Rf}+\dfrac{4L}{R^2}-\dfrac{L^2}{R^2f} & -\dfrac{4L}{R}-\dfrac{L}{f}+\dfrac{3L^2}{2Rf}+\dfrac{2L^2}{R^2}-\dfrac{L^3}{2R^2f}+1 \end{pmatrix} \begin{pmatrix} 1 & 0 \\ -\dfrac{1}{f} & 1 \end{pmatrix} \begin{pmatrix} 1 & \dfrac{L}{2} \\ 0 & 1 \end{pmatrix}$$

$$= \begin{pmatrix} 1-\dfrac{2L}{f}-\dfrac{2L}{R}+\dfrac{3L^2}{2Rf}+\dfrac{L^2}{2f^2}-\dfrac{L^3}{4Rf^2} & \dfrac{3L}{2}-\dfrac{L^2}{2f}-\dfrac{L^2}{R}+\dfrac{L^3}{4Rf} \\ -\dfrac{4}{R}-\dfrac{2}{f}+\dfrac{6L}{Rf}+\dfrac{4L}{R^2}-\dfrac{3L^2}{R^2f}+\dfrac{L}{f^2}-\dfrac{3L^2}{2Rf^2}+\dfrac{L^3}{2R^2f^2} & -\dfrac{4L}{R}-\dfrac{L}{f}+\dfrac{3L^2}{2Rf}+\dfrac{2L^2}{R^2}-\dfrac{L^3}{2R^2f}+1 \end{pmatrix} \begin{pmatrix} 1 & \dfrac{L}{2} \\ 0 & 1 \end{pmatrix}$$

$$= \begin{pmatrix} 1-\dfrac{2L}{f}-\dfrac{2L}{R}+\dfrac{3L^2}{2Rf}+\dfrac{L^2}{2f^2}-\dfrac{L^3}{4Rf^2} & 2L-\dfrac{3L^2}{2f}-\dfrac{2L^2}{R}+\dfrac{L^3}{Rf}+\dfrac{L^3}{4f^2}-\dfrac{L^4}{8Rf^2} \\ -\dfrac{4}{R}-\dfrac{2}{f}+\dfrac{6L}{Rf}+\dfrac{4L}{R^2}-\dfrac{3L^2}{R^2f}+\dfrac{L}{f^2}-\dfrac{3L^2}{2Rf^2}+\dfrac{L^3}{2R^2f^2} & -\dfrac{6L}{R}-\dfrac{2L}{f}+\dfrac{9L^2}{2Rf}+\dfrac{4L^2}{R^2}-\dfrac{2L^3}{R^2f}+\dfrac{L^2}{2f^2}-\dfrac{3L^3}{4Rf^2}+\dfrac{L^4}{4R^2f^2}+1 \end{pmatrix}$$

稳定性条件有 $-1<\dfrac{1}{2}(A+D)<1$，则有

$$-1 < \dfrac{1}{2}\Big(1-\dfrac{2L}{f}-\dfrac{2L}{R}+\dfrac{3L^2}{2Rf}+\dfrac{L^2}{2f^2}-\dfrac{L^3}{4Rf^2}-\dfrac{6L}{R}-\dfrac{2L}{f}+\dfrac{9L^2}{2Rf}+$$
$$\dfrac{4L^2}{R^2}-\dfrac{2L^3}{R^2f}+\dfrac{L^2}{2f^2}-\dfrac{3L^3}{4Rf^2}+\dfrac{L^4}{4R^2f^2}+1\Big) < 1$$

即

$$0 < \dfrac{2L}{f}+\dfrac{4L}{R}-\dfrac{3L^2}{Rf}-\dfrac{L^2}{2f^2}+\dfrac{L^3}{2Rf^2}-\dfrac{2L^2}{R^2}+\dfrac{L^3}{R^2f}-\dfrac{L^4}{8R^2f^2} < 2$$

[12]　激光谐振腔由 $R_1=1$ m 和 $R_2=2$ m 的两个凹面镜组成，激光介质长 0.5 m，折射率为 1.52，求腔长 L 在什么范围内是稳定腔。

答案：
　　等效腔长

$$L_{\text{eff}} = L + l\left(\frac{1}{\eta} - 1\right)$$

其中激光介质长 $l = 0.5$ m，折射率 $\eta = 1.52$。

由稳定有 $0 < g_1 g_2 < 1$，即

$$0 < \left(1 - \frac{L_{\text{eff}}}{R_1}\right)\left(1 - \frac{L_{\text{eff}}}{R_2}\right) < 1$$

解得

$$L \in \left(\frac{13}{76}, \frac{89}{76}\right) \cup \left(\frac{165}{76}, \frac{241}{76}\right)$$

而 $L \geqslant 0.5$，故

$$L \in \left[\frac{1}{2}, \frac{89}{76}\right) \cup \left(\frac{165}{76}, \frac{241}{76}\right)$$

第 6 章

[1]　简述光谱线的三种主要展宽机制。

答案：

（1）自然展宽：是由于粒子自发辐射跃迁时，发光强度逐渐衰减。按傅里叶分析，衰减的电磁波具有加宽的光谱。由于它是由粒子本身的固有性质决定的自然存在，故称为自然展宽。

（2）碰撞展宽：由于粒子之间的碰撞（相互作用导致状态改变）导致原本发光的粒子或者发光中断或者发出光辐射的波列相位突变，由此导致发光谱线更进一步展宽。

（3）多普勒展宽：气体工作介质中的粒子总在作无规则的热运动，某时刻的发光粒子相对于下一时刻的发光粒子是激励源，所以粒子间存在着由热运动导致的多普勒频移。由于粒子的热运动速率分布满足麦克斯韦统计分布规律，不同粒子间的多普勒速度不同，频移不同，导致发光频率在激励光子频率基础上产生展宽。

[2]　HeNe 激光器的光谱展宽机制主要是哪种（均匀展宽还是综合展宽）？有什么办法将其从一种变成另一种？

答案：

HeNe 激光器的光谱展宽机制主要是综合展宽。

改变展宽机制的办法是：HeNe 激光器可以认为是多普勒展宽占优势的气体激光器，根据多普勒展宽公式

$$\Delta\nu_{\text{D}} = 2\nu_0 \left(\frac{2kT}{mc^2}\ln 2\right)^{\frac{1}{2}} = 7.16 \times 10^{-7} \sqrt{\frac{T}{M}} \nu_0$$

式中，M 为 Ne 原子的原子量，所以，从理论上讲，减小 T 会导致多普勒展宽变小，即可将综合展宽变为均匀展宽。

[3]　发光原子以 $0.2c$ 的速度沿着波长 $\lambda = 0.6$ μm 的某光波传播方向运动，并与该光波发生共振，求此发光原子的静止中心频率。

答案：

由于发光原子的运动速度不满足 $v \ll c$，有

$$\nu = \sqrt{\frac{1+\frac{v}{c}}{1-\frac{v}{c}}}\,\nu_0$$

$$\frac{c}{0.6\,\mu m} = \sqrt{\frac{1+0.2}{1-0.2}}\,\nu_0 = \sqrt{\frac{1.2}{0.8}}\,\frac{c}{\lambda_0}$$

$$\lambda_0 = 0.7348\,\mu m$$

$$\nu_0 = \frac{c}{\lambda_0} = 4.08 \times 10^8\,\text{MHz}$$

[4]　某发光粒子静止时中心波长为 $\lambda = 0.4\,\mu m$，它以 $0.3c$ 的速度向远离接收器的方向运动，接收器测得该粒子所发出的光波长 λ_0 为多少？

答案：

由于发光粒子的运动速度不满足 $v \ll c$，有

$$\nu = \sqrt{\frac{1+\frac{v}{c}}{1-\frac{v}{c}}}\,\nu_0$$

$$\frac{c}{\lambda} = \sqrt{\frac{1-0.3}{1+0.3}}\,\frac{c}{\lambda_0} = \sqrt{\frac{0.7}{1.3}}\,\frac{c}{\lambda_0}$$

$$\lambda_0 = 0.545\,\mu m$$

[5]　在激光出现之前，Kr^{86} 低压放电灯是很好的单色光源。如果忽略自然展宽和碰撞展宽，试估算在 77 K 温度下它的 605.7 nm 谱线的相干长度是多少，并与单色性为 $\Delta\lambda/\lambda = 10^{-8}$ 的 HeNe 激光器比较。

答案：

根据相干长度定义：$L_c = \dfrac{c}{\Delta\nu}$，从气体物质展宽类型看，忽略自然展宽和碰撞展宽，多普勒展宽为

$$\Delta\nu_D = 7.16 \times 10^{-7}\nu_0\sqrt{\frac{T}{M}}$$

所以相干长度为

$$L_c = \frac{c}{\Delta\nu_D} = \frac{c}{7.16 \times 10^{-7}\nu_0\sqrt{\dfrac{T}{M}}} = 89.4\,\text{cm}$$

根据题中给出的 HeNe 激光器单色性及其波长为 632.8 nm，其相干长度为

$$L_c = \frac{c}{\Delta\nu} = \frac{c}{\nu\dfrac{\Delta\lambda}{\lambda}} = \frac{\lambda^2}{\Delta\lambda} = 6328\,\text{cm}$$

说明激光的相干性好。

[6] 图 6-1 中从左到右有三列方块,试按内容相关性连接一和二、二和三列。

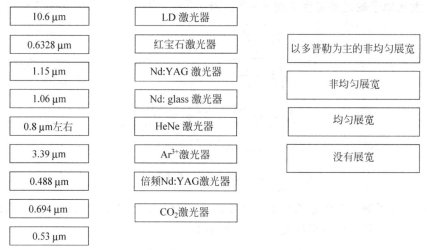

图 6-1 多种激光器、激光器波长与展宽特性

答案:

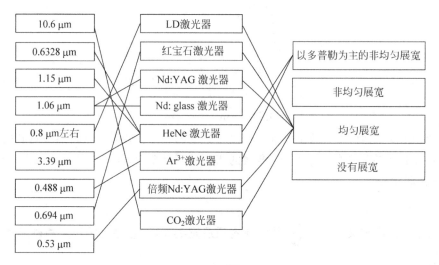

[7] 分别求频率为 $\nu_1 = \nu_0 + \dfrac{1}{2}\Delta\nu$ 和 $\nu_1 = \nu_0 + \dfrac{\sqrt{2}}{2}\Delta\nu$ 处的自然展宽线型函数值(用峰值 g_{max} 表示)。

答案:

$$g_N(\nu, \nu_0) = \frac{\dfrac{1}{\tau}}{\left(\dfrac{1}{2\tau}\right)^2 + 4\pi^2(\nu - \nu_0)^2}$$

$$g(\nu_1) = \frac{1}{2}g_{max}, \quad g(\nu_2) = \frac{1}{3}g_{max}$$

[8] 某洛伦兹线型函数为 $g(\nu) = \dfrac{a}{(\nu - \nu_0)^2 + 9\times10^{12}}$ s,求该线型函数的线宽 $\Delta\nu$。

答案:

与自然展宽的洛伦兹线型函数比较,该线型函数写为

$$g(\nu,\nu_0) = \frac{\frac{\Delta\nu}{2\pi}}{(\nu-\nu_0)^2 + \left(\frac{\Delta\nu}{2}\right)^2}$$

$$\Delta\nu = 6\times10^6\ \text{Hz}, \quad a = \frac{3}{\pi}\times10^6\ \text{Hz}$$

[9] 已知 Ne^{20} 发射的 $0.6328\ \mu m$ 的多普勒宽度为 $1500\ MHz$,计算该激光介质的 $1.15\ \mu m$ 和 $3.39\ \mu m$ 两波长的多普勒宽度。

答案:

多普勒展宽线宽为

$$\Delta\nu_D = 2\nu_0 \left(\frac{2kT}{mc^2}\ln2\right)^{\frac{1}{2}} = 7.16\times10^{-7}\sqrt{\frac{T}{M}}\nu_0$$

$$\Delta\nu_D \sim \nu_0 \sim \frac{1}{\lambda}$$

所以 $1.15\ \mu m$ 和 $3.39\ \mu m$ 两波长的多普勒宽度分别为 $825.4\ MHz$ 和 $280\ MHz$。

[10] (1) 计算 CO_2 激光器输出的 $10.6\ \mu m$ 波长和 $9.6\ \mu m$ 波长的激光的半高宽。

(2) 讨论:两种波长中哪个波长的中心频率的线型函数值大?这可能对激光的增益和功率有何影响?

答案:

CO_2 气体激光器多普勒线宽为

$$\Delta\nu_D = 2\nu_0 \left(\frac{2kT}{mc^2}\ln2\right)^{\frac{1}{2}} = 7.16\times10^{-7}\sqrt{\frac{T}{M}}\nu_0$$

代入 $M=44, T=293\ K$,估算得出 $\Delta\nu_D$ 为 $52.3\ MHz$(分别按照中心波长 $10.6\ \mu m$ 和 $9.6\ \mu m$ 计算,计算结果接近)。

在气体激光介质中,均匀展宽来源于自然展宽和碰撞展宽。对于一般气体激光介质,均匀展宽主要由碰撞展宽决定,有

$$\Delta\nu_L = \alpha p$$

它与气压有关,式中 $\alpha = 49\ kHz/Pa$。

所以当气压为 $1.07\ kPa$ 时,激光器开始从多普勒展宽(非均匀加宽)过渡到均匀展宽。

一般情况下,CO_2 气体激光器的加压会高于 $1.07\ kPa$,所以碰撞展宽占主导。因此一般情况下把 CO_2 激光器按照均匀展宽(碰撞展宽)处理。

碰撞展宽的线型函数为

$$g_L(\nu,\nu_0) = \frac{\frac{\Delta\nu_L}{2\pi}}{(\nu-\nu_0)^2 + \left(\frac{\Delta\nu_L}{2}\right)^2}$$

因此,当压强相等时,不同波长所对应的碰撞展宽的谱线宽度一样。并且,由上述线型函数的表达式也可知,不同波长对应的中心频率处的线型函数值也是相等的。

虽然一般情况下我们把 CO_2 激光器按照均匀展宽处理,但是我们在这里同时分析一下非均匀展宽(多普勒展宽)时的情况。

多普勒线宽为

$$\Delta\nu_D = 2\nu_0 \left(\frac{2kT}{mc^2}\ln 2\right)^{\frac{1}{2}} = 7.16 \times 10^{-7} \sqrt{\frac{T}{M}}\nu_0$$

所以在 $T = 293$ K 时,10.6 μm 波长对应的线宽为

$$\Delta\nu_D = 2\nu_0 \left(\frac{2kT}{mc^2}\ln 2\right)^{\frac{1}{2}} = 7.16 \times 10^{-7} \sqrt{\frac{T}{M}}\nu_0 \approx 52.3 \text{ MHz}$$

在 $T = 293$ K 时,9.6 μm 波长对应的线宽为

$$\Delta\nu_D = 2\nu_0 \left(\frac{2kT}{mc^2}\ln 2\right)^{\frac{1}{2}} = 7.16 \times 10^{-7} \sqrt{\frac{T}{M}}\nu_0 \approx 57.7 \text{ MHz}$$

在中心频率处的多普勒线型函数为

$$g_D(\nu,\nu_0) = \frac{c}{\nu_0}\left(\frac{m}{2\pi kT}\right)^{1/2}$$

所以,中心波长越长,中心频率越小,中心频率处的线型函数值越大。因为增益曲线 $G(\nu)$ 和 $g(\nu)$ 有相同的曲线形状,所以线型函数值越大,增益越大。在小信号情况下,增益越大,功率越大。

[11]　估算 CO_2 气体的多普勒线宽,并讨论在什么气压范围内从非均匀展宽过渡到均匀展宽($m = 1.66 \times 10^{-27} M, \alpha \approx 4.9 \times 10^4$ Hz/Pa)。

答案:

CO_2 气体激光器多普勒线宽为

$$\Delta\nu_D = 2\nu_0 \left(\frac{2kT}{mc^2}\ln 2\right)^{\frac{1}{2}} = 7.16 \times 10^{-7} \sqrt{\frac{T}{M}}\nu_0$$

代入 $M = 44, T = 293$ K,估算得出 $\Delta\nu_D$ 为 52.3 MHz。

CO_2 气体激光器的均匀展宽包括自然展宽和碰撞展宽。

自然展宽谱线宽度为

$$\Delta\nu_N = 10^3 \sim 10^4 \text{ Hz}$$

碰撞展宽谱线宽度为

$$\Delta\nu_L = \alpha p$$

它与气压有关,式中 $\alpha = 49$ kHz/Pa。

所以,均匀展宽为

$$\Delta\nu_H = \Delta\nu_N + \Delta\nu_L$$

当 $\Delta\nu_H = \Delta\nu_D$ 时,有

$$p = 1.07 \text{ kPa}$$

所以当气压上升到 1.07 kPa 时,激光器开始从非均匀展宽过渡到均匀展宽。

[12]　(1) 计算出 CO_2 激光器在充气压 15 Torr(托)时的碰撞加宽($\Delta\nu_L = \alpha p$(MHz/Torr),$\alpha = 6.5$ MHz/Torr)。

(2) 当其充气压从 5 Torr 增加到 20 Torr 时,其光谱线展宽类型有无变化?

答案：

(1) $\Delta\nu_L = \alpha p = 15 \times 6.5\ \text{MHz} = 97.5\ \text{MHz}$；

(2) $\Delta\nu_D = 2\nu_0 \left(\dfrac{2kT}{mc^2}\ln 2\right)^{\frac{1}{2}} = 7.16 \times 10^{-7} \sqrt{\dfrac{T}{M}}\,\nu_0 = 52.3\ \text{MHz}$

CO_2 激光器的自然展宽有

$$\Delta\nu_N \approx 10^3 \sim 10^4\ \text{Hz}$$

当气压从 5 Torr 增加到 20 Torr 时，有

$$\Delta\nu_{L1} = 5 \times 6.5\ \text{MHz} = 32.5\ \text{MHz}$$

此时非均匀展宽（多普勒展宽）占主要优势；

$$\Delta\nu_{L2} = 20 \times 6.5 = 130\ \text{MHz}$$

此时均匀展宽（主要是碰撞展宽）占主要优势。

所以加宽类型由非均匀展宽过渡到均匀展宽。

[13] 一束光经过 100 mm 长的增益介质后，其光强增加了 50%，求该介质的增益系数？

答案：

因为 $I = I_0 e^{GL} = 1.5 I_0$，所以

$$G = \dfrac{\ln \dfrac{I}{I_0}}{L} = \dfrac{\ln 1.5}{0.1}/\text{m} = 4.05/\text{m}$$

[14] 增益系数 G 的表达式是 $G(\nu) = \Delta N g(\nu) B_{21} \dfrac{\eta}{c} h\nu$。$G(\nu)$ 与 $g(\nu)$ 和 ν 都有关（成正比）。但我们只说"$G(\nu)$ 和 $g(\nu)$ 有相同的曲线形状"，而忽略"$G(\nu)$ 和 ν 成正比"这一关系，为什么？

答案：

均匀展宽的线型函数为

$$g_H(\nu) = \dfrac{\Delta\nu_H}{2\pi} \dfrac{1}{(\nu - \nu_0)^2 + \left(\dfrac{\Delta\nu_H}{2}\right)^2}$$

在线型函数的表达式中，$g(\nu)$ 中含有隐含的 ν，$g(\nu)$ 与 ν 不成正比。在光谱线范围内，ν 的变化带来的影响只有不到十万分之一（以 HeNe 为例）。而 $g(\nu)$ 变化可以从最大值到趋近为零。因此 $G(\nu)$ 主要由 $g(\nu)$ 决定，$G(\nu)$ 和 $g(\nu)$ 有相同的曲线形状。

[15] 讨论光泵二能级系统能否产生粒子布居数反转，为什么？并根据速率方程给出严格的论证。

答案：

不能。光与二能级原子系统的共振相互作用有四种：自发辐射 A_{21}、受激吸收 W_{12}、受激辐射 W_{21}、无辐射跃迁 S_{21}。速率方程如下：

$$\dfrac{\mathrm{d}N_2}{\mathrm{d}t} = -N_2 W_{21} + N_1 W_{12} - N_2(S_{21} + A_{21})$$

$$= -\left(N_2 - \dfrac{f_2}{f_1} N_1\right) W_{21} - N_2(S_{21} + A_{21})$$

$$N_1 + N_2 = N$$

通常认为能级简并度 $f_1 = f_2$，稳态时得到

$$\frac{N_2}{N_1} = \frac{W_{21}}{W_{21} + S_{21} + A_{21}} < 1$$

故粒子布居数不可能反转。

[16]   由四能级系统速率方程,求证小信号粒子布居反转数密度 $\Delta N^0 = N_1 W_{14} \tau_3 \approx N W_{14} \tau_3$。

答案:

四能级系统速率方程为

$$\frac{\mathrm{d}N_4}{\mathrm{d}t} = N_1 W_{14} - N_4 W_{41} - N_4 S_{43} - N_4 A_{41}$$

$$\frac{\mathrm{d}N_3}{\mathrm{d}t} = N_4 S_{43} + N_2 W_{23} - N_3 (A_{32} + S_{32} + W_{32})$$

$$\frac{\mathrm{d}N_1}{\mathrm{d}t} = N_2 S_{21} - N_1 W_{14} + N_4 (W_{41} + S_{43} + A_{41})$$

$$N_1 + N_2 + N_3 + N_4 = N$$

稳态时,有

$$\frac{\mathrm{d}N_4}{\mathrm{d}t} = \frac{\mathrm{d}N_3}{\mathrm{d}t} = \frac{\mathrm{d}N_1}{\mathrm{d}t} = 0$$

通常,S_{43}、S_{21} 比 A_{41}、W_{14} 大很多,可以得到

$$N_4 S_{43} = N_1 W_{14}$$

$$N_2 \approx 0, \quad N_4 \approx 0$$

小信号不考虑受激辐射和受激吸收,有

$$W_{23} = W_{32} = 0$$

进而得到反转粒子数方程

$$\frac{\mathrm{d}\Delta N}{\mathrm{d}t} \approx \frac{\mathrm{d}N_3}{\mathrm{d}t} = N_2 W_{23} - N_3 W_{32} - N_3 (A_{32} + S_{32}) + N_4 S_{43} \approx -\Delta N (A_{32} + S_{32}) + N_4 S_{43}$$

而能级寿命

$$\tau_3 = \frac{1}{A_{32} + S_{32}}$$

进而得到

$$\frac{\mathrm{d}\Delta N}{\mathrm{d}t} = -\frac{\Delta N}{\tau_3} + N_4 S_{43}$$

$$\Delta N = \frac{N_4 S_{43}}{N W_{32} + \dfrac{1}{\tau_3}} = \frac{N_4 S_{43} \tau_3}{N W_{32} \tau_3 + 1} = \frac{N_1 W_{14} \tau_3}{N W_{32} \tau_3 + 1} = N_1 W_{14} \tau_3$$

因而,有

$$\Delta N^0 = N_1 W_{14} \tau_3$$

又因为基态粒子数所占比例较大,近似为 $N_1 \approx N$

$$\Delta N^0 = N_1 W_{14} \tau_3 \approx N W_{14} \tau_3$$

[17]   红宝石激光器是三能级系统,已知 $S_{32} \approx 0.5 \times 10^7 \text{ s}^{-1}$,$A_{31} \approx 3 \times 10^5 \text{ s}^{-1}$,$A_{21} \approx 0.3 \times 10^3 \text{ s}^{-1}$,$S_{21} \approx 0$,$S_{31} \approx 0$。求:当泵浦速率 W_{13} 等于多少时,红宝石晶体对 $\lambda = 0.6943 \text{ }\mu\text{m}$ 的光是透明的?

提示：根据三能级系统的速率方程求解。另外，"透明"意味着上下能级粒子数相等。
答案：

三能级系统速率方程为

$$\frac{\mathrm{d}N_3}{\mathrm{d}t} = (N_1 - N_3)W_P - N_3(S_{32} + A_{31})$$

$$\frac{\mathrm{d}N_2}{\mathrm{d}t} = (N_1 - N_2)W_{12} - N_2(A_{21} + S_{21}) + N_3 S_{32}$$

$$N_1 + N_2 + N_3 = N$$

$$N_1 = N_2$$

解得

$$\frac{N_2}{N_3} = \frac{S_{32}}{A_{21}} = \frac{A_{31} + S_{32} + W_{13}}{W_{13}}$$

泵浦速率 W_{13} 为 $318 \ \mathrm{s}^{-1}$。

[18]　图 6-2 是激光增益曲线，看图回答：

(1) 图示的参数给出的激光器的出光带宽？

(2) 图示的参数给出的激光介质的光谱线宽？

(3) 图示的参数给出的激光介质的光谱线中心波长？它是什么激光器？

(4) 保证激光器在环境温度变化时至少有两个纵模的激光器腔长？

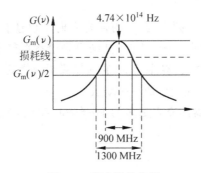

图 6-2　激光增益曲线

答案：

(1) 激光器的出光带宽是 900 MHz；

(2) 激光介质的光谱线宽为 1300 MHz；

(3) 激光介质的光谱中心波长为 632.8 nm，为 HeNe 激光器；

(4) 至少有两个纵模，纵模间隔满足条件

$$\Delta \nu_q = \frac{c}{2\eta L} \leqslant 450 \ \mathrm{MHz}$$

$$L \geqslant \frac{1}{3} m$$

[19]　说明以下三种增益的差别：小信号增益、大信号增益、激光器功率稳定后的增益。
答案：

小信号增益：当腔内光强为零时，腔内初始的增益系数。

大信号增益：在放大器中入射光强 I 与饱和光强 I_s 相比拟时的增益系数，表达式为

$$G(I) = \frac{G^0}{1 + \dfrac{I}{I_s}}$$

激光器功率稳定后的增益：出现增益饱和后，激光器增益系数将减小。至功率稳定，增益系数应和激光器损耗相同。

[20]   四能级激光器中，激光上能级寿命 $\tau_3 = 2.5 \times 10^{-4}$ s，为使小信号反转粒子数密度达到总粒子数密度的 $1/5$，泵浦速率 W_{14} 应该为多少？

答案：

$$A_{32} + S_{32} = \frac{1}{\tau_3} = \frac{1}{2.5 \times 10^{-4}} \text{ s}^{-1} = 4 \times 10^3 \text{ s}^{-1}$$

$$\Delta N^0 = \frac{W_{14}}{W_{14} + A_{32} + S_{32}} N = \frac{1}{5} N$$

$$W_{14} = \frac{1}{4}(A_{32} + S_{32}) = 1 \times 10^3 \text{ s}^{-1}$$

[21]   什么是增益饱和？均匀展宽和综合展宽介质的增益饱和各有什么特点？

答案：

增益饱和：当光强足够强时，增益系数 g 随光强的增大而减小，这一现象称为增益饱和效应。

(1) 对均匀加宽激光介质，频率为 ν_1 的强光入射不仅使自身的增益系数下降，也使其他频率的弱光的增益系数以同等程度下降，其结果是增益在整个谱线上均匀地下降。

(2) 对非均匀加宽激光介质，频率为 ν_1 的强光只引起表观中心频率在 ν_1 附近的粒子布居反转数饱和，因而在增益曲线上形成一个烧孔。

[22]   思考：向 HeNe 激光器内充入更多的 He 气和 Ne 气，激光增益曲线上的烧孔变宽还是变窄？

答案：

孔的宽度为

$$\delta_\nu = \left(1 + \frac{I}{I_s}\right)^{\frac{1}{2}} \Delta\nu$$

气压增大，均匀展宽增加，烧孔宽度变宽。

[23]   HeNe 激光器腔内光强为 $2I_s$（饱和光强）时，求大信号增益曲线在中心频率处产生的烧孔宽度和深度。（放电管直径 $d = 1.5$ mm，长度 $l = 100$ mm，气压 $p = 266$ Pa，单程损耗 $\delta = 0.01$，峰值增益系数经验公式 $G_m = 3 \times 10^{-4}/d$，碰撞系数 $\alpha = 0.75$ MHz/Pa）

答案：

碰撞线宽为

$$\Delta\nu_H = \Delta\nu_L = \alpha p = 0.75 \times 266 \text{ MHz} = 199.5 \text{ MHz}$$

烧孔宽度为

$$\delta_\nu = \sqrt{1 + \frac{I}{I_s}} \Delta\nu_H = \sqrt{1 + \frac{2I_s}{I_s}} \times 199.5 = \sqrt{3} \times 199.5 \text{ MHz} = 345.5 \text{ MHz}$$

阈值增益系数为

$$G_t = \frac{\delta}{l} = \frac{0.01}{0.1}\ \mathrm{m^{-1}} = 0.1\ \mathrm{m^{-1}}$$

烧孔深度为

$$G_m - G_t = \frac{3\times10^{-4}}{1.5}\ \mathrm{mm^{-1}} - 0.1\ \mathrm{m^{-1}} = 0.2\ \mathrm{m^{-1}} - 0.1\ \mathrm{m^{-1}} = 0.1\ \mathrm{m^{-1}}$$

所以,烧孔深度为 $0.1\ \mathrm{m^{-1}}$,烧孔宽度为 $345.5\ \mathrm{MHz}$。

[24]　考虑 HeNe 激光器的 $0.6328\ \mu m$ 跃迁,其上能级 $3S_2$ 的寿命 $\tau_2 \approx 2\times10^{-8}\ s$,下能级 $2P_4$ 的寿命 $\tau_1 \approx 2\times10^{-8}\ s$,设管内气压为 $p = 266\ \mathrm{Pa}$。

(1) 计算 $T = 300\ K$ 时的多普勒线宽 $\Delta\nu_D$;

(2) 计算均匀线宽 $\Delta\nu_H$ 及 $\Delta\nu_H/\Delta\nu_D$。

答案:

(1) 多普勒线宽为

$$\Delta\nu_D = 2\nu_0\left(\frac{2kT}{mc^2}\ln2\right)^{\frac{1}{2}} = 7.16\times10^{-7}\sqrt{\frac{T}{M}}\nu_0 = 1314.7\ \mathrm{MHz}$$

(2) 碰撞线宽为

$$\Delta\nu_L = \alpha p = 7.2\times10^5 \times 266\ \mathrm{Hz} = 191.5\ \mathrm{MHz}$$

自然展宽为

$$\Delta\nu_N = \frac{1}{2\pi}\left(\frac{1}{\tau_1} + \frac{1}{\tau_2}\right) \approx 15.9\ \mathrm{MHz}$$

均匀展宽线宽为

$$\Delta\nu_H = \Delta\nu_N + \Delta\nu_L = 207.4\ \mathrm{MHz}$$

$$\frac{\Delta\nu_H}{\Delta\nu_D} = 0.1578$$

[25]　在均匀展宽激光介质中,求大信号增益曲线的宽度。(设频率为 ν_1,光强度为 I_{ν_1},大信号增益曲线为 $G_H(\nu_1, I_{\nu_1}) \sim \nu_1$)

答案:

大信号增益系数为

$$G_H(\nu_1, I_{\nu1}) = G_H^0(\nu_0)\frac{\left(\frac{\Delta\nu_H}{2}\right)^2}{(\nu_1-\nu_0)^2 + \left(\frac{\Delta\nu_H}{2}\right)^2\left(1+\frac{I_{\nu1}}{I_s}\right)}$$

根据谱线宽度定义,增益下降到最大值一半时,对应的频率宽度叫做大信号增益曲线宽。根据大信号增益曲线表达式可知,其中心频率处具有最大增益。在此条件下,增益最大值为

$$G_{Hmax}(\nu_0, I_{\nu1}) = G_H^0(\nu_0)\frac{1}{1+\frac{I_{\nu1}}{I_s}}$$

根据

$$G_H(\nu_1, I_{\nu1}) = \frac{1}{2}G_{Hmax}(\nu_0, I_{\nu1})$$

可求出当满足增益曲线宽条件时,有

$$\mid \nu_1 - \nu_0 \mid = \frac{\Delta \nu_{\mathrm{H}}}{2} \sqrt{1 + \frac{I_{\nu 1}}{I_{\mathrm{s}}}}$$

因此,线宽为

$$\Delta \nu = 2 \mid \nu_1 - \nu_0 \mid = \Delta \nu_{\mathrm{H}} \sqrt{1 + \frac{I_{\nu 1}}{I_{\mathrm{s}}}}$$

[26]   有频率为 ν_1、ν_2 的两强光入射,试求在均匀展宽情况下:

(1) 频率为 ν 的弱光的增益系数表达式;

(2) 频率为 ν_1 的强光的增益系数表达式。(设频率为 ν_1 及 ν_2 的光在介质内的平均强度为 I_{ν_1}、I_{ν_2})

答案:

若频率为 ν_1、ν_2 的两强光入射时,反转粒子数为

$$\Delta N = \frac{\Delta N^0}{1 + \dfrac{I_{\nu_1}}{I_{\mathrm{s}}(\nu_1)} + \dfrac{I_{\nu_2}}{I_{\mathrm{s}}(\nu_2)}}$$

(1) 弱光 ν 的增益系数

$$G_{\mathrm{H}}(\nu, I_{\nu_1}, I_{\nu 2}) = \Delta N \frac{v^2}{8\pi\nu_0^2} A_{21} g_{\mathrm{H}}(\nu, \nu_0)$$

$$= \Delta N \frac{v^2}{8\pi\nu_0^2} A_{21} \frac{\dfrac{\Delta \nu_{\mathrm{H}}}{2\pi}}{(\nu - \nu_0)^2 + \left(\dfrac{\Delta \nu_{\mathrm{H}}}{2}\right)^2}$$

(2) 强光 ν_1 的增益系数

$$G_{\mathrm{H}}(\nu, I_{\nu_1}, I_{\nu 2}) = \Delta N \sigma_{21}(\nu_1, \nu_0) = \Delta N \frac{v^2}{8\pi\nu_0^2} A_{21} g_{\mathrm{H}}(\nu_1, \nu_0)$$

$$= \Delta N^0 \frac{v^2}{8\pi\nu_0^2} A_{21} \cdot \frac{\dfrac{\Delta \nu_{\mathrm{H}}}{2\pi}}{(\nu_1 - \nu_0)^2 + \left(\dfrac{\Delta \nu_{\mathrm{H}}}{2}\right)^2}$$

[27]   连续激光器稳定工作时的增益系数是否会随泵浦功率的提高而增加?为什么?

答案:

不会。因增益饱和作用,泵浦功率增加,有加大增益系数的作用,进而导致腔内激光束光强增加,又使增益系数减小,保持增益等于损耗。因此,不会随泵浦功率提高而增加。

[28]   如图 6-3 所示 Nd:YAG 激光器腔内放有两表面镀有增透膜的玻璃片 P,每个表面的反射率为 0.2%,输出光束 1 的功率为 0.1 mW,而输出镜的透射率为 2.0%。问:

(1) 光束 2 的输出功率;

(2) 腔内的沿一个方向传播光的光功率;

(3) Nd:YAG 的单程光增益。

答案:

(1) 设腔内沿一个方向传播光功率为 P_1,则

$$P_1 \times (1 - 2\%) \times 2\% = 0.1 \text{ mW}$$

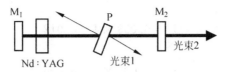

图 6-3　Nd：YAG 激光器结构示意图

可得

$$P_1 = 51\ \mathrm{mW}$$

输出光束 2 的功率为

$$P_2 = P_1 \times 2\% = 1.02\ \mathrm{mW}$$

（2）腔内一个方向传播功率为

$$P_1 = 51\ \mathrm{mW}$$

（3）单程光增益大于等于损耗：

$$G \geqslant (0.2\% \times 4 + 2.0\%)/2 = 1.4\%$$

[29]　求维持双异质结半导体激光器工作的最小增益系数。（假设结区长 0.3 mm，半导体材料和空气界面为反射面，$R = 38\%$）

答案：

根据定义，阈值条件为

$$R_1 R_2 \mathrm{e}^{2GL} = 1$$

增益系数需要满足

$$G \geqslant \frac{1}{2L} \ln\left(\frac{1}{R_1 R_2}\right)$$

即

$$G \geqslant 3.2\ \mathrm{mm}^{-1}$$

若不考虑损耗，光在半导体介质中每进行 1 mm 至少要放大 $\mathrm{e}^{3.2}$ 倍。

[30]　一连续工作的 $0.6328\ \mu\mathrm{m}$ 环行 HeNe 激光器（图 6-4），由四个反射镜 M_1、M_2、M_3、M_4 组成，反射镜平均反射率 99.7%。腔内还有一长 2 cm 的 ZF_2 玻璃，其两端面镀高增透膜，其膜内吸收系数为 0.003/cm。放电增益管毛细管内径 1 mm。放电增益管两头各有一片高增透膜的窗片，窗片由融石英制成，厚 3 mm，融石英对 $0.6328\ \mu\mathrm{m}$ 光的吸收系数为 0.002/mm。每一增透膜的透过率为 99.8%。请粗略估算增益管至少多长才能维持激光振荡。

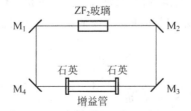

图 6-4　环形 HeNe 激光器结构示意图

答案：

按题意，只作粗略估算，基本也能满足工程需要。

反射镜透过损耗为

$$\delta_1 = 0.003 \times 4 = 0.012$$

ZF_2 玻璃吸收损耗为

$$\delta_2 = 0.003 \times 2 = 0.006$$

窗片四个表面的反射损耗为

$$\delta_3 = 0.002 \times 4 = 0.008$$

窗片吸收损耗为

$$\delta_4 = 0.002 \times 3 \times 2 = 0.012$$

总损耗为

$$\delta = \delta_1 + \delta_2 + \delta_3 + \delta_4 = 0.038$$

为实现激光振荡,则

$$G_{总} = \delta = 3 \times 10^{-4} \times L/d$$

所以,腔长 L 至少 126.7 mm 才能维持激光器正常工作。

[31]　有一台外腔 HeNe 激光器出光波长为 1.15 μm,如果要输出线偏振光,求:

(1) 外腔激光器结构中布儒斯特窗角度(K_4 玻璃);

(2) 输出镜透过率为 1.5%,布儒斯特窗安装出现误差也造成了损耗。粗略估计 1.1 mm 内径,长 130 mm 的毛细管,为了维持激光的振荡,最大布儒斯特角安装误差。

答案:

(1) 布儒斯特角 θ_B 应满足下列条件:

$$\tan(\theta_B) = \eta = 1.5$$

求得

$$i_0 = \theta_B = 56.3°$$

此时,反射光波中没有 p 波,只有 s 波,产生全偏振现象,p 波出光。结构示意图如图 6-5 所示。

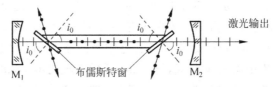

图 6-5　加布儒斯特窗的外腔 HeNe 激光器结构示意图

(2) 当布儒斯特窗安装出现误差时,如果入射角度不是布儒斯特角,而是有误差的角度 θ_1 时,光传输示意图如图 6-6 所示(以布儒斯特窗的第一个入射面 M_1 为例)。

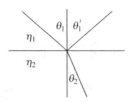

图 6-6　光经第一个入射面 M_1 入射,布儒斯特窗的入射角度为 θ_1 时的光传输示意图

s 波的透射系数为

$$t_s = \frac{A_{2s}}{A_{1s}} = \frac{2\sin\theta_2\cos\theta_1}{\sin(\theta_1 + \theta_2)}$$

p 波的透射系数为

$$t_p = \frac{A_{2p}}{A_{1p}} = \frac{2\sin\theta_2\cos\theta_1}{\sin(\theta_1 + \theta_2)\cos(\theta_1 - \theta_2)}$$

s 波的透射率为

$$\tau_s = \left(\frac{A_{2s}}{A_{1s}}\right)^2 \frac{\eta_2\cos\theta_2}{\eta_1\cos\theta_1} = \frac{\eta_2\cos\theta_2}{\eta_1\cos\theta_1} \times \frac{4\sin^2\theta_2\cos^2\theta_1}{\sin^2(\theta_1 + \theta_2)}$$

p 波的透射率为

$$\tau_p = \left(\frac{A_{2p}}{A_{1p}}\right)^2 \frac{\eta_2\cos\theta_2}{\eta_1\cos\theta_1} = \frac{\eta_2\cos\theta_2}{\eta_1\cos\theta_1} \times \frac{4\sin^2\theta_2\cos^2\theta_1}{\sin^2(\theta_1 + \theta_2)\cos^2(\theta_1 - \theta_2)}$$

s 波在反射光方向上,不能在谐振腔中形成多次反射,但沿轴向行进的 p 波能无损耗地通过布儒斯特窗,在谐振腔中经过多次反射得到增益而形成激光,最后从谐振腔出射的是平行于入射面振动的 p 波。

p 波在经过布儒斯特窗的第一个入射面后,再通过第二个面 M_2 出射。由于结构的光学对称关系,此时的角度示意图如图 6-7 所示。

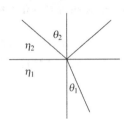

图 6-7　p 波通过第二个面 M_2 出射时的光传输示意图

p 波的透射率为

$$\tau_p^* = \frac{\eta_1\cos\theta_1}{\eta_2\cos\theta_2} \times \frac{4\sin^2\theta_1\cos^2\theta_2}{\sin^2(\theta_1 + \theta_2)\cos^2(\theta_1 - \theta_2)}$$

因此,光经过一个布儒斯特窗的总透射率为

$$\tau_b = \tau_p\tau_p^* = \frac{\eta_2\cos\theta_2}{\eta_1\cos\theta_1} \frac{4\sin^2\theta_2\cos^2\theta_1}{\sin^2(\theta_1 + \theta_2)\cos^2(\theta_1 - \theta_2)} \times \frac{\eta_1\cos\theta_1}{\eta_2\cos\theta_2} \times \frac{4\sin^2\theta_1\cos^2\theta_2}{\sin^2(\theta_1 + \theta_2)\cos^2(\theta_1 - \theta_2)}$$

$$\tau_b = \frac{4\sin^2\theta_2\cos^2\theta_1}{\sin^2(\theta_1 + \theta_2)\cos^2(\theta_1 - \theta_2)} \times \frac{4\sin^2\theta_1\cos^2\theta_2}{\sin^2(\theta_1 + \theta_2)\cos^2(\theta_1 - \theta_2)}$$

$$\tau_b = \left[\frac{4\sin\theta_1\sin\theta_2\cos\theta_1\cos\theta_2}{\sin^2(\theta_1 + \theta_2)\cos^2(\theta_1 - \theta_2)}\right]^2$$

往返增益

$$G = 2 \times 3 \times 10^{-4} \frac{l}{d} = 7.09\%$$

损耗计算:光在谐振腔内一个来回,往返布儒斯特窗口共四次

$$\alpha = 4(1 - \tau_b) + 1.5\%$$

所以有

$$G \geqslant \alpha$$
$$\tau_b \leqslant 0.986$$

图 6-8 给出了 τ_b 随 $\sin\theta_1$ 的变化关系曲线,从图中可以求得

$$\arcsin(0.723) = 46.3°$$
$$\arcsin(0.8913) = 63.0°$$

所以,入射角度偏差在 46.3°到 63.0°范围内。

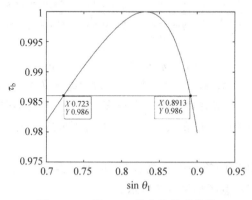

图 6-8 τ_b 随 $\sin\theta_1$ 的变化关系曲线

[32]   HeNe 激光器放电管长 $L = 1$ m,直径 $d = 2$ mm,两腔镜反射率分别为 100% 和 99%,单程其余损耗 $\delta = 0.025$,荧光谱线宽 $\Delta\nu_F = 1500$ MHz,求满足阈值条件的纵模个数。(增益系数为 $G_m^0 = 3 \times 10^{-4}/d$)

答案:

损耗为

$$\delta'' = \frac{T}{2} = 0.005$$
$$\delta = \delta' + \delta'' = 0.025 + 0.005 = 0.03$$

阈值增益为

$$G_t = \frac{\delta}{L} = \frac{0.03}{1} \text{ m}^{-1} = 0.03 \text{ m}^{-1}$$

小信号峰值增益系数

$$G_m^0 = 3 \times 10^{-4}/2 \times 10^{-3} \text{ m}^{-1} = 0.15 \text{ m}^{-1}$$

激发参数为

$$\beta = \frac{G_m^0}{G_t} = \frac{0.15}{0.03} = 5$$

非均匀展宽介质的出光带宽为

$$\Delta\nu_G = \sqrt{\frac{\ln\beta}{\ln 2}} \Delta\nu_F = \sqrt{\frac{\ln 5}{\ln 2}} \Delta\nu_F = 2285.7 \text{ MHz}$$

纵模间隔为

$$\Delta\nu_q = \frac{c}{2\eta L} = \frac{3 \times 10^8}{2 \times 1} \text{ MHz} = 150 \text{ MHz}$$

纵模个数为

$$\Delta q = \left(\frac{\Delta\nu_G}{\Delta\nu_q}\right) + 1 = \frac{2285.7}{150} + 1 = 16$$

[33]　激光器内总损耗系数等于激光介质中心频率的增益系数的 1/4,该介质的荧光谱线宽 $\Delta\nu_F = 1000\text{ MHz}$,分别按照均匀展宽和非均匀展宽计算振荡线宽。

答案:

激发参数为

$$\beta = \frac{G_m^0}{G_t} = \frac{G_m^0}{\frac{\delta}{l}} = 4$$

均匀展宽介质的出光带宽为

$$\Delta\nu_G = \sqrt{\beta - 1}\,\Delta\nu_F = \sqrt{3}\,\Delta\nu_F = 1.732 \times 10^3\text{ MHz}$$

非均匀展宽介质的出光带宽为

$$\Delta\nu_G = \sqrt{\frac{\ln\beta}{\ln 2}}\,\Delta\nu_F = \sqrt{\frac{\ln 4}{\ln 2}}\,\Delta\nu_F = 1.414 \times 10^3\text{ MHz}$$

[34]　有一台均匀展宽的红宝石激光器,激光器的腔长 $L = 120\text{ mm}$,红宝石棒长 $l = 100\text{ mm}$,折射率 $\eta = 1.75$,荧光谱线宽 $\Delta\nu_F = 2 \times 10^5\text{ MHz}$,当激发参数 $\beta = 1.2$ 时,求满足阈值条件的纵模个数。

答案:

有效增益带宽为

$$\Delta\nu_G = \sqrt{\beta - 1}\,\Delta\nu_F = 8.94 \times 10^4\text{ MHz}$$

腔内光程为

$$L' = L + (\eta - 1)l = 120 + (1.75 - 1) \times 100\text{ mm} = 195\text{ mm}$$

纵模间隔为

$$\Delta\nu_q = \frac{c}{2L'} = \frac{3 \times 10^8}{2 \times 195 \times 10^3}\text{ MHz} = 769\text{ MHz}$$

纵模数为

$$\Delta q = \left(\frac{\Delta\nu_G}{\Delta\nu_q}\right) + 1 = 117$$

[35]　有一台均匀展宽激光器,激光器的线宽 $\Delta\nu_H = 500\text{ MHz}$,若泵浦激励产生的小信号稳态反转粒子数密度 $\Delta N^0 = 1.49\Delta N_{th}$,为使中心频率处的单个纵模起振(不考虑饱和效应),试计算允许的腔长。

答案:

不考虑饱和效应,增益系数表达式为

$$G_H^0(\nu_1) = G_H^0(\nu_0) \frac{\left(\frac{\Delta\nu_H}{2}\right)^2}{(\nu_1 - \nu_0)^2 + \left(\frac{\Delta\nu_H}{2}\right)^2}$$

对应反转粒子数为

$$\Delta N_{H}^{0}(\nu_1) = \Delta N_{H}^{0}(\nu_0) \frac{\left(\frac{\Delta\nu_H}{2}\right)^2}{(\nu_1 - \nu_0)^2 + \left(\frac{\Delta\nu_H}{2}\right)^2}$$

临界条件为

$$\Delta N_{H}^{0}(\nu_1) = \Delta N_{th}$$

$$\Delta N_{th} = \Delta N_{H}^{0}(\nu_0) \frac{\left(\frac{\Delta\nu_H}{2}\right)^2}{(\nu_1 - \nu_0)^2 + \left(\frac{\Delta\nu_H}{2}\right)^2} = 1.49\Delta N_{th} \frac{\left(\frac{\Delta\nu_H}{2}\right)^2}{(\nu_1 - \nu_0)^2 + \left(\frac{\Delta\nu_H}{2}\right)^2}$$

可得

$$|\nu_1 - \nu_0| = 0.7 \times \frac{\Delta\nu_H}{2} = 175\,\text{MHz}$$

有效增益带宽为

$$\Delta\nu_G = 2 \times |\nu_1 - \nu_0| = 350\,\text{MHz}$$

当纵模间隔 $\Delta\nu_q > \Delta\nu_G/2$ 时,刚好使中心频率处的单个纵模振荡,即

$$\frac{c}{2\eta L} > 175\,\text{MHz}$$

可得

$$L < 0.857\,\text{m}$$

第7章

[1] 简述均匀展宽和以多普勒展宽为主的综合展宽介质中,其激光器输出功率与激光频率的关系。

答案:

从谱线展宽角度看:对均匀展宽,介质中每个粒子的发光对所有频率都有贡献,所以均匀展宽介质中所有发光粒子具有完全相同的线型函数、线宽、中心频率;对以多普勒展宽为主的综合展宽,介质中的粒子发光可以近似看成具有多普勒展宽的特点,即粒子的一次发光,只对某些特定的频率有贡献。

均匀展宽介质:入射光频率越接近增益曲线中心频率 ν_0,增益饱和越强烈,曲线下降越多,即发生受激辐射的粒子反转数越多,激光输出功率越大。

以多普勒展宽为主的综合展宽介质:考虑激光器单纵模振荡,随着该纵模频率增加,激光器输出功率变化过程:光强为零→增加到极大值→减小到极小值→增加到极大值→减小至零。

[2] 什么是兰姆凹陷?形成的原因是什么?

答案:

兰姆凹陷是指在非均匀展宽介质的驻波腔激光器中,输出功率 P 随频率 ν 变化关系曲线在中心频率处有最小值,会产生一个凹陷。

在非均匀展宽驻波腔激光器中,表观中心频率为 ν 的激光在 ν 与 $2\nu_0 - \nu$ 处产生对称的烧孔,且受激辐射功率与烧孔面积正相关。当纵模频率接近中心频率 ν_0 时,增益曲线上两

个烧孔重叠而使能够参与光放大的反转粒子数减少,因而功率输出曲线在中心频率附近出现凹陷,激光功率(光强)下降。

[3]　兰姆凹陷只能出现在哪类激光介质中,为什么?能否基于兰姆凹陷对激光器输出光强进行调制,为什么?

答案:

兰姆凹陷只能出现在非均匀展宽的激光工作介质(如气体激光器)中。兰姆凹陷形成的原因是非均匀展宽介质中,激光振荡频率将在增益曲线上烧两个对称的孔,激光功率正比于这两个烧孔面积之和。当烧孔在中心频率 ν_0 附近时,烧孔发生重叠,造成烧孔面积减小,输出功率减小。在中心频率 ν_0 处,重叠最大,所以输出功率最小。

由于兰姆凹陷的出现,非均匀展宽气体激光器的输出功率(光强)在中心频率 ν_0 处有一极小值点,在这个极值点附近频率的微小变化都会引起输出功率(光强)的显著变化。因此,利用该极小值点,可以实现对激光器输出光强的调制。

[4]　考虑 HeNe 激光器的 $0.632.8\,\mu\mathrm{m}$ 跃迁,其上能级 $3S_2$ 的寿命 $\tau_2 \approx 2\times 10^{-8}\,\mathrm{s}$,下能级 $2P_4$ 的寿命 $\tau_1 \approx 2\times 10^{-8}\,\mathrm{s}$,设管内气压 $p=266\,\mathrm{Pa}$,温度 $T=300\,\mathrm{K}$,当腔内光强为(1)接近 0;(2)$20\,\mathrm{W/cm^2}$ 时,谐振腔需多长才能使烧孔重叠。($I_s=30\,\mathrm{W/cm^2}$)

答案:

多普勒展宽线宽为

$$\Delta\nu_D = 2\nu_0 \left(\frac{2kT}{mc^2}\ln 2\right)^{\frac{1}{2}} = 7.16\times 10^{-7}\sqrt{\frac{T}{M}}\nu_0 \approx 1314.7\,\mathrm{MHz}$$

碰撞展宽线宽为

$$\Delta\nu_L = \alpha p = 7.2\times 10^5 \times 266\,\mathrm{Hz} = 191.5\,\mathrm{MHz}$$

自然展宽线宽为

$$\Delta\nu_N = \frac{1}{2\pi}\left(\frac{1}{\tau_1}+\frac{1}{\tau_2}\right) \approx 15.9\,\mathrm{MHz}$$

均匀展宽线宽为

$$\Delta\nu_H = \Delta\nu_N + \Delta\nu_L = 207.4\,\mathrm{MHz}$$

烧孔宽度

$$\delta\nu = \left(1+\frac{I}{I_s}\right)^{\frac{1}{2}}\Delta\nu_H$$

烧孔重叠时有

$$\Delta\nu_q = \frac{c}{2L} \leqslant \delta\nu$$

代入数据(1)$I=0$ 和(2)$I=20\,\mathrm{W/cm^2}$,计算得到谐振腔长度为(1)$=0.72\,\mathrm{m}$ 和(2)$=0.56\,\mathrm{m}$ 时,可以使烧孔位置重叠。

[5]　有一台全内腔单纵模 CO_2 激光器。放电管直径为 $d=10\,\mathrm{mm}$,长为 $850\,\mathrm{mm}$。激光器腔长 $1140\,\mathrm{mm}$。全反射镜镀金膜,曲率半径为 $3.5\,\mathrm{m}$。输出镜为锗平面镜,其透射率 $t=22\%$。两反射镜面上的反射和衍射总损失 $\alpha=0.04$。充气气压为 $20\,\mathrm{Torr}$。求此激光器的输出功率。(假设只有 ν_0 一个模式,$G_m^0=1.4\times 10^{-2}/d$,$d$ 的单位为 mm。$I_s=0.7\,\mathrm{W/mm^2}$)

答案:

先判断激光介质的展宽类型。

$$\Delta\nu_D = 2\nu_0 \left(\frac{2kT}{mc^2}\ln 2\right)^{\frac{1}{2}} = 7.16 \times 10^{-7}\sqrt{\frac{T}{M}}\nu_0 \approx 60\,\text{MHz}$$

$$\Delta\nu_L = ap = 6.5 \times 20\,\text{MHz} = 130\,\text{MHz}$$

所以,该激光器介质以均匀展宽为主。

阈值增益系数为

$$G_t = \frac{\dfrac{0.04}{2} + \dfrac{0.22}{2}}{850}/\text{mm} = 1.53 \times 10^{-4}/\text{mm}$$

小信号峰值增益系数为

$$G_m^0 = 1.4 \times 10^{-2}/d = 1.4 \times 10^{-3}/\text{mm}$$

激发参数为

$$\beta = \frac{G_m^0}{G_t} = \frac{1.4 \times 10^{-3}}{1.53 \times 10^{-4}} = 9.15$$

假设有效面积按 0.8 计算,有效横截面积 S_E,有

$$S_E = \pi\left(\frac{d}{2}\right)^2 \times 0.8 = 78.5\,\text{mm}^2 \times 0.8 = 62.8\,\text{mm}^2$$

输出功率为

$$P = \frac{1}{2}S_E T I_s(\beta - 1) = \frac{1}{2}(0.8 \times 78.5) \times 0.22 \times 0.7 \times (9.15 - 1) = 39.4$$

[6] HeNe 激光器的腔长为 500 mm,放电管直径为 1.5 mm,两腔镜反射率分别为 100% 和 99%,单程其余损耗为 $\delta = 0.05$,饱和光强 $I_s = 0.2\,\text{W/mm}^2$。如果激活介质为多普勒展宽,求当 $\nu_q = \nu_0$ 时的激光器的单模输出功率。

答案:

横截面积为

$$A = \pi\left(\frac{d}{2}\right)^2 = 1.77\,\text{mm}^2$$

阈值增益系数为

$$G_t = \frac{\dfrac{0.01}{2} + 0.05}{500}/\text{mm} = 1.1 \times 10^{-4}/\text{mm}$$

小信号峰值增益系数为

$$G_m^0 = 3 \times 10^{-4}/d = 2 \times 10^{-4}/\text{mm}$$

激发参数为

$$\beta = \frac{G_m^0}{G_t} = \frac{2 \times 10^{-4}}{1.1 \times 10^{-4}} = 1.82$$

输出功率为

$$P = \frac{1}{2}S T I_s(\beta^2 - 1) = \frac{1}{2} \times 1.77 \times 0.01 \times 0.2 \times (1.82^2 - 1)\,\text{W} = 4.093\,\text{mW}$$

[7]　腔长 $L=100\,\mathrm{mm}$ 的单模 HeNe 激光器,腔镜的反射率分别为100％和98％,其余损耗忽略不计。稳态工作时输出波长 632.8 nm,功率 0.5 mW,光束直径 0.5 mm。求腔内光子数。(假设输出光束横向均匀分布)

答案:

HeNe 激光器的输出功率为

$$P=\frac{1}{2}TSI=\frac{1}{2}TS\varphi h\nu c$$

其中 φ 为单位体积内光子数(光子数密度)。

腔内光子数为

$$N_\varphi=\varphi V=\frac{2PV}{TSh\nu c}=\frac{2P\lambda L}{Thc^2}=\frac{2\times0.0005\times632.8\times10^{-9}\times0.1}{0.02\times6.63\times10^{-34}\times3^2\times10^{16}}=5.3\times10^7$$

[8]　HeNe 激光器谐振腔长 1 m,横截面积 $S=1.2\,\mathrm{mm}^2$,输出镜透过率为 $T=0.04$,荧光谱线宽 $\Delta\nu_D=1500\,\mathrm{MHz}$,$I_s=0.3\,\mathrm{W/mm}^2$,激发参数 $\beta=5$。求总输出功率。(所有模式都按照中心频率计算)

答案:

纵模间距为

$$\Delta\nu_q=\frac{c}{2L}=150\,\mathrm{MHz}$$

出光带宽为

$$\Delta\nu_G=\sqrt{\frac{\ln\beta}{\ln2}}\,\Delta\nu_D=2285.68\,\mathrm{MHz}$$

本征纵模个数为

$$\Delta q=\left(\frac{\Delta\nu_G}{\Delta\nu_q}\right)+1=16$$

总输出功率为

$$P=\Delta q\times\frac{1}{2}STI_s(\beta^2-1)=16\times\frac{1}{2}\times1.2\times0.3\times0.04\times24\,\mathrm{W}=2.76\,\mathrm{W}$$

第 8 章

[1]　什么叫做激光横模?画出 $\mathrm{TEM}_{mn}=\mathrm{TEM}_{21}$ 和 $\mathrm{TEM}_{pl}=\mathrm{TEM}_{22}$ 的光斑能量分布。

答案:

观察激光束横截面上的光强分布时,发现光场是有规律分布的若干种花样,激光束的这种横向光场的稳定的强度分布花样称为激光的横向模式,简称横模。

反射镜的有限大小会引起衍射损耗,按照圆形镜腔和方形镜腔引起衍射损耗的不同,激光横模有两种不同的分布,一种是按直角坐标系的 X 和 Y 方向在平面上分布,用 TEM_{mn} 表示;另一种是按照径向和角向在平面上分布,用 TEM_{pl} 表示。

$\mathrm{TEM}_{mn}=\mathrm{TEM}_{21}$ 和 $\mathrm{TEM}_{pl}=\mathrm{TEM}_{22}$ 的光斑能量分布如图 8-1 所示。

[2]　标出图 8-2 中各横模的序号。

答案:

观察图 8-2 所用的坐标系,如图 8-3 所示。

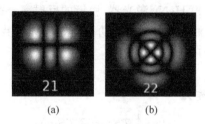

图 8-1　不同的横模分布

(a) $\text{TEM}_{mn}=\text{TEM}_{21}$；(b) $\text{TEM}_{pl}=\text{TEM}_{22}$

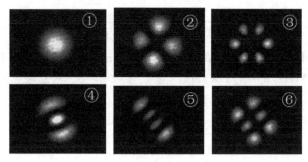

图 8-2　横模模式图

图 8-3　观察图 8-2 所用的坐标系

①$\text{TEM}_{mn}=\text{TEM}_{00}$；②$\text{TEM}_{mn}=\text{TEM}_{11}$ 或 $\text{TEM}_{pl}=\text{TEM}_{02}$；③$\text{TEM}_{pl}=\text{TEM}_{03}$；④$\text{TEM}_{mn}=\text{TEM}_{02}$；⑤$\text{TEM}_{mn}=\text{TEM}_{03}$；⑥$\text{TEM}_{mn}=\text{TEM}_{12}$。

[3]　有一台 HeNe 激光器的腔长为 $L=500\,\text{mm}$，输出波长为 $0.6328\,\mu\text{m}$，两腔镜曲率半径都为 500 mm。求同一级纵模对应的两横模 TEM_{00} 和 TEM_{01} 之间的频率相差多少？

答案：

对方形镜腔，横模间隔为

$$\Delta\nu_{\text{横}}=\frac{c}{4\eta L}(\Delta m+\Delta n)=150\,\text{MHz}$$

对圆形镜腔，横模间隔为

$$\Delta\nu_{\text{横}}=\frac{c}{4\eta L}(\Delta m+2\Delta n)=300\,\text{MHz}$$

[4]　激光器横模选择的原理？给出几种可行的方法。

答案：

原理：改变损耗。

(1) 小孔光阑选模：在谐振腔内设置小孔光阑或者限制激光介质横截面积以降低谐振腔的菲涅尔数，使激光器实现基横模运行；

(2) 谐振腔参数 g、N 选择法：适当选择谐振腔的类型和腔参数 g、N 值，使满足基横模的单程增益至少应能补偿它在谐振腔中的单程损耗，则能使激光器输出基横模光束；

（3）非稳腔选模；

（4）微调谐振腔选模：对于稳定腔，适当将腔镜倾斜就可以抑制高阶横模。

[5]　有一台对称共焦腔 HeNe 激光器，输出波长为 $\lambda = 632.8$ nm，谐振腔长为 500 mm。如果通过小孔光阑选择基横模，问当小孔光阑分别紧靠凹面镜时，小孔光阑的直径是多少？（对于 HeNe 激光器，光阑直径约等于基横模半径的 3.3 倍时，可选出基横模）

答案：

HeNe 激光器的镜面上的光斑尺寸为

$$\omega_{0s} = \sqrt{L\lambda/\pi} \approx 3.17 \times 10^{-4} \text{ m}$$

小孔光阑直径应为

$$d = 3.3\omega_{0s} = 1.046 \times 10^{-3} \text{ m}$$

[6]　有一台共焦腔 HeNe 激光器，腔长 $L = 150$ mm，输出波长为 $\lambda = 632.8$ nm。求该激光器输出光的束腰半径和远场发散角。

答案：

束腰半径为

$$\omega_0 = \sqrt{\frac{L\lambda}{2\pi}} \approx 1.23 \times 10^{-4} \text{ m}$$

远场发散角为

$$2\theta_\infty = \frac{2\lambda}{\pi\omega_0} \approx 3.28 \times 10^{-3} \text{ rad}$$

[7]　求共心腔的等价共焦腔。

答案：

设共心腔凹面镜曲率半径分别为 R_1 和 R_2，则其腔长 $L = R_1 + R_2$。有 $g_1 = 1 - \dfrac{L}{R_1} = -\dfrac{R_2}{R_1}$，

$g_2 = 1 - \dfrac{L}{R_2} = -\dfrac{R_1}{R_2}$，则有 $g_1 g_2 = 1$，即共心腔是介稳腔，无等价共焦腔。

[8]　对于一台平凹腔激光器，$R_1 = \infty$，$R_2 = 500$ mm，腔长 L 为多少时，能构成稳定腔并获得最小的基模远场发散角？画出发散角与腔长的关系曲线。

答案：

平凹腔稳定，则 $0 < g_1 g_2 < 1$，即 $0 < 1 - \dfrac{L}{R_2} < 1$，即有 $0 < L < 500$ mm。

平凹腔基模远场发散角为

$$2\theta_\infty = 2\sqrt{\frac{\lambda}{\pi}} \sqrt[4]{\frac{1}{L(R_2 - L)}} \geqslant 2\sqrt{\frac{\lambda}{\pi}} \sqrt[4]{\frac{1}{\left(\dfrac{R_2}{2}\right)^2}} = 2\sqrt{\frac{2\lambda}{\pi R_2}}$$

式中当 $L = \dfrac{R_2}{2} = 250$ mm 时取等号。

归一化的发散角与腔长的关系曲线如图 8-4 所示。

[9]　有一台凹凸腔 HeNe 激光器，波长为 632.8 nm，腔长 $L = 1000$ mm，两个反射镜的曲率半径大小分别为 $R_1 = 1500$ mm 和 $R_2 = -800$ mm。则

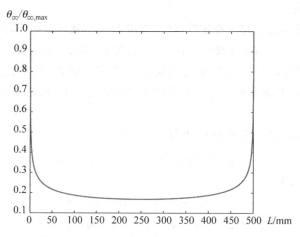

图 8-4　平凹腔的发散角与腔长的关系曲线

（1）证明此腔为稳定腔；

（2）求它的等价共焦腔的参数，束腰半径及束腰位置，并画出等价共焦腔的具体位置；

（3）求远场发散角。

答案：

（1）$g_1 g_2 = \left(1 - \dfrac{L}{R_1}\right)\left(1 - \dfrac{L}{R_2}\right) = 0.75 \in (0,1)$，故该腔为稳定腔。

（2）以等价共焦腔中心为原点，该腔的腔镜位置坐标为

$$z_1 = \frac{L(R_2 - L)}{2L - R_1 - R_2} = -1384.62 \text{ mm}$$

$$z_2 = \frac{-L(R_1 - L)}{2L - R_1 - R_2} = -384.62 \text{ mm}$$

$$f^2 = \frac{L(R_1 - L)(R_2 - L)(R_1 + R_2 - L)}{\left[(L - R_1) + (L - R_2)\right]^2} = 399.7 \text{ mm}$$

等价共焦腔的腔长为

$$L' = 2\sqrt{\frac{L(R_1 - L)(R_2 - L)(R_1 + R_2 - L)}{\left[(L - R_1) + (L - R_2)\right]^2}} \approx 799.4 \text{ mm}$$

等价共焦腔图（虚线为等价共焦腔）如图 8-5 所示。

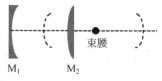

图 8-5　等价共焦腔图

束腰半径为

$$\omega_0 = \sqrt{\frac{\lambda L}{2\pi}} \approx 2 \times 10^{-4} \text{ m}$$

束腰位置如图 8-5 所示，在距离该腔镜 M_2 约 384.62 mm 处。

（3）远场发散角为

$$2\theta_{\infty} = \frac{2\lambda}{\pi\omega_0} \approx 2.014 \times 10^{-3} \text{ rad}$$

[10]　高斯光束的束腰半径为 1 mm，波长 632.8 nm。用焦距为 10 mm 的透镜进行聚焦，当束腰到透镜的距离分别是 1 m 和 0 m 时，求聚焦后的束腰半径和位置。

答案：

1 m 时，有

$$l' = f + \frac{(l-f)f^2}{(l-f)^2 + \left(\frac{\pi\omega_0^2}{\lambda}\right)^2} \approx 10.003863 \text{ mm}$$

$$\omega'_0 = \sqrt{\frac{f^2\omega_0^2}{(l-f)^2 + \left(\frac{\pi\omega_0^2}{\lambda}\right)^2}} \approx 0.001975 \text{ mm}$$

0 m 时，有

$$l' = f + \frac{(l-f)f^2}{(l-f)^2 + \left(\frac{\pi\omega_0^2}{\lambda}\right)^2} \approx 9.999799 \text{ mm}$$

$$\omega'_0 = \sqrt{\frac{f^2\omega_0^2}{(l-f)^2 + \left(\frac{\pi\omega_0^2}{\lambda}\right)^2}} \approx 0.002014 \text{ mm}$$

[11]　两谐振腔结构和相对位置如图 8-6 所示。在什么位置放入一个焦距为多少的透镜才能实现两个腔之间的模式匹配？（输出波长 $\lambda = 0.6328 \ \mu\text{m}$）

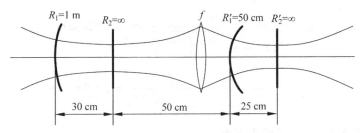

图 8-6　两个谐振腔的结构和相对位置示意图

答案：

首先计算两腔的等价共焦腔的参数，再利用高斯光束经透镜变换的公式，联立方程，即可解出透镜焦距及位置。由图 8-6 可知两腔的参数分别为

$$\begin{cases} z_1 = -L = -30 \text{ cm} \\ z_2 = 0 \\ f_1 = \sqrt{L(R_1 - L)} = 45.8 \text{ cm} \end{cases}$$

和

$$\begin{cases} z'_1 = -L' = -25 \text{ cm} \\ z'_2 = 0 \\ f'_1 = \sqrt{L'(R'_1 - L')} = 25 \text{ cm} \end{cases}$$

求放入透镜的焦距和位置。求解下列方程组：

$$l + l' = 75 \text{ cm}$$

$$\omega_0 = \sqrt{\frac{f_1 \lambda}{\pi}}$$

$$\omega'_0 = \sqrt{\frac{f'_1 \lambda}{\pi}}$$

$$l' = F + \frac{(l-F)F^2}{(l-F)^2 + \left(\frac{\pi\omega_0^2}{\lambda}\right)^2} = F + \frac{(l-F)F^2}{(l-F)^2 + f_1^2}$$

$$\omega'_0 = \sqrt{\frac{F^2 \omega_0^2}{(l-F)^2 + \left(\frac{\pi\omega_0^2}{\lambda}\right)^2}} = \sqrt{\frac{F^2 \omega_0^2}{(l-F)^2 + f_1^2}}$$

解得：$F = 34.0$ cm 和 $l = 38.53$ cm。

所以在距离左腔平面镜右侧 38.53 cm 处放置一焦距为 34.0 cm 的透镜，可以实现两个腔之间的模式匹配。

[12]   高斯光束的束腰半径为 1.5 mm，波长 632.8 nm。用 $f_1 = 20$ mm 和 $f_2 = 500$ mm 的望远镜系统准直。若高斯光束的束腰距离第一个透镜的距离为 800 mm，求该望远镜系统对高斯光束的准直倍率是多少？

答案：

f_1 后的束腰半径及位置分别为

$$\omega_{02} = \frac{|f_1 \omega_{01}|}{\sqrt{(f_1 - z_1)^2 + \left(\frac{\pi\omega_{01}^2}{\lambda}\right)^2}} \approx 0.0027 \text{ mm}$$

$$z'_1 = f_1 + \frac{(z_1 - f_1)f_1^2}{(z_1 - f_1)^2 + \left(\frac{\pi\omega_{01}^2}{\lambda}\right)^2} \approx 20.0025 \text{ mm}$$

入射光束束腰与 f_2 之间的距离为

$$z_2 = (f_1 + f_2) - z'_1 = 499.9975 \text{ mm}$$

f_2 后的束腰半径为

$$\omega_{03} = \frac{|f_2 \omega_{02}|}{\sqrt{(f_2 - z_2)^2 + \left(\frac{\pi\omega_{02}^2}{\lambda}\right)^2}} \approx 37.5 \text{ mm}$$

远场发散角为

$$2\theta_{\infty 3} = \frac{2\lambda}{\pi\omega_{03}}$$

入射的光束远场发散角为

$$2\theta_{\infty 1} = \frac{2\lambda}{\pi\omega_{01}}$$

则准直倍率为

$$T=\frac{2\theta_{\infty0}}{2\theta_{\infty3}}=\frac{\omega_{03}}{\omega_{01}}=25$$

[13]　高斯光束的共焦参数 $z_0=0.5$ m。使用焦距分别为 $f_1=0.1$ m 和 $f_2=1$ m 的两个透镜所组成的倒置望远镜系统对它进行扩束准直,分别将束腰置于(1)透镜处;(2)距透镜 $l=5$ m 处时,求扩束倍数 M_1、M_2 分别是多少?

答案:

(1) 束腰置于透镜处,则 $l_1=0$。

f_1 后的束腰位置及半径

$$l_1'=f_1+\frac{(l_1-f_1)f_1^2}{(l_1-f_1)^2+(z_0)^2}\approx0.0962\text{ m}$$

$$\omega_0'^2/\omega_0^2=\frac{f_1^2}{(l_1-f_1)^2+(z_0)^2}\approx0.03846$$

则入射光束束腰与 f_2 之间的距离 $l_2=(f_1+f_2)-l_1'=1.0038$ m。

f_2 后的束腰半径

$$\frac{\omega_0''^2}{\omega_0'^2}=\frac{f_2^2}{(l_2-f_2)^2+(z_1)^2}=\frac{f_2^2}{(l_2-f_2)^2+\left(z_0\times\frac{\omega_0'^2}{\omega_0^2}\right)^2}\approx2602.59$$

则扩束倍率 $M_1=\sqrt{\frac{\omega_0''^2\omega_0'^2}{\omega_0'^2\omega_0^2}}=10$

(2) $l_1=5$ m 时。

同理有,扩束倍率 $M_2=10$。

$l_1=5$ m 时,f_1 后的束腰位置及半径

$$l_1'=f_1+\frac{(l_1-f_1)f_1^2}{(l_1-f_1)^2+(z_0)^2}\approx0.102\text{ m}$$

$$\omega_0'^2/\omega_0^2=\frac{f_1^2}{(l_1-f_1)^2+z_0^2}\approx0.0004$$

入射光束束腰与 f_2 之间的距离 $l_2=(f_1+f_2)-l_1'=0.998$ m。

则 f_2 后的束腰半径

$$\omega_0''^2/\omega_0'^2=\frac{f_2^2}{(l_2-f_2)^2+\left(z_0\times\frac{\omega_0'^2}{\omega_0^2}\right)^2}\approx247524.7525$$

扩束倍率

$$M_2=\sqrt{\frac{\omega_0''^2\omega_0'^2}{\omega_0'^2\omega_0^2}}=10$$

而按照《激光原理(第六版)》[1]中的式(2.11.19),扩束倍率为

①　周炳琨.激光原理[M].6 版.北京:国防工业出版社,2009.

$$M_2 = \frac{f_2}{f_1}\sqrt{1+\left(\frac{l_1}{z_0}\right)^2} = 100$$

使用两个方法得出不同结果的原因在于：

《激光原理(第六版)》中使用式(2.11.19)的前提是 $l \gg f_1$，而本题明显不满足这一点。

在《激光原理(第六版)》公式的推导里，高斯光束经过第一个透镜后的 $\omega_0''^2/\omega_0^2$ 与本题算法是一致的，得到的结果均为 0.0004。但是 $\omega_0'''^2/\omega_0''^2$ 二者的计算过程不同。

按照《激光原理(第六版)》的算法：

$$\omega_0''^2/\omega_0'^2 = \left(\frac{f_2}{z_0'}\right)^2 = \frac{f_2^2}{\left(z_0 \times \frac{\omega_0'^2}{\omega_0^2}\right)^2} = 25000000 \tag{1}$$

而实际上

$$\omega_0''^2/\omega_0'^2 = \frac{f_2^2}{(l_2-f_2)^2 + \left(z_0 \times \frac{\omega_0'^2}{\omega_0^2}\right)^2} \approx 247524.7525 \tag{2}$$

对比式(1)和式(2)可以发现，式(2)在分母上多了 $(l_2-f_2)^2$ 一项，在本题里，$(l_2-f_2)^2$ 为 4×10^{-6}，而 $\left(z_0 \times \frac{\omega_0'^2}{\omega_0^2}\right)^2$ 为 4×10^{-8}，二者相差 100 倍。

因此可以看出，只有当 $(l_2-f_2)^2 \ll \left(z_0 \times \frac{\omega_0'^2}{\omega_0^2}\right)^2$ 时，两种算法结果才会相等，否则不能直接使用《激光原理(第六版)》上的 $M = \frac{f_2}{f_1}\sqrt{1+\left(\frac{l}{z_0}\right)^2}$ 扩束倍率公式。

其实，这种差异也恰恰反映了《激光原理(第六版)》中对于扩束倍率公式的使用要求，即 $l \gg f_1$，只有在这种情况下，出射高斯光束的束腰才正好在副镜 f_1 的后焦面上，满足了 $(l_2-f_2) \to 0$ 的要求。

综上，在计算扩束倍率的时候，不能简单的使用《激光原理(第六版)》上给出的公式，要注意判断入射的高斯光束束腰位置是否满足 $l \gg f_1$ 这一先决条件 $\Big($ 经作者计算，即便本题条件改为入射高斯光束束腰位置 $l_1 = 1000$ m，依然不满足《激光原理(第六版)》所用 $M = \frac{f_2}{f_1}\sqrt{1+\left(\frac{l}{z_0}\right)^2}$ 的前提条件 $\Big)$。

第 9 章

[1] 说明为什么 100 mm 长 HeNe 激光器(波长 0.6328 μm)的输出光的相干性比一个 Ne(氖)灯光的好。

答案：

氖灯光是自发辐射光，其辐射的光谱是以多普勒为主的综合展宽，宽度有 1500 MHz。可以算出，100 mm 长 HeNe 激光器输出单纵模(又称单频)激光，光谱宽度仅几兆赫兹，所以 HeNe 激光的相干性比一个 Ne(氖)灯光的好。

[2] HeNe 激光器中 Ne 原子的自发辐射光的带宽为 1500 MHz，激光技术是怎样把 HeNe

激光器中 Ne 原子的自发辐射的宽光谱压窄到 10^{-8} 量级的？

答案：

①在激光谐振腔中振荡的光必须要满足谐振腔的驻波条件，于是 Ne 原子的自发辐射的 1500 MHz 带宽仅有数个频率（纵模）能够振荡；②缩短腔长，纵模间隔变大，以至于在 1500 MHz 的带宽内仅存一个纵模；③使用激光稳频技术，把这个仅存的纵模频率稳定在一点（一个频率），现有技术可达到 10^{-8} 量级，甚至 10^{-11} 量级。

[3] 什么叫做激光频率谐振条件？什么叫做纵模间隔？怎样才能改变纵模间隔？

答案：

（1）因为传统激光器是驻波腔激光器。要形成激光的频率应该是腔内可能存在的驻波频率，所以必须满足驻波条件，也是驻波腔内的频率谐振条件，即

$$\nu_q = q \frac{c}{2\eta L}$$

式中，q 为正整数。

（2）在激光腔内激光产生过程中，存在着光与激光介质的相互作用，能够形成激光的频率必须在荧光谱线宽内，即在增益曲线宽内。

（3）形成激光的频率必须有足够的放大倍数以补偿其在腔内传播中的损耗，即增益大于损耗。

只有满足上述三条的频率才是激光输出频率，即激光纵模。

纵模间隔数值上应该等于谐振频率间隔，即腔内两个相邻纵模频率之差，称为纵模的频率间隔，由下式给出：

$$\Delta \nu_q = \frac{c}{2\eta L}$$

由上式可知，改变几何腔长 L 或腔内折射率 η，可改变纵模间隔。

[4] 请给出不改变激光器几何长度而改变激光器物理光程的方法？

答案：

改变腔内某一个元件（或几个元件）的折射率。

[5] 求证激光谐振腔长改变 dL 时激光频率改变 $d\nu = -\nu dL/L$。

答案：

对 $\nu_q = (c/2L)q$ 两边微分，可得

$$d\nu_q = \frac{c}{2L^2}(-dL)q$$

所以

$$\frac{d\nu_q}{\nu_q} = \frac{-dL}{L}$$

即

$$d\nu = -\frac{\nu}{L}dL$$

[6] 什么叫做激光纵模？怎么估算激光器输出的纵模个数，试举一例？

答案：

激光纵模：由谐振条件 $L=\dfrac{\lambda}{2\eta}q$（即 $\nu_q=\dfrac{c}{2\eta L}q$）所确定的一个实际存在于腔内的激光振荡频率叫做一个激光纵模，q 称为纵模序数。

如果估算纵模个数，可以是荧光谱线宽与纵模间隔的比值，即纵模个数。

例：一个长 60 cm 的 HeNe 激光管，输出波长为 632.8 nm，求纵模个数是多少？（已知 632.8 nm 的 HeNe 激光器的荧光谱线宽为 $\Delta\nu_D=1.5\,\text{GHz}$）

纵模间隔为

$$\Delta\nu=\frac{c}{2\eta L}=0.25\,\text{GHz}$$

纵模个数为

$$\Delta q=\frac{\Delta\nu_D}{\Delta\nu}=6\ \text{个}$$

[7]　$L=10$ cm 的红宝石激光器最靠近中心频率的纵模序数（级次）q 是多少？
答案：

红宝石激光器中心波长为 694.3 nm，由 $2\eta L=q\lambda$，得

$$q=\frac{2\eta L}{\lambda}$$

计算得到最靠近中心频率的纵模序数为 288060。

[8]　一台环形固体激光器，激光束顺时针运行，其出光带宽为 3.3×10^{12} Hz，问获得单纵模的条件：

（1）如果纵模在介质线型函数的中心频率处；

（2）如果纵模非常接近线型函数的边沿处。

答案：

对于环形腔，纵模间隔条件为

$$\Delta\nu_q=\frac{c}{L}\geqslant\Delta\nu,\quad L\leqslant\frac{c}{\Delta\nu}$$

（1）纵模在中心频率处时，纵模间隔应该大于出光带宽的一半，即环形腔小于 181.8 μm；

（2）如果纵模在线型函数边沿处，纵模间隔应该大于出光带宽，即环形腔小于 90.9 μm。

[9]　红宝石激光器的光谱宽度是 3.3×10^{11} Hz，一台腔长为 10 cm（已计入红宝石的折射率）的红宝石激光器，问：

（1）最多可能有多少纵模？

（2）用什么方法可以获得单个纵模？

答案：

（1）纵模间隔为

$$\Delta\nu=\frac{c}{2\eta L}=\frac{3.0\times10^8}{2\times10\times10^{-2}}\,\text{Hz}=1.5\times10^9\,\text{Hz}$$

纵模个数为

$$\Delta q = \frac{\Delta \nu_D}{\Delta \nu} = \frac{3.3 \times 10^{11}}{1.5 \times 10^9} = 220$$

（2）获得单纵模方法：缩短腔长。

[10]　一般情况下，HeNe 激光器的光谱展宽机制是以多普勒展宽为主的综合展宽。如果激光器的出光带宽为 1200 MHz、腔长为 350 mm，此激光器输出几个纵模？如果保持 He 和 Ne 的气压比不变，但加大总气压，最终激光的纵模数将发生怎样的变化？带宽或腔长参数作何改变可使此激光器获得单纵模输出？给出此参数的临界值？

答案：

纵模间隔为

$$\Delta \nu = \frac{c}{2\eta L} = \frac{3.0 \times 10^8}{2 \times 1 \times 350 \times 10^{-3}} \text{ Hz} = 4.3 \times 10^8 \text{ Hz}$$

纵模个数为

$$\Delta q = \left(\frac{\Delta \nu_D}{\Delta \nu}\right) + 1 = \left(\frac{1200 \times 10^6}{4.3 \times 10^8}\right) + 1 = 3$$

气压增大则使碰撞展宽变宽，原本共存的两个纵模有可能进入同一个烧孔内而产生模竞争，从而消失一个，使得纵模数减少。

缩短腔长获得单纵模的条件为纵模间隔等于出光带宽，即

$$\Delta \nu_q = \Delta \nu_D$$

则临界腔长为

$$L = \frac{c}{2\eta \Delta \nu} = \frac{3.0 \times 10^8}{2 \times 1200 \times 10^6} \text{ m} = 0.125 \text{ m}$$

减小带宽获得单纵模的条件为

$$\Delta \nu_q = \Delta \nu_D$$

则临界带宽为

$$\Delta \nu_D = 4.3 \times 10^8 \text{ Hz}$$

[11]　讨论以下叙述是否正确：根据 $\nu = \frac{c}{2L}q$，当腔长 L 减小时，激光频率 ν 就要增加（或波长 λ 就要减小），所以可使一台激光器的波长由紫变绿，由绿变黄，由黄变橙，由橙变红。如果认为上述正确或不正确，都说明原因。如果认为在一定条件下才正确，说明条件和原因。

答案：

不正确。激光输出频率还与增益介质的荧光谱线宽有关。目前尚没有一种激光工作介质，荧光谱线宽能覆盖可见光不同颜色的光波长范围（该范围是几百纳米，对应频率是几千太赫兹）。

[12]　一台钕玻璃（Nd：glass）激光器，第 q 级纵模在增益曲线中心频率处，如果让第 $q+5$ 级的纵模移到中心频率处，问：

（1）腔的光程长度改变多少？

（2）如果压电陶瓷的伸长量为 5×10^{-7} cm·V^{-1}，求压电陶瓷需加多少电压？

答案：

（1）Nd：glass 激光器的输出波长为 1064 nm，有

$$2L = q\lambda$$
$$2L' = (q+5)\lambda$$

则

$$\Delta L = L' - L = \frac{5\lambda}{2} = 2660 \text{ nm}$$

(2)

$$V = \frac{\Delta L}{5 \times 10^{-7}} = \frac{2647.5 \times 10^{-7}}{5 \times 10^{-7}} \text{ V} = 532 \text{ V}$$

[13] (1) 激光器出光带宽一定,讨论获得单纵模的条件。

(2) 激光器出光带宽为 1.2×10^9 Hz,问:腔长随温度改变时总能获得单纵模的最大腔长? 五个纵模振荡的条件(五个纵模的中间一个与激光介质中心频率重合)?

答案:

(1) 获得单纵模的条件为

$$\Delta\nu_q = \frac{c}{2L} \geqslant \Delta\nu_G$$

如果纵模在中心频率处,纵模间隔应该大于出光带宽的一半;如果纵模在线型函数边缘处,纵模间隔应该大于出光带宽。

(2) 腔长随温度改变时总能获得单纵模的最大腔长为

$$L_{\max} = \frac{c}{2\Delta\nu_G} = 0.125 \text{ m}$$

五个纵模振荡的条件为

$$4 \leqslant \frac{\Delta\nu_G}{\Delta\nu_q} < 6$$

解得:$0.5 \text{ m} \leqslant L < 0.75 \text{ m}$。

[14] 估算下述激光器可能有的纵模个数:

(1) 氩离子激光器,输出波长 $\lambda = 5145$ Å($1 \text{ Å} = 10^{-10}$ m),多普勒线宽 $\Delta\nu_D = 6.0 \times 10^8$ Hz,腔长 $L = 1$ m;

(2) 红宝石激光器,输出波长 $\lambda = 6943$ Å,光谱线宽度为 3.3×10^{11} Hz,腔长 $L = 100$ mm;

(3) 钕玻璃激光器的输出波长 $\lambda = 1.06 \ \mu\text{m}$,钕玻璃光谱线宽度 $\Delta\nu_H = 7.5 \times 10^{12}$ Hz,激光器腔长为 150 mm(此处腔长已考虑介质的折射率,即光程)。

答案:

(1) 纵模间隔为

$$\Delta\nu_q = \frac{c}{2\eta L} = \frac{3 \times 10^8}{2 \times 1 \times 1} = 1.5 \times 10^8$$

纵模个数为

$$\Delta q = \frac{\Delta\nu_D}{\Delta\nu_q} = \frac{6 \times 10^8}{1.5 \times 10^8} = 4$$

(2) 纵模间隔为

$$\Delta\nu_q = \frac{c}{2\eta L} = \frac{3 \times 10^8}{2 \times 1 \times 100 \times 10^{-3}} = 1.5 \times 10^9$$

纵模个数为

$$\Delta q = \frac{\Delta \nu_D}{\Delta \nu_q} = \frac{3.3 \times 10^{11}}{1.5 \times 10^9} = 220$$

（3）纵模间隔为

$$\Delta \nu_q = \frac{c}{2\eta L} = \frac{3 \times 10^8}{2 \times 1 \times 150 \times 10^{-3}} = 1 \times 10^9$$

纵模个数为

$$\Delta q = \frac{\Delta \nu_H}{\Delta \nu_q} = \frac{7.5 \times 10^{12}}{1 \times 10^9} = 7500$$

[15]　（1）计算一支 1.5 m 长的 HeNe 激光管可能有几个纵模？

（2）为了稳定出光，0.8 m 长毛细管的全内腔 HeNe 激光器（毛细管直径 $d = 2$ mm）输出镜的最小反射率是多少？（HeNe 激光器的荧光谱线宽为 1.5 GHz）

答案：

（1）纵模间隔为

$$\Delta \nu_q = \frac{c}{2\eta L} = \frac{3.0 \times 10^8}{2 \times 1 \times 1.5} = 1 \times 10^8$$

纵模个数为

$$\Delta q = \frac{\Delta \nu_D}{\Delta \nu_q} = \frac{1.5 \times 10^9}{1 \times 10^8} = 15$$

最可能有 15 个，当有纵模恰好在增益曲线中心频率处会有 16 个。

（2）增益大于损耗，有

$$2GL \geqslant \delta$$

而

$$G = 3 \times 10^{-4} \frac{1}{d} = 0.15/\text{m}$$

当 $R_1 = 100\%$ 时，求 R_2 的最小反射率。有

$$R_1 R_2 e^{2GL} = 1$$

解得

$$R_{2\min} = e^{-2 \times 0.15 \times 0.8} = e^{-0.24} = 78.7\%$$

[16]　在一激光腔内引入一双折射晶体片，由于晶体的双折射效应，将产生一列 o 光（寻常光）纵模和一列 e 光（非常光）纵模。设双折射晶体片的 o 光和 e 光的光程差是 δ，从 $\nu_q = \frac{c}{2L} q$ 出发，求同一 q 级的 o 光和 e 光的频率差。

答案：

$$\Delta \nu_{qoe} = \frac{c}{2L} q - \frac{c}{2(L+\delta)} q = \frac{cq\delta}{2L(L+\delta)} \approx \frac{cq}{2L} \cdot \frac{\delta}{L} = \nu_q \cdot \frac{\delta}{L}$$

[17]　如图 9-1 所示，左右两台激光器的参数相同，即波长相同、腔长相等（$L_1 = L_2$），单程增益相同，M_1 和 M_3 的反射率相同，且它们共用一个反射镜 M_2。如果 M_2 向左移动，问：

（1）两台激光器中相同序数 q 的纵模的频率大小怎么变化？

（2）两台激光器的输出纵模数有什么变化？

（3）推出同级纵模的频率差表达式。

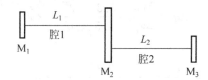

图 9-1　激光器结构示意图

答案：

（1）纵模频率为

$$\nu_q = \frac{c}{2\eta L} q$$

与腔长成反比。

M_2 向左移动（假设移动长度为 ΔL），则有

$$L_1' = L_1 - \Delta L = L - \Delta L$$

左腔长减少。

$$L_2' = L_2 + \Delta L = L + \Delta L$$

右腔长增加。

所以相同纵模序数 q 的条件下，左边腔激光器的频率变大，右边腔激光器的频率变小。

（2）纵模个数为

$$\Delta q = \frac{\Delta \nu_G}{\Delta \nu_q}$$

纵模频率间隔为

$$\Delta \nu_q = \frac{c}{2\eta L}$$

与腔长成反比，则 Δq 与腔长成正比，左边频率数减小，右边频率数增加。

（3）同级纵模 q，则有

$$\Delta \nu = \nu_{q1} - \nu_{q2} = q \left(\frac{c}{2\eta L_1'} - \frac{c}{2\eta L_2'} \right) = \frac{cq \Delta L}{\eta (L^2 - \Delta L^2)} \approx \frac{cq \Delta L}{\eta L^2} (\Delta L \ll L) = \nu_q \frac{2 \Delta L}{L}$$

[18]　（1）计算 HeNe 激光 $0.633\ \mu m$ 波长的多普勒线宽。（$m = 1.66 \times 10^{-27}$ kg）

（2）反射镜 M_1 的左表面是反射面，M_2 的右表面是反射面。说明 170 mm 和 200 mm 两尺寸的名称。

（3）设激光器参数如图 9-2 所示，问多普勒线宽内可有多少个空腔频率？

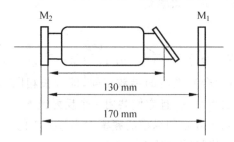

图 9-2　HeNe 激光器结构示意图

答案：

（1）多普勒线宽为

$$\Delta \nu_{\mathrm{D}} = 2\nu_0 \left(\frac{2kT}{mc^2}\ln 2\right)^{1/2} = 1518\,\mathrm{MHz}$$

（2）170 mm 为谐振腔，200 mm 为外观尺寸。

（3）纵模间隔为

$$\Delta \nu_q = \frac{c}{2\eta L} = 882\,\mathrm{MHz}$$

纵模个数为

$$\Delta q = \frac{\Delta \nu_{\mathrm{D}}}{\Delta \nu_q} = 2$$

［19］　讨论：（1）在激光器内放入一四分之一波片，激光器的空腔谐振频率数有什么变化？相邻频率的间隔怎样变化？

（2）在激光器内放入全波片呢？

（3）在激光器内放入半波片呢？

答案：

（1）放入四分之一波片，单程产生相位差 $\pi/2$，频差为纵模间隔，频率数多一倍。

（2）放入全波片，单程产生相位差 2π，频差为纵模间隔，频率数不变。

（3）放入半波片，单程产生相位差 π，频差为纵模间隔，频率数不变。

［20］　如图 9-3 所示为激光器单纵模工作。在两反射镜之间有尺寸相同但折射率不同的两个光楔，其折射率 $\eta_1 > \eta_2$，其中的腔镜和光楔都可以移动，请问：如果要使该激光器的频率增大，有什么方法？减小呢？在光楔或者腔镜运动的条件下，如果要使激光器的频率不变，又有什么办法？

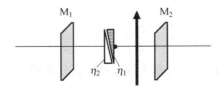

图 9-3　激光器腔调谐结构示意图

答案：

由 $\nu_q = (c/2\eta L)q$ 可知，要使激光频率增大，就要减小光学腔长。通过将两光楔整体同时上移实现；反之，两光楔整体同时下移，增加光学腔长，频率减小。两者同时调谐，一个增加光学腔长，一个减小光学腔长，保证等效腔长不变，即保证 $\Delta l_{光楔} + \Delta l_{腔镜} = 0$（$\Delta l$ 代表光程改变量），稳定频率。

［21］　计算比较 30 cm 长的石英壳激光器和硬质玻璃激光器，温度改变 3℃ 引起的频率漂移。（石英壳膨胀系数为 5×10^{-7}/℃；硬质玻璃激光器的膨胀系数为 4×10^{-6}/℃）

答案：

对于 HeNe 激光器，$\nu = 4.7 \times 10^{14}$ Hz，而

$$\delta\nu = \nu\,\frac{\delta L}{L}$$

对于石英壳激光器,有

$$\delta L_1 = 5\times10^{-7}\times3\times0.3\ \text{m} = 4.5\times10^{-7}\ \text{m}$$

$$\delta\nu_1 = \frac{-4.7\times10^{14}}{0.3}\times4.5\times10^{-7}\ \text{Hz} = -705\ \text{MHz}$$

对于硬质玻璃激光器,有

$$\delta L_2 = 4\times10^{-6}\times3\times0.3\ \text{m} = 3.6\times10^{-6}\ \text{m}$$

$$\delta\nu_2 = \frac{-4.7\times10^{14}}{0.3}\times3.6\times10^{-6}\ \text{Hz} = -5.64\ \text{GHz}$$

[22]　设激光管壳膨胀系数为 α,温度改变量为 ΔT。证明激光器频率的漂移和激光器腔长无关。

答案:

由题知

$$\text{d}L = \alpha L\,\text{d}T = \alpha L\,\Delta T$$

所以

$$\text{d}\nu = -\frac{\nu}{L}\text{d}L = -\frac{\nu}{L}\alpha\Delta TL = -\nu\alpha\Delta T$$

即激光器频率漂移与激光器腔长无关。

[23]　激光器的纵模个数是由什么决定的?纵模的频率为什么会发生漂移?怎样克服频率的漂移?

答案:

纵模个数为

$$\Delta q = \frac{\Delta\nu_G}{\Delta\nu_q},\quad \Delta\nu_q = \frac{c}{2\eta L}$$

当激光器的展宽一定时,纵模个数由激光器增益介质的折射率、激光腔长等决定。

激光器的纵模频率为

$$\nu_q = \frac{c}{2\eta L}q$$

当激光器折射率或者腔长发生改变时,则激光纵模的频率会发生漂移。

为了抑制激光频率漂移,要使增益介质的折射率和腔长保持恒定。一般成型激光器腔内折射率基本恒定,所以抑制激光频率漂移,就是稳定激光腔长。激光器在工作的过程中,会发热,温度会改变,这时就会影响腔长,所以可通过温度控制来抑制激光频率的漂移,也可以通过稳频的方法,即把激光频率锁定至某一个频率基准上,通过闭环伺服反馈系统控制频率漂移。

[24]　波长相同、腔长不同的两台激光器,组成它们谐振腔的一个反射镜沿法线方向移动相同距离。证明:这两支激光器纵模序数改变量相同。

答案：

初始条件

$$\nu_0 = \frac{c}{2\eta L_1} q_1 = \frac{c}{2\eta L_2} q_2$$

移动后,有

$$\nu_0 = \frac{c}{2\eta(L_2 + L)} q_1' = \frac{c}{2\eta(L_2 + L)} q_2'$$

可得

$$q_1' - q_1 = q_2' - q_2$$

[25] 说明激光频率(模)牵引效应的原理。设计一个由压电陶瓷、HeNe 激光器增益管等元器件构成的实验装置,其可改变频率牵引大小。对你的设计做出说明。并指出用你设计的装置如何得到最大频率牵引量,如何得到最小频率牵引量?

答案：

激光频率(模)牵引效应:有源腔中的激活介质在中心频率附近存在色散,使得有源腔纵模频率比无源腔纵模频率更靠近中心频率。

改变频率牵引量就是通过改变激光器腔长(压电陶瓷)改变激光频率。激光频率不同,其受到的牵引量就不同,激光频率距离增益曲线中心越远,牵引量越大,在中心处牵引量为零,因此激光纵模位于出光带宽边沿(距中心最远),牵引量增大。位于增益曲线中心的牵引量最小。同时也可用氦氖管改变增益。

[26] 看图 9-4 回答:

(1) 标出频率牵引最大点和最小点。

(2) 如果有两个纵模,问两个纵模的纵模间隔是多少?平移到增益曲线上的什么位置时它们的频率差改变①最大,②最小。

(3) 如果有两个纵模,问两个纵模在什么位置时,对两个纵模的频率牵引量相等(绝对值)。

答案：

(1) 如图 9-5 所示,空心圆为频率牵引最小点,实心圆为频率牵引最大点。

(2) 纵间隔为上述频率牵引两个最大点之间的间隔。①两个纵模分别处于两频率牵引最大点时,频差最大。②两个纵模关于任意一个频率牵引最大点中心对称时,频差最小。

(3) 两纵模关于中心频率对称。

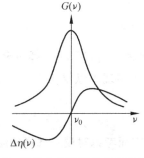

图 9-4　增益介质的增益和色散曲线图

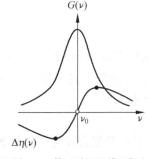

图 9-5　第 9 章习题[26]图

[27]   简述激光器纵模选择的方法及原理。

答案:

激光器纵模选择的方法有短腔法、行波腔法等。短腔法是在腔内放入一个"短腔",其自由光谱区大于激光介质的荧光谱线宽,使激光器只容许一个模式振荡。行波腔法多用于固体激光器(光谱均匀展宽)选模,行波没有波节和波腹,不会在激光介质内形成空间烧孔,只有一个纵模振荡。

[28]   固体或半导体激光器能用短腔法选纵模吗?为什么?

答案:

能。

短腔法是利用纵模间隔和谐振腔长成反比的关系,通过减小腔长,使其在荧光谱线有效宽度内只存在一个纵模振荡。微片激光器腔长短到几百微米即可单纵模振荡。半导体激光器可使用复合腔,即在半导体介质外加一个反射镜,其和半导体一个解理面形成微米尺寸的短腔,可实现半导体激光器的单纵模振荡。

[29]   三个反射镜构成一台单纵模输出的红宝石激光器,如图 9-6 所示。红宝石的光谱线宽度为 2.4×10^{11} Hz。

(1) 讨论两个谐振腔 $M_1 M_2$ 和 $M_2 M_3$ 各自的作用?

(2) 短谐振腔的最大长度是多少?

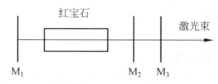

图 9-6   单纵模输出的三镜红宝石激光器

答案:

(1) $M_1 M_2$ 谐振腔用来产生激光,$M_2 M_3$ 用于选择纵模。一般情况下,$M_2 M_3$ 的腔长远小于 $M_1 M_2$ 的腔长,因此腔的纵模间隔主要由短谐振腔腔长确定。

(2) 定义纵模间隔为 $\Delta \nu_q$,光谱线宽为 $\Delta \nu_G$。临界条件为纵模间隔与光谱线线宽相等。

$$\Delta \nu_q = \frac{c}{2 \eta L} = \Delta \nu_G$$

得到短腔法的最大腔长为

$$L = \frac{c}{2 \eta \Delta \nu_G} = 625 \ \mu m$$

[30]   用于选模的 Fox-smith 耦合腔结构如图 9-7 所示,M_1、M_3、M_4 都为全反镜,M_2 的反射率为 r,设增益介质的荧光谱线线宽为 $\Delta \nu_F$。问:要实现单纵模输出,腔长 L_1、L_2、L_3 之间应该满足什么关系?

答案:

Fox-smith 是一种复合腔选模的装置,应从两个方面考虑对模式选择的影响。

首先,它可以看成由两个子谐振腔构成。其中一个腔由 $M_1 M_3$ 构成,腔长为 $L_1 + L_2$,谐振频率为

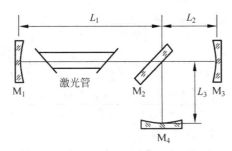

图 9-7　耦合腔选模

$$\nu_{0,1} = \frac{q_1 c}{2\eta(L_1 + L_2)}$$

另一个腔为由 M_1、M_3、M_2、M_4 组成,腔长为 $L_1 + 2L_2 + L_3$,谐振频率为

$$\nu_{0,2} = \frac{q_2 c}{2\eta(L_1 + 2L_2 + L_3)}$$

式中,q_1、q_2 为正整数,图 9-8 为复合腔选模示意图。

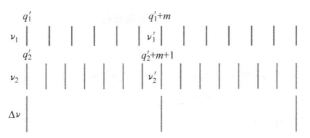

图 9-8　复合腔选模示意图

应满足

$$\nu_1 = \frac{q_1' c}{2\eta(L_1 + L_2)} = \frac{q_2' c}{2\eta(L_1 + 2L_2 + L_3)} = \nu_2$$

$$\nu_1' = \frac{(q_1' + m)c}{2\eta(L_1 + L_2)} = \frac{(q_2' + m + 1)c}{2\eta(L_1 + 2L_2 + L_3)} = \nu_2'$$

式中,q_1'、q_2'、m 为正整数,进而得到

$$m = \frac{L_1 + L_2}{L_2 + L_3}$$

纵模间隔为

$$\Delta\nu_q = \frac{mc}{2\eta(L_1 + L_2)} = \frac{c}{2\eta(L_2 + L_3)}$$

若获得单纵模,满足谐振条件的频率间隔应大于荧光带宽 $\Delta\nu_F$,有

$$\Delta\nu_q = \frac{c}{2\eta(L_2 + L_3)} > \Delta\nu_F$$

因而需要满足

$$L_2 + L_3 < \frac{c}{2\eta\Delta\nu_F}$$

综上,需要满足的条件为

$$\begin{cases} L_2 + L_3 < \dfrac{c}{2\eta\Delta\nu_F} \\[3mm] \dfrac{q_1'c}{2\eta(L_1+L_2)} = \dfrac{q_2'c}{2\eta(L_1+2L_2+L_3)} \\[3mm] \dfrac{(q_1'+m)c}{2\eta(L_1+L_2)} = \dfrac{(q_2'+m+1)c}{2\eta(L_1+2L_2+L_3)} \end{cases}$$

q_1'、q_2'、m 存在满足上述方程组的正整数解。

[31]   如图 9-9 所示,迈克耳孙干涉仪式耦合腔也常用于选模,M、M_1、M_2 都为全反镜,部分反射镜的反射率为 r,设增益介质的荧光谱线宽为 $\Delta\nu_F$。问:要实现单纵模输出,腔长 L、L_1、L_2 之间应该满足什么关系?

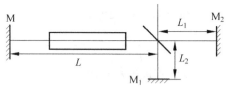

图 9-9   耦合腔选模

答案:

耦合腔由两个子谐振腔组成。其中一个谐振腔的腔长为 $L+L_1$,另一谐振腔的腔长为 $L+L_2$,不妨设 $L_1 < L_2$,分析同本章习题[4]。

腔长需要满足的条件为

$$\begin{cases} L_2 - L_1 < \dfrac{c}{2\eta\Delta\nu_F} \\[3mm] \dfrac{q_1'c}{2\eta(L+L_1)} = \dfrac{q_2'c}{2\eta(L+L_2)} \\[3mm] \dfrac{(q_1'+m)c}{2\eta(L+L_1)} = \dfrac{(q_2'+m+1)c}{2\eta(L+L_2)} \end{cases}$$

q_1'、q_2'、m 存在满足上述方程组的正整数解。

[32]   比较以下概念的区别:荧光谱线宽、(原子)自然展宽、谐振腔本征线宽、激光线宽极限。

答案:

荧光谱线宽:自发辐射对应的光谱宽度。

自然展宽:由于受激原子在激发态寿命有限而引起的原子跃迁谱线的展宽。

谐振腔本征线宽:无源谐振腔中,振荡模式由于损耗导致光子寿命有限,对应的谱线宽度为谐振腔的本征线宽。

激光线宽极限:在激光振荡的过程中,考虑自发辐射的影响,激光模式的线宽不可能为零,这个有限的线宽就是线宽极限。

[33]   某固体激光器的腔长为 45 cm,介质长 30 cm,折射率 $\eta = 1.5$,设此腔总的单程损耗率为 0.01π,求此激光器的无源腔本征纵模的模式线宽。

答案：

光程为

$$L' = 30 \times 1.5 + 45 - 30 \text{ cm} = 60 \text{ cm}$$

光子平均寿命为

$$\tau_c = \frac{L'}{c\delta} = \frac{0.6}{0.01\pi \times 3 \times 10^8} \text{ s} = 6.366 \times 10^{-8} \text{ s}$$

无源腔的本征纵模线宽为

$$\Delta\nu_c = \frac{1}{2\pi\tau_c} = \frac{1}{2 \times 3.14 \times 6.366 \times 10^{-8}} \text{ Hz} = 2.5 \text{ MHz}$$

[34] 某气体激光器中心波长为 $\lambda_0 = 0.633\ \mu\text{m}$，谐振腔长 $L = 150\text{ mm}$，单程损耗 $\delta = 0.02$，中心频率处的某激光模式输出功率 $P = 1\text{ mW}$，求此激光模式的线宽极限。

答案：

无源腔的本征纵模线宽为

$$\Delta\nu_c = \frac{1}{2\pi\tau_c} = \frac{\delta c}{2\pi\eta L} = \frac{0.02 \times 3 \times 10^8}{2 \times 3.14 \times 0.15} \text{ Hz} = 6.37 \text{ MHz}$$

线宽极限为

$$\Delta\nu_s = \frac{N_{2t}}{\Delta N_t} \frac{2\pi h\nu_0}{P} \Delta\nu_c^2 \approx \frac{2\pi h\nu_0}{P} \Delta\nu_c^2$$

$$= \frac{2 \times 3.14 \times 6.63 \times 10^{-34} \times 3 \times 10^8}{0.001 \times 0.633 \times 10^{-6}} \times (6.37 \times 10^6)^2 \text{ Hz}$$

$$= 8.01 \times 10^{-2} \text{ Hz}$$

线宽极限为 8.01×10^{-2} Hz。

[35] HeNe 激光器（波长 $0.6328\ \mu\text{m}$）的腔长 $L = 150\text{ mm}$，毛细管直径 $d = 1\text{ mm}$，两镜的光强反射系数分别为 $r_1 = 0.995$，$r_2 = 0.998$。求：

（1）由衍射损耗引起的单程损耗系数 δ、平均光子寿命 τ_c、品质因数 Q、无源腔的本征纵模线宽 $\Delta\nu_c$。

（2）由输出损耗引起的单程损耗系数 δ、平均光子寿命 τ_c、品质因数 Q、无源腔的本征纵模线宽 $\Delta\nu_c$。（设腔内介质的折射率 $\eta = 1$）

答案：

（1）单程损耗系数为

$$\delta = \frac{\lambda L'}{a^2} = \frac{0.6328 \times 10^{-6} \times 0.15}{(0.5 \times 10^{-3})^2} = 0.38$$

平均光子寿命为

$$\tau_c = \frac{L'}{c\delta} = \frac{0.15}{0.38 \times 3 \times 10^8} \text{ s} = 1.32 \times 10^{-9} \text{ s}$$

品质因数为

$$Q = 2\pi\nu\tau_c = 2 \times 3.14 \times \frac{3 \times 10^8}{0.6328 \times 10^{-6}} \times 1.32 \times 10^{-9} = 3.92 \times 10^6$$

无源腔的本征纵模线宽为

$$\Delta\nu_c = \frac{1}{2\pi\tau_c} = \frac{1}{2\times3.14\times1.32\times10^{-9}}\ Hz = 1.21\times10^8\ Hz$$

（2）单程损耗系数为

$$\delta = -\frac{1}{2}\ln r_1 r_2 = -0.5\times\ln(0.995\times0.998) = 0.0035$$

平均光子寿命为

$$\tau_c = \frac{L'}{c\delta} = \frac{0.15}{0.0035\times3\times10^8}\ s = 1.43\times10^{-7}\ s$$

品质因数为

$$Q = 2\pi\nu\tau_c = 2\times3.14\times\frac{3\times10^8}{0.6328\times10^{-6}}\times1.43\times10^{-7} = 4.26\times10^8$$

无源腔的本征纵模线宽为

$$\Delta\nu_c = \frac{1}{2\pi\tau_c} = \frac{1}{2\times3.14\times1.43\times10^{-7}}\ Hz = 1.1\times10^6\ Hz$$

[36] 简述增加激光器的输出功率会对输出激光的单色性有何影响。

答案：

对于单模输出的激光器，激光器的输出功率越高，线宽极限对应的线宽越窄，导致自发辐射光子占总输出光子的比重就越小，单色性越好。但如果是多模运转的激光器，加大输出功率可能会使单色性变差。

第 10 章

[1] 从激光产生的原理角度阐述激光器的输出的一个纵模应该是某一偏振方向，而不是随机的。

答案：

激光的产生是借助受激辐射实现光放大的过程。受激辐射产生的光子和激励光子具有相同的相位、传播方向和偏振状态。因此，输出的偏振态不是随机的，应该和最先被放大的光子的偏振态相同。

[2] 为什么激光器相邻的纵模其偏振态或平行，或垂直？能否成任意夹角？

答案：

当激光器内受激辐射形成光子流时，一个模式光子流中的全部光子都具有相同的相位、相同的传播方向和相同的偏振状态，这意味着一个激光纵模是偏振的。相邻的纵模的偏振平行或垂直（正交）由激光器介质和腔内的元件有否双折射相关。

对于横截面各向同性的激光介质，理论上偏振方向是随机的，但实际上相邻的纵模的偏振是垂直的。这是由于实际的激光器，应力的各向异性不可能消除，应力引起双折射，导致产生的模式平行或者垂直于应力主轴，其不是成任意角度，典型的是 Nd：YAG 激光器，各种波长（$0.6328\ \mu m$、$3.3\ \mu m$ 和 $1.15\ \mu m$）的 HeNe 激光器。对于横截面各向异性的激光介质，激光束的偏振方向取决于激光介质的晶轴方向（典型的是 Nd：YVO$_4$ 激光器、半导体激光器），相邻纵模的偏振态是平行的。

[3] 试证明激光器内放入一块双折射元件（相位差为 $\Delta\varphi$），求激光器输出的两正交偏振频

率差和纵模间隔之比。

答案：

在没有双折射晶体的腔中，根据驻波条件，可以得到纵模的表达式为

$$\nu = \frac{c}{2l}q$$

式中，l 为腔长（光程）。

对其求微分，得到

$$d\nu = -\frac{c}{2l^2}q\,dl = -\nu\,\frac{dl}{l}$$

双折射晶体的加入，使 o 光、e 光实际物理腔长不同，这是由于光程差引起的，光程差为

$$dl = \frac{d\varphi}{2\pi}\lambda$$

只考虑大小变化，去掉负号。有

$$d\nu = \nu\,\frac{dl}{l} = \frac{c}{\lambda}\,\frac{d\varphi}{l\,2\pi}\lambda = \frac{c}{l}\,\frac{d\varphi}{2\pi} = \Delta\nu_q\,\frac{d\varphi}{\pi}$$

得到

$$\frac{d\nu}{\Delta\nu_q} = \frac{d\varphi}{\pi}$$

式中，$\Delta\nu_q$ 为纵模间隔。可见，在物理腔长一定的条件下，两正交偏振频率之差和该双折射元件的相位差有关，而和激光器谐振腔长无关。

[4]　在一台激光器腔内放入一片石英晶片，会发生什么现象？

答案：

由于石英晶体除了具有双折射性质外，还具有旋光性。因此，可能有以下几种情况发生。

(1) 当光沿石英晶体的光轴传播时，晶体只表现出旋光性。激光束为线偏振光，只是偏振方向相对于没有石英晶片时发生了旋转。

(2) 当光垂直石英晶体的光轴传播时，晶体只表现出双折射特性，产生频率差，无旋光性。

(3) 除(1)、(2)外，既有双折射特性又有旋光特性。

[5]　(1) 激光器内放入一个四分之一波片，激光器输出频率之差是多少？

(2) 如果放入两个四分之一波片，且绕光轴相对旋转（两波片的快轴夹角为 θ），激光器输出频率之差又是多少？激光器两端输出的偏振态如何变化？

答案：

(1) 由本章习题[3]可知，$\Delta\varphi = \frac{\pi}{2}$ 时，频率差为半个纵模间隔。

(2) 运用琼斯矩阵的方法进行分析。

先推导一般结论，假设波片的相位延迟为 φ，两个波片快轴的夹角为 θ，固定第一个波片快轴和 x 轴的夹角为 0。当光连续穿过两个波片后，用矩阵 $F(\varphi,\theta)$ 表示为

$$F(\varphi,\theta) = R(-\theta)P_1(\varphi)R(\theta)P_2(\varphi) = P_1(\varphi)R(\theta)P_2(\varphi)$$

式中，R 为旋转矩阵，P 是波片矩阵。

$$R(\theta) = \begin{bmatrix} \cos\theta & -\sin\theta \\ \sin\theta & \cos\theta \end{bmatrix}, \quad P(\varphi) = \begin{bmatrix} e^{i\varphi/2} & 0 \\ 0 & e^{-i\varphi/2} \end{bmatrix}$$

反向传播时,矩阵用 $B(\varphi,\theta)$ 表示:

$$B(\varphi,\theta) = P_2(\varphi)R(\theta)P_1(\varphi)$$

得到最终乘积为 $M(\varphi,\theta)$。

$$M(\varphi,\theta) = F(\varphi,\theta)EB(\varphi,\theta)E$$

式中,E 表示腔镜反射。

$$E = \begin{bmatrix} 1 & 0 \\ 0 & -1 \end{bmatrix}$$

题中 $\varphi = \dfrac{\pi}{2}$,得到

$$M(\varphi,\theta) = \begin{bmatrix} -\cos2\theta & i\sin2\theta \\ i\sin2\theta & -\cos2\theta \end{bmatrix}$$

根据自洽条件,有

$$M(\varphi,\theta)\begin{bmatrix} E_y \\ E_x \end{bmatrix} = \lambda \begin{bmatrix} E_y \\ E_x \end{bmatrix}$$

求解特征值得到

$$\lambda = e^{\pm i2\theta}$$

分别对应 $E_y = \pm E_x$。

可见,一个模式旋转 2θ,另一个旋转 -2θ,相位差为 4θ,有

$$\frac{\Delta\nu}{\Delta\nu_q} = \frac{4\theta}{\pi}\frac{\pi}{180°} = \frac{\theta}{45°}$$

频差为

$$\Delta\nu = \frac{\theta}{45°}\Delta\nu_q$$

静止波片一侧的偏振态固定,沿快慢轴转动波片,偏振态方向转动上述公式所述的角度。

[6]　图 10-1 给出了多种激光器谐振腔的结构示意图,假设增益都大于损耗,问:能否起振? 为什么? 激光偏振状态如何? 解释原因。偏振方向如何? 为什么?

答案:

① 能振荡,由于腔内应力存在,输出是线偏振光。

② 能振荡,Nd:YVO₄ 激光器输出光有很强偏振性;偏振光方向为沿 π 或 σ 方向。

③ 能振荡,有偏振,偏振片具有偏振方向选择作用;激光偏振方向与偏振片透光方向相同。

④ 能振荡,布儒斯特窗有偏振选择作用,一次作用之后为 p 光占优的部分偏振光,经过谐振腔的多次选择作用之后为全 p 偏振态的偏振光。

⑤ 起振与波片快轴方向有关,如果四分之一波片快轴与 s、p 光夹角各成 45°,光两次经过四分之一波片,p 光会转化为 s 光,无法再次通过布儒斯特窗,无法形成振荡;如果与 s 光或 p 光平行,可以形成振荡,可以形成偏振光,偏振方向为 p 光方向。

⑥ 能起振;输出为线偏振光,偏振方向随时间缓慢变化。

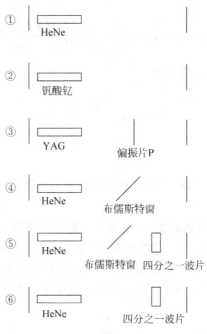

图 10-1　各种激光谐振腔的激光器示意图

[7]　一台连续工作的环行腔 HeNe 激光器,由四个反射镜 M_1、M_2、M_3、M_4 组成。腔内还有一平行切割的石英晶体片(平行切割,即晶轴与通光轴平行),此石英晶体只有旋光性,没有双折射性。旋光性的本质是石英晶体的本征振动状态为左旋圆偏振光和右旋圆偏振光,且这两种振动状态的光将有不同的光程差。求证:

$$\Delta \nu_{LR} = \nu_R - \nu_L = \frac{c}{L} \cdot \frac{(\eta_L - \eta_R)h_1}{\lambda}$$

式中,η_L、η_R 分别表示左、右旋光的折射率,h_1 是石英晶体长度,λ 是激光波长,L 是环形激光器的谐振腔长。

答案:

对左旋光,根据谐振条件可得

$$\lambda_L = \frac{L_L}{q}$$

式中,λ_L 和 L_L 分别为左旋光的波长和腔长。设 L_0 为环路长度,则有

$$L_L = L_0 + (\eta - 1)h_1$$

得到

$$\lambda_L = \frac{L_0 + (\eta_L - 1)h_1}{q}$$

同理,对于右旋光有

$$\lambda_R = \frac{L_0 + (\eta_R - 1)h_1}{q}$$

$$\lambda_L - \lambda_R = \frac{(\eta_L - \eta_R)h_1}{q}$$

得到频率差为

$$\Delta\nu_{LR} = \nu_R - \nu_L = \frac{c}{\lambda_R} - \frac{c}{\lambda_L} = \frac{c}{\lambda_L} \frac{(\eta_L - \eta_R)h_1}{q\lambda_R}$$

考虑 $\dfrac{c}{\lambda_L} \approx \nu$，$q\lambda = L$，$\lambda_L$、$\lambda_R \approx \lambda$，所以有

$$\Delta\nu_{LR} = \frac{c}{L} \frac{(\eta_L - \eta_R)h_1}{\lambda}$$

第 11 章

[1]　画图说明(1)均匀展宽和(2)以多普勒展宽为主的综合展宽的模竞争过程。

答案：

(1) 均匀展宽。对均匀展宽激光介质，每个谐振腔纵模都引起增益饱和，都会使增益曲线整体下降。如图 11-1 所示，$G(\nu)$ 是增益曲线。ν_{q+1} 引起的增益饱和使 $G(\nu)$ 下降到曲线 1，ν_{q-1} 引起的增益饱和使 $G(\nu)$ 下降到曲线 2，ν_q 引起的增益饱和使增益曲线再降至 3。因此，最后只有最靠近中心频率 ν_0 的模式 ν_q 才能在竞争中占据优势，形成振荡。

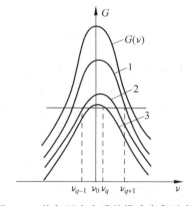

图 11-1　均匀展宽介质的模式竞争示意图

(2) 以多普勒展宽为主的综合展宽。对以非均匀展宽为主的综合展宽线型的激光器，当激光器的腔长比较长或出光带宽比较宽时，在增益带宽之内将存在多个纵模。若纵模间隔大于烧孔宽度，各纵模将引起以自己的频率为中心，均匀展宽范围内的粒子反转布居数饱和。因纵模间隔较大各纵模的烧孔几乎不重叠或部分重叠，可同时形成激光振荡，如图 11-2 所示。图中，几个纵模所对应的频率都满足光振荡条件，所以每个模式都各自在增益曲线上烧一个独立的孔，这几个纵模可同时形成激光振荡。

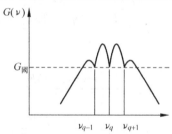

图 11-2　以多普勒展宽为主的综合展宽模式竞争示意图

　　但是,当相邻两个纵模频率间隔较小,烧孔有重叠时,两个模式会共同消耗烧孔内的反转粒子数,产生模式竞争。相邻两个纵模频率间隔太小时,竞争的结果是在一个烧孔内只能存在一个纵模。

[2]　(1) Nd：YAG 激光器属均匀展宽介质激光器,但当激光器的腔长大于数毫米时,其输出总是多纵模,试说明原因。

　　(2) 有人说采用环行腔(图 11-3(a))或让 Nd：YAG 棒沿轴线方向左右振动(图 14-3(b))都可实现单纵模运转,你相信吗？试分别分析两种方案。

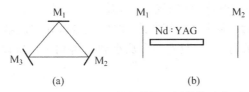

图 11-3　Nd：YAG 激光器的不同结构示意图

答案：

　　(1) 这是由于驻波腔激光器存在空间烧孔效应。在驻波腔中,增益介质内轴向各点的反转粒子布居数密度和增益系数是不同的,即空间分布不均匀。波腹处增益系数(反转粒子布居数密度)最小,波节处增益系数(粒子布居反转数密度)最大。如果某个纵模利用波节处的粒子布居反转数形成激光振荡,这时,其他纵模就可以利用波腹处的粒子布居数反转获得增益放大,也形成激光振荡,最终产生多纵模输出。

　　(2) (a) 可以。在环形腔中,模式的波腹和波节的位置将随时间不停变化,因此不会产生类似于驻波腔激光器那样稳定的空间烧孔效应,所以可以输出单纵模。

　　(b) 在 Nd：YAG 棒沿轴向运动的某一时刻,驻波场是空间确定的。但是随着棒的运动,在增益介质内,波节和波腹的位置将随着棒的运动不停地改变,即破坏了反转粒子布居数分布的空间分布不均匀性,因此可以实现单纵模运转。

[3]　(1) 什么是烧孔效应？

　　(2) 为什么会有增益曲线的烧孔效应？

答案：

　　(1) 在非均匀展宽介质激光器中的增益曲线上,激光振荡频率处的增益系数会由于增益饱和效应而导致局部下降,形状类似于在增益曲线上烧了一个孔。

　　(2) 烧孔效应只在非均匀展宽的激光介质中存在。因为非均匀展宽的激光介质中只对增益曲线内与其表观中心频率相应的部分有贡献,不同模式分别消耗该频率展宽范围内的粒子布居反转数,从而导致局部烧孔而不是增益曲线的整体下降。

[4]　如果激光器谐振腔内某一纵模(频率)偏离增益曲线中心处,则在非均匀展宽介质的增益曲线上会对称地烧出两个孔。"这两个孔对应两种光场频率,因此激光器输出双色光(两个频率)",对吗？为什么？

答案：

　　不对,是一个模式的频率。激光器中的模式为驻波模,分解成两个传播方向相反的行波,由于多普勒效应,两个行波在传播过程中分别与之对应的反转粒子发生作用,这些粒子的运动速度相同,运动方向相反,其表观频率关于中心频率对称,因此在增益曲线上分别烧出两个孔,但输出光场的频率只有一个。

[5]　非均匀展宽介质激光器中有模竞争效应吗？为什么？模竞争的本质是什么？
答案：

有模竞争效应。如果相邻两个纵模的烧孔有重叠的时候，就会产生模竞争。模竞争的本质是对粒子布居反转数的争夺。

[6]　均匀展宽的气体激光器，在刚开始启动时可观察到激光功率不断起伏，试解释此现象。
答案：

这是因为均匀展宽介质激光器总是一个纵模工作。如图 11-4 所示，在激光器被"点燃"后，放电电流使激光器温度升高，谐振腔变长，激光纵模频率向小的方向移动，扫过增益曲线，导致激光功率从小到大再到小。这时下一级纵模进入并扫过增益曲线，也是向小的方向移动，扫过增益曲线，导致再一次，激光功率从小到大再到小。所以导致激光功率一次次发生波动。

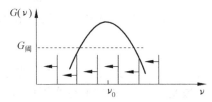

图 11-4　均匀展宽介质激光纵模排队扫过增益曲线

[7]　(1) 哪类激光器存在空间烧孔效应，气体激光器还是固体激光器？

(2) 说明空间烧孔效应产生的原理。

(3) 说明消除空间烧孔效应的方法。

答案：

(1) 固体激光器。

(2) 在驻波腔的激光器中存在的是驻波模式，导致轴向各点的增益系数和粒子布居反转数密度是不相同的，波腹处增益系数（粒子布居反转数密度）最小，波节处增益系数（粒子布居反转数密度）最大。对于已经形成激光振荡的某一个纵模，如果消耗的是波腹处的反转粒子数，在这种情况下，其他纵模可以消耗该振荡纵模波节处的反转粒子数，从而实现多纵模输出。这一现象称作增益（或者反转粒子数）的空间烧孔效应。

(3) 方式一：增强反转粒子数的空间转移，如使用气体激光介质，由于气体分子间束缚作用较弱，所以分子之间可以相对自由运动，气体分子可以在整个腔内迁移，从而破坏了腔内增益系数空间分布的不均匀性，进而抑制烧孔的形成；方式二：破坏驻波条件，如扭摆腔、环形腔、加入隔离器等。

[8]　从物理上说明为什么正交偏振双频激光器中，充 Ne^{20} 和 Ne^{22} 双同位素气体可以减弱模竞争效应？
答案：

图 11-5 给出了充双同位素气体后的增益曲线烧孔示意图。充双同位素气体时，Ne^{20} 和 Ne^{22} 将分别产生一条增益曲线，且两种同位素的增益曲线交于作为充双同位素气体介质合成增益曲线。频率为 ν_1 在 ν_1 处的 Ne^{20} 和 Ne^{22} 增益曲线上各烧一个孔，这两个孔重叠在一起，见图 11-5 上的孔 1 和孔 2，孔 1 和孔 2 分别以 Ne^{20} 和 Ne^{22} 的增益曲线为最高点。同时，ν_1 还在 Ne^{20} 和 Ne^{22} 的增益曲线上分别烧出像孔 3 和像孔 4。一个频率烧出 4 个孔。与

ν_1 烧 4 个孔相同,对于另一个频率 ν_2(图上未画出)也在增益曲线上烧 4 个孔。孔的数量增加,即有更大的增益曲线包络下的面积(更多的布居反转数)被利用参与激光振荡,模的竞争就会减弱,避免 ν_1 和 ν_2 两个之一熄灭。

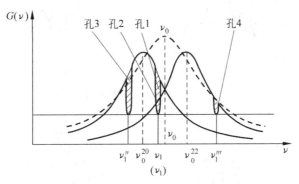

图 11-5　充双同位素气体后的增益曲线烧孔示意图

[9]　如图 11-6 所示环形激光器中顺时针模 ϕ_+ 及逆时针模 ϕ_- 的频率为 ν_A,输出光强为 I_+ 及 I_-。

(1) 如果环形激光器中充以单一氖的同位素气体 Ne^{20},其中心频率为 ν_{01},试画出 $\nu_A \neq \nu_{01}$ 及 $\nu_A = \nu_{01}$ 时的增益曲线及粒子布居反转数随粒子轴向运动速度的分布关系曲线。

(2) 当 $\nu_A \neq \nu_{01}$ 时,激光器可输出稳定的一束顺时针行进和一束逆时针行进的光。而当 $\nu_A = \nu_{01}$ 时,会出现一束光变强,另一束光熄灭的现象,试解释其原因。

(3) 环形激光器中充以适当比例的 Ne^{20} 及 Ne^{22} 的混合气体,当 $\nu_A = \nu_0$ 时,并无上述顺时针行进和逆时针行进的光熄灭现象,试说明其原因(图 11-7 为 Ne^{20}、Ne^{22} 及混合气体的增益曲线),ν_{01}、ν_{02} 及 ν_0 分别为 Ne^{20}、Ne^{22} 及混合气体增益曲线的中心频率,$\nu_{02} - \nu_{01} \approx 890\ \mathrm{MHz}$。

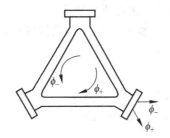

图 11-6　环形激光器结构示意图

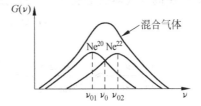

图 11-7　混合气体增益曲线示意图

(4) 为了使混合气体的增益曲线对称,两种氖气的同位素中哪一种应多一些。

答案:

(1) ① $\nu_A \neq \nu_{01}$(图 11-8)。

② $\nu_A = \nu_{01}$(图 11-9)。

(2) $\nu_A \neq \nu_{01}$ 时,ϕ_+ 及 ϕ_- 分别使用不同速度的反转原子,ϕ_+ 使用速度为 v_+ 的粒子,ϕ_- 使用速度为 v_- 的粒子,这样 ϕ_+ 和 ϕ_- 不会彼此争夺高能级上的原子,所以激光器可以输出稳定的顺时针行进和逆时针行进的激光。

当 $\nu_A = \nu_{01}$ 时,ϕ_+ 及 ϕ_- 均使用速度为零的粒子,两个模式激烈竞争,竞争的结果是顺时

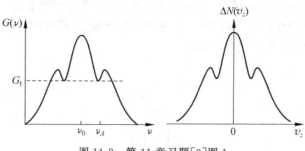

图 11-8   第 11 章习题[9]图 1

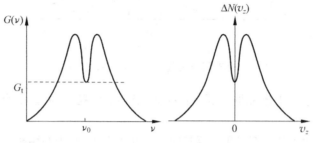

图 11-9   第 11 章习题[9]图 2

针行进和逆时针行进的激光束一束变强，另一束熄灭。

（3）ϕ_+ 使用运动速度为 $v_z = \dfrac{\nu_0 - \nu_{02}}{\nu_{02}} c$ 的 Ne^{22} 原子和 $v_z = \dfrac{\nu_0 - \nu_{01}}{\nu_{01}} c$ 的 Ne^{20} 原子，ϕ_- 使用运动速度为 $v_z = -\dfrac{\nu_0 - \nu_{02}}{\nu_{02}} c$ 的 Ne^{22} 原子和 $v_z = -\dfrac{\nu_0 - \nu_{01}}{\nu_{01}} c$ 的 Ne^{20} 原子，因此两个模式使用不同的粒子，没有了模式竞争效应，因此两个模式均可以稳定地存在，也就没有了上面所说的顺时针行进和逆时针行进的激光束一束变强，另一束熄灭的现象。

（4）如果想混合气体的增益曲线对称，必须使 Ne^{20} 和 Ne^{22} 的增益曲线等高，即

$$G^0(\nu_{01}) = G^0(\nu_{02})$$

而

$$\frac{G^0(\nu_{02})}{G^0(\nu_{01})} \approx \frac{\Delta\nu_{D01} \Delta N_{02}^0}{\Delta\nu_{D02} \Delta N_{01}^0} = \sqrt{\frac{m_{02}}{m_{01}}} \frac{\Delta N_{02}^0}{\Delta N_{01}^0} = \sqrt{\frac{22}{20}} \frac{\Delta N_{02}^0}{\Delta N_{01}^0} = 1$$

故应

$$\Delta N_{01}^0 > \Delta N_{02}^0$$

因此，Ne^{20} 多一些。

第 12 章

[1] "兰姆凹陷稳频实际上就是稳腔长"这一说法对吗？为什么？

答案：

这一说法正确。兰姆凹陷稳频是利用激光输出功率的兰姆凹陷特征，将频率稳定在凹陷所对应的频率 ν_0 处。当频率漂移时，通过压电陶瓷调节腔长，使激光频率回到凹陷中心（即中心频率 ν_0 处），所以本质上是稳定腔长。

[2]　画出兰姆凹陷稳频过程中,激光器振荡频率 ν_1 分别在(1)ν_0 和(2)偏离 ν_0($|\nu_1-\nu_0|<$ 压电陶瓷伸长量)两种情况下,压电陶瓷正弦抖动导致的激光功率输出曲线(图 12-1)。

答案:

(1)激光器振荡频率 ν_1 在 ν_0 时,激光功率输出曲线如图 12-2 所示。

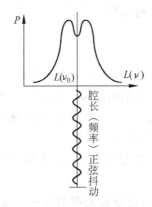 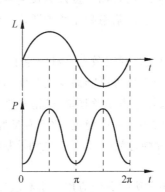

图 12-1　第 12 章题[2]图 1　　　　图 12-2　第 12 章习题[2]图 2

(2)激光器振荡频率 ν_1 偏离 ν_0 时($|\nu_1-\nu_0|<$压电陶瓷伸长扫过的频率间隔),左偏、右偏分别对应激光功率输出曲线,如图 12-3 所示。

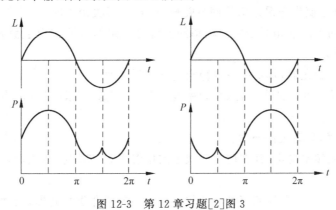

图 12-3　第 12 章习题[2]图 3

[3]　兰姆凹陷稳频和反兰姆凹陷稳频有何异同?举例说明。

答案:

相同点:都是利用了激光功率-频率调谐曲线的局部极值点(凹陷、反凹陷)作为参考频率,然后通过调制腔长稳定激光频率。

例如,在压电陶瓷驱动腔长的反兰姆凹陷稳频系统中,激光输出功率在中心频率 ν_0 处有一个极大、极窄的峰值,由压电陶瓷控制激光腔长,当激光输出频率处于中心频率 ν_0 时,没有伺服反馈信号;当激光输出频率左右偏移,不位于中心频率 ν_0 时,输出相应的不同点:正负直流电压反馈信号。

兰姆凹陷是增益烧孔,反兰姆凹陷是吸收烧孔。

兰姆凹陷利用激光自身原子跃迁的中心频率作为参考点;而反兰姆凹陷参考的则是在激光增益介质之外的饱和吸收介质的吸收峰的中心频率,激光增益介质之外。在谐振腔中放置一个吸收管,管内气体对激光谐振频率有较强的吸收峰,以该峰对应的频率为参考频率,然后通过对吸收后的信号选频检波来获得误差信号,进而控制压电陶瓷的伸缩来改变腔长,使激光频率保持稳定。

兰姆凹陷的中心频率易受放电条件等影响而出现漂移;而相比之下反兰姆凹陷的中心频率宽度要窄得多,而且拥有良好的长期稳定性和再现性。

[4] 为什么反兰姆凹陷稳频比兰姆凹陷稳频精度更高?

答案:

兰姆凹陷稳频是利用激光自身的原子跃迁的中心频率作为参考频率,易受放电条件、腔内温度变化、气压变化等影响而发生兰姆凹陷中心频率的漂移。相比之下,反兰姆凹陷是利用尖锐的碘吸收峰作为参考频率,碘饱和吸收管气压很低,碰撞加宽小,碘的多普勒加宽光谱非常窄,吸收线中心频率稳定,故拥有良好的稳频精度。

[5] 说明在等光强稳频中,为什么主动控制两频率的光强,保持它们相等,其频率就稳定了?

答案:

等光强稳频方法的典型应用是塞曼激光器和双纵模激光器的稳频。塞曼激光器中,左旋、右旋圆偏振光关于中心频率 ν_0 对称时,其输出光强保持相等;当两个频率发生漂移时,其输出光强不再相等,且在频率轴上也不再关于 ν_0 对称,失稳。双纵模激光器的稳频也是比较两个频率的光强,当两个频率发生漂移时,其输出光强不再相等。等光强稳频的方法中,通过提取光强差值作为误差信号调节腔长,当光强再次相等时,两个频率再次关于中心频率 ν_0 对称(即两个纵模相对于中心频率的位置是固定的),即实现了稳频,其与中心频率 ν_0 的关系为 $\nu_左 + \nu_右 = 2\nu_0$。

[6] (1)"稳频的激光器,其功率一定稳定",这一说法对吗?

(2)反之,"功率稳定的激光器,其频率也一定稳定"这一说法是否正确? 为什么?

答案:

前者说法正确,后者说法不对。

(1)如果激光频率稳定,其在增益曲线上的位置固定,即增益不变,损耗也不变,则激光输出功率稳定。

(2)如果功率稳定,则频率有可能变化。如均匀展宽介质激光器,当激光纵模 ν 在中心频率 ν_0 左侧位置时,ν 有可能变化到增益曲线右侧,与之对称的 ν' 处,因为这两个频率具有相同的增益。显然,此时功率保持不变,而频率变大。

[7] 对不同类型的激光器,稳定其功率的方法是否相同? 对于固体激光器和半导体激光器,常用的方法有哪些?

答案:

不同的激光器,稳定功率的方法不同。

对于固体激光器,通常通过检测输出功率的波动,通过调整泵浦功率来补偿输出光功率的波动;而对于半导体激光器,输出功率易受环境温度影响,通常通过致冷致热技术,使激光器处于恒温装置中来进行稳功率。

[8] 简述相位调制外差稳频(PDH 技术)的原理。

答案:

单频激光器输出的光信号经过相位调制,会产生两个分布于单频激光频率两侧,幅度相等但是相位相反的边带信号。这两个边带信号与调制信号共同进入混频器进行混频解调，同步解调误差信号。

当激光频率发生变化，两个边带经 FP 标准具反射后振幅与相位产生不相等的变化，拍频信号无法抵消，此时探测器上会检测到一个频率为调制频率的输出信号，输出信号经过解调可以得到激光频率波动信号，波动信号经过伺服放大作用于控制系统改变腔长，从而将激光频率锁定在 FP 共振频率上。

第 13 章

[1]　弛豫振荡产生的原因是什么？能否消除？（一对粒子能级分别为 E_2 和 E_1）

答案：

弛豫振荡的产生机理可定性地解释为：当粒子布居反转数 ΔN 达到并稍超过阈值时，便开始产生激光。受激辐射使粒子布居反转数 ΔN 下降，当 ΔN 下降到阈值时，激光脉冲达到峰值。这时 ΔN 小于阈值，增益小于损耗，所以光子数减少。但随着光泵的增加，ΔN 又重新增加，再次达到阈值时，又产生第二个尖峰脉冲。在整个光泵时间内，这种过程反复产生，形成一系列的尖峰脉冲序列。激光弛豫振荡产生的尖峰脉冲的宽度约为几百微秒至几毫秒量级。增加光泵的输入能量，则尖峰脉冲的个数增加，尖峰脉冲之间的时间间隔变小，无法消除弛豫振荡。

[2]　调 Q 激光器的激光介质需要具备哪些条件？为什么？

答案：

要求激光介质的激活粒子有较长的上能级寿命，介质也要有高抗损伤阈值。由于调 Q 是把能量以激活离子的形式存储在激光介质的高能级上，然后在一个极短的时间内把能量释放出来，因此，要求激光介质能在强泵浦下工作。其次，激光上能级上的最大反转粒子数的积累与泵浦功率和粒子上能级寿命有关，为了使激光介质的上能级尽可能多地积累粒子，需要激光介质具有较长的上能级寿命。

[3]　简述固体激光旋转镜和电光 Q 开关的原理。

答案：

转镜调 Q 通常是将组成共振腔的一个全反射镜用一个快速马达带动进行高速旋转，只有当反射镜面旋转到与最佳起振位置重合时，腔内才形成一个光损耗最低的往返振荡回路，从而产生瞬时强激光振荡。

电光调 Q 是利用某些压电晶体（如 KDP、LiNbO$_3$ 等）的线性电光效应而制成偏振开关元件，使得其只有在瞬时施加（或去掉）外界控制电场情况下，谐振腔才处于接通状态，即有最小的损耗，从而可起到 Q 开关作用。

[4]　试比较电光调 Q、声光调 Q 和可饱和吸收调 Q（染料调 Q）三种方法的优缺点。

答案：

电光调 Q 开关的优点是开关速度快、控制精度高、同步性能好、使用寿命长，可获得峰值功率几十兆瓦以上、脉宽为十几纳秒的巨脉冲。缺点是半波电压较高，需要几千伏的高压脉冲，对其他电子线路容易造成干扰。

声光调 Q 开关调制电压只需一百多伏，易与连续激光器配合调 Q，可获得几千赫兹量级高重复频率的巨脉冲；且脉冲的重复性好，可获得峰值功率为几百千瓦，脉冲约为几十纳秒的巨脉冲。缺点是对高能量激光器的开关能力较差,所以只能用于低增益的激光器。

染料调 Q 开关的优点是装置简单、成本低、使用方便、没有电的干扰。不足之处是光化学稳定性较差、调 Q 重复性精度不高、染料易变质而需要经常更换。

[5]   调 Q 激光器中,延迟时间(氙灯触发到 Q 开关开启的时间间隔)对激光器运转的影响?

答案:

延迟时间过短或者过长都不利于粒子布居反转数的积累。延迟时间过短,则粒子布居反转数积累较少,输出功率低。延迟时间较长的话则能量积累时间增加,但由于同时存在的上能级的自发辐射等损耗会导致积累粒子布居反转数的消耗,可能使得输出脉冲的峰值功率降低,不易获得高峰值巨脉冲而且容易产生多脉冲。

[6]   腔长为 $1\,\mathrm{m}$ 的调 Q 气体激光器能获得的最小脉宽是多少?

答案:

$$\Delta t_{\min} = \frac{2L}{c} = \frac{2}{3 \times 10^8}\,\mathrm{s} = 0.67 \times 10^{-8}\,\mathrm{s} = 6.7\,\mathrm{ns}$$

[7]   比较调 Q 和锁模两种技术的异同。

答案:

调 Q 技术可以将激光脉宽压缩至纳秒量级,锁模技术可以将激光脉宽压缩至皮秒或飞秒量级。调 Q 相当于调损耗,改变脉冲产生的阈值,积累更多的粒子布居反转数,使其在短时间内快速释放,得到高质量脉冲。锁模是在多个不同模式间引入固定的相位关系,这些模式的干涉结果将得到超短脉冲。

[8]   一台锁模 HeNe 激光器的振荡线宽为 $600\,\mathrm{MHz}$,输出谱线形状近似于高斯函数,求该激光器产生的脉冲宽度是多少?

答案:

该激光器输出谱线的形状近似于高斯函数,光场应该表示为

$$E(\omega) = \frac{E_0}{2}\sqrt{\frac{\pi}{a}}\exp\left[-\frac{(\omega - \omega_0)^2}{2a}\right]$$

脉冲的宽度是对时域而言的,现在知道的是频域特性。根据傅里叶分析,时域特性可以通过傅里叶逆变换由频域特性得到,即

$$
\begin{aligned}
E(t) &= \frac{1}{2\pi}\int_{-\infty}^{+\infty} E(\omega)\mathrm{e}^{\mathrm{i}\omega t}\,\mathrm{d}\omega \\
&= \frac{E_0}{4\pi}\sqrt{\frac{\pi}{a}}\int_{-\infty}^{+\infty}\exp\left[-\frac{(\omega-\omega_0)^2}{2a} + \mathrm{i}\omega t\right]\mathrm{d}\omega \\
&= \frac{E_0}{4\pi}\sqrt{\frac{\pi}{a}}\int_{-\infty}^{+\infty}\exp\left\{-\frac{1}{2a}\left[\omega - (\omega_0 + \mathrm{i}at)\right]^2 + \mathrm{i}\omega_0 t - \frac{at^2}{2}\right\}\mathrm{d}\omega \\
&= \frac{E_0}{4\pi}\sqrt{\frac{\pi}{a}}\exp\left(\mathrm{i}\omega_0 t - \frac{at^2}{2}\right)\int_{-\infty}^{+\infty}\exp\left\{-\frac{1}{2a}\left[\omega - (\omega_0 + \mathrm{i}at)\right]^2\right\}\mathrm{d}\omega
\end{aligned}
$$

利用关系式

$$\int_{-\infty}^{+\infty}\exp(-ax^2)\,\mathrm{d}x = \sqrt{\frac{\pi}{a}}$$

可以得到

$$E(t) = \frac{\sqrt{2}}{4} E_0 \exp(i\omega_0 t) \exp\left(-\frac{at^2}{2}\right)$$

时域里脉冲的宽度是 $E(t)$ 函数的半功率点所对应的时间间隔,当 $t=0$ 时

$$E^2(0) = E(0)E^*(0) = \left(\frac{\sqrt{2}E_0}{4}\right)^2 = \frac{E_0^2}{8}$$

另 $t=t_1$ 时为半功率点,则

$$E^2(t_1) = \frac{1}{2}E^2(0) = \frac{E_0^2}{16}$$

又有关系

$$E^2(t_1) = E(t_1)E^*(t_1) = \frac{1}{8}\left[E_0 \exp\left(-\frac{at_1^2}{2}\right)\right]^2$$

另上两式左端相等,可以得到

$$\left[\exp\left(-\frac{at_1^2}{2}\right)\right]^2 = \frac{1}{2}$$

求得

$$t_1 = \sqrt{\frac{\ln 2}{a}}$$

脉冲的宽度为

$$\tau = 2t_1 = 2\sqrt{\frac{\ln 2}{a}}$$

下面来求 a 的值,在频域中进行求解。

因为

$$E(\omega) = \frac{E_0}{2}\sqrt{\frac{\pi}{a}} \exp\left[-\frac{(\omega-\omega_0)^2}{2a}\right]$$

当 $\omega = \omega_0$ 时,有

$$E^2(\omega_0) = \left(\frac{E_0}{2}\sqrt{\frac{\pi}{a}}\right)^2$$

令 $\omega = \omega_1$ 时为半功率点,有

$$E^2(\omega_1) = \frac{1}{2}E^2(\omega_0)$$

又因为

$$E^2(\omega_1) = E(\omega_1)E^*(\omega_1) = \left(\frac{E_0}{2}\sqrt{\frac{\pi}{a}}\right)^2 \exp\left[-\frac{(\omega_1-\omega_0)^2}{a}\right]$$

所以有

$$\frac{1}{2}E^2(\omega_0) = E^2(\omega_0)\exp\left[-\frac{(\omega_1-\omega_0)^2}{a}\right]$$

$$\omega_1 - \omega_0 = \sqrt{a\ln 2}$$

半功率点的带宽为

$$\Delta\nu = 2\frac{\omega_1-\omega_0}{2\pi} = \frac{\sqrt{a\ln 2}}{\pi}$$

$$a = \frac{(\pi \Delta \nu)^2}{\ln 2}$$

将 a 的值代入 τ 的表达式中去,可以得到锁模脉宽为

$$\tau = 2\sqrt{\frac{\ln 2}{a}} = \frac{2\ln 2}{\pi \Delta \nu} \approx 0.74 \text{ ns}$$

[9]　钕玻璃激光器的荧光谱线宽为 $\Delta \nu_F = 7.5 \times 10^{12}$ Hz,折射率为 1.52,棒长 $l = 300$ mm,腔长 $L = 400$ mm。假设荧光谱线宽内的纵模都能振荡,求锁模后激光脉冲功率是自由振荡时功率的多少倍?

答案:

　　设纵模个数为 Δq,则

$$\Delta \nu_q = \frac{c}{2\eta L} = \frac{3 \times 10^8}{2(1.52 \times 0.3 + 0.1)} \text{ Hz} \approx 2.7 \times 10^8 \text{ Hz}$$

$$\Delta q = \frac{\Delta \nu_F}{\Delta \nu_q} \approx 2.78 \times 10^4$$

　　在锁模技术中,巨脉冲功率是自由振荡时平均功率的 Δq 倍,大约为 2.78×10^4 倍。

[10]　一台锁模氩离子激光器,腔长为 2 m,多普勒线宽为 6000 MHz,没有锁模时平均输出功率是 4 W。问:

　　(1) 该锁模激光器输出脉冲的峰值功率大致为多少?脉冲宽度和重复频率又是多少?

　　(2) 采用声光损耗调制器件锁模时,调制器上所加电压 $u = V_0 \cos 2\pi f t$,电压的变化频率 f 为多大?

答案:

　　(1) 相邻纵模的频率间隔为

$$\Delta \nu_q = \frac{c}{2L} = 7.5 \times 10^7 \text{ Hz}$$

　　脉冲宽度为

$$\tau = \frac{1}{\Delta \nu_q (2\Delta q + 1)} = \frac{1}{\Delta \nu_{\text{osc}}} \approx \frac{1}{\Delta \nu_D} = 0.167 \text{ ns}$$

式中,Δq 为纵模个数。

　　脉冲间隔为

$$T_0 = \frac{1}{\Delta \nu_q} = 13.3 \text{ ns}$$

　　输出脉冲峰值功率

$$P_m = (2\Delta q + 1)P$$

$$2\Delta q + 1 = \frac{\Delta \nu_D}{\Delta \nu_q} = 80$$

所以峰值功率为 320 W。

　　重复频率为

$$f_m = \frac{c}{2L} = 7.5 \times 10^7 \text{ Hz}$$

（2）电压的变化频率 f，有

$$f=\frac{f_m}{2}=\frac{c}{2L}=3.75\times10^7\ \text{Hz}$$

[11]　某种晶体的电光系数为 $\gamma=8.5\times10^{-12}$ m/V，$\eta_0=1.5065$，求以这种晶体制作的普克尔斯盒在光波长 $\lambda=1064$ nm 时的半波电压为多少？

答案：

$$V_\pi=\frac{\lambda}{2\eta_0^3\gamma}=\frac{1064\times10^{-9}}{2\times(1.5065)^3\times8.5\times10^{-12}}\ \text{V}=1.83\times10^4\ \text{V}$$

[12]　利用纵向电光效应调制光的方法如图 13-1 所示，输入光强为 I_0，电光晶体（KDP）上沿 z 向施加的电场为 $V=V_m\sin\omega_m t$，两个偏振片的通光方向一致，都平行于 x 轴，四分之一波片的快轴和 x 轴成 $45°$，利用一类贝塞尔函数的展开式求输出光强 I_t 的展开式。

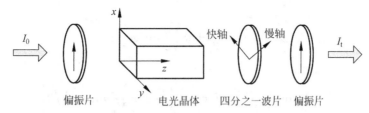

图 13-1　纵向电光效应调制示意图

答案：

沿 z 轴入射的光束经起偏器变为平行于 x 轴的线偏振光，加在 KDP 晶体上的电压为 V，入射到晶体的 x 方向的线偏振光光强为

$$I_1=\frac{1}{2}I_0$$

光进入晶体后（$z=0$）沿四分之一波片快轴慢轴振幅都变为原来的 $1/\sqrt{2}$，通过晶体后沿着快轴和慢轴的线偏振光相位差为

$$\Delta\varphi_1=\frac{2\pi}{\lambda}\eta_0^3\gamma_{63}V$$

进入晶体后的分量为

$$E'_x=\frac{1}{\sqrt{2}}A_0,\quad E'_y=\frac{1}{\sqrt{2}}\exp(-\mathrm{i}\Delta\varphi_1)$$

式中，x 和 x'、y 和 y' 的关系如图 13-2 所示。

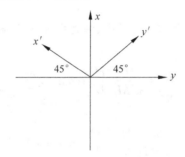

图 13-2　x 和 x'、y 和 y' 的关系图

经过 x 轴向检偏器后,有

$$E_{out} = \frac{1}{2}A_0\exp[(-i\Delta\varphi_1)+1]$$

则输出光强为

$$I = E_{out} \cdot E_{out}^* = \frac{1}{2}A_0\exp[(-i\Delta\varphi_1)+1] \cdot \frac{1}{2}A_0\exp[(i\Delta\varphi_1)+1]$$

可得到

$$I = E_{out} \cdot E_{out}^* = A_0^2\cos^2\left(\frac{\Delta\varphi_1}{2}\right) = I_0\cos^2\left(\frac{\Delta\varphi_1}{2}\right)$$

因为

$$V = V_m\sin\omega_m t$$

所以

$$\Delta\varphi_1 = \frac{\pi}{2} + \pi\frac{V_m}{V_\pi}\sin(\omega_m t)$$

可得

$$I = I_0\cos^2\left(\frac{\Delta\varphi_1}{2}\right) = I_0\cos^2\left[\left(\frac{\pi}{2}+\pi\frac{V_m}{V_\pi}\sin\omega_m t\right)\Big/2\right]$$

$$= \frac{I_0}{2}\left[1+\cos\left(\frac{\pi}{2}+\pi\frac{V_m}{V_\pi}\sin\omega_m t\right)\right]$$

利用贝塞尔函数展开得

$$I = \frac{I_0}{2} + I_0\sum_0^\infty\left\{J_{\frac{1}{2}}(\Delta\varphi_m)\cos[(2n+1)\omega_m t]\right.$$

[13] 布拉格声光调制器的换能器尺寸为 $H\times L = 2\,\text{mm}\times 30\,\text{mm}$,入射光束为波长 632.8 nm 的 HeNe 激光束,声频为 80 MHz。如将入射光强全部转换到衍射光中,声功率至少为多少?(假定该超声换能器的品质因数是已知的)

答案:

布拉格衍射的声光器件的衍射效率为

$$\eta_s = \sin^2\left[\frac{\pi}{\sqrt{2}\lambda}\sqrt{\frac{L}{H}M_2P_s}\right]$$

式中,P_s 为超声驱动功率,L、H、M_2 分别为介质的长度、宽度和品质因数。

$$M_2 = \frac{\eta^6 P}{\rho\nu_s^3}$$

式中,η、P、ρ 和 ν_s 分别是声光介质的折射率、弹光系数、密度和声波频率。

声功率为

$$P_s = \frac{2\lambda^2}{\pi^2 M_2}\frac{H}{L}\arcsin^2(\sqrt{\eta_s})$$

代入数据,得

$$P_s = \frac{2\lambda^2}{\pi^2 M_2}\frac{H}{L} = \frac{1}{M_2}\times 5.4\times 10^{-15}\,\text{W}$$

第 14 章

[1] 说明基于塞曼效应的双频激光产生原理。

答案:

塞曼效应是指原子在外磁场作用下能级分裂,随之发光谱线也发生分裂的现象。光谱线是左旋圆偏振、右旋圆偏振(顺着磁场方向)和正交线偏振的(垂直磁场方向)。以光谱线是左旋圆偏振、右旋圆偏振(顺着磁场方向)的光为例,两种圆偏振光都有自己的增益曲线,它们的中心频率间隔正比于外加磁场。由于激光介质的反常色散,发生模的牵引效应,一个纵模(频率)被左旋圆偏振光增益曲线牵引向左旋圆偏振光中心频率,同时,也被右旋圆偏振牵引向右旋圆偏振光中心频率。于是,一个频率分裂成两个频率,从而形成双频激光,激光输出的光束含有左旋、右旋两种圆偏振光。

[2] HeNe 激光器中,Ne 原子在磁场中发射的左旋光和右旋光的中心频率之差为 $\Delta\nu_{Zeeman}=(3.5\,\text{MHz})\times H$。由于左旋光和右旋光的中心频率对腔模的牵引,激光一个频率变为两个,频率差大小为 $\Delta\nu_{左右旋光}=2\times10^{-3}\times(3.5\,\text{MHz})\times H$。多普勒线宽 $\Delta\nu_D$ 约为 1500 MHz。问加纵向磁场的塞曼双频激光器为什么不能产生大于 3 MHz 的频率差?

答案:

只有当磁场增大时,$\Delta\nu_{Zeeman}$ 才能增大。但当磁场增大到一定程度(大于 416.67 A/m)左右旋光中心频率的差(即多普勒线宽值 $\Delta\nu_D$)将达到 1500 MHz,此时两增益曲线已经完全分离,中心频率不能同时对同一腔模进行牵引,将无法形成两个频率。此时对应的塞曼频差 $\Delta\nu_{Zeeman}$ 约为 3 MHz,因此不能大于 3 MHz。

[3] 双折射-塞曼双频激光器,综合了塞曼双频激光器和双折射双频激光器的优点,请简述双折射效应和塞曼效应分别在其中的作用。

答案:

在激光器内放置双折射元件,双折射使一个几何腔长变成两个物理长度不同的腔长,两个物理长度造成频率的不同,形成两个偏振方向垂直、频率不同的激光成分,即双频正交偏振光。由于模的竞争,双频正交偏振光之一个频率可能因竞争而熄灭,塞曼效应是利用磁场将介质增益原子分为两群,使得这两个偏振模式消耗不同的粒子布居反转数,减小模式竞争,两个频率都能稳定振荡。

[4] 在激光腔的两反射镜 M_1 和 M_2 之间有尺寸相同的两个光楔,如图 14-1 所示。其中一个光楔的材料是石英晶体(双折射晶体),另一个光楔的材料是普通光学玻璃。

(1) 证明:激光的一个频率变成了两个频率,这两个频率的频率差可表述为

$$\Delta\nu=-\frac{\nu}{L}\delta$$

式中,$\Delta\nu$ 为频率差,ν 为激光频率,δ 为双折射光程差。

(2) 当光楔沿箭头方向移动时,激光器的频率及频差将发生何种变化?

答案:

(1) 在没有双折射晶体的腔中,根据驻波条件可以得到纵模间隔的表达式。假设腔长为 L,有

$$\nu_q=\frac{c}{2L}q$$

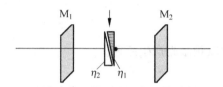

图 14-1　一种激光器谐振腔的结构

对其求微分,得到

$$\mathrm{d}\nu = -\frac{c}{2L^2}\mathrm{d}L = -\frac{\nu}{L}\mathrm{d}L$$

　　加入双折射晶体之后,由于双折射晶体中 o 光与 e 光存在光程差,使得两束光实际的物理腔长并不相同,由此得到频差表达式为

$$\mathrm{d}\nu = -\frac{c}{2L^2}\mathrm{d}L = -\frac{\nu}{L}\delta$$

　　(2) 光楔向下移动,光线在 η_1 中路径增长,在 η_2 中路径减小。

　　如果 η_1 对应双折射石英材料,η_2 对应普通光学玻璃,则一般有 $\eta_2 > \eta_1$,腔内光程减小,输出频率间隔增大。对 o 光和 e 光而言,两束光的光程差变大,频差变大;如果 η_1 对应普通光学玻璃,η_2 对应双折射石英材料,则一般有 $\eta_2 < \eta_1$,腔内光程增大,输出频率间隔减小。对 o 光和 e 光而言,两束光的光程差变小,频差变小。

[5]　简述非线性光学晶体中的相位匹配条件及其物理本质?

答案:

　　如果光波入射到非线性光学晶体中,由于非线性光学晶体的二次非线性光学效应,将产生二阶非线性极化强度,该强度作为一个激励源将产生二次谐波辐射。如果极化强度的空间波长与产生极化的光电场不同,那么在非线性晶体中光电场和极化强度之间的相位关系是连续变化的,导致极化强度向光电场的能量转换发生逆转换。定义能量从极化强度向光电场转换的长度为相干长度,如果光电场的空间波长和极化强度空间波长是相同的,相干长度可以认为是无穷大,这就是相位匹配。

　　三波相互作用的相位匹配条件是 $k_3 = k_1 - k_2$。相位匹配的实质是动量守恒。

[6]　用 $LiNbO_3$ 作倍频晶体,设计一台倍频的 Nd：YAG 激光器。试画出该激光器的结构示意图,并指出实现相位匹配的方法。

答案:

　　图 14-2 为倍频激光器的结构示意图。

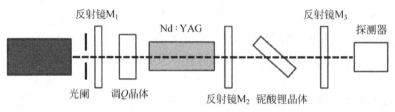

图 14-2　倍频 Nd：YAG 激光器的结构示意图

M_1 是基频光全反射镜,M_2 是基频光全输出镜,对基频光全透,对倍频光全反;M_3 是倍

频光输出镜,对倍频光全透,对基频光全反。通过 M_3 将第一次倍频后剩余的基频光反射回铌酸锂晶体再次倍频,再由 M_2 将第二次倍频光反射,与第一次产生的倍频光耦合输出。

[7]　用负单轴倍频晶体 KDP 晶体对 Nd：YAG 激光器进行腔内倍频,对基频光 $\lambda_1=$ 1064 nm,$\eta_1=1.4942$,对倍频光 $\lambda_2=532$ nm,$\eta_{o2}=1.5131$,$\eta_{e2}=1.4711$,实现 I 类相位匹配,求最佳相位匹配角。

答案:

为保证折射率条件,倍频光应为 e 光,基频光应为 o 光,$\eta_1=\eta_{o,532}=\eta_{e,1064}=1.4942$。有

$$\frac{1}{\eta_e^2(\theta)}=\frac{\cos^2(\theta)}{\eta_o^2}+\frac{\sin^2(\theta)}{\eta_e^2}$$

即

$$\frac{1}{1.4942^2}=\frac{\cos^2(\theta)}{1.5131^2}+\frac{1-\cos^2(\theta)}{1.4711^2}$$

解得,$\theta=41.53°$。

[8]　试比较激光回馈干涉与传统干涉的异同。

答案:

共同点:

(1) 都是两束同频率相干光的相互作用;

(2) 激光强度变化都以腔长变化半波长为周期。

不同点:

(1) 原理不同:激光回馈要出射光返回到激光器腔中,与腔内光场发生相互作用,产生干涉,而后再从谐振腔中输出被探测;而传统干涉是激光器输出光在谐振腔外产生的外场干涉,要避免从激光器射出的光返回到腔内。

(2) 灵敏度不同:在激光测量中,可以利用回馈干涉直接测量低反射物体或散射物体,不需要配合目标物;而传统干涉的测量臂需要用反射镜作为测量目标。

(3) 光路结构不同:激光回馈不需要参考臂,是自干涉;传统干涉需要参考臂。

第 15 章

[1]　环形激光器的结构如图 15-1 所示。

(1) 试推导下列公式:

$$\Delta L=\frac{4S}{c}\Omega$$

$$\Delta\nu_{gyro}=\frac{4S}{L\lambda}\Omega$$

上式称为萨奈克效应,下式是激光陀螺的原理公式。式中,S 是环形光路所包围的面积,c 是光速,ΔL 是环形激光器中逆时针和顺时针光的光程差,L 是激光器谐振腔长,λ 是激光波长,$\Delta\nu_{gyro}$ 是环形激光器输出的两个频率之差,Ω 是环形激光器旋转的角速度。

(2) 请计算一个边长为 80 mm 的等边三角形激光陀螺按以下方式放置在地球表面,计算激光陀螺 ΔL 和输出的频率差 $\Delta\nu_{gyro}$。设陀螺环形光路平面分别以平行于北极海平面、平行于赤道海平面和垂直于赤道海平面这几种方式放置。

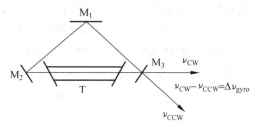

图 15-1　环形激光陀螺结构示意图

答案：

环形激光器在旋转时，其内的激光光束传输过程如图 15-2 所示。

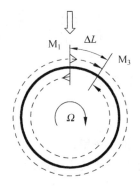

图 15-2　激光束在环形激光器环路里的传输过程示意图

在旋转条件下，两个方向转播的光的方程分别为

$$ct_{\text{ccw}} + \Omega R t_{\text{ccw}} = 2\pi R$$

$$ct_{\text{cw}} + \Omega R t_{\text{cw}} = 2\pi R$$

式中，R 是环形激光器半径，得到时间

$$t_{\text{cw}} = \frac{2\pi R}{c - R\Omega}$$

$$t_{\text{ccw}} = \frac{2\pi R}{c + R\Omega}$$

得到时间差和光程差

$$\Delta t = t_{\text{ccw}} - t_{\text{cw}} = \frac{4\pi\Omega R^2}{c^2}$$

$$\Delta L = \Delta t \cdot c = \frac{4\pi R^2 \Omega}{c}$$

$$\Delta L = c\,\Delta t = \frac{4S}{c}\Omega$$

频差为

$$\Delta\nu_{\text{gyro}} = \nu_{\text{cw}} - \nu_{\text{ccw}} = \frac{qc}{L_{\text{cw}}} - \frac{qc}{L_{\text{ccw}}} = \frac{qc}{L_{\text{cw}}}\left(\frac{L_{\text{ccw}} - L_{\text{cw}}}{L_{\text{ccw}}}\right) = \frac{qc}{L}\left(\frac{\Delta L}{L}\right) = \frac{4S}{L\lambda}\Omega$$

对环形 HeNe 激光器

$$S = 2.77 \times 10^{-3} \text{ m}^2, \quad L = 0.24 \text{ m}, \quad \lambda = 0.6328 \text{ } \mu\text{m}$$

陀螺环形光路平面平行于赤道上的海平面：

$$\Delta L = 0, \quad \Delta \nu_{\text{gyro}} = 0$$

陀螺环形光路平面平行于北极海平面：$\Omega = 7.292 \times 10^{-5}$ rad/s，得到

$$\Delta L = \frac{4S}{c} \Omega = 2.69 \times 10^{-15} \text{ m}$$

$$\Delta \nu_{\text{gyro}} = \frac{4S}{L\lambda} \Omega = 5.32 \text{ Hz}$$

陀螺环形光路垂直于赤道海平面的 ΔL 和 $\Delta \nu_{\text{gyro}}$ 等于陀螺环形光路平面平行于北极海平面。

[2]　由四镜组成的环形腔激光器，在腔内放一块石英晶体（只有旋光效应，不考虑双折射效应），光沿着石英晶体光轴方向传输，如图 15-3 所示。

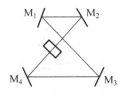

图 15-3　四频环形激光器结构示意图

（1）证明：

$$\Delta \nu_{\text{LR}} = \nu_{\text{R}} - \nu_{\text{L}} = \frac{c}{L} \cdot \frac{(\eta_{\text{L}} - \eta_{\text{R}})h_1}{\lambda}$$

式中，频差 $\Delta \nu_{\text{LR}}$ 是左右旋光的频率差，h_1 是石英晶体长度，λ 是激光波长，L 是环形激光谐振腔长，η_{L}、η_{R} 分别表示左、右旋光的折射率。

（2）当频差 $\Delta \nu_{\text{LR}}$ 等于纵模间隔一半时，石英晶体的厚度是多少？（对 $0.6328 \text{ } \mu\text{m}$ 波长光，由石英晶体旋光性引入的左、右旋光折射率差为 $\Delta \eta = \eta_{\text{L}} - \eta_{\text{R}} = 6.57 \times 10^{-5}$）

答案：

（1）对左旋光，根据谐振条件可得

$$\lambda_{\text{L}} = \frac{L_{\text{L}}}{q}$$

式中，λ_{L} 和 L_{L} 分别为左旋光的波长和腔长。设 L_0 为环路长度，

$$L_{\text{L}} = L_0 + (\eta_{\text{L}} - 1)h_1$$

得到

$$\lambda_{\text{L}} = \frac{L_0 + (\eta_{\text{L}} - 1)h_1}{q}$$

对于右旋光，有

$$\lambda_{\text{R}} = \frac{L_0 + (\eta_{\text{R}} - 1)h_1}{q}$$

$$\lambda_{\text{L}} - \lambda_{\text{R}} = \frac{(\eta_{\text{L}} - \eta_{\text{R}})h_1}{q}$$

得到频率差为

$$\Delta\nu_{LR} = \nu_R - \nu_L = \frac{c}{\lambda_R} - \frac{c}{\lambda_L} = \frac{c}{\lambda_L}\frac{1}{q\lambda_R}(\eta_L - \eta_R)h_1$$

考虑 $c/\lambda_L \approx \nu, q\lambda = L$

$$\Delta\nu_{LR} = \frac{c}{L}\frac{(\eta_L - \eta_R)h_1}{\lambda}$$

（2）纵模间隔为 c/L，因此一半为 $c/2L$，即

$$\frac{(\eta_L - \eta_R)h_1}{\lambda} = 0.5$$

得到

$$h_1 = 4.816 \text{ mm}$$

[3]　试说明为什么圆偏振光不能在三镜环形腔内（图 15-4）形成稳定激光振荡。

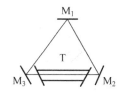

图 15-4　三镜环形激光器

答案：

　　根据激光自洽条件，激光在谐振腔中往返一周实现自再现。圆偏振光必须经过偶数次反射才能实现自再现，三镜环形腔是奇数次反射，故无法形成稳定振荡。圆偏振光偏振变化规律如下：

$$\text{左旋圆偏振} \xrightarrow{\text{反射}} \text{右旋圆偏振} \xrightarrow{\text{反射}} \text{左旋圆偏振}$$

所以只有偶数次反射，圆偏振光才能形成稳定的激光振荡。

[4]　因为 $|\delta\nu| = \left|\frac{\nu}{L}dL\right|$，可否把激光器的反射镜和作微小位移运动物体连在一起，靠测出激光频率的改变 $\delta\nu$ 来测得物体位移 dL？如果可行，请计算灵敏度；如果不行，说明原因。

答案：

　　不行，因为现有的探测手段无法对光频率进行直接测量。

[5]　测量光学材料内应力的方法有哪几种？比较各自的优缺点。

答案：

　　（1）钻孔法

　　优点：易于实现，工程应用较为广泛。

　　缺点：精度较低，具有破坏性。

　　（2）简式偏光仪

　　优点：结构简单。

　　缺点：精度较低，只适用于定性检测。

　　（3）频率分裂法

　　优点：精度很高，可达到几个角分，可校准其他双折射测量仪器。

缺点：需要被测样品双面镀膜。

（4）旋转检偏器法

优点：装置简单，是传统的方法。

缺点：精度低，分辨力在1°左右。

（5）光学外差干涉

优点：调节方便，结构简单。

缺点：仅对特殊波片调节精度高。

（6）激光回馈法

优点：操作简单，适应性广泛，精度优于0.5°。

缺点：单一波长，对其他波长，需要解算。